JEDER SPRICHT ANDERS

libelle: wissenschaft
lesen und schreiben 3

HEIKO BALHORN

UGELMANN

SG.)

FÜR LESEN UND SCHREIBEN

DER
ICHT
DERS

MEN
UND
VIELFALT
IN
SPRACHE UND SCHRIFT

Faude

1989

Herausgegeben von Heiko Balhorn (im Auftrag der Deutschen Gesellschaft für Lesen und Schreiben – DGLS –) und Hans Brügelmann (für den Faude Verlag Konstanz – den mit der Libelle –)

Wie schon bei den beiden ersten Bänden der Reihe »lesen und schreiben«, so erhalten auch diesen dritten Band die Mitglieder der Deutschen Gesellschaft für Lesen und Schreiben als Jahresgabe; (s. 299f.).

Inhaltsverzeichnis

... und das ist ja bei weitem noch nicht alles.

*Schon bei im **flüchtigen Durchblättern** sind da noch Kurzberichte und allerlei andere Ermunterungen und Vergnüglichkeiten zu finden: über **Goethes** private Orthographie, Gertrud Kolmars Plädoyer für eigene Rechtschreibungen, Orthographiefallen in Frankreich, **Hunnen** im Klassenzimmer, Rechtschreibtraining in Bochum, **Schreibhandlungen** in München und Venedig, Schriften der Welt, russische Kammertöne, koreanisches **Wachstum,** Hören mit der Haut, **»einsichtiges Lernen«** schon vor 50 Jahren, Lernen ohne Unterricht, Mitteilungen über den Gnom mit dem weichen Herzen zu sichten; am meisten findet natürlich, wer' s **liest.***
(Jeder liest anders).

»... *aber antworte bitte im ganzen Satz!*«

... so endet die Geschichte über den weltfremden Philologen, die *Rudolf Kretschmann* gerne erzählt, wenn es um Sprachnormen im Unterricht geht: Der Studienrat sitzt mit der Angebeteten auf der Parkbank im Mondenschein, es wird traulich, und er fragt sie: *»Liebst du mich?«*
Seine Antwort auf ihr zart gehauchtes *»jaaa«* kennen Sie ja schon...

So wird tagtäglich im Unterricht auch der Zauber kindlicher Entdeckungen der Schriftsprache zerstört. Denn wer von uns verfolgt schon so liebevoll einzelne Schreibweisen von SchulanfängerInnen in die Kulturgeschichte zurück wie *Johanna Juna* bei den Wiener Kindern, die »wie die alten Griechen« schreiben?

Immerhin: Mit der Rechtschreibreform scheint es ernst zu werden. Zumindest erste konkrete Änderungen stehen uns ins Haus, wenn man den Berichten aus den Reformkommissionen trauen darf *(Wolfgang Mentrup, Peter Gallmann, »Wiener Erklärung«)*. Das Drängen auf Vereinfachung ist vor allem aus didaktischer Sicht verständlich *(Johann Wolfgang von Goethe, Heiko Balhorn),* auch wenn *Peter Eisenbergs* eindrucksvolle Warnungen vor kurzsichtigen Reparaturen an noch nicht durchschauten Mechanismen sehr ernst zu nehmen sind.

Umso wichtiger ist daher eine grundsätzliche Veränderung der Perspektive, die in verschiedenen Beiträgen auf der Hamburger DGLS-Jahrestagung »Rechtschreibreform und Rechtschreiblernen« artikuliert wurde: mehr Toleranz für alternative Schreibweisen (statt nationaler Wettbewerbe wie in Frankreich...). Diese Sichtweise eröffnet auch den intuitiven, nach Logik suchenden Lösungsversuchen der Kinder *(Christa Erichson, Heiko Balhorn)* mehr Raum. Sie beseitigt aber nicht die Probleme grundlegender Einsicht in den Aufbau des Schriftsystems, für deren Beobachtung und Deutung *Mechthild Dehn* konkrete Hilfen liefert.

Diese mehr didaktisch orientierten Beiträge setzen die Diskussion fort, die wir unter dem Titel »ABC und Schriftsprache: Rätsel für Kinder, Lehrer und Forscher« im ersten Band dieser Reihe begonnen und in einigen Beiträgen zum zweiten Jahrbuch vertieft hatten. Wir erinnern an die Schlüsselfrage: *Fehler vermeiden – oder aus Fehlern lernen?*

Von *John F. Kennedy* heißt es, er sei einer der wirkungsvollsten Rhetoriker seiner Zeit gewesen. Leute, die ihm auf die Schliche kommen wollten, ließen einige seiner Reden vom Band abschreiben und analysieren. Sie fanden angefangene Sätze ohne Ende, grammatische Fehlpassungen, kurz: einen Text, in dem LehrerInnen mit ihrem Rotstift viel zu tun gehabt hätten. Aber Sprachwirksamkeit ist eben nicht gleichzusetzen mit Sprachrichtigkeit.

Wir sollten unsere Beurteilungskriterien und »Förder«-Konzepte kritisch prüfen. Die Erinnerung an angeblich bessere Leistungen früherer Schülergenerationen kann unsere Maßstäbe zusätzlich verzerren. *Marianne* und *Klaus Wagner* bestätigen dies mit ihrer detaillierten Analyse einiger Ausschnitte des Kinderwortschatzes ebenso eindrücklich wie *Wolfgang Menzel* und *Roland Vogel* in ihrer Untersuchung der Rechtschreibleistungen.

Doch kehren wir noch einmal zurück zur Frage der Sprach-»Richtigkeit«. Ohne Verständnis der sozialen Situation, der Kultur, in der eine Sprache für den Sprechenden Bedeutung gewinnt, läßt sich nicht beurteilen, welches Register angemessen ist. Auch hier also: mehr Toleranz für verschiedene Sprachen neben- und miteinander und Sensibilität für die »heimliche Norm in der Norm« *(Ingrid Gogolin)*. Das gilt für die nationalen Sprachen *(Umberto Eco, Jochen Rehbein)*, aber nicht minder für das Verhältnis von Dialekt und Hochsprache *(Klaus Mattheier, Pankraz Blesi/Otto Stern, Peter Sieber/Horst Sitta)* und natürlich auch für unseren Umgang mit den Schreibversuchen der Kinder *(Heiko Balhorn/Ulrich Vieluf)*. Mehrsprachigkeit kann für den einzelnen wie für eine Kultur befruchtend sein, auch wenn wir erst wenig von den besten Wegen dorthin verstehen *(Silvia Gaspard, Els Oksaar, Dieter E. Zimmer)*.

Wie vielfältig die Zeichensysteme sind, die wir schon heute nutzen, daß also jeder von uns sich mehrsprachig äußert und versteht, wird uns oft erst bewußt, wenn einzelne Sinne behindert sind *(Siegfried Lenz, Oliver Sacks)* oder wenn sie – kompensierend – stärker angesprochen und genutzt werden. *Hubert Wudtke* und *Siegmund Prillwitz* berichten von der Gebärdensprache, mit deren Hilfe sich Hörbehinderte verständigen. *Jörg Hupfeld* führt uns in die Blindenschrift als »Sprache zum Fühlen« ein, während *Hans Georg Piroth* auf Versuche hinweist, »mit der Haut zu hören«. *Susanne Lembrecht Madsen* und *Manfred Gangkofer/Hans Brügelmann* stellen das internationale Symbolsystem BLISS vor, das sich ganz von der Lautsprache löst.

Eine neue Sicht auf die Sprache erschließen auch andere nicht-sprachliche Zeichensysteme: »Lesen« und »Schreiben« erscheinen verfremdet, ihre Schwierigkeiten aber doch wieder vertraut, wenn es nicht um Buchstaben, sondern um Noten *(Peter Fuchs)* oder um Zahlen geht *(Wilhelm Hitzler, Peter Gallin/Urs Ruf)*. Didaktisch besonders anregend sind die Versuche, Kinder ihre Lesart von Bedeutungen aus einem Medium in ein anderes übertragen zu lassen *(Heide Niemann)* oder gar neue Schreibweisen zu erfinden, wie *Claus Forytta* sehr anschaulich mit der »Lesepartitur« demonstriert.

Auch dieses »Lesebuch« mischt Berichte aus der Forschung und aus der Schule, literarische Stücke, Bilder und andere Stilformen in vielfältiger Weise. *Jeder spricht anders.* Wir haben dennoch einen eigenen Abschnitt aktuellen Berichten über empirische Untersuchungen gewidmet, und zwar als erstes einem Blick in die Werkstatt noch laufender Forschungen. Die Frage nach den Ursachen von Schwierigkeiten beim Schriftspracherwerb bewegt LehrerInnen, DidaktikerInnen und ForscherInnen gleichermaßen. Drei Projekte, die von unterschiedlichen theoretischen Positionen aus dieser Frage nachgehen, stellen sich in diesem Band vor: Das Münchner Max-Planck-Projekt »Longitudinal Study on the Genesis of Individual Competencies (LOGIC)« *(Wolfgang Schneider);* die Bielefelder Studie »Früherkennung und Prävention bei Risiken der Lese-Rechtschreib-Schwäche« *(Gerd Mannhaupt/Helmut Skowronek)* und die neue Untersuchung des Bremer Projekts »Kinder auf dem Weg zur Schrift« in Kooperation mit der Lernwerkstatt e.V. »Büffel-Stübchen« *(Hans Brügelmann).* Über einige Ergebnisse zu den hier angeschnittenen Fragen, insbesondere zur Bedeutung der Lautanalyse und -Synthese für die ersten Lese- und Schreibschritte berichtet *Rudolf Kretschmann* in Fortsetzung seines Beitrags aus dem letzten Jahrbuch. Eine imponierende Zwischenbilanz der angelsächsischen Forschung zum Lesen hat *Max Coltheart* mit vielen KollegInnen letztes Jahr vorgelegt. *Gerheid Scheerer-Neumann* hat aus dieser Fülle einige wichtige Streitpunkte und Ergebnisse (vor allem zur Frage der »Wortbausteine«) prägnant und anschaulich zusammengefaßt.

Verschiedene Fragezeichen zum oft beschworenen Niedergang der Schriftsprachkultur haben wir bereits im ersten Teil dieses Bandes gesetzt. Die Kulturpessimisten überfallen uns aber angesichts zunehmenden Fernsehens, sich verdichtender Verkabelung und des Vormarsches der Computer mit neuen Kassandrarufen. Schminkt man die affektgeladene Kriegsbemalung ab, bleiben immer noch bedenkenswerte Probleme, zumindest offene Fragen (vgl. *Peter Winterhoff-Spurk, Bettina Hurrelmann, Emil Zopfi).* Schwerpunkt dieses Teils ist aber die Suche nach einer konstruktiven Nutzung der neuen Medien, hier: des Computers. *Heide Niemann, Swantje* und *Heiko Balhorn* berichten von Texten, die Kinder mit der Hilfe eines Textverarbeitungssystems geschrieben haben. *Rahel Cohen* (zusammengefaßt von *Anja Blässer/Marion Engel)* stellt einen Versuch mit Lese- und Schreibprogrammen in französischen Grundschulen vor. Den Einsatz von Computern in einer deutschen Nachmittagseinrichtung planen *Albrecht Bohnenkamp* und *Hans Brügelmann,* die auch eine erste Zusammenfassung von Forschungsergebnissen zum »Schreiben am Computer« versuchen. Sie orientieren sich in wichtigen Punkten am Konzept der Berliner »Schreibwerkstatt«, dessen Annahmen *Barbara Kochan* in einigen Thesen mitteilt.
Aber der Computer kann nur ein Medium unter anderen sein. *Dieter Adrion* stellt mit einem Erfahrungsbericht über die Schuldruckerei die Balance

wieder her. Seine primär pädagogischen Überlegungen spinnt *Gudrun Spitta* in ihrem Beitrag fort: Nachdem in den vorausgegangenen Jahrbüchern viel über das Schreiben in den ersten beiden Klassen gesagt worden ist (vgl. vor allem *Donald Graves* in »ABC und Schriftsprache«), führt dieser Beitrag uns ans Ende der Grundschulzeit (und wir begegnen einem erfolgreichen Viertklässler wieder, dessen Texte im ersten Schuljahr bei vielen LehrerInnen Anstoß oder Sorge erregt haben).

Auch Stift und Ausgangsschrift sind Medien des Schreibens – und Anlaß für viele Kontroversen. Welche Blüten sie manchmal treiben, lesen Sie bitte selbst in der Glosse von *Gabriele Krichbaum* nach. Ein köstlicher Text und eine amüsante Lektüre (wenn der Anlaß nicht so bedrückend wäre).

Normen und Vielfalt – es gibt sie offenkundig auf vielen Ebenen der Sprache und Schrift: Grammatik, Rechtschreibung, Aussprache, Handschrift, Stil sind nur einige Merkmale, die wir im Alltag und in der Schule zum Anlaß nehmen, andere Menschen zu beurteilen, sie zu kritisieren, ja zu diffamieren. Von politischer Diskriminierung anderssprechender Minderheiten war hier nicht die Rede. Dabei fahren z.B. Karawanen deutscher Urlauber ins sonnige Kärnten. Aber sie bekommen nicht mit, wie die Slowenen von den Deutschsprechenden ihrer Sprache beraubt werden – auch in der Schule (vgl. z.B. *Wakounig 1987a; Gstettner/Wakounig 1987a).* Viel hätten wir auch schreiben können über geschlechtsspezifische Sprache (vgl. u.a. *Trömel-Plötz 1982a; 1984a),* über Fachsprachen und andere Versuche sprachlicher Grenzziehung.

Aber wir mußten auswählen und Akzente setzen. Umso großzügiger sind wir gewesen bei Verweisen auf weiterführende Literatur. Wir haben ins Literaturverzeichnis auch Titel aufgenommen, die in den Beiträgen nicht erwähnt sind, die wir aber für das Thema und für die aktuelle Diskussion über das Lesen(lernen) und Schreiben(lernen) wichtig finden. So wächst die Jahrbuch-Reihe über die Jahre hinweg auch zu einem bibliographischen Nachschlagewerk heran (vor allem wenn Sie uns in Zukunft mit Hinweisen auf wichtige Bücher und Artikel unterstützen...).

Was die Mitglieder der DGLS zu Fragen des Lesens und Schreibens in den letzten Jahren publiziert haben, hat *Heinz Giese* in »DGLS-Beiträge1988« zusammengestellt. Unter dem Thema »Rechtschreibreform und Rechtschreibenlernen« finden sich dort weitere Beiträge zum Thema dieses Jahrbuchs. Wer seine Mitgliedschaft über *Gudrun Spitta* (Egestorffstr. 36a, 1000 Berlin 49) beantragt, erhält die jährlichen DGLS-Beiträge (ebenso wie die Jahrbücher »Lesen und Schreiben«) kostenlos.

»Nachdenken über Sprache: Grammatik«; dies ist das Motto der nächsten

DGLS-Jahrestagung in der Bielefelder Laborschule (Universität) im Mai 1989. Grammatik im schulischen Zusammenhang assoziiert die Frage nach dem Sinn dieses Unterrichts, die Frage nach der Lehrbarkeit von Grammatik, von Sprache überhaupt. Dieser Komplex könnte ein Schwerpunkt des nächsten Jahrbuchs werden.

»Geschichten lesen – Geschichten schreiben« ist eine zweite Idee, die uns als Thema vorschwebt. Aber mit Büchern ist es so, wie mit Unterricht: Die Planung ist das eine, die »Ausführung«, das Sammeln, Schreiben, Ordnen das andere. Bücher und Unterricht gewinnen ihren Gehalt durch die Beiträge der Beteiligten. Am Ende kommt etwas heraus, was vorher so nie gedacht war.

Jetzt – schon im Rückblick – können wir sagen, es hat nicht nur Mühe, sondern auch viel Freude gemacht, dies alles zusammenzutragen und zuzubereiten. *Ekkehard Faude* wird aus unserem Berg von Manuskripten und Zeichnungen in seiner so lesens- und liebenswerten Handschrift ein Buch machen, auf dessen Erscheinen wir uns mit Ihnen freuen.

Sub auspiciis praesidentis societatis DGLS : *Gudrun Spitta*

Heiko Balhorn und Hans Brügelmann *im November 1988*

Johanna Juna
Die jungen Wiener schreiben wie die alten Griechen

Natürliches Lesen- und Schreibenlernen

Drei Wiener Lehrerinnen (*Ingrid Jung, Lieselotte Krotky* und *Brigitte Lager*) wollten im Schuljahr 1987/88 die Schüler ihrer ersten Klassen auf möglichst natürliche Weise Lesen und Schreiben lehren, d.h. ohne Lese-Schreiblehrgang und somit ohne Fibel. Auf die Idee waren sie durch einen Vortrag von *Marion Bergk (1987a; 1988a)* am Pädagogischen Institut der Stadt Wien gekommen. Gemeinsam mit mir (Mitarbeiterin der Pädagogischen Tatsachenforschung) planten sie ihre Arbeit. Als Dokumentationsform wählten wir die Methode der Handlungsforschung (Action Research nach *John Elliott 1981a),* weil dabei der Lehrer direkt in den Forschungs- bzw. Dokumentationsprozeß miteinbezogen ist. Die Daten für die Lehr- und Lernprozeßanalysen stammen aus pädagogischen Tagebüchern, Videoaufzeichnungen, von Fotos, wöchentlich durchgeführten Unterrichtsbeobachtungen und regelmäßigen Reflexionsrunden.

Als eine wahre Fundgrube erwiesen sich die Arbeiten der Kinder. Im folgenden soll an Hand von Verschriftungsversuchen der Kinder deren kreative Denkweise aufgezeigt werden, die meiner Meinung nach bei Schreib- und Leselehrgängen durch vorgegebene Strukturen unterdrückt bzw. zugedeckt wird.

Als erstes Wort nach ihrem Namen lernten die Kinder »Ich/ich« schreiben. Das Wort war auf einer Wortkarte vorgeschrieben, die Kinder zogen die Buchstaben nach, zerschnitten das Wort nach Graphemen, setzten es wieder zusammen. Sie klebten es in ihr Tagebuch (Heft in A4-Format) und schrieben »Sätze« damit, dabei verwendeten sie Zeichnungen als Substitut für Wörter, die sie noch nicht schreiben konnten. In zwei Klassen zeichneten die Kinder spontan, in einer Klasse wies die Lehrerin auf die Möglichkeit des Zeichnens hin: Ein Kind hatte gefragt, was es machen solle, wenn es ein Wort nicht schreiben könnte.

Die folgenden Zeichnungen stehen für Verben und Wortgruppen:

Ich lache

Ich fische

Ich weine

Ich streichle den Hund

Ich küsse

Ich habe eine Oma und einen Opa

Nach der Einführung des Wortes »bin« kommen Eigenschaftswörter dazu:

Ich bin lustig

Ich bin traurig

Dasselbe Zeichen (lachendes/weinendes Gesicht) wird also einmal für eine Tätigkeit und einmal für einen Zustand verwendet.

Irgendwie erinnerten mich die Darstellungen an Hieroglyphen, und ich begann in Fachbüchern nachzulesen. Die Ergebnisse waren verblüffend. Laut *Frutiger (1979a, 15 ff.)* liegen allen Schriften, die aus einem natürlichen Entwicklungsgang entstanden sind, Bilderschriften zugrunde. Dabei bestehen »Analogien elementarer Zeichen – jedenfalls was die bildhafte Vorstellung von Objekten betrifft, die allen Völkern gemeinsam gewesen sein müssen«, so z.B. bei der Wiedergabe menschlicher und tierischer Figuren, des Mondes als Sichelform, des Wassers als Wellenlinie. »Wollte man Verben bilden, etwa sitzen, schlafen, essen, wurde ein Mann in den entsprechenden Tätigkeiten bildlich dargestellt, ...« *(Barthel 1972a, 34).*
Bisweilen wurden in solchen Fällen Abkürzungen verwandt, indem man z.B. statt der ganzen Figur eines Menschen nur die für die betreffende Handlung in Frage kommenden Glieder darstellte; so wurde »gehen« durch zwei Beine angedeutet ... *(Jensen 1969a, 51).*

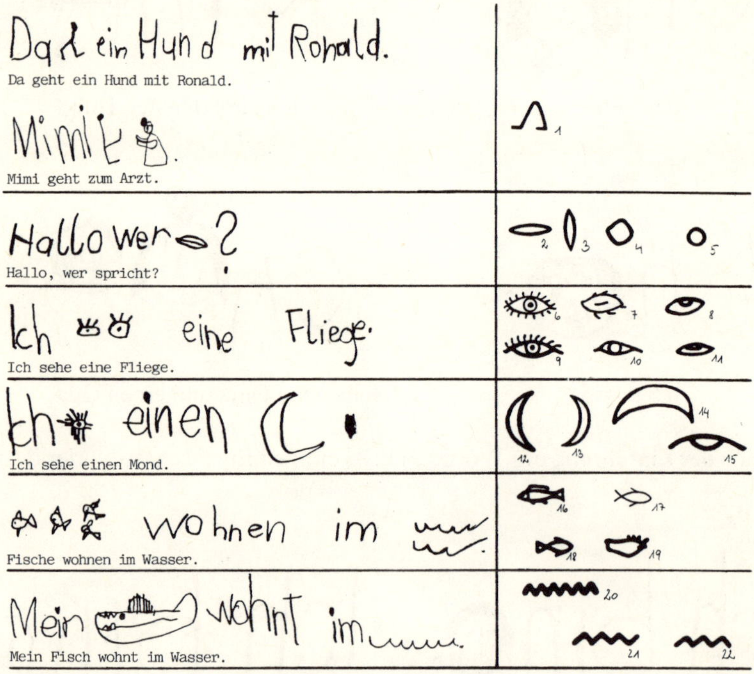

1 Ägyptische Hieroglyphe *(Földes-Papp 1987a, 86);* **2, 3, 10, 16** u. **20** Ägyptische Hieroglyphe *(Földes-Papp 1987a, 106);* **4** u. **5** Sinai Schrift *(Földes-Papp 1987a, 106)*; **6, 7, 9** u. **12** Minoisch *(Jensen 1969a, 116);* **8, 11, 18, 19, 21** u. **22** Sinai-Schrift *(Földes-Papp 1987a, 106)*; **13** Hethitisches Schriftzeichen *(Földes-Papp 1987a, 47);* **14** Bamum-Schrift *(Jensen 1969a, 210)*; **15** Ägyptische Hieroglyphe *(Földes-Papp 1987a, 47);* **17** Sumerisches Schriftzeichen *(Földes-Papp 1987a, 47)*

Die Verbindung von Zeichnen und Schreiben ist kulturhistorisch gesehen sehr alt: »Die Bilder wurden in diesem Augenblick zu einer Schrift, als sie Gedachtes und Gesprochenes so festhielten, daß es ohne zeitliche Begrenzung immer wieder gelesen werden konnte« *(Frutiger 1979a, 14 ff.)*.

Fast alle Kinder verwendeten Wortbilder, und zwar mit unterschiedlichem Abstraktionsgrad. Sind die Zeichnungen zuerst realistisch, so werden manche schematisiert, und durch die Vereinfachung des Bildes geht das Illustrative verloren, aus dem Abbild wird ein Sinnbild (siehe dazu *Frutiger a.a.O.)*. – In manchen Heften ist der Weg von der sehr konkreten Darstellung bis zum Symbol direkt nachzuvollziehen.

Ronald sieht einen Autobus.

Mein Papa sieht einen Nikolo.

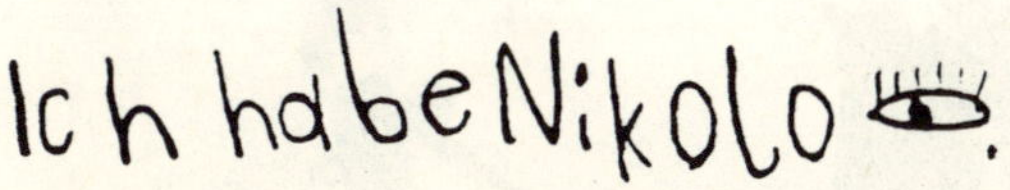

Ich habe einen Nikolo gesehen.

Der Roman sitzt in der Schule.

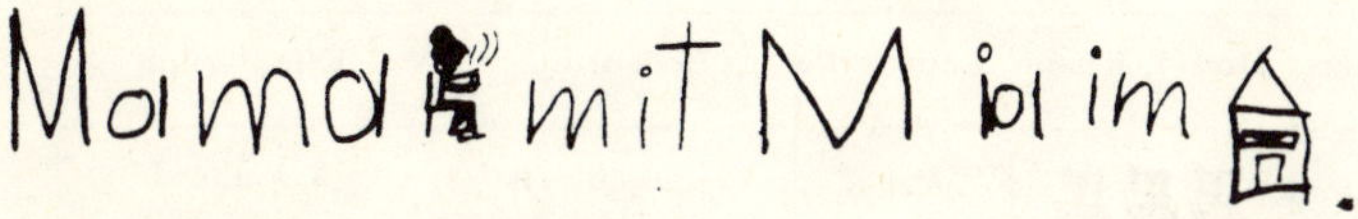

Mama sitzt mit Mia im Haus.

Wir sitzen am Schaukelpferd.

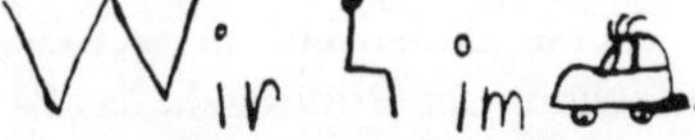

Wir sitzen im Auto.

Wir liegen im Bett.

So wurden die Texte von den Kindern gelesen. Die Flexion der Wörter bleibt bei den Piktogrammen unberücksichtigt.

Manche der Zeichen können als »Ideogramm« bezeichnet werden, sie sind nur für den »Wissenden« lesbar. Ich konnte nicht sofort lesen, was der Bub zum Nikolo sagt, obwohl ich das Symbol für das Sitzzeichen kannte.

»Wieso weißt du das nicht?«, entrüstete sich der Schreiber, »'Nikolo bleib da!' heißt das! Der Nikolo soll den Stab hinlegen und sich niedersetzen.«

Auch die chinesische Schrift verwendet symbolische Zusammensetzungen, bei denen durch Wiederholung desselben Bildzeichens die Bedeutungsveränderung eines Begriffes ausgedrückt wird. *(Jensen 1969a, 160 ff.).*

Altes Zeichen	Mod. Zeichen	Lautwert	Bedeutung	Erläuterung
	馬馬馬	*ch'êng*³	galoppieren	3 × Pferd

Einkaufszettel soll man lesen können!

Beim »Einkaufen spielen« (Rollenspiel) schlug die Lehrerin den Kindern vor, doch einen Einkaufszettel zu schreiben. Die Reaktion der Kinder war sehr unterschiedlich.

Ein Bub rief: »Kann ich nicht!« Er verweigerte dann auch das Schreiben vollkommen, weil er befürchtete, bei einem Marktbesuch wirklich Geld ausgeben zu müssen.

Ein Mädchen fragte noch rasch: »Schreibt man Reh mit stummem h?«

Ein anderer Bub: »Gelt, Gurke schreibt man mit ck?«

»Darf ich zeichnen?«, wollte ein anderes Kind wissen.

Die Lehrerin wies darauf hin, daß es beim Einkaufszettel vor allem darauf ankomme, ihn wieder lesen zu können und daß diesmal die Schreibweise nicht so wichtig sei.

Ein Vergleich der Einkaufszettel zeigte, auf welch unterschiedlichem Verschriftungsniveau die Kinder waren: vom Aneinanderreihen irgendwelcher Buchstaben, über phonetische Schreibweisen (Eija, Meijonese, Buta, ...) bis zum Versuch, Rechtschreibregeln anzuwenden (Rhe=Reh, Curce=Gurke). Manche Kinder verwendeten nur Zeichen, interessanterweise waren dies eher schwache oder aber sehr gute Schreiber.

Der abgebildete Einkaufszettel stammt von einer der besten Schülerinnen, sie wollte einkaufen: a) Milch, b) Gurke, c) Rüben, d) Mayonnaise, e) Brot, f) Knöpfe, g) Malfarben, h) Salat, i) Fisch, j) Pfeil, k) Puppe, l) Linienspiegel, m) Heft, n) Apfel, o) Mistkübel.

Der Einkaufszettel darunter stammt aus einem Bestellbuch einer ostfriesischen Botenfrau (vor 1914, in *Jensen 1969a, 39*). Sie wollte einkaufen: a) Reis, b) Porree, c) Schwamm für Schiefertafel, d) Topf, e) Wurmkuchen, f) Wein, g) Schweinefleisch. Den Schlachter sollte sie ins Dorf einladen (h) und der Liebsten des Dorfschmiedes dessen Brief bringen (i).

Als mir eine Klassenlehrerin etwa in der 3. Schulwoche diese Zeichnung zeigte, war ich nicht sehr erstaunt. Ich hatte bei *Brügelmann u.a. (1984a, 33)* und *Valtin (1986a, 24)* Hinweise auf Spiegelschrift gelesen. Ich erinnerte mich auch an meine ersten Schreibversuche, von denen die Erwachsenen damals behaupteten, sie gingen in die »falsche« Richtung. Der Einfluß der Sprechblasen auf die Schreibrichtung macht den Wechsel hier verständlich.

Die Anregung der Klassenlehrerin, doch so zu schreiben, wie die Erwachsenen es üblicherweise täten, nahm die Schülerin prompt auf.

Dann kam die Nikolo-Stunde. Ich saß neben einem Schüler und sah zu, wie er den Dialog zwischen Nikolo und Kind in die Sprechblasen füllte. Als er mit der Rede des Nikolos fertig war, fragte er mich: »Wie schreibt man denn ›Danke‹?« Ich nahm ein Blatt Papier und schrieb ihm das Wort vor. Er legte es vor sich hin und malte die Buchstaben ab – allerdings seitenverkehrt!

Das geschah so rasch, daß es mir gar nicht in den Sinn kam, ihn zu unterbrechen. Freudestrahlend hielt er mir sein Blatt hin und war sichtlich enttäuscht, als ich wieder mit der Geschichte von den Erwachsenen anfing. Die unterschiedliche Buchstabenrichtung war ihm gar nicht bewußt geworden.

Nach der Stunde sah ich mit der Klassenlehrerin gemeinsam die Arbeitsblätter durch. Da relativ viele Reversionen vorkamen, ließ die Lehrerin als Gegenmaßnahme die Kinder mit der Schreibmaschine schreiben und beklebte alles mit Richtungspfeilen – die Reversionen verschwanden wieder.
Als es im Fasching ums Verkleiden ging, schrieben die Kinder in einer anderen Klasse in Sprechblasen, die aber wohlweislich so gezeichnet waren, daß sie zur richtigen Schreibrichtung animierten. Dachten wir!

Die griechische Felsinschrift aus Thera (oben rechts) stammt aus dem 7. vorchristlichen Jahrhundert und ist zeilenwendig (bustrophedon) geschrieben, d.h. die erste und vierte Zeile linksläufig, die zweite und dritte rechtsläufig *(Földes-Papp 1987a, 144; Barthel 1972a, 144; Jensen 1969a, 448)*.
Bei den ägyptischen Hieroglyphen sehen die Köpfe von Menschen- und Tierbildern zum jeweiligen Zeilenanfang *(Jensen 1969, 51)*. Die hethitische Sultahan-Stele ist zeilenwendig beschrieben *(Jensen 1969, 141)*. Die Schriftzeichen auf der Dipylonkanne aus Athen *(Barthel 1972, 147)* weisen nach links, ebenso die etruskische Inschrift auf der Stele von Lemnos *(a.a.O., 162)*. Aus dem 6. vorchristlichen Jahrhundert stammt der auf dem Forum Romanum gefundene »Lapis niger« mit bustrophedoner Schriftanordnung *(a.a.O., 170)*.
Die Schrift der Iberer zeigt »zwei nicht erheblich von einander abweichende Formen des Alphabets, die sich zur Hauptsache dadurch unterscheiden, daß die nördliche Schriftform rechtsläufig, die südliche linksläufig ist« *(Jensen 1969a, 281)*.
Frutiger (1978a) bezeichnet die Schreibweise der Phönizier, der Erfinder des Alphabets, als »symmetrisch«, denn sie schrieben furchenwendig. Dabei mußten die Buchstaben auf jeder Linie erneut »umgedreht« werden, asymmetrische Buchstaben wurden einmal rechtsherum und einmal linksherum geschrieben. »Im Laufe der Zeit wurde dieses Vorgehen mit der Form des Buchstabens, der sich als Urtyp (archetype) in den Geist der Menschen ver-

ankerte (gravierte), unvereinbar, da ja stets zwei Urformen »programmiert« werden mußten« *(a.a.O., 30)*. Folgt man diesen Überlegungen, so ließe sich der asymmetrische Verlauf unserer geschriebenen Sprache als eine Vereinfachung im Hinblick auf leichtere und raschere Lesbarkeit derselben erklären.
Im Mai dieses Jahres schickte mir ein Kollege, der wußte, daß ich mich mit dem Thema Schreibrichtung und Buchstabenform beschäftigte, die Schriftprobe seines fünfjährigen Sohnes Michael. Üblicherweise schreibt dieser linksläufig.

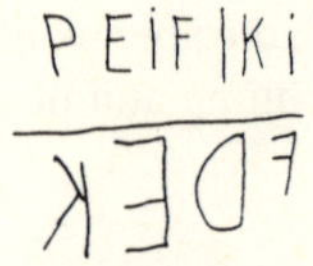

Michaels Kommentar:
»Das schreibe ich so, damit es die Lehrerin (gemeint bin ich) in der Schule auch lesen kann«.
Beispiele dieser Art lassen vermuten, daß zuerst die Form des Buchstabens gelernt wird, dessen Gerichtetsein sich erst aus der Schreibrichtung ergibt. Dafür sprechen auch lernpsychologische Überlegungen zur Konstanz der Wahrnehmung. Lernt doch ein Kind bis zum Schulbeginn, daß ein Häferl ein Häferl ist, egal, in welche Richtung der Henkel schaut! Dann aber ist der nach links bzw. rechts zeigende »Bauch« von b und d der bedeutungsgebende Unterschied! *(Breuninger/Betz 1982a, 20; Schenk-Danzinger 1984a, 144).*

Fast tut es uns leid: Jetzt schreiben die Kinder

Am Ende des Schuljahres sehe ich die Hefte durch. Die Piktogramme sind weitgehend verschwunden, manchmal werden noch Wörter illustriert oder auch sehr schwierige Wörter gezeichnet.

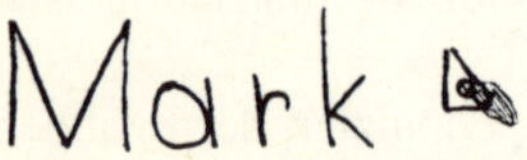

Mark niest

Der Wind bläst

Computer

Ganz selten sind Bildzeichen innerhalb von Wörtern. Die zusammengesetzten Hauptwörter können in Rebusart gelesen werden.

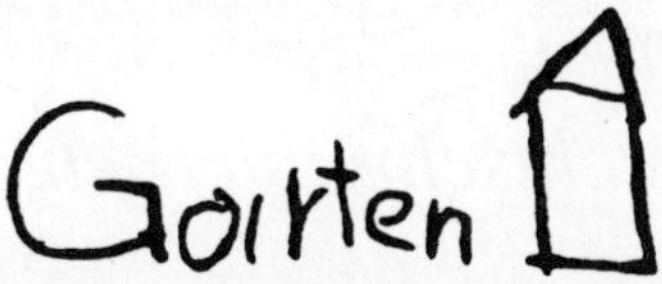

Gartenhaus

Tierarzt

Rückblickend auf die Arbeit des Schuljahres versichern mir alle drei Kolleginnen, daß sie wieder die Methode des natürlichen Lesen- und Schreibenlernens wählen würden. Als einen Grund dafür geben sie die Motivation der Kinder an. Üblicherweise wollen Kinder, die in die erste Klasse kommen »Lesen und Schreiben« lernen. Oft werden sie aber enttäuscht, wenn der Lehrer glaubt, sie mit graphischen Übungen, Lautschulung, Artikulationsübungen usw. auf diesen schwierigen Prozeß erst vorbereiten zu müssen. Lesen und Schreiben ist nicht mehr das interessante Abenteuer, das es zu entdecken gilt. Die Methode des natürlichen Lesen- und Schreibenlernens kommt dem Neugierverhalten, dem Tätigkeitsdrang der Kinder entgegen, vor allem aber auch ihrer Kreativität, wie die obigen Beispiele der Schrifterfindung zeigen.

Meiner Mitarbeiterin Frau Susanne Zaunscherb und Herrn Hans-Peter Graf, dem Leiter der Pädagogischen Zentralbücherei, möchte ich für ihre Hilfe bei der Erstellung des Artikels danken.

Heiko Balhorn
Rechtschreibreform und rechtschreiblernen

Die Deutsche Gesellschaft für Lesen und Schreiben (DGLS) hat am 7 .5. 1988 in der Universität Hamburg ihre jahrestagung – diesmal zu fragen der *rechtschreibreform* und des *rechtschreiblernens* – durchgeführt.
Mitglieder der deutschen und der schweizerischen reformkommission *(Wolfgang Mentrup*, Institut für Deutsche Sprache, Mannheim; *Peter Gallmann*, Deutsches Seminar der Universität Zürich) erläuterten vorliegende reformvorschläge und schwerpunkte. Diese positionen kommentierten *Peter Eisenberg* (FU Berlin) aus linguistischer und *Mechthild Dehn* (Uni Hamburg) aus didaktischer sicht. Alle stellungnahmen sind in 'DGLS-Beiträge88' *(Balhorn 1988a)* wiedergegeben.

Wie ist unsere schreibung festgelegt, und wer kann sie ändern?

Die deutsche (recht-)schreibung ist prinzipiell festgelegt durch das *amtliche regelwerk von 1902*. Die DUDEN-redaktion interpretiert lediglich dieses regelwerk, wendet es auf (neue) fälle an, bezieht sich dabei auf empirischen sprachgebrauch, indem sie den 'Spiegel' und andere veröffentlichte texte auswertet. Die 2. ortografische konferenz von 1901 – in der Konrad Duden protokoll führte – zielte auf eine *vereinheitlichung* der schreibweisen. Weil in den verschiedenen deutschen ländern verschiedene schreibweisen praxis waren, war bildungs-politisch eine vereinheitlichung höchstes gebot. Doch weil die abgeordneten der einzelnen länder ihre (mundartlich mitbestimmten) interessen durchzusetzen versuchten, entstand ein uneinheitliches regelwerk. Es war ein kompromiß zwischen sach- und machtinteressen.
(Kaiser Wilhelm zum konferenzprotokoll: *»Das h in Thron bleibt. An meinem Thron wird nicht gerüttelt!«)*
Insofern ist verständlich, daß das ergebnis nicht optimal war: Zwar gelang die herstellung einer einheitlichen schreibung für den damaligen deutschsprachigen raum, doch war dieses ziel nur um den preis hoher kompliziertheit des produkts zu haben. Das zweite gebot, das der *einfachheit*, blieb unerfüllt.
Die mängel dieses heute immer noch geltenden regelsystems liegen auf der hand und sind sowohl der öffentlichkeit, wie auch den verschiedenen fachwelten (linguistik, sprachdidaktik, druckindustrie) bewußt.
Es besteht weitgehende einigkeit darüber, *daß* eine reform nottut, und es ist jetzt ein verfahren gefunden, um zu entscheiden, *was* zu ändern ist.
Die gegenwärtigen reformüberlegungen zielen auf vereinfachung, also auf den aspekt der *lernbarkeit* von schrift. Lernbarkeit eines schriftsprachlichen regelsystems aber ist nicht zu trennen von der *lesbarkeit* der schrift in ihrer funktion, rasche und möglichst unmittelbare bedeutungserfassung zu sichern.

Um reformvorschläge akzeptabel zu machen, gilt es, die vertrautheit, die schriftzüge für schreiber/leser besitzen, zu berücksichtigen. Um Wortkonstanz als allgemeine bedingung von erwartungserfüllung sowie morfemkonstanz zur nutzung semantischen wissens für leser nicht zu gefährden, sind reformvorschläge sehr behutsam auf die schrifttradition zu beziehen. In den historisch gewordenen wörtern bewahrt sich zudem ein reichtum von wörtlich gefaßtem wissen, den es nicht zu gefährden gilt.

Ziel der nun fast 90 jahre währenden reformdiskussion ist eine generelle überarbeitung und neufassung der amtlich gesetzten schreibregeln.

Folgende schwerpunkte gibt die abschlußerklärung der »Wiener Gespräche« (12/1986) vor (vgl. auch kasten S. 35): *»Angesichts der Vielschichtigkeit des Gesamtbereichs wurde vereinbart, in einem ersten Schritt die Bereiche Worttrennung, Zeichensetzung, Getrenntschreibung und Zusammenschreibung sowie die Laut-Buchstaben-Beziehung einschließlich der Fremdwortschreibung zu behandeln. Erst in einem zweiten Schritt soll die umstrittene Groß- und Kleinschreibung in Angriff genommen werden.«*

Zu den geplanten veränderungen finden sich in den ausführungen von *P. Gallmann* und *W. Mentrup* (vgl. auch 'Beiträge 88', S. 7/8) konkrete bestimmungen.

Die stoßkraft der vorliegenden bzw. in arbeit befindlichen vorschläge liegt

* in der wissenschaftlichen fundiertheit,
* in der kooperativen internationalen entwicklung (durch vertreter aller 9 deutschsprachigen länder)
* sowie in der politischen legitimation der kommissionen durch die beteiligung politischer mandatsträger.

Die aussichten, daß die vorliegenden (noch zu präzisierenden) ergebnisse der reformkommissionen akzeptiert werden und die amtlichen regeln des erlasses von 1901 ersetzen können, sind gut. Im frühjahr 1989 sollen in einem nächsten »Wiener Gespräch« die neuregelungsvorschläge international erörtert und abgestimmt werden. Das ergebnis wird dann mit 'gesellschaftlich relevanten gruppen' zu diskutieren sein (u.a. probleme der umstellung). Daraufhin können politiker der deutschsprachigen staaten die neuen regeln formell in geltung setzen.

In fachdidaktischer perspektive ist die reform zu begrüßen; sie wird auch von lehrerInnen breit unterstützt.

Eine realisierte reform kann aber nicht die objektiven schwierigkeiten beheben, die das schreiben- und lesenlernen überhaupt für kinder, insbesondere für kinder aus einem sprachlich wenig anregenden milieu, bedeutet.

Das, was von den experten an regelveränderungen diskutiert wird, betrifft den prozeß der aneignung von schrift für lerner nicht wesentlich.

Die ins auge gefaßten vereinfachungen sind – mit ausnahme des bereichs der großschreibung – marginal, versprechen erleichterungen hauptsächlich für diejenigen, die viel schreiben und die schrift auf einem hohen niveau

sprachlichen bewußtseins nutzen. Für diese ist eine reform gut – schon damit wäre sie zu rechtfertigen. Darüber hinaus – und das ist der sprachdidaktisch entscheidende grund – wird eine reform der regeln, ja, schon die breite öffentliche diskussion der norm, produktive konsequenzen haben.
Die erfahrung der veränderbarkeit verdeutlicht den status der schreibkonventionen. Wenn es möglich – also denkbar – ist, daß die rechtschreibung nicht unbedingt so und nur so sein muß, kann verständnis eröffnet werden für ein schrittweises lernen.
Wenn unsere sprachgemeinschaft 'überlegt', ob z.b. nomen unbedingt groß zu schreiben sind oder ob einem schreiber notwendig bildungswissen abzuverlangen ist, wenn er ein wort wie 'inter-essant' nicht mehr auf eine zeile bekommt (und diese form der worttrennung heißt nach Duden »*silben*trennung«), dann könnte ein bewußtsein dafür platz greifen, daß das wohlbegründete gebot einer einheitlichen schreibung – hinter unserem rücken oder gar in bestimmtem interesse – sich gegen die schreiber wendet.
Den gedanken, daß ortografische normen über ihre primäre funktion hinaus bedeutung gewonnen haben, indem sie als bildungsindiz, selektionskriterium, intelligenzmerkmal dienen und als »materielle Gewalt« kulturelle schichten scheiden, hat *Utz Maas (1985a)* in großer klarheit entwickelt und belegt. Ein solches breit akzeptiertes restriktives normenverständnis als verbissenes schulen auf unbedingte einhaltung hat konsequenzen, besonders für ungeübte schreiber, also für lerner und wenig schreibende erwachsene. Wenn ein solches rigides verständnis sich in einer sprachdidaktik fortsetzt, die im anfangsunterricht wesentlich auf elementarisierende lehrgänge und die einprägung sogenannter wortbilder setzt, statt kindern zu helfen, ein *verständnis* für die schrift und das schreiben in ihren funktionen für sie selbst zu gewinnen, wirken sich norm und unterricht als schreibblockade aus. Eine fehlervermeidungsdidaktik, die in der befürchtung, daß sich fehler einprägen, kindern lieber vorschreibt, was sie zu schreiben haben, damit sie richtiges statt wichtiges schreiben, gefährdet das interesse am schreiben. Ein fataler hang zur hundertprozentigkeit, zur richtig- und vollständigkeit der normerfüllung auch im lern*prozeß,* legt kindern – da fehlervermeidung nicht möglich ist – schreibvermeidung nahe. Statt auf das *was* konzentrieren wir uns und die schreiber auf das *wie*. Entsprechend dürftig sind die schultexte (vgl. Balhorn/Vieluf in diesem band S. 117).
Insofern könnte eine diskussion und reform der schreibnorm unser verständnis eben dieser norm und damit auch der abweichungen erweitern. Schreiben ist in erster linie ein »intellektuelles Produktionsmittel« *(Utz Maas)* und das meint mehr, als die bloß kommunikative funktion des schreibens. Damit kinder (und auch erwachsene) sich dieses produktive mittel nutzbar machen können, brauchen sie mut zum schreiben – oder vielleicht auch nur keine angst davor. Zu einer unterrichtlich gestützten schreibpraxis gehört deshalb die erfahrung des könnens, die freude des entdeckens und verstehens von zusammenhängen. Interesse am schreiben, insbesondere an der arbeit am

geschriebenen, ist aber an ein milieu gebunden, das nicht durch das schema des richtig-oder-falsch bestimmt ist, sondern die erfahrung bereitet: *»Ich kann es jetzt schon besser (genauer, verständlicher) sagen als früher. Sprache ist etwas reiches, schönes; wörter sind gebildet; mit sprache kann ich etwas bewirken – auch in mir.«*

Deshalb kann sich ein geläutertes verständnis der norm der sprache, hier: der recht-schreibung, auf unsere vorstellung von sprachlichem lernen im unterricht auswirken und umgekehrt. Eine reform korrigiert die setzungen des amtlichen regelwerks, weil wir es jetzt besser wissen und weil sich die bedingungen geändert haben. Die frage wird allerdings sein, ob wir nur die inhalte der norm austauschen oder ob wir damit auch unser verständnis der normengeltung verändern. Tendenziell zeigen sich in den reformvorschlägen entscheidungsspielräume für den schreiber. Es soll ihm überlassen bleiben, ob er in bestimmten fällen etwas als ein wort oder als zwei einheiten verstanden wissen will oder ob er an bestimmter stelle ein komma setzt oder nicht. Die ausdrückliche zulassung von *schreibvarianten* nicht nur in sehr wenigen fällen, sondern überall dort, wo keine gewichtigen einschränkungen für leser zu erwarten sind, würde positive folgen für das normenverständnis von schreibern haben. Diese varianten müßten einerseits auf der ebene allgemeiner regeln ausgedrückt werden und andererseits – für viele benutzer hilfreicher – in beiden versionen als so-wie-so richtige schreibweise im wörterteil aufgeführt werden.

Resümee in sprachdidaktischem interesse

Eine überarbeitung, neufassung und entrümpelung des geltenden regelwerks ist überfällig. Vorschläge dazu liegen (fast) fertig vor. Sie würden durch weniger und klare regeln vereinfachung bedeuten. Ihre qualität und bescheidenheit sichert ihnen breite zustimmung, so daß ihre politische durchsetzung wahrscheinlich ist.

Sie sollte – in güterabwägung zwischen lernaufwand und leseökonomie und im bewußtsein der restriktiven deutung dieses größten fehlerbereichs – die entscheidung für eine gemäßigte großschreibung nicht ausklammern. Würde sie jetzt ausgeklammert, so wären die chancen ihrer reform 'im zweiten anlauf' außerordentlich gering.

Die wichtigste funktion der reform für die schule wäre ihr beitrag zur *liberalisierung der auslegung* der normen, d.h. ihr beitrag zur toleranz gegenüber abweichungen. Daß dies nicht bedeuten soll, jeder möge so schreiben, wie er will, ist aus den bemühungen z.b. der autorInnen dieser jahrbuchreihe zu entnehmen.
Für lerner muß jedoch gelten, daß jeder so (richtig) schreiben darf, wie er kann. (Wer bietet schon seine zweitrichtige version?) Die formen des umgangs mit den immer bestmöglichen schülertexten, auch im interesse an ortografie, sind gegenstand einer schreibdidaktik. Davon wird weiter unten die rede sein.
Eine bemerkung aus der diskussion der hamburger tagung ist noch nachzutragen: *Wolfgang Menzel* und *Wolfgang Mentrup* stellten mit viel sachkundiger zustimmung fest, daß noch zu keinem zeitpunkt der geschichte die ortografischen fähigkeiten der kinder und jugendlichen so hoch waren wie heute (vgl. auch kasten *Menzel/Vogel, unten S. 71)*
Im anschluß an die folgenden drei reformbeiträge finden sich als auswahl aus dem tagungsprogramm drei ortografiedidaktische beiträge, deren gemeinsamer nenner – in lerntheoretischer perspektive – eine entwicklungslogik ist, der kinder auf dem weg zur schrift folgen (vgl. im übrigen die texte der referate in *Balhorn 1988a).*

Nachruf

JOACHIM RIEHME ist im letzten sommer unerwartet in Leipzig gestorben. Er ist durch seine veröffentlichungen auch in der Bundesrepublik einer breiten lehrerschaft bekannt (s. Lit.-Verzeichnis). Die vielen auflagen seines buches 'Probleme und Methoden des Rechtschreibunterrichts' (1964/1974) haben eine weitreichende wirkung gehabt. Riehme hat empirische forschungsergebnisse zur grundlage einer didaktischen theorie gemacht und linguistische erkenntnisse in die rechtschreibdidaktik eingeführt. Damit hat er gezeigt, daß und wie lehrreich ortografie sein kann.
Für die reformkommission der DDR hat er zusammen mit *Dieter Nerius u.a.* zur fundierung der nun erwartbaren rechtschreibreform beigetragen. 1986 hat er seine neue rechtschreibdidaktik vorgelegt. Sie ist auch bei uns (Diesterweg 1987) erschienen. Als ein umfassendes grundlagenwerk ist das letzte buch, an dem er mitgewirkt hat, sehr empfehlenswert: Deutsche Orthographie (Leipzig 1987).
Bundesdeutsche kollegInnen konnten JOACHIM RIEHME zuletzt auf der Gießener tagung 'Graphematik und Orthographie' persönlich kennenlernen. Ich erinnere mich gern und nun mit trauer an lange, anregende gespräche mit diesem liebenswürdigen kollegen.

Heiko Balhorn

Wolfgang Mentrup
Vorschlag zur Neuregelung der Deutschen Rechtschreibung

Hintergründe – Begründungen – Ziele

Der folgende Beitrag knüpft an das an, was ich am 7. Mai 1988 in Hamburg auf der Jahrestagung der DGLS vorgetragen habe. Die damals verteilte stichwortartige Zusammenfassung kann – leider nur in einer augenknibbelnd-verdichteten Kompakt-Darreichungsform – in den »Beiträgen 1988« der DGLS auf S. 7/8 nachgelesen werden. Mit ... *knüpft an* ... meine ich, daß ich einige der im Mai gesponnenen Fäden aufgreife und im Fadenlauf verlängere. Denn man kann nicht alles auf einmal sagen und man muß das, was man schon einmal gesagt hat, nicht unbedingt noch einmal sagen – obwohl manches, so scheint's manchmal, nicht oft genug gesagt werden kann.

Mit einem Schreiben vom 19. Februar 1987 erteilten der Bundesminister des Innern und die Ständige Konferenz der Kultusminister der Länder, Bonn, dem Institut für deutsche Sprache (IDS), Mannheim, den Auftrag, *»zu den Bereichen Silbentrennung, Interpunktion, Zusammen- und Getrenntschreibung, Fremdwortschreibung und Laut-Buchstaben-Beziehung Vorschläge für eine Reform des Regelwerks vorzulegen und mit der Gesellschaft für deutsche Sprache (Wiesbaden) abzustimmen«* – d.h. der Gesellschaft den Vorschlag zur Stellungnahme zuzuleiten.
Im Herbst 1988 wurden der Vorschlag (erarbeitet von der Kommission für Rechtschreibfragen) des IDS und die Stellungnahme der GfdS dazu den Auftraggebern überreicht.

Die amtliche Regelung von 1901/1902: Die amtliche Norm von heute

Die noch heute amtlichen »Regeln für die deutsche Rechtschreibung nebst Wörterverzeichnis« sind über 85 Jahre alt. Sie wurden 1901 auf der 2. Orthographischen Konferenz in Berlin von den amtlichen Vertretern der Länder des damaligen Deutschen Reiches erarbeitet, 1902 als schmales Bändchen veröffentlicht und (wie auch in Österreich und in der Schweiz) für den schulischen und behördlichen Bereich amtlich- verbindlich. Das Ziel der Konferenz, *»die Einheitlichkeit der deutschen Rechtschreibung«* im deutsch- sprachigen Raum, war erreicht, nachdem 1876 der erste Versuch *»zur Herstellung größerer Einigung in der Deutschen Rechtschreibung«* nach der 1. Orthographischen Konferenz gescheitert war.
Durch einen am 20. Dezember 1955 veröffentlichten Beschluß der Kultusministerkonferenz werden die 1901 *»festgelegten Schreibweisen und Regeln* ... (als) *Grundlage für den Unterricht in allen Schulen«* innerhalb der Bun-

desrepublik Deutschland in ihrer Amtlichkeit bestätigt und gleichzeitig die im 'Duden' gebrauchten Schreibweisen und Regeln *»in Zweifelsfällen«* für verbindlich erklärt.

Im Dezember 1986 auf der ersten Konferenz amtlicher Vertreter deutschsprachiger Staaten zur Reform der deutschen Rechtschreibung in Wien wird Einvernehmen darüber erzielt, *»die auf der Orthographischen Konferenz von 1901 in Berlin erreichte einheitliche Regelung der deutschen Rechtschreibung den heutigen Erfordernissen anzupassen. Insbesondere geht es darum, die in vielen Teilbereichen der Rechtschreibung kompliziert gewordenen Regeln zu vereinfachen«* (Abschlußerklärung).

Spätestens seit der 219. Plenarsitzung der Kultusministerkonferenz im Juni 1984 in Saarbrücken bis heute, 1988, wird auch aus diesem Kreis starkes Unbehagen gegenüber der heutigen dogmatischen Regelung der deutschen Rechtschreibung geäußert, ihre mit jeder neuen Duden-Auflage wachsende Kompliziertheit und Unübersichtlichkeit kritisiert und der insgesamt festzustellende Hang zum Perfektionismus beklagt. Der Einbezug des 'Duden' in den Beschluß von 1955 wird unter Hinweis auf die vorhergehenden erfolglosen Reform-Anläufe der KMK mit ihrer (der KMK) damaligen Not begründet, d.h. als Not-Lösung gekennzeichnet; zugleich wird auf die – gegenüber der *»quasi amtlichen Rechtschreibnorm des Dudens«* – (relativ) knappen, übersichtlichen und verständlichen Regeln von 1902 mit ihrer Liberalität verwiesen.

1901 – 1955 – 1986 – 1988: Der sich wie ein roter Faden durchziehende mehrfache Rück(be)zug auf 1901 macht deutlich: Die amtliche Regelung der deutschen Rechtschreibung befindet sich – sieht man von vereinzelten, per Erlaß bis 1945 durchgeführten geringfügigen Änderungen wie etwa 1927 *die Wage > Waage* ab – noch heute auf dem Stand von 1902. Bis heute gibt es keinen Beschluß der politisch zuständigen Stellen, durch den das amtliche Regelwerk von 1902 durch ein neues – reformiertes – ersetzt worden wäre.

Die Entwicklung der Rechtschreibung seit 1901/1902: Das andere Gleis

Gegenüber dieser konstanten amtlichen Norm – sozusagen 'davon unbeeindruckt' und auf einem andern Gleis – hat sich die Rechtschreibung in diesen mehr als 85 Jahren weiter entwickelt und sich in vielen Bereichen erheblich verändert.

Die Ursachen für diese Veränderungen liegen

- auf der einen Seite in dem sich wandelnden Schreibgebrauch mit seinen neu aufkommenden Schreibungen der einheimischen und der Fremdwörter (einschließlich Groß oder klein und getrennt oder zusammen), mit neuen Trennungen der Wörter und Verwendungen bestimmter Satzzeichen, wobei diese rechtschreiblichen Varianten im Verlauf z.T. bevorzugt werden und bisher übliche verschwinden;

- auf der anderen Seite in den wiederholten Bearbeitungen der vorgefundenen Regeln in den Rechtschreibbüchern und insbesondere in der Duden-Rechtschreibung, wobei die Regeln auf jeweils nicht erfaßte Einzelfälle angewendet bzw. in umfangreichen Zusätzen um eine Vielzahl neuer Fallgruppen ausgeweitet und so in ihrem Geltungsbereich z.T. stark verändert werden; zudem werden (große) Bereiche, die amtlich nicht geregelt waren, neu aufgenommen.

Das Ergebnis dieser Entwicklung ist ein Regelwerk, das gegenüber den amtlichen Regeln von 1902 erheblich umfangreicher ist, viele (Teil-)Bereiche bis in kleinste Details festlegt und den Entscheidungsspielraum des Schreibenden erheblich einschränkt. Die hierarchische Ordnung vieler Bereiche in Hauptregel, Unterregel, Ausnahmeregel für kleinere Gruppen von Wörtern, Sonderregelung von Einzelfällen u.ä. ist in weiten Teilen äußerst kompliziert und in bestimmten Bereichen extrem verknäult. Nicht mehr erkennbar ist, welche dieser Regeln entsprechend der Regelung von 1901/1902 amtlich und welche das Ergebnis der Bearbeitungen sind.
Die heutige Regelung der deutschen Rechtschreibung ist ihrem Gegenstand nicht angemessen. Damit geht einher, daß sie ihren Zweck nur höchst unzureichend erfüllt, nämlich die schriftliche Kommunikation rein auf der rechtschreiblichen Ebene in vernünftiger Weise und möglichst reibungslos zu regeln. Sie stellt sich in einem Regelwerk dar,
- das nur unter großem Aufwand an Mühe und Zeit und mit zweifelhaftem Erfolg zu vermitteln und zu erlernen ist,
- das zu beherrschen und immer wieder anzuwenden speziell den Schreibenden vor oft unlösbare Aufgaben stellt,
- das innerhalb vieler Fallgruppen zu unterschiedlichsten Schreibungen analoger Fälle zwingt, die zwar regelgemäß sind, aber im Vergleich als widersprüchlich erscheinen und speziell für den Lesenden wenig Sinn machen.

Bestätigt wird dies durch die Fehlerträchtigkeit bestimmter Teilbereiche, die als Problemzonen immer wieder kritisch diskutiert worden sind und die teilweise als Symptom für die mangelnde Systematik der Regelung zu werten sind.

Reformbemühungen: Der Vorschlag

Die Kritik an der Rechtschreibung und das Bemühen um ihre Neuregelung sind so alt wie das amtliche Regelwerk selbst.
Schon 1902 wurde die endlich erreichte Einheitsschreibung von einem ihrer Väter, nämlich Konrad Duden, als *»Zwischenziel«* bezeichnet; er forderte, daß nun *»keineswegs (...) ein Stillstand eintreten«* solle, sondern daß die *»der jetzt allgemein gültigen Rechtschreibung in der Tat noch anhaftenden Mängel«* in einem zweiten Schritt zu beseitigen seien.

Seitdem ist eine Vielzahl von Vorschlägen unterschiedlichster Art (pro Jahr im Durchschnitt mehr als einer) unterbreitet worden mit dem Ziel, eine Reform der deutschen Rechtschreibung auf den Weg zu bringen – dies mit ständig steigender Aktualität und Dringlichkeit angesichts der über die Zeit hin wachsenden Expansion des Regelwerks.
Seit 1978 werden alle einschlägigen Bereiche systematisch bearbeitet; die Arbeit der bis dahin für sich arbeitenden wissenschaftlichen Arbeitsgruppen ist international koordiniert i.S. der Redewendung *einen gemeinsamen Faden miteinander spinnen.*

Zentrale Leitgedanken sind,
- die heutige Rechtschreibung in ihren systematisch-übergreifenden Grundregelungen unangetastet zu lassen;
- die bis hin zu Spitzfindigkeiten ausgefächerte Spezifizierung vieler Regeln durch Aufhebung oder Einschränkung von Sonder-, Ausnahme- oder Unterregeln auf ein vernünftiges, auch vom System her begründetes Maß zurückzunehmen;
- den Schreibgebrauch mit seinen Veränderungen seit 1901/1902 zu berücksichtigen.[1)]

Die Vorschläge für die Laut-Buchstaben-Beziehung und Fremdwortschreibung sind mit den wissenschaftlichen Arbeitsgruppen noch abzustimmen. Das Vorgehen auf der amtlichen Ebene ist in der Abschlußerklärung Wien 1986 festgelegt (s. nächste Seite).
Insgesamt geht es darum, einen international abgestimmten, systematischeren und einfacheren Vorschlag vorzulegen, der an Stelle des Regelwerks von 1902 für amtlich und verbindlich erklärt werden kann, und zwar verbindlich für den schulischen und behördlichen Bereich.
Die öffentliche Diskussion des Vorschlags ist in der Presse bereits eingeläutet worden durch einen Kommentar zu einem vorzeitig veröffentlichten, vom Autor nicht freigegebenen Artikel. Ohne Kenntnis der ausgearbeiteten Regeln und der Begründungen der vorgeschlagenen Änderungen hat man keinen guten Faden an dem Vorschlag gelassen – ähnlich wie schon 1876 und 1901/1902.
Doch folgendes sei angemerkt: Das Bemühen um eine Bereinigung der Regelung der Rechtschreibung von historisch überkommenen, wildwüchsigen Spezifizierungen und Spitzfindigkeiten zielt auf eine sprachangemessenere und funktionsgerechtere Regelung im Sinne einer vernünftig verstandenen Sprachpflege ab, ohne die eine Sprachkultur auf Dauer keinen Bestand hat.

1) Die einschlägigen Bereiche und Beispiele für vorgeschlagene Änderungen sind in den »Beiträgen 1988« der DGLS auf S. 8 zusammengestellt.

Abschlußerklärung der Wiener Gespräche Dezember 1986

Auf Einladung Österreichs fand am 4. und 5. Dezember 1986 in Wien eine Konferenz zur Reform der deutschen Rechtschreibung statt, an der hohe Beamte und Sprachwissenschaftler aus Belgien, der Bundesrepublik Deutschland, der Deutschen Demokratischen Republik (als Beobachter), Frankreich-Elsaß (als Beobachter), Italien-Südtirol, Liechtenstein, Luxemburg (als Beobachter), Österreich und der Schweiz teilnahmen.

Grundsätzliches Einvernehmen wurde darüber erzielt, die auf der Orthographischen Konferenz von 1901 in Berlin erreichte einheitliche Regelung der deutschen Rechtschreibung den heutigen Erfordernissen anzupassen. Insbesondere geht es darum, die in vielen Teilbereichen der Rechtschreibung im Laufe der Zeit kompliziert gewordenen Regeln zu vereinfachen.

Die Teilnehmer würdigten die umfangreichen wissenschaftlichen Vorarbeiten in den nationalen und internationalen Gruppen und bestärkten die Wissenschaftler in ihrer Absicht, in der bisherigen Weise fortzufahren.

Angesichts der Vielschichtigkeit des Gesamtbereichs wurde vereinbart, in einem ersten Schritt die Bereiche Worttrennung, Zeichensetzung, Getrennt- und Zusammenschreibung sowie die Laut-Buchstaben-Beziehung einschließlich der Fremdwortschreibung zu behandeln. Erst in einem zweiten Schritt soll die umstrittene Groß- und Kleinschreibung in Angriff genommen werden.

Da eine Neuregelung der Rechtschreibung die gesamte deutsche Sprachgemeinschaft betrifft, sind – sowohl innerstaatlich als auch zwischen den betroffenen Staaten – eine sorgfältige Vorbereitung und ein koordiniertes Vorgehen erforderlich.

Beim nächsten Wiener Gespräch 1988 sollen die Neuregelungsvorschläge, die bis dahin von den Wissenschaftlern erarbeitet und international abgestimmt worden sind, auf ihre politische Umsetzbarkeit hin erörtert werden,.

Die Teilnehmer betonten die Notwendigkeit, zwischen den Staaten zu einer Vereinbarung zu gelangen, um die Einheitlichkeit der Rechtschreibung zu erhalten. Sie dankten Österreich für seine bisherigen Bemühungen und verbanden dies mit dem Ersuchen, weiterhin die Aufgabe der Koordination wahrzunehmen.

¶ *Zur Erinnerung: Rechtschreibung in Klassischen Zeiten*

»Ein Wort schreibe ich mit dreierlei Orthographie, und was die Unarten alle sein mögen, deren ich mich recht wohl bewusst bin und gegen die ich auch nur im äussersten Notfall zu kämpfen mich überwinde.«
Goethe an Josephine O'Donell, 24. 11. 1812

»Wenn ich denken müsste, dass ein Freund, an den ich einen Brief diktiere, über Wortgebrauch und Stellung, ja wohl gar über Interpunktion, die ich dem Schreibenden überlasse, sich formalisiere, so bin ich augenblicklich paralysiert und keine Freiheit kann stattfinden.«
Goethe an Schultz, 28. 7. 1824

Peter Gallmann

Rechtschreibreform: Satzzeichen, Getrennt- und Zusammenschreibung

Das orthographische System enthält drei Ebenen:

Ebene I: die Ebene der »Prinzipien«,
Ebene II: die Ebene des eigentlichen Regelwerks
Ebene III: die Ebene der Einzelfestlegungen.

Die Unterscheidung dieser drei Ebenen ist wichtig, wenn man erstens das System der geltenden Rechtschreibung angemessen erfassen und zweitens dieses gezielt optimieren will.

Die »Prinzipien«

Als »Prinzipien« bezeichnet man in der neueren graphematischen Forschung allgemeine Grundsätze, die die eigentlichen Regeln und die Einzelfestlegungen bestimmen (zur Diskussion über diesen Begriff siehe *Günther 1988d, 86-94; Nerius u.a. 1987a, 68 - 78 ; Kohrt 1987a, 305-518).* Sie stellen sicher, daß die wesentlichen Komponenten des Sprachsystems in der Schreibung angemessen sichtbar werden.

Ebene	Prinzip
bedeutungsunterscheidende Zeichen: Laute (gesprochene Sprache bzw. Buchstaben (geschriebene Sprache)	phonematisches Prinzip: Konstanz in der Beziehung zwischen Lauten und Buchstaben
	graphotaktisches Prinzip: Vermeidung irritierender Zeichenkombinationen
Morpheme (bedeutungstragende Einheiten)	morphematisches Prinzip: graphische Konstanz von Morphemen und Morphemvarianten; Segmentieren oder Markieren von Morphemen oder Morphemgruppen
syntaktische Einheiten: Wortformen, Wortgruppen, Sätze	syntaktisches Prinzip: graphische Segmentierung oder Markierung von syntaktischen Einheiten
Text	Textprinzip: graphische Segmentierung oder Markierung inhaltlich oder kommunikativ wichtiger Textteile

Als separates Prinzip wird von manchen Linguisten das Homonymieprinzip angesehen, genauer das Prinzip der graphischen Homonymenscheidung: Wenn für zwei (oder mehr) gleichlautende Sequenzen mit unterschiedlicher Bedeutung mehrere Schreibungen in Frage kommen, kann für die eine Bedeutung die eine mögliche Schreibung, für die andere die alternative Schreibung festgelegt werden. Beispiele:

Unterscheidende Schreibung auf der Grundlage des Zusammenwirkens von morphematischem und phonematischem Prinzip: *Seite / Saite*

Schreibvarianten auf der Grundlage des syntaktischen Prinzips: *kalt stellen/ kaltstellen, auf dem Trockenen sitzen / auf dem trockenen sitzen*

Das Regelwerk

Die Schreibung in der Standardsprache ist normiert (darum: Rechtschreibung, Orthographie) (vgl. hierzu *Kohrt 1987a, 326-368).* Die oben formulierten Prinzipien sind so allgemein formuliert, daß ihre Kenntnis noch nicht zur normgerechten Schreibung verhelfen kann. Sie müssen also präzisiert und konkretisiert werden. Überdies überschneiden sich die Geltungsbereiche vieler Prinzipien, so daß festgelegt werden muß, wann welches Prinzip anzuwenden ist.

Genau das leisten orthographische Regeln. Eine orthographische Regel (Variante: eine Regelgruppe aus Haupt- und Unterregeln) ist eine Handlungsanweisung für normgerechtes Schreiben. Wer sich daran hält, erreicht ohne Rückgriff auf weitere Hilfsmittel die korrekte Schreibung.

Beispiel:

Die Regelgruppe für das Zusammentreffen dreier gleicher Buchstaben grenzt die Geltungsbereiche des morphematischen und des graphotaktischen Prinzips vorneinander ab und legt außerdem fest, wie jeweils diesen Prinzipien Nachachtung verschafft werden soll:

Schrittempo (graphotaktisches Prinzip)
Blatttrieb (morphematisches Prinzip)
er/sie tritt (neben: du trittst; graphotaktisches Prinzip)

See-Ende (morphematisches Prinzip)
seeerfahren (morphematisches Prinzip)
Armeen (aus *Armee* plus Suffix *-en*; graphotaktisches Prinzip).

Der Inhalt einer Regel sollte nicht mit der Regelformulierung verwechselt werden. Ein und dieselbe Regel kann unterschiedlich gefaßt werden. Die Präsentation im Duden stellt *eine* solche – übrigens oft kritisierte – Fassung dar.

Einzelfestlegungen

Das Regelwerk deckt nicht alle Bereiche der Schreibung ab.
So gibt es keine echten orthographischen Regeln für die Schreibung von Verbindungen aus einfachem Nomen und Verbform; vgl. nebeneinander:

teilnehmen	radfahren
Anteil nehmen	Auto fahren
Bezug nehmen	kopfstehen
wundernehmen	Schlange stehen

In solchen Fällen ist die Schreibung für jeden in Frage kommenden Einzelfall besonders normiert. Kodifiziert sind diese Einzelfestlegungen in den amtlichen Wörterverzeichnissen; die Funktion eines solchen erfüllt seit den 50er Jahren offiziell der Duden. Der Lexikonteil eines Rechtschreibwörterbuchs ist nichts anderes als eine Auflistung von Einzelfestlegungen.
Einzelfestlegungen spielen vor allem in drei Bereichen eine Rolle: bei der Buchstabenschreibung *(Tal,* aber: *Saal, Zahl)*, bei der Groß- und Kleinschreibung nominalisierter Adjektive *(ins Schwarze treffen, ins reine schreiben)* und bei der Getrennt- und Zusammenschreibung. Viele Bücher (der Duden inbegriffen) formulieren auch für solche Bereiche der Rechtschreibung Regeln. Es handelt sich da um unechte Regeln oder Pseudo-Regeln: sie verhelfen dem Schreiber nicht ohne Rückgriff auf das Lexikon oder auf auswendig Gelerntes zur richtigen Schreibung.

Ziele einer Orthographiereform

Orthographiereform kann auf allen oben angesprochenen Ebenen geschehen:
[1] Geltungsbereiche von Prinzipien können eingeschränkt oder ausgeweitet werden (vgl. etwa die früheren Diskussionen um »lautgerechtere Schreibung«).
[2] Regeln können inhaltlich anders, zum Beispiel einfacher, gefaßt werden; dabei ist stets im Auge zu behalten, daß sie weiterhin ihrer Aufgabe genügen.
[3] Einzelfälle können neu geregelt werden (z.B. *in Bezug auf* statt *in bezug auf);* bisher einzeln Festgelegtes kann durch eine neue (echte) Regel abgedeckt werden.
[4] Die Regelformulierung kann verbessert werden.
Anläßlich der »Wiener Gespräche« vom November 1986 ist eine internationale Arbeitsgruppe mit der Ausarbeitung eines Reformpakets beauftragt worden. Sie ist daran, auf der Grundlage nationaler Vorarbeiten, vor allem der Kommission für Rechtschreibfragen des Instituts für deutsche Sprache, Mannheim, und der Arbeitsgruppe Orthographie der DDR, ein Reformpaket auszuarbeiten.

Die Reform der Zeichensetzung

Bei diesem Bereich der Rechtschreibung handelt es sich um ein System echter, aber teilweise etwas komplizierter und sogar etwas willkürlicher echter Regeln.

Das Schwergewicht liegt auf einer besseren Formulierung der Regeln, unter anderem auf der Grundlage von Arbeiten von *Mentrup (1983a)* und *Baudusch (1980a).*

Regeländerungen sind vorgesehen bei der Kommasetzung, und zwar beim Komma vor »und« und bei Infinitiv- und Partizipgruppen; nur für Vielschreiber von Interesse dürften einige Retuschen bei der Verbindung der Anführungszeichen mit anderen Satzzeichen sein (bessere Beachtung graphotaktischer Gesichtspunkte).

Der Reformvorschlag für die Zeichensetzung ist im wesentlichen auf der internationalen Arbeitstagung vom September 1987 in Zürich abgeschlossen worden.

Die Reform der Getrennt- und Zusammenschreibung

In diesem Bereich fehlen echte Regeln weitgehend. Hier geht es daher vor allem darum, die Einzelfestlegungen (Ebene III) zu systematisieren, evtl. gar durch echte Regeln (Ebene II) abzudecken. Wenn echte Regeln nicht möglich sind, soll eine Übersicht über die vorkommenden Fälle geboten werden, die aber nicht den Schein einer lexikonunabhängigen Regel haben darf.

Dabei sollen Schreibungen auf der Grundlage des Prinzips der graphischen Homonymenscheidung eingeschränkt oder aufgegeben werden. Also unabhängig von der Bedeutung entweder *kalt stellen* oder *kaltstellen.*

Bei Verbindungen mit Verben und Adjektiven soll vermehrt getrennt geschrieben werden (beim soeben genannten Beispiel also: *kalt stellen).*

Eine etwas größere Zahl von Schreibvarianten scheint in diesem Bereich der Rechtschreibung ohne Nachteile für die Leser und für die auf Normen angewiesenen textverarbeitenden Berufe (graphische Industrie, Büro, Wissenschaft) möglich zu sein (für unser Beispiel als Variante daher auch: *kaltstellen).*

Die Reformarbeit in diesem Bereich der Rechtschreibung ist noch nicht abgeschlossen.

¶ *Vert, vers, verre*

30 000 Franzosen schrieben ein Diktat um die Wette – aber keiner schrieb fehlerfrei.
Mit der literarischen Hochnäsigkeit eines »Unsterblichen« (so heißen die Mitglieder der »Académie française«) ließ der Schriftsteller Jean Dutourd die Franzosen wissen: »Ich pflege keine Rechtschreibfehler zu machen«.
Genau 27 Minuten – die Dauer eines Diktats – später, und Literat Dutourd, 66, der Frankreich im Boulevardblatt »France-Soir« mit rechtsgewirkten Kolumnen schulmeistert, war blamiert. Er hatte beim Niederschreiben von nur 238 Wörtern, knapp einer Schreibmaschinenseite, zehn Fehler gemacht. Presse und Fernsehen waren zugegen, ganz Frankreich wurde Zeuge der orthographischen Schande eines »Unsterblichen«. Dabei hatte Dutourd beim Finale der französischen Rechtschreib-Meisterschaft, an dem er gemeinsam mit anderen Prominenten aus Kultur und Publizistik – außer Konkurrenz – teilnahm, noch vergleichsweise ehrenvoll abgeschnitten. Das Diktat, in einmonatiger Arbeit von der Linguistin Micheline Sommant, 32, ausgetüftelt und mit raffinierten Fallen gespickt, war nämlich so tückisch, daß es keiner der 116 Finalisten fehlerfrei bewältigte. Sogar der Sieger, der pensionierte Französischlehrer Georges Sauvage, 63, aus Le Mans, tappte in eine Orthographiefalle. Er vergaß in »bonheurs-du-jour« das (stumme) Mehrzahl-S.
Trotzdem wurde Sauvage national gefeiert. Denn das Diktat war so schwierig, daß Veranstalter und Diktierer Bernard Pivot, Moderator der anspruchsvollen TV-Literatursendung »Apostrophes«, noch Arbeiten mit 15 bis 20 Fehlern als »sehr gut« qualifizierte.
Aus: DER SPIEGEL (1987)

"No, Timmy, not 'I sawed *the chair'. It's 'I* saw *the chair' or 'I* have seen *the chair'."*

Peter Eisenberg

Zum Verhältnis von Sprachwissenschaft und Orthographie

Linguistisch begründete Warnung vor einer durchgreifenden Reform

Die Veranstalter der Jahrestagung 1988 der Deutschen Gesellschaft für Lesen und Schreiben haben von mir einen Beitrag erbeten, der eine Stellungnahme gegen bestimmte Bemühungen zur Reform unserer Orthographie enthält. Eine solche Stellungnahme läßt sich in der gebotenen Kürze nur schwer begründen, und fast noch schwieriger ist es, das Entstehen falscher Fronten zu vermeiden. Ich möchte deshalb zu Beginn klarstellen, daß ich nicht prinzipiell Gegner einer Reform der deutschen Orthographie bin. Die in internationaler Zusammenarbeit entwickelten Reformvorschläge *(Kommission 1985a)* sind differenziert und linguistisch besser begründet als ältere Reformvorschläge, und sie sind in der Sache moderat. Es kann nicht Aufgabe dieses Beitrages sein, die Reformvorschläge – und sei es nur global – zu bewerten. Aus einer sprachwissenschaftlichen Sicht, wie ich sie habe, kann man allenfalls feststellen, daß ein Reformvorschlag für die Orthographie des Deutschen nur wenig Änderungen des Schreibusus vorsehen sollte. Seine Hauptaufgabe muß darin bestehen, existierende Regelwerke zu reformulieren, indem er sie vereinfacht, vereindeutigt und linguistisch besser fundiert.

Angesichts dieser Situation beschränke ich mich im folgenden auf zwei Punkte. Um zu zeigen, daß man linguistischen Gesichtspunkten im Zusammenhang der Reformüberlegungen einiges Gewicht geben sollte, charakterisiere ich kurz einen graphematischen Neuansatz der letzten Jahre. Es folgen dann zwei Kurzanalysen zur Graphematik des Deutschen, die die praktische Seite der Sache vor Augen führen sollen. Es geht dabei um die *z*-Schreibung sowie ein Problem der Getrennt- und Zusammenschreibung. Beide Bereiche sind in den bisher veröffentlichten Vorschlägen der Rechtschreibkommission nicht behandelt, eine Berührung ergibt sich also nicht. Es wird auch nicht unterstellt, daß in der zu besprechenden Weise reformiert werden soll. Es geht uns vor allem darum, eine Denkweise einsichtig zu machen und zu ihrer Verbreitung beizutragen.

In einem seiner bekannten Artikel zur Rechtschreibdidaktik schreibt *Wolfgang Menzel (1978a, 14)*: *»Die linguistischen Grundlagen der Orthographie – die* eine *Größe im Bezugssystem einer Didaktik – sind zwar heute er-*

forscht, sie sind aber noch immer nicht hinreichend bekannt«. Als *Menzel* dies schrieb, hatte man gerade angefangen, sich aufs Neue ernsthaft linguistisch mit Orthographie zu beschäftigen. Inzwischen arbeiten eine Reihe von Gruppen und Einzelpersonen in allen deutschsprachigen Ländern an diesen Problemen. Es sind viele wichtige Ergebnisse erzielt worden. Die Orthographie des Deutschen hat sich insgesamt als viel systematischer herausgestellt, als weithin angenommen wurde und noch angenommen wird. Ich selbst führe die Erfolge auch darauf zurück, daß sich die Einstellung vieler Linguisten zur Schrift geändert hat. Man kann diese Veränderung vielleicht am besten deutlich machen, indem man den Begriff Orthographie etwas genauer betrachtet.

In der Grammatikforschung ebenso wie in der Sprachlehre wird strikt zwischen normativer und deskriptiver Grammatik unterschieden. Die Gründe für eine derartige Unterscheidung sind nicht überall dieselben, aber die Unterscheidung selbst ist unbestritten. Die Linguistik als empirische Wissenschaft kann mit einem normativen Grammatikbegriff ihren Gegenstand nicht adäquat erfassen. Für einen Lehrer ist die Unterscheidung direkt funktional, denn sie ist auf das Sprachverhalten bezogen. Mit einem normativen Grammatikbegriff, dem ein entsprechender Sprachbegriff zugrundeliegt, lassen sich beispielsweise bestimmte Unterschiede im Sprachverhalten von Schülern nicht verstehen, ja nicht einmal beschreiben. Eine deskriptive Grammatik ist unabdingbare Voraussetzung für jede Art von funktionaler Grammatik.

Man kann dies direkt auf die Orthographie übertragen. Die Analyse der strukturellen Eigenschaften der Schrift einer Sprache wird verstanden als Aufgabe der Grammatikforschung. Neben der Phonologie als der Lehre von der Lautstruktur gibt es dann eine Graphematik als Lehre von der Schriftstruktur. Die Parallelisierung von Phonologie und Graphematik macht die Besonderheit des Begriffes Orthographie deutlich: der Orthographie würde eine Orthoepic entsprechen, also eine Lehre vom richtigen Sprechen. Eine Orthoepic gibt es natürlich auch, nur spielt sie als Teildisziplin der Linguistik kaum eine Rolle. Eben dies soll für die Orthographie auch erreicht werden.

Der Alltagsbegriff Orthographie hat eine Reihe von Konnotationen, die wir beschreiben mit normiert, gesetzt, künstlich, bewußt veränderbar, eindeutig, historisch jung, reformbedürftig. Für die lautliche Seite einer Sprache, die wir in der Phonologie beschreiben, unterstellen wir all dies nicht. Sie gilt uns vielmehr als gewachsen, natürlich, sich spontan und gesetzmäßig verändernd, variantenreich, so alt wie die Sprache selbst und für den Normalsprecher nicht reformbedürftig. Die deskriptive Linguistik muß sich einen Begriff von Graphematik wünschen, der dem einer deskriptiven Phonologie entspricht. Eben ein solcher Graphematikbegriff hat in den letzten Jahren an Boden gewonnen (zur Übersicht *Günther 1988d*; zum Normproblem im Zusammenhang der Graphematik *Kohrt 1987a*).

Damit soll nicht behauptet werden, daß wir einen (normgebundenen) Orthographiebegriff nicht mehr brauchen. Ob das Geschriebene stärker normiert sein sollte als das Gesprochene und worauf sich die Normiertheit erstrecken soll, ist eine Frage, die mit dem Verhältnis von Graphematik und Orthographie zunächst nichts zu tun hat. Der Beitrag der Linguistik zur Reformdiskussion ebenso wie zur Schreib- und Lesedidaktik liegt aber allein in der Graphematik. Nun zu den Beispielen.
Das erste Beispiel betrifft die *z*-Schreibung. In den meisten Phonologien des Deutschen wird ein Konsonant [t^{s}] als Affrikate angesetzt wie in [t^{s}a:n] *(Zahn)* oder [plat^{s}] *(Platz)*. Dieser Konsonant besteht aus zwei Merkmalsbündeln (nämlich denen von [t] und [s]), gilt aber phonologisch als *ein* Laut. Er wird in der Schrift auf recht unterschiedliche Weise dargestellt und deshalb häufig zu denen gezählt, deren Schreibung reformbedürftig sei (z.B. *Meinhold/Stock 1982a, 219)*. Man kann nun das Verhältnis von Geschriebenem und Gesprochenem auf recht unterschiedliche Weise darstellen und damit unterschiedliche Schlüsse nahelegen.

[t^{s}] ---------> {
<z> wie in *Zahn*
<tz> wie in *Platz*
<ts> wie in *stets*
}

Diese Darstellung zählt die Möglichkeiten (im Beispiel unvollständig) auf. Sie besagt nichts weiter, als daß es diese Möglichkeiten gibt und drängt uns den Schluß auf, daß eine eindeutige Zuordnung doch sehr viel einfacher sei (ein Extremfall dieser Art in *Garbe 1985a, 12 ff)*.

[t^{s}] ------------> {
<z> im Anlaut *(Zahn)*
<z> im Inlaut/Auslaut nach Langvokal *(Flöz, duzen)*
<ts> im Auslaut nach Langvokal *(stets)*
<tz> im Inlaut/Auslaut nach Kurzvokal *(hetzen, Schwatz)*
}

Bei dieser Darstellung werden Kontexte spezifiziert und man sieht, daß die Verteilung der einzelnen Schreibungen nicht ganz willkürlich ist (so *Meinhold/Stock 1982a, 217)*. Aber die Kontexte sind nichtssagend und verwenden Begriffe, die mit der Schriftsystematik nur zum Teil etwas zu tun haben.

Sehen wir uns zunächst die Schreibung <ts> an, so stellen wir fest, daß sie nichts mit der Repräsentation von [t^{s}] zu tun hat. Hier tauchen nur eine Handvoll Wörter auf wie *nachts, abseits, vielerorts*. Das <ts> ist offenbar nicht eine graphematische Einheit, die [t^{s}] entspricht, sondern es ist morphologisch determiniert (ein Genitiv-*s*, das zum sog. adverbialen *s* erstarrt ist, in *seits* ist es nicht einmal ein Genitiv-*s*). Man kann den Gedanken ausschließen, daß einmal *nachz, abseiz* und *vielerorz* geschrieben werden könnte.

Es bleibt der Wechsel zwischen <z> und <tz>. Im Anlaut steht immer <z>. Hier hat die Phonologie [t^S] eindeutig als Affrikate erwiesen. Die Schrift ist genau und bildet diesen einen Konsonanten durch ein Graphem ab.

Im Auslaut, und zwar im Morphem- und Silbenauslaut (die Klärung der Bedingungen würde an dieser Stelle zu weit führen) steht nach Langvokal, Diphthong und Konsonant <z> wie in *Flöz, Reiz, schwarz*. Nach Kurzvokal steht <tz> wie in *Witz, Katze*. Diese Verteilung ist silbenstrukturell auf zweierlei Weise motiviert. Einmal streben Silbenkern und Silbenhoda (das ist der Teil der Silbe nach dem Kern) nach gleichem Gewicht. Je kürzer der Kern, desto länger der Endrand, daher das <tz> nach Kurzvokal.

Zum anderen gibt es im Gesprochenen so etwas wie Konsonanten, die zu zwei Silben gleichzeitig gehören (sog. Silbengelenk). Das ist etwa der Fall für [t^S] in [kat^Sə] *(Katze)*. Wir können wiederum nicht klären, wann solche Gelenke auftreten, sondern nur feststellen, daß sie im Geschriebenen wegen seines segmentalen Charakters nicht auftreten können. Das Silbengelenk wird 'linearisiert', [t^S] wird zu <tz>, und wir haben nun eine Silbengrenze, an der wir trennen können (*Kat-ze*).

Der Wechsel von <z> und <tz> ist also nicht nur systematisch, er hat auch seinen guten Sinn. – Unser zweites Beispiel ist von ganz anderer Art als das gerade besprochene. Ging es eben darum, Regularitäten zu erkennen und zu erklären, so soll jetzt demonstriert werden, daß bestimmte Bereiche der Schrift einer Normierung nicht zugänglich sind. Die Frage ist einfach: schreiben wir *staubsaugen* oder *Staub saugen*? Schreiben wir *Staub zu saugen* oder *staubzusaugen*? Und gibt es nicht auch *zu staubsaugen*?

Es gibt zwei Mechanismen, die zu einem Verb *staubsaugen* führen können. (1) In dem Syntagma *Staub saugen* entsteht eine enge Verbindung zwischen Objekt und Verb, bis das Objekt in die Nähe der sog. Verbpartikel gerät. *Er saugt Staub* ist analog strukturiert zu *Er baut ab, Er schreibt krank* usw. Dieser Mechanismus endet bei Formen wie *staubgesaugt (abgebaut)* und *staubzusaugen (abzubauen)*. (2) Das Verb *staubsaugen* entsteht als sog. Rückbildung aus dem Substantiv *Staubsauger*. Üblicherweise werden Substantive auf *er* aus Verben abgeleitet *(laufen – Läufer; denken – Denker)*, aber das Umgekehrte ist ebenfalls möglich. Tritt der Fall ein, so haben wir eine feste Verbindung *staubsaugen* im Verb, und als Folge davon Formen wie *gestaubsaugt* (analog *geantwortet)* und *zu staubsaugen* (analog *zu antworten)*. Strukturell motiviert sind daher die Formen *Staub gesaugt, staubgesaugt* und *gestaubsaugt*. Ebenso motiviert sind *Staub zu saugen, staubzusaugen* und *zu staubsaugen*. Jedes normative Ausschließen einer dieser Formen wäre ein Eingriff in das System selbst. Ob sich in einem Fall wie diesem auf die Dauer bestimmte Formen von allein durchsetzen, ist nicht ohne weiteres zu entscheiden. Diese Entscheidung kann jedoch nicht als Norm von außen an das System herangetragen werden.

Lesefrüchte

Ich finde es auch sehr unrecht von dem Papa, daß er die Rechtschreibung seiner Tochter bemängelt. "Spiele" kann jeder schreiben, aber "SBILE" nur das kleine Ungeheuer! Das ist doch mal was anderes! Und wenn man bedenkt, daß sie vielleicht noch siebzig, achtzig, neunzig Jahre lang "Brief" mit dem "e" schreiben wird, warum soll sie das Wort dann nicht während eines kurzen Jahres ohne "e" malen? Hauptsache ist, daß dem Kinde die Freude am Schreiben und Lesen erhalten und gekräftigt wird. Schularbeiten sollen überwacht und verbessert werden, ja; aber wenn das Kind einmal zu seinem Vergnügen den Bleistift in die Hand nimmt, dann soll man an seiner Schreiberei nicht herumnörgeln, sonst wird das Vergnügen auch nur zur Schularbeit, und das ist schade ...

Gertrud Kolmar
Briefe an die Schwester Hilde (1938-1943).
Hrsg. von Johanna Zeitler, München, Kösel-Verlag 1970.

(Diese und ähnliche hübsche Lesefrüchte zu Sprache und Schule findet man in: Regionale Korrespondenz Zeitung, c/o Prof. W. Kluge, Schillerstr. 50, 6302 Lich; und Heft 2/1988 handelt ausdrücklich vom Thema »Dialekt«)

Christa Erichson
Der Orthographie auf der Spur

Die Orthographie ist zweifellos ein kompliziertes Regelsystem. Daß Kinder es sich »selbst« aneignen könnten, wird auch von einigen VertreterInnen erfahrungsoffener Ansätze im (elementaren) Schriftspracherwerb in Zweifel gezogen.

Wenn es aber zutrifft, daß Regeln und Gesetzmäßigkeiten nur sehr begrenzt *lehr*bar und grundsätzlich nur im eigenaktiven Zugriff *lern*bar sind, wie aus der Erwerbsforschung zu folgern ist (vgl. *Balhorn/Vieluf 1985a, 52)*, dann kann es – theoretisch – nicht sein, daß Kinder ausgerechnet die (scheinbar) komplizierten Zusammenhänge der Orthographie erfolgreicher durch systematische Belehrung und Unterweisung lernen.
In ihren Spontanschreibungen geben die Kinder – praktisch – auch zu erkennen, daß sie sich den Besonderheiten der Rechtschreibung mit vergleichbarer Zielstrebigkeit nähern, wie sie dem phonematischen Grundprinzip auf die Spur kommen. Sie akzeptieren Andersschreibungen und pflegen mutig zu generalisieren. In einer Atmosphäre, in der Lesbarkeit und damit auch vereinbarte Rechtschreibung als »leserfreundlich« *(Bergk 1987a, 15)* einsichtig werden, entwickelt sich das Bedürfnis zum Richtigschreiben aus dem Interesse, verstanden zu werden. Schreiben lernt man am besten durch Schreiben (Verschriftungsstrategien, Adressatenorientierung, Orthographie). Die Entdeckungen, die in Konfrontation mit der Norm gemacht werden (vgl. *Spitta 1985a, 50)*, gilt es in *Exkursen* auf ihre Generalisierbarkeit zu überprüfen.
Alle am Schreiberwerbsprozeß beteiligten Funktionsleistungen haben ihren Ausgangspunkt in der aktuellen Situation des Verfassens von Texten (VT) und beeinflussen diese rückwirkend. Exkurse zur Übung spezifischer Techniken (z.B. Schreibschrift üben) oder zur Sicherung individueller Wortschätze (Sammelheft/-Kartei) oder zur Überprüfung von Hypothesen über orthographische Regeln (Forscherrunden) müssen in unmittelbarem Bezug zu den Ausgangssituationen stehen. Die Graphik auf der folgenden Seite soll diesen integrativen Ansatz modellhaft veranschaulichen.

In einem integrativen Konzept, bei dem das Rechtschreiben als konstitutiver Bestandteil jeden Schreibens verstanden wird, müssen Lösungsmethoden erworben werden, die dem Kind die orthographische Orientierung als Ent-lastung und nicht als zusätzliche Be-lastung erfahrbar werden läßt *(Erichson 1986a, 20)*.

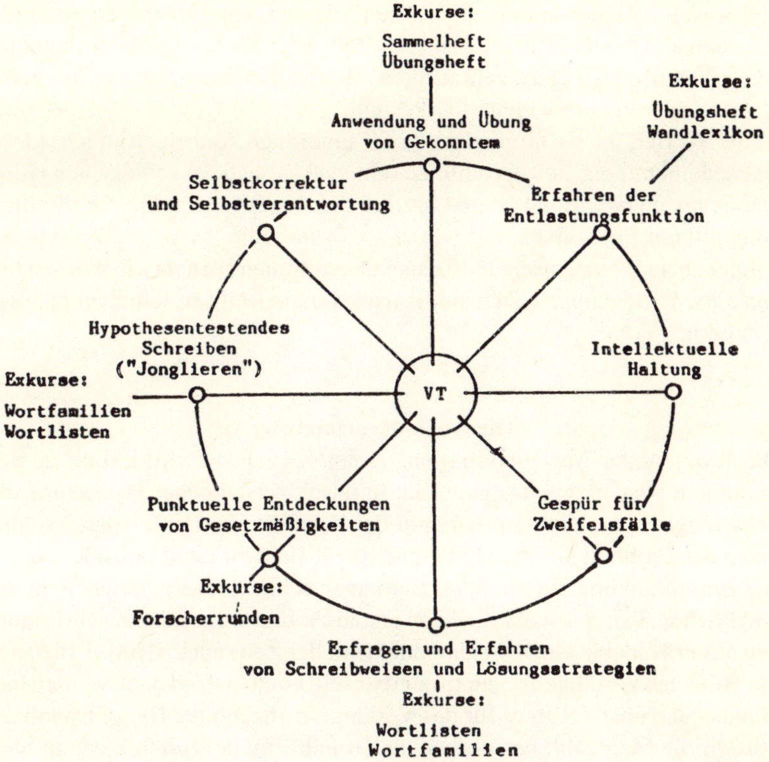

Die nachfolgend ausgeführten kritischen Überlegungen zu einigen gängigen Rechtschreibhilfen sollen zum einen das weitgehend noch ungebrochene Selbstverständnis eines phänomenorientierten Rechtschreibunterrichts fragwürdig machen. Sie sollen zum anderen als Hinweis darauf verstanden werden, daß mit der grundsätzlichen Aufgeschlossenheit gegenüber erfahrungsoffenen Ansätzen auch eine neue Sichtweise des orthographischen Systems gewagt werden muß.

Die Groß- und Kleinschreibung

Das Problem der Groß- und Kleinschreibung wird i. d. R. über die Bestimmung der Wortarten angegangen: Nomen groß, Verben klein, Adjektive klein, ...

Kinder pflegen selten zu fragen: *»Wird das 'klein' geschrieben?«*. Sie fragen vielmehr vornehmlich nach der Großschreibung als dem Besonderen. Tatsächlich geht es auch nicht um die Groß- und Kleinschreibung, sondern um die Ausnahme von der Kleinschreibung: Nur Nomen werden groß geschrieben, alles andere klein!

Selbst wenn Kinder in der Lage wären, die gängigen Wortarten zu unterscheiden und ihnen die ihnen gemäße Groß- oder Kleinschreibung zuzuordnen, müßten sie bei (gern gebrauchten) Wörtern wie »zuletzt«, »plötzlich«, »heute« oder »keiner« eigentlich resignieren. Viele Kinder schreiben aber all die Wörter, die sie nirgendwo 'artig' einordnen können, 'einfach' klein. Das scheint mir ein Beweis dafür zu sein, daß sie sich der schulischen Hilfsmaßnahmen erwehrt haben und intuitiv der Regel folgen: Die Großschreibung gilt nur für Nomen.
Kinder aber, die auf unsere Hilfsangebote vertrauen *(»Stelle die Wortart fest und entscheide dann!«)*, statt sie als irrelevant beiseite zu schieben, müssen scheitern.

Die Auslautverhärtung

Das Problem der Auslautverhärtung (/sant/ - <Sand>) wird i. d. R. an den Endungen *»b, d und g«* festgemacht. In falsch verstandener »Isolierung der Schwierigkeiten« wird den Kindern der Konflikt (p, t, k) 'erspart', so daß ihnen das Problem nur zur Hälfte und damit eher gar nicht bewußt wird.
Die Einschränkung auf »b, d, g«-Endungen schließt zudem einen nicht unerheblichen Teil der wohl am schwersten zu bewältigenden Zisch-Endungen aus (z.B. bei »Gans«, »heiß« oder (mit der Zeit) auch »Kuß«), die auch mit Hilfe des Verlängerns identifizierbar sein können. Und dann werden hier und da auch noch 'Hilfen' für das Verlängern angeboten: Bei Substantiven hilft dir die Mehrzahl; bei Verben die Grundform; bei Adjektiven die Steigerungsstufe. All das trägt zur Verwirrung bei *(vgl. Erichson 1988a, 20 f.)*.

Was Kinder lernen müssen, ist, im Rahmen des morphematischen Prinzips mit Wortverwandtschaften zu »jonglieren« *(Erichson 1988a, 21)*.
Mit ein-und-derselben Handlungsstrategie können zahlreiche Rechtschreibkonflikte gleichermaßen bewältigt (oder doch zumindest angegangen) werden: die Auslautverhärtung (kran-k: Kran-k-enhaus = *k* [wem fiele schon die »Steigerungsstufe« »krän-k-er« ein?]); die kombinatorische Verhärtung (sin-k-t / sin-g-t); die Umlautableitungen (träumt - Traum = *äu* [die empfohlene Grundform »träumen« würde auch hier nichts bringen!]); Mehrfachkonflikte (schl-ä-g-t: schl-a-g-en = *ä* und *g*), und im Zuge mannigfacher Jongliererfahrungen auch Doppelkonsonanten (schwi-mm-t: schwim-men) sowie nicht wenige »s-ss-ß«- Fälle (Gra-s: Grä-s-er = *s*; mu-ß: müs-sen; Gru-ß: Grü-ß-e; Flu-ß: Flüs-se).
Wichtig ist, daß Kinder überhaupt ein Gespür für Zweifelsfälle entwickeln, um dann ohne »externe grammatische Lösungshilfen« *(Erichson 1988b, im Druck)* das Problemwort sozusagen im Munde herumzudrehen und -zuwälzen, bis ihnen ein brauchbarer 'Verwandter' auf der Zunge liegt.
Daß in Exkursen, in denen Wortfamilien gebildet werden, auch mit Begriffen wie Grundform, Mehrzahl oder Verben umgegangen werden kann, soll

nicht in Abrede gestellt werden. Entscheidend aber ist, daß die Kinder nicht den Eindruck gewinnen, daß Rechtschreibkonflikte erst nach sachkundiger grammatischer Diagnose des betreffenden Wortes und der richtigen Wahl der dafür zuständigen Regel gelöst werden können. Das mag manches Kind von vornherein davor zurückschrecken lassen, sich wenigstens probierend mit dem Zweifelsfall auseinanderzusetzen.

Die »langen« und die »kurzen« Vokale

Das Unterscheidenkönnen von langen oder kurzen Vokalen ist für das Rechtschreibenlernen sicher nicht unerheblich. Viele Kinder haben damit aber große Probleme, obwohl die Klangdifferenz z.B. des »o« in »Rose« und »Rosse« uns doch unüberhörbar erscheint. Eine Ursache dafür vermute ich in den seit eh und je gebräuchlichen Begriffen »lang« und »kurz«. Wir fragen: »Wie klingt denn das 'o' in 'Rose'?« und erwarten als Antwort: »lang«. Das aber ist ein Begriff aus dem Bereich der *Maße* und nicht der *Töne*! Selbst wenn wir mit »lang« *langgezogen* oder *dehnbar* meinen, trifft das nicht das Problem. Das kurze »o« läßt sich genauso langziehen und dehnen. *Jeder* Vokal kann bis zur Atemnot in die Länge gezogen werden. Nach meiner Erfahrung kommen Kinder, die ihre eigenen Klangempfindungen benennen können, auf Begriffe wie »hoch – tief«, »hell – dunkel«, »klar – unklar«. Es scheint mir einen Versuch wert, die Kinder erst einmal mit ihren selbstgewählten Begriffen umgehen zu lassen, bevor man sich um der Verständigung willen auf ein gemeinsames Begriffspaar einigt, das dann sinnvollerweise dem Sprachgebrauch entsprechend »lang« und »kurz« heißen könnte.

Das lange /i:/

Das lange /i:/ muß sehr oft als Lieblingsbeweis für die »reine Willkür« der Orthographie herhalten, weil es sich in vier Abbildungsformen präsentiert: »i« *(mir; gibt; Gardine)*; »ih« *(ihr; ihnen)*; »ie« *(hier; viel; schieben)* – und »ieh« *(zieht; befiehlt)*.
Hier zeigt sich m. E., daß wir die Orthographie aus dem falschen Blickwinkel betrachten: Es geht nicht darum, zu thematisieren und damit auch zu problematisieren, was es in der Rechtschreibung so alles gibt, sondern darum, was orthographisch relevant ist. Und da zeigt sich dann, daß das »ieh« gar kein /i:/-Problem ist. Es kommt m.W. gerade eben in einer Handvoll Wörter vor: in »Vieh« – möglicherweise als Überbleibsel von »Viech« oder als silbenschließendes <h> (»vie-h-isch«) –, dann noch in »zieht« und »flieht« – wo es in den Infinitiven hörbar (zu machen) ist – sowie in »be-/empfiehlt« und »stiehlt« (wo das <h> dem morphematischen Prinzip (ste-h-len; befe-h-len) verpflichtet ist. Das <ieh> als eine von vier möglichen Abbildungsformen des langen /i:/ gehört überhaupt nicht erwähnt!

Ähnlich verhält es sich mit dem »ih«. Diese Abbildungsform gibt es nur in den Wörtern *ihr/e/m/n, ihm* und *ihn/en.* Bei einem »Wetten daß ...«-Spiel, bei dem ich den Kindern Finderlohn für jedes darüber hinaus aufgefundene Wort versprach, wurde ich zwar mit *»Ihrognaden, ihrethalben und ihresgleichen«* ausgetrickst; das festigte aber nur das Wissen über das kaum nennenswerte Häuflein Wörter, in denen ein »ih« auftaucht.
Bleiben die Abbildungsformen »i« und »ie«. Hier wiederum kann – dem Wahrscheinlichkeitsprinzip entsprechend – die Regel lauten: *»Im Zweifelsfall 'ie' !«.* Denn in nahezu 80% der Fälle (vgl. *Eichler 1985b, 255)* wird das lange /i:/ durch »ie« repräsentiert. Dem »ie« aber schreiben wir eher Ausnahmequalitäten zu, während die scheinbar einfache Abbildung »i« als das Normale suggeriert wird (was schon bei den ersten Fibelwörtern *[Ina, Tilo, Ali, Igel, Mimi ...]* beginnt).

Das »Dehnungs«-h

Obwohl es keine Regel gibt, die die Konstruktion eines Wortes mit *»stummem h«* auch nur annähernd sicherstellte, wird gern zu der Verlegenheitsformel gegriffen: *»Nach einem langen Vokal steht oft ein stummes h!«.* Abgesehen davon, daß dies in über 80% der Fälle gerade *nicht* zutrifft (vgl. *Eichler 1985b, 256),* weckt ein solcher Hinweis die Erwartung, daß damit – im Sinne einer Regel – etwas anzufangen sei. Das aber ist nicht der Fall. Wer nicht weiß, daß »Strahl« mit »h« geschrieben wird, kann es mit Hilfe der Formel auch nicht erschließen. Einen gewissen Gebrauchswert hätte die Formel andersherum. *»Nach einem* kurzen *Vokal steht* nie *ein stummes h!«.* Kontrollwert könnte auch die Entdeckung haben, daß das »Dehnungs«-h – wenn überhaupt – nur vor den Konsonanten »l, m, n, r« steht. Fazit bleibt dennoch: Es gibt keine Regel, auf die im Zweifelsfall Verlaß wäre. Es kann sie auch gar nicht geben, weil das Dehnungs-h – historisch gesehen – spracherzieherische Funktion hatte. Es sollte dialektalen *»Mängeln zu Hülfe kommen«* und die *»Aussprache leiten« (Adelung 1782a, 44).* Über die Schrift sollten *»gewisse Provinzen«* die Hochsprache erlernen: *»Sprich wie du schreibst«*, ist eine Empfehlung, die aus dem 16. Jahrhundert stammt und der wir u. a. das ziemlich leidige Dehnungs-h zu verdanken haben. Es ist m. E. nur durch *Merken* und nachfolgendes Jonglieren zu bewältigen, für das einer meiner Schüler mit dem Begriff »h-Tick« die entscheidende Vorleistung zu der Regel erbrachte: *»Wenn einer in der Familie den 'h-Tick' hat, dann hat ihn auch die ganze Verwandtschaft«.*

Das »tz« und das »ck«

»Nach 'l, n, r,', das merke ja, steht nie 'tz' und nie 'ck' !« Diese Regel hat eine lange Tradition, und da sie ausnahmslos zutrifft, wäre sie auch gar nicht von schlechten Eltern, wenn sie nicht zumindest zur Hälfte – nämlich das

»ck« betreffend – ein Topos wäre. (Daß sie – wieder einmal – auf die Aufzählung der vorausgehenden Konsonanten (l, n, r) verzichten könnte, weil sie in der Formulierung *»Nach Konsonanten nie!«* genauso zutreffend wäre, sei nur am Rande erwähnt).

Grundsätzlicher stellt sich die Frage, ob »tz« und »ck« überhaupt ein und derselben Problemkategorie angehören. Das »ck« ist bekanntlich ein 'geschönter' Doppelkonsonant (kk). Insofern bedarf es für das »ck« keiner Sonderregelung. Wir sagen ja auch nicht: Nach Konsonanten steht nie ein Doppel-»t«. Doppelkonsonanten sind Kürzezeichen für den vorangehenden *Vokal*. Mit dem Regelreim warnen wir die Kinder vor einer Fehler-'Gefahr', die nur als Folge dieser Warnung droht.

Mit dem »tz« verhält es sich anders. Daß es ehemals auch ein Doppel- »z« (zz) gewesen sein soll, wurde schon vor langer Zeit von *Adelung (1782a, 46)* – mit guten Gründen – bestritten. Ich vermute, daß er recht hatte.

Auf jeden Fall ist für das lernende Kind das »tz«-Problem von anderer Art als das des »ck«. In der gesprochenen Sprache gibt es kein »z«-Phonem; es gibt nur ein zusammengesetztes Phonem: /t/+/s/. In allen betreffenden Wörtern klingt also das /t/ mit: *hei/ts/ung – hi/ts/e – wan/ts/e* – (selbst im Anlaut) */ts/ug*.

Dem phonologischen Grundprinzip der Orthographie entsprechend, wäre demnach die »tz«-Schreibung das 'Normale'. Nicht das »tz« ist also das Rechtschreibproblem, sondern das Nicht-»tz« in der Schreibung »z«.

Die Negativ-Formulierung in der gereimten Regel *(»steht nie tz«)* ist insofern durchaus sinnvoll. Sie hat nur nichts mit dem »ck« zu tun und greift zudem zu kurz. Statt dessen wäre zu formulieren: (Wider Erwarten) steht das »tz«

- nie nach Doppelvokalen und
- nie nach Konsonanten.

Oder doch halb positiv gewendet: (Wider Erwarten) steht das »tz« *nur* nach einfachen (Einzel-) Vokalen. Und da sogar *immer* ohne die Notwendigkeit der Lang-/Kurz-Unterscheidung. Es gibt nur ein einziges Wort (deutscher Zunge), bei dem dies nicht zutrifft: »duzen« (was nicht gerade ein Häufigkeitswort ist), und einige wenige Wörter fremdsprachlicher Herkunft, von denen »spazieren« und »Medizin« wohl die einzig gebräuchlichen sind. Das wären wieder schöne Fälle für 'Finderlohn'.

Wenn wir Kindern die Chance geben, der Orthographie selber auf die Spur zu kommen, dann können wir ihre Entdeckungen nur dann angemessen einschätzen, wenn wir eingefahrene Gleise verlassen und uns selbst wieder auf Entdeckung begeben.

Mechthild Dehn
Die Lernbeobachtung in Klasse 1 als Voraussetzung für frühe Lernhilfen

Instrumente zur Feststellung der Lernvoraussetzungen für den Schrifterwerb und zur Diagnose des Leistungsstandes am Ende von Klasse 1 liegen vor,[1)] die Lernwege und Lernentwicklungen des einzelnen Kindes konnten wir bisher zwar alltäglich beobachten in seinen schriftlichen Arbeiten und mündlichen Äußerungen, nicht jedoch systematisch. Das ist mit dem Instrument der LERNBEOBACHTUNG möglich.[2)] Es kann lehrgangsunabhängig eingesetzt werden. Von den Verfahren der Leistungsmessung unterscheidet es sich vor allem dadurch, daß es nicht nur Ergebnisse von Lernprozessen dokumentiert, sondern Einblicke in die Zugriffsweisen der Kinder beim Schrifterwerb ermöglicht. Indem wir auch und gerade das Vorgehen der langsamen Lese- und Schreibanfänger besser verstehen und ihre kleinen Fortschritte genauer wahrnehmen, können wir unsere Lernhilfen ihren Bedürfnissen und Möglichkeiten besser anpassen, vor allem schon *während* des Schrifterwerbs.

Die LERNBEOBACHTUNG ist auf der Grundlage mehrjähriger Langzeitstudien in Kooperation mit dem Amt für Schule in Hamburg und mit Kollegen und Kolleginnen aus der Praxis entwickelt und bereits mehrere Jahre erprobt und bestätigt worden. Sie wird im November, Januar und Mai von Klasse 1 eingesetzt und besteht aus der Aufgabe, einige noch nicht im Unterricht behandelte Wörter zu schreiben und einen kurzen Text zu lesen.

Der entscheidende Unterschied der LERNBEOBACHTUNG gegenüber allen Arten von Testverfahren, informellen Lernerfolgskontrollen, wie sie häufig den Fibeln beigefügt sind, und standardisierten Schulleistungstests, besteht darin, daß es bei der LERNBEOBACHTUNG in erster Linie um qualitative Merkmale von Lernprozessen und um die Art der Zugriffsweise der Kinder geht und daß der vorrangige Maßstab der individuelle Lernfortschritt ist, erst in zweiter Linie die allgemeine Norm.
In unserer DGLS-Arbeitsgruppe konnten einige Einblicke in die Analyse von Lese- und Schreibprozessen gegeben werden (1).
Außerdem diskutierten wir ausführlich einen Aspekt der zugrundeliegenden Langzeitstudie (2) sowie Anforderungen an die Interaktion zwischen Lehrer und Kind.

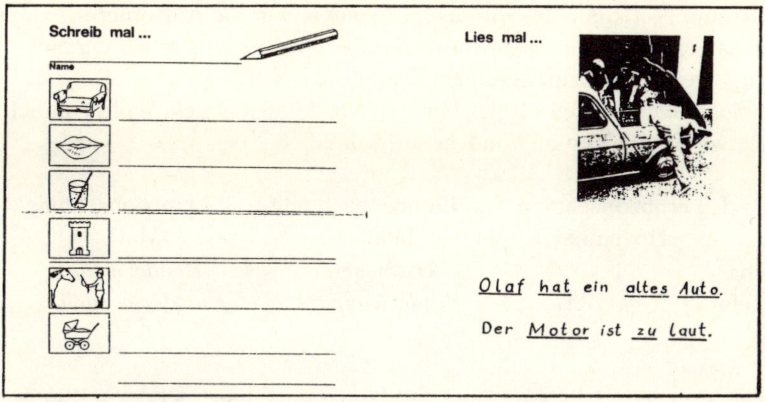

Abb.1:
LERNBEOBACHTUNG (Januar Klasse 1) [Aus: M. Dehn, Zeit für die Schrift. Lesen lernen und Schreiben können. Bochum (Kamp) 1988, S. 262f., S. 268f.]

(1) Einblicke in die Analyse von Lese- und Schreibprozessen

Schon wenn wir hier betrachten, wie Kinder *ein* Textwort, z. B. <Motor>, lesen, erkennen wir gravierende Unterschiede, vor allem im Hinblick auf die Frage, was sie aus diesem einzelnen Prozeß des Erlesens für die folgenden Leseaufgaben lernen können.

Ute: *M-o-t-o, Motor*
Sandra: *Mari:, Mo:'tor*
Thomas: *Ma:, Mo:'tor, Motor*
Dirk: *M-o-t-o-r / Mo / to / Mo / t / to / to / Mo-ro /*

Zeichenerklärung
: bedeutet: gedehnt gelesen
- bedeutet: abgesetzt, unverbunden artikuliert
' bedeutet: Pause, aber keine Unterbrechung des Artikulationsstroms
/ bedeutet: Lehrerhilfe

Ute, Sandra und Thomas gehen sehr unterschiedlich vor: Sie beginnen mit dem Buchstabieren oder sogleich mit dem Zugriff auf das ganze Wort (Sandra assoziiert vermutlich den aus ihrer Fibel bekannten Namen Mario) oder mit der ersten Konsonant-Vokal-Gruppe. Sie gelangen auf diesen unterschiedlichen Wegen zum Ziel, weil sie die einzelnen Schritte miteinander koordinieren können und auf das Ziel beziehen, indem sie Fehler korrigieren. Dirk dagegen benennt selbständig nur die einzelnen Buchstaben. Die Lehrerhilfen führen ihn auch nicht weiter, schließlich verschiebt er das »r« vom Ende in die Mitte. Für das Erlesen weiterer Wörter hat er wohl kaum etwas gelernt.[3)]

Für unsere Lehrverfahren wie für die individuellen Lernhilfen muß es uns zu denken geben, wenn wir erkennen, daß Kinder auf so unterschiedliche

Weise zum Ziel kommen, wir dagegen zumeist nur die Aufforderung zum Buchstabieren und zur silbenweisen Synthese an die Kinder herantragen – häufig, wie bei Dirk, mit geringem Erfolg.
Zum Schreiblernprozeß vergleichen wir, wie drei Kinder ein Wort, nämlich Kinderwagen, im Verlauf von Klasse 1 schreiben.[4)]

	1. Lernbeobachtung November	2. Lernbeobachtung Januar	3. Lernbeobachtung Mai
Sascha	*A*	*Kndawgen*	*Kenderwagen*
Daniela	*KendaWG*	*Kinderwagen*	*Kienderwargen*
Anja	–	*F*	*B*

Sascha lernt zwischen November und Januar ungemein viel dazu. Kann er zunächst nur einen der Laute des Wortes wiedergeben, so sind es 2 Monate später mehr als drei Viertel. Er orientiert sich mit »a« statt »er« stark an seiner Artikulation, erweitert in den folgenden Monaten seine Fähigkeit, das Wort in der Schreibung vollständig zu rekonstruieren und mischt dabei Gelerntes (»er«) und Gehörtes (»e«). Er wird, das kann man mit Sicherheit sagen, keine gravierenden und lang anhaltenden Rechtschreibschwierigkeiten haben, wenn der Unterricht ihm hilft, sich stärker an seinem Wissen von Schreibungen als an einer betont genauen Analyse seiner Artikulation zu orientieren.
Daniela gehört zu den fortgeschrittenen Schreibanfängern. Ihre Schreibung im Mai ist ein Beispiel dafür, daß neue Fehler auch Lernfortschritte anzeigen können. Daniela wendet ihre Beobachtungen zur bezeichneten Dehnung hier nur falsch an, zugleich markiert auch sie mit dem eingeschobenen »r« ein Merkmal, das bei besonders exakter auditiver Analyse häufig notiert wird, nämlich die Artikulationsstelle (niedrige Zungenstellung bei /a/ wie bei /r/) – wiederum ein Hinweis auf Ansprüche an den Unterricht, nämlich auditive und visuelle Analyse mit der Sicherung einiger Wörter zu verbinden.
Daß *Anja* im November bei dem schwierigen Wort nichts notiert, ist für sich betrachtet, nicht schlimm. Gavierend allerdings ist, daß sie zwischen Januar (»F« vermutlich für »Wagen«) und dem Ende des Schuljahres nichts dazu gelernt hat und wiederum nur einen Buchstaben schreiben kann (»B« vermutlich für »Babywagen«). Anja bedarf eingehender Lernhilfen.[5)]

(2) Schreiblernentwicklung und Analyse der eigenen Artikulation

Ausführlich haben wir eine Übersicht über die Entwicklung unterschiedlicher Zugriffsweisen im Verlauf des Schreibenlernens diskutiert. Grundlage sind 2549 Schreibungen (41 verschiedene Wörter) von 66 Kindern aus 7 Anfangsklassen, die im Rahmen einer Langzeitstudie gesammelt wurden.[6)] Sie sind auch Basis der LERNBEOBACHTUNG.

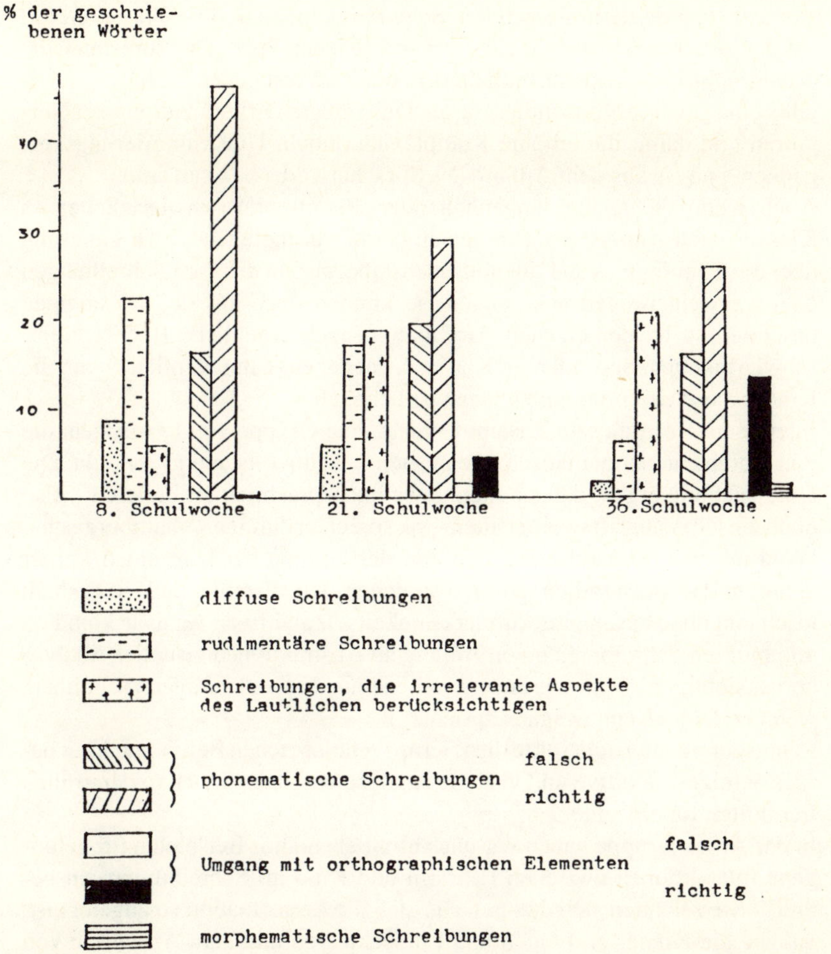

Abb. 2:
Entwicklung der sprachanalytischen Tätigkeit des Schreibanfängers im Verlauf von Klasse 1

Nur die diffusen und verkürzten Schreibungen (wie KDW für Kinderwagen) sowie der Umgang mit orthographischen Elementen (z.B. Kienderwagen) entwickeln sich – erwartungsgemäß – als kontinuierliche Ab- bzw. Zunahme zwischen der 8. und 36. Schulwoche. Dagegen nehmen Schreibungen, die irrelevante Aspekte des Lautlichen wiedergeben (wie Besonderheiten gedehnten Sprechens, Bezeichnungen der Artikulationsstelle, Merkmale von Dialekt bzw. der Umgangssprache), bedeutend zu. Die Kinder verwenden also zunehmend ein Verfahren, das zwar die genaue auditive Differenzierung fördert, dem Prinzip der Orthographie, die bedeutungsunterscheidenden Laute der Standardsprache wiederzugeben, aber widerspricht. Daß der prozentuale Anteil phonematisch richtiger Schreibungen sogar abnimmt,

kann z. T. mit dem steigenden Schwierigkeitsgrad der Wörter erklärt werden. Auch wenn man die richtig geschriebenen Wörter hinzurechnet, die orthographische Elemente enthalten, deutet sich erst gegen Ende des Schuljahrs eine gewisse Konsolidierung an. Die größere Differenzierung der Verfahren und damit die erhöhte Komplexität ähneln Umstrukturierungsvorgängen, wie sie aus dem Anfang des Spracherwerbs bekannt sind.
Auch wenn die später langanhaltenden Rechtschreibschwierigkeiten in Klasse 1 sich zumeist aus Problemen bei der grundlegenden Orientierung über die Zuordnung von Laut und Buchstabe, also in diffusen Schreibungen oder Verweigerungen ankündigen, so können doch aus der vorrangigen Orientierung an der eigenen Artikulation auch erhebliche Rechtschreibschwierigkeiten, besonders in Klasse 2, entstehen, dann nämlich, wenn die Kinder diese Orientierung zu lange beibehalten.
Interessant ist in diesem Zusammenhang eine Gruppe von Lernenden, die von Anfang an phonematisch (wenn auch z. T. unvollständig) schreibt. Die Untersuchung ergab, daß sie nicht etwa hochsprachlich artikulieren – also doch dieselbe Zugriffsweise hätten – sie sprechen durchaus »hamburgisch«. Wohl aber unterscheiden sie sich von der Gruppe der langsamen Lerner dadurch, daß sie sämtlich deutlich sprechen. Ich vermute, daß sie deshalb rasch und ohne besondere Aufmerksamkeit zur auditiven Analyse kommen und in ihren Schreibungen von Anfang an Abstraktionen visueller Analyse berücksichtigen. Denn wie anders sollte jemand »K*i*nd*er*wag*e*n« schreiben, wenn er doch »Kendawagän« spricht.
Rechtschreibunterricht sollte diese lernpsychologischen Befunde stärker berücksichtigen, auditive und visuelle Analyse verbinden, auch in den frühen Lernhilfen für einzelne.
In der Arbeitsgruppe haben wir uns abschließend mit Beispielen für gelungene Interaktionen zwischen Lehrerin und Kind im Schreibunterricht befaßt.[7)] Sie zeichnen sich dadurch aus, daß die Lernsituation so angelegt ist, daß sie die Kinder zu Fragen und Entdeckungen und zum Austausch von Wissen untereinander anregt. Die Lehrerin geht auf solche Fragen ein und gibt Impulse und Aufgaben, die das Kind lösen kann, die aber mehr verlangen, als es von sich aus erreichen würde, d. h. *»die es zwing(en), über sich selbst hinauszuwachsen« (Wygotski 1969a, 84)*. Die Lehrerin gibt sich dabei auch mit Teilergebnissen zufrieden, dann nämlich, wenn das Kind seine »Stufe der nächsten Entwicklung« *(Wygotski)* erreicht hat. Die orthographische Norm ist diesem Aspekt nachgeordnet.

Anmerkungen

1) Vgl. z.B.: »Lese- und Schreibaufgaben für Schulanfänger« *(Brügelmann u.a. 1988a);* »Informeller Test zur Erfassung von Voraussetzungen zum Lesenlernen« *(Meiers 1976a)*; die Lese- und Rechtschreibtests aus der Schulleistungsbatterie »SBL 1« *(Kautter/Storz 1972a);* »RST 1« *(Rathenow/Raatz (1972a).*

2) Das Diagnoseinstrument »Lernbeobachtung« ist hinsichtlich Zielsetzung, Aufbau, Durchführung, Auswertung sowie mit Kopiervorlagen und Beispielen ausführlich dargestellt in Dehn (1988a, 210-280).
3) Zu den Lehreräußerungen s. *Dehn (1988a, 223);* zu Dirks Lernentwicklung dort S. 225 und 241 f.; zur Systematik der Zugriffsweisen beim Lesen: Tabelle S. 273.
4) Vgl. *Dehn (1988a, 232-236).*
5) Zu Anjas Lernentwicklung und den Lernhilfen im einzelnen s. a.a.O., S. 243-247.
6) Vgl. *Dehn (1985a).*
7) Zu solchen Beispielen vgl. *Dehn (1988a, 99 ff.).*

* * *

Als in der Schule über die Hunnen und ihre Wanderzüge gesprochen wurde, schrieb ich in einer Geschichtsarbeit: *»Die Hunnen zertrampelten alle Felder.«* Tage später bekam ich die Arbeit zurück mit der Bemerkung: *»Hört mal alle zu: hier steht: ›Die Hunnen zerstrampelten alle Felder‹!«* Brüllendes Gelächter in der Klasse – bei mir das Gefühl der Scham und des Bloßgestelltseins. Ungläubig blickte ich auf das Blatt und las, rot unterstrichen: *»zerstrampelten«*. Jahre später fiel mir das Blatt in die Hände, und ich erinnerte mich sofort an die Situation und meine Gefühle. Diesmal sah ich genauer hin, da stand, rot unterstrichen: *»zertrampelten«*. War das *»s«* je dagewesen oder nur im Kopf einer Lehrerin entstanden?

Andrea Osius

Heiko Balhorn
Rechtschreibung: Lernen – Wissen – Intuition

Rechtschreibsicherheit ist das ziel von unterricht. Aber was ist diese sicherheit? Was wissen die könner? Was können sie? In welcher form bewahren sie ihr können auf, wie machen sie es sich zugänglich?
Meine these ist, daß das einfließen von wortspezifischem wissen in einen fundus von regeln beim schreiben (so etwa stelle ich mir rechtschreibkompetenz vor) einen besonderen status hat: Dieses wissen oder auch können ist *intuitiv,* ist seinem wesen nach nicht sicherer besitz, sondern ein jeweils gegen zweifel zu schützender entwurf. Und wenn wir dieses können als nur im grenzwert gesicherte gewißheit auffassen, so hat das konsequenzen für unser verständnis des erwerbs dieses könnens und die funktionen der lehre, die die bedingungen des aufbaus dieses könnens zu sichern hat.
Schreibenlernen ist ein heuristischer prozeß, ein schöpferischer akt. Anders als beim routinierten schreiben muß der lerner (auf seinem weg in die schrift) die regeln, die den wörtern eingeschrieben sind, erst in sich ausbilden, nacherfinden. Lesen und schreiben ist in diesem sinne datensammlung; das lernen dabei, als der prozeß der regelbildung, ist datenverarbeitung. Insofern läßt sich das, was 'spracherfahrungsansatz' genannt wird, in seiner triftigkeit als orientierung für lehre verstehen: Wenn kinder aus ihren je besonderen sprachlichen erfahrungsdaten die zugrundeliegenden regeln rekonstruieren, ist vor-schreibende belehrung, ist ein allgemeinverbindlicher lehrgang, der die elemente und regeln nach einer sachlogik einführen möchte, kein aussichtsreiches modell. Kinder bilden sich regeln auf der basis ihrer sprachpraxis, ihres könnens, ihrer einsicht. Sie tun dies auf individuelle und zugleich typische weise.

Rechtschreiblernen als datenverarbeitung

Es hilft, wenn wir uns rechtschreiblernen vor dem hintergrund eines technischen modells von datenerfassung und datenverarbeitung klarzumachen versuchen. (Diese denkweise ist so neu nicht: Die populäre rede vom 'speichern von wortbildern' nutzte eine technische metapher für unergründete hirnvorgänge).
Unser gehirn leistet – wie der computer – zweierlei: Es *sammelt,* d.h. es speichert daten, und es *ordnet* sie.
Sammeln und speichern steht für die aneignung der *elemente* der schrift, also der buchstaben, der laut-buchstabenbeziehungen, der silben, morfeme, wörter.

Verarbeiten steht für den prozeß des *auffindens von ordnung,* also für *regelbildung.*
Nun ist aber eine gleichsetzung der leistungen des gehirns mit denen eines technischen rechners in mehreren hinsichten falsch, ein vergleich allerdings erhellend. Buchstaben sind nicht 'einfache' daten (vgl. die verschiedenen versionen des *a*, S.. 97), sie sind dem lerner nicht eindeutig per taste einzugeben, sondern sind als zeichen selbst produkte des schreibers. Einen buchstaben lernen heißt, 'daten zu verarbeiten', bestimmende merkmale von ornamentalen (z.b. serifen) zu unterscheiden. Daß auch buchstaben kognitive konstrukte der lerner sind, zeigen uns kinder, wenn sie buchstaben systematisch spiegeln. (z.B. um sie der sprechrichtung anzupassen, s. beitrag *Juna* in diesem band S. 23 und die abbildung auf der nächsten seite) Die ordnungstätigkeit des gehirns übersteigt die möglichkeiten eines rechners, ist qualitativ eine andere. Das gehirn *ist* ordentlich, d.h. es ordnet spontan und andauernd. Ordnung wird schon unabsichtlich erzeugt, läßt sich absichtlich verbessern, aber nicht verhindern. Erzeugte ordnungen wirken als fokus und filter schon bei der datensammlung mit. Anders als in gängigen rechnern bedürfen ordnungsgesichtspunkte keiner expliziten kategorie, keines kennsatzes. Kategorien sind nicht vorab definiert, sondern offen. Sie füllen und klären sich im umgang mit dem datenmaterial.
Für beide systeme (rechner und gehirn) gilt, daß brauchbare, also richtige ordnungen – regeln – an das vorhandensein großer datenmengen gebunden sind. In einer kleinen datenbasis haben einzelne fälle, insbesondere solche, die das ganze system nicht gut repräsentieren (z.B. strukturwörter, 'lauttreue' wörter) ein (zu) großes gewicht, führen zu regeln, die nicht gelten und damit zu fehlern. Für den bereich von rechtschreibregeln sei hier auf die unterschiedliche verteilung der bezeichneten länge des *i* verwiesen: i als <i>, <ie>, <ih>, (<ie> steht in 2/3 aller deutscher wortstämme mit 'langem' *i;* <ih> nur bei vier bestimmten wörtern). Regelbildung auf der basis zu kleiner datenmengen führen uns schreibweisen vor augen, die kinder im übergang von der alfabetischen zur ortografischen strategie produzieren: Sie haben regeln ausgebildet, die sich in der verwendung ortografischer elemente zeigen. Der geltungsbereich allerdings ist unklar, die elemente treten an noch unbestimmten stellen auf (* fat*er*, Mutt*er*, Om*a*, Op*er*).
Nun sind es aber *die arten und gesichtspunkte der ordnungen,* die technische und menschliche datenverarbeitung unterscheiden, und es sind die unterschiede, die helfen können, das jeweils spezifische kontrastiv zu klären. Das ortografische lexikon im rechner wird alfabetisch geordnet. Jedes wort – in seiner schreibweise fest – hat seine alfabetisch bestimmte position. Wird nun ein text eingegeben (und die ortografische kontrolle eingeschaltet), so wird im vergleich zwischen eingabe und lexikon die richtigkeit festgestellt. Richtigkeit besteht in der übereinstimmung, unterschiede gelten als fehler bzw. als frage: *Meinst du dieses* (das ähnlichste) *oder ein anderes wort*? *Wenn nein, dann gib dein wort als neues in das lexikon ein.* – Ausdrucke des

rechners entsprechen – nach dem vergleich mit dem lexikon – immer der eingetragenen form. Fehler sind, entsprechende eintragungen vorausgesetzt, ausgeschlossen. Korrektureinheiten im rechner sind *wörter als fixe größen*. Ihr abrufen ließe sich – obwohl buchstabenweise verglichen wird – im rahmen einer wortbildtheorie verstehen.
Das 'speichern' von schreibweisen sowie ihr abrufen zum schreiben durch einen schreiber geht in dieser vorstellung nicht auf. Schreiber wissen um die bedeutung eines wortes, kennen die entsprechende lautfigur, die eine laut*abfolge* enthält.
An diese lautfolge als 'buchstäbliche' grafemfolge knüpft ein schreiber zum einen *wortspezifisches wissen*, das er sich als *ortografische besonderheit* gemerkt hat und befolgt zum anderen und zugleich *allgemein gültige regelungen*, die das produkt seiner gesamten schriftspracherfahrung sind.
Das gedächtnis stellt dem schreiber mit der lautfolge die grafemfolge zur verfügung, die den allgemeinen, den wörtern eingeschriebenen regeln, entspricht und die – wo nötig – durch wortspezifisches wissen des schreibers konkretisiert wird. – Schreiben zu verstehen als produktives einfügen von besonderem in allgemeines, geleitet durch einen artikulierten entwurf, überwindet die vorstellung des *einen* speichers oder auch eines *ortografischen* lexikons. So verstanden ist das schreiben eines wortes, ob es nun routiniert 'abgerufen' wird, d.h. um die bewußtseinsprozesse verkürzt 'einfach' fließt oder ob es bewußt artikulierend konstruiert wird, kein technischer, sondern ein kognitiver akt.

Rechtschreiben als 'problemlösen'

Der gewinn des versuchs, rechtschreiben im modell des problemlösens verständlich zu machen (und nicht nur von rechtschreibproblemen zu reden), liegt im bedarf der sprachdidaktik, schriftaneignung als eine notwendig intellektuell zu leistende arbeit der lerner aufzufassen. (Die rede von der einprägung verdeckt das lernen von schriftsprache in seiner kognitiven dimension unter einer mechanistischen metapher).

Nicht allgemein, sondern jeweils bezogen auf eine *bestimmten fall* soll (recht)schreiben im modell des *problemlösens* interpretiert werden.

Ausgangspunkt sei nicht schreiben auf dem niveau ortografischer routine, sondern der fall, in dem sich eine schreibung nicht 'von selbst' einstellt: Der schreiber stutzt, unterbricht sich, denkt nach. Seine überlegungen können sich auf eine bestimmte stelle in einem wort beziehen, auf ein wort als kategorie (groß-, zusammen-, getrenntschreibung), oder eine wendung im hinblick auf den satz. Ortografisches und grammatisches wissen fließen zusammen, sind weder linguistisch noch praktisch zu trennen. *Damit stellt er sich ein problem.* Daß dies ein bestimmter, produktiver akt des schreibers ist, zeigt sich im vergleich mit kindern, die die fähigkeit zur reflexiven kontrolle ihrer schreibungen im vor- und nachherein nicht (genügend) ausgebildet haben. Ihnen fehlt es an einer besonderen einstellung auf schreibweisen, an einer technik, die in unterschiedlichen zusammenhängen 'Fehlersensibilität', 'Monitor-Kompetenz' bzw. 'Debugging-Strategien' genannt wird.

Ein *problem* ist eine aufgabe, zu deren lösung die vorhandenen mittel und strategien nicht ausreichen.

Wird eine problemlösung gefunden, so besteht das ergebnis nicht nur in der lösung, sondern auch in erfahrungen mit den mitteln und strategien, die zur lösung geführt haben. D.h. die mittel sind mitbetroffen. *Peter May (1987a)* hat das lesenlernen als problemlösen beschrieben und klärendes insbesondere über problemlösungsstrategien erfolgreicher lerner in die diskussion eingebracht. Die übertragung auf das schreibenlernen liegt nahe.

Schreibenlernen bedeutet, die lautsprache, die bisher wesentlich nur gebrauchswert hatte, zum *gegenstand* zu machen. Wörter müssen dazu aus dem zusammenhang gelöst, aufgelöst werden. Die artikulation dient als werkzeug. Um wortteile, also anfang, ende, mitte, um silben, laute zu scheiden und zu bestimmen, müssen wörter 'auf der zunge zergehen'. Der mund ist sensibel und produktiv. Das 'hören' konzentriert sich deshalb auf die *eigene* artikulation. Erste verschriftungen drücken grafisch die eigene mundart aus. In diese fügen sich wissenselemente (ortografische besonderheiten) ein, und zwar auf beiden ebenen: in die artikulation, die nun auch ortografisches 'betont' und in die schreibung, die dem bereicherten artikulierten entwurf folgt ('rechtschreibsprache').

Ortografisches *wissen* ist die bedingung richtigen schreibens. Dies betrifft die lautfolge, die morfemgliederung (also semantisches wissen) wie auch grammatische regelmäßigkeiten: Wer *Geborztag, * unmächtig oder * voll-

genermaßen schreibt, orientiert sich an seinem lautlichen entwurf, weiß eine menge, aber noch zu wenig. Er durchschaut nicht, oder nicht wissend genug, die semantisch begründete morfemstruktur. – Ist ihm die bildung dieser wörter transparent, 'weiß' er um die teilbedeutungen (Geburt, ohn(e), folgend) so ist seine aussprache 'deutlicher', seine sprache aspektreicher und seine ortografie sicherer. Die fähigkeit, die bildung eines wortes semantisch aufzulösen und das intuitive wissen um wortbildungsregeln, also wortspezifisches und allgemein geltendes wirken zusammen, ergänzen einander. Schwer durchschaubare wörter wie *Salonalbumserie*, *Visagebühren*, *Verbund, Erzart, Streikende* zeigen das zusammenspiel beider quellen wie ortografiefehler vom typ **vertig* oder **morgends* (gebildet wie *abends*).
Analoges gilt für grammatische zusammenhänge: Wer schreibt: *»Ich traf *ein* Mann«, der folgt schreibend seinem lautlichen entwurf (und dem üblichen sprachgebrauch), weiß noch nicht oder nicht sicher genug um diesen 'fall'. Hat er ihn durch sprachbetrachtung gelernt, d.h. verfügt er denkend über die differenzierung 'ein/einen', so *kann* er diese lautlich fassen und nun einer – in ortografischem interesse artikulierten vorgabe – schreibend folgen. Solches können ist nicht lehrbar in dem sinne, daß alle gebräuchlichen wörter, wendungen, verb-kasusverbindungen und vieles analoge im einzelnen beigebracht werden können.
Ein solches verfügbares 'wissen' ist vielmehr ergebnis einer anregenden sprachpraxis. Es ist von vielen schülern in seinen wesentlichen grundzügen – ohne jeden lehrgang – vor der schule mit der sprechsprache gelernt worden. Kommt nun, etwa mit beginn der schulzeit ein interesse an schrift und die anregung durch schrift hinzu, so wird das intuitive können durch eine neue perspektive auf sprache erläutert. Denn schrift, schreibend und lesend genutzt, erzwingt vergegenständlichung der sprache. Und hier liegt die chance von unterricht. Er muß interesse stützen, wenn nötig interessieren. Im unterricht muß sich *zeigen,* wie nützlich sprache ist, was in ihr steckt, was schreiben und lesen 'bringt'. Kinder müssen auf den geschmack von sprache kommen.

Rechtschreibkönnen ist in sprachlicher intuition fundiert

Im interesse an der entwicklung ortografischer kompetenz geht es um die frage nach dem status des wissens für einen schreiber, nach kriterien seiner sicherheit, richtig zu denken, um die strategien, seine zweifel abzuwehren. Aussichtsreiche operationen, mittels derer schreiber sich ortografisches wissen vergegenwärtigen und hypothesen bestätigen können, sind etwa *wortgliederungen* (silbisch, morfematisch), das *herstellen ethymologischer bezüge* (grund-, pluralform suchen, verlängern), *analogiebildungen* (reimen, zuordnung zu einem musterbeispiel). Aber anders als beim lesen, wo die textbedeutung eine recht sichere bestätigung der richtigkeit des tuns rückmeldet, fehlt diese instanz beim schreiben. (Der griff nach dem wörterbuch, die nachfrage zur vergewisserung sind zwar erstrebenswerte praktiken, lösen aber das problem nur punktuell).

Gewißheit oder zweifel – die instanz, die entscheidet, ob die sicherheit hinreicht, ob zweifel überwiegen, ob das risiko ertragen werden kann, ob gleichgültigkeit oder hilflosigkeit empfunden wird, ist immer nur der schreiber selbst. Und sein fundament, da rechtschreibwissen in diesem sinne *nicht sicher ist,* ist seine *sprachliche intuition.* Ob etwa 'Blüte' mit oder ohne h geschrieben wird (blühen/Blühte, wie nähen/Naht?), ob 'kapputt', 'kaput', 'kapput' oder 'kaputt' richtig ist, ob 'Adresse' mit einem oder zwei d geschrieben wird (engl. address) oder ob es der oder das poster heißt, praktisches kriterium ist eine anmutung. Wenn ein schreiber zu entscheiden hat, ob ein wort ein fall der regel A oder B (oder vielleicht gar C?) ist, ob eine analogie triftig ist oder gerade nicht, ob das eine musterbeispiel gilt oder ein anderes, der schreiber wird elemente seiner spracherfahrung fallbezogen rekapitulieren, die lösung ist aus seinem wissen gegen zweifel nicht zu schützen. Manche helfen sich, indem sie ein prekäres wort in alternativen versionen 'aufs löschblatt'schreiben. Aber ist die anmutung größerer vertrautheit einer version wirklich ein entscheidungskriterium? Jeder, der sich gezwungen sah, diktate zu korrigieren, kennt den verlust an sicherheit, wenn ein bestimmtes wort immer wieder in wechselnden versionen auftaucht. Wenn wir wie auch lerner letztlich in aktu kein anderes entscheidungskriterium haben als unsere intuition, stellt sich die frage, was das für unterricht bedeutet.

Denn eines ist sicher: Intuition als eine empfindung von passung, angemessenheit, triftigkeit oder auch richtigkeit ist nicht zu lehren, wohl aber zu schwächen.

Die bedingungen, unter denen das vertrauen in die sicherheit des eigenen könnens, der mut zum risiko, zum experiment, aktivität, die erwartung des erfolges, nachdenklichkeit, freude an aufklärung für einen schreiber *nicht* wahrscheinlich sind, lassen sich leicht nennen:

* Der rechtschreibung wird eine hohe bedeutung beigemessen, so daß der schreiber in dieser fähigkeit ein persönliches bewährungsfeld sehen muß.
* Schreiben als aufsatz und diktat werden auf schnelligkeit abgestellt.
* Wörterbücher als hilfsmittel werden beim diktat, dem schulischen ernstfall, versagt.
* Ungeübte diktate sind pflicht und werden zensiert.
* Fehler werden als versagen gedeutet und verdeutlicht.
* Das regelwerk wird als kompliziert, unlogisch und die lernaufgabe als unendlich dargestellt oder aber die fiktion einer einfachen logik nahegelegt.
* Methodisch wird lernen auf einprägung konzentriert.
* Komplexität wird reduziert, um dem lerner die erfahrung der widersprüchlichkeit des systems zu ersparen.

Die wahrscheinlichen konsequenzen eines solchen versorgenden lehrkonzepts sind unschwer nachzuempfinden. *Peter May* spricht im zusammenhang des lesenlernens in einer analogen konstellation von einer tendenz zu 'Notfallreaktionen des kognitiven Systems' beim schüler.

Wenn (recht)schreibkompetenz wesentlich in der sprachlichen intuition des schreibers fundiert ist, muß unterricht diese stützen. Was wäre im sinne der hier vorangestellten erörterungen im unterricht zu tun?

* Zuallererst kommt es auf eine *große datenbasis* an, also auf reichliche und reichhaltige sprachliche erfahrungen. Kinder müssen viel, häufig und gern sprache hören, lesen und schreiben. Dies wird wahrscheinlicher, wenn unterricht lesestoffe, also bücher bietet, die kindern etwas zu sagen haben, und wenn unterricht eine schreibpraxis stützt, in der kinder selbst zu wort kommen.
* Unterricht muß die *ordnung* in der sprache, die sich auch in der schrift ausdrückt, *deutlich machen*. Der einstieg in das erkennen von ordnung ist die ausdrückliche vergegenständlichung von sprache. Sprachspiele, reime, sprachwitze, übersetzungen, alles, was sprachliches zum thema macht, kann das interesse an sprache fundieren. Behutsam entwickelt hilft eine terminologie, damit sprachliches denkbar und sagbar wird.
* Unterricht kann *ordnung erzeugen:* Wörter sammeln und ordentlich aufbewahren: Den klassenwortschatz alfabetisch (leitkarten) und nach wortarten (verschiedenfarbige karteikarten) ordnen; den individuellen wortschatz (im heft) nach phänomenen, wortfamilien, wortfeldern ordnen. Solche 'institutionen' setzen die geltung der norm der richtigkeit in kraft und sind hilfsmittel der selbstkontrolle. Ordnungen erkennen heißt, in experimenteller haltung fälle suchen: *»Welche wörter mit <ih> gibt es? Welche mit <v>?«*; ethymologische bezüge aufdecken: diachron an 'historischen rechtschreibfehlern' *(Bismarck, Eltern, Stengel* etc.); synchron an dialekten, fremdsprachen (vgl. S. 105 und 86f. in diesem band). »Rechtschreib-Quiz«, »Forscher-Stunden«.
* Unterricht kann *ordnung zeigen* und *nutzen*: alfabetische ordnungen in klassenlisten, sachregistern, lexika, wörterbüchern; chronologische ordnungen in geburtstagskalendern, biografischen/allgemeinen zeitleisten; wortgruppen 'musterbeispielen' unterordnen; geregelte wortreihen mit fehlern; phänomenbezogene wortlisten als trainingsmaterial; effekte verschiedener ortografischer lernmethoden messen.
* Unterricht muß die befähigung zur *selbstkontrolle*, die praxis des überarbeitens der eigenen produkte nachdrücklich fördern und als leistung ausdrücklich würdigen. Weil beim schreiben/rechtschreiben (anders als beim lesen und im gespräch) der schreiber selbst und allein die 'instanz des *ok*' ist, er das 'abbruchkriterium' des weiteren nachdenkens setzt, ist er hier besonders angewiesen auf eine unterstützung seines vertrauens in die eigene lern- und leistungsfähigkeit – und das bedeutet wesentlich ein vertrauen in seine zunehmend sicherer werdende sprachliche intuition.

Wenn kinder mit guten gründen schreiben, ist ihr anspruch, gut zu schreiben, eingeschlossen. Die unterscheidung zwischen schreiben und rechtschreiben ist unsere, die wir schülern im unterricht mitvermitteln (z.B. durch differenzierende zensuren). Für den schreiber greifen alle komponenten eines textes ineinander; die auflage für einen schreiber, auf rechtschreibung einmal *nicht* zu achten, ist paradox. Diese überlegung schließt nicht aus, daß ich diesen text in dem besonderen interesse auch an schreibweisen noch einmal durchsehe. Motive und fähigkeiten zu dieser besonderen lesart entspringen einem bündel von interessen. Insofern hat unterricht zu interessieren.

***

Rechtschreibtraining mit rechtschreibschwachen Hauptschülern

Gerheid Scheerer-Neumann hat vor 8 Jahren diese Untersuchung *»auf kognitionspsychologischer Grundlage«* durchgeführt. Der jetzt veröffentlichte Abschlußbericht (1988a) ist vor allem deshalb interessant, weil sich die didaktische Diskussion gegenwärtig auf den Anfangsunterricht konzentriert. Wie aber kann den Kindern geholfen werden, die in der Grundschule nicht recht schreiben gelernt haben? *Gerheid Scheerer-Neumann* hat in ihrer Untersuchung ein Programm erprobt das

* Regeln für bestimmte Rechtschreibprobleme, u.a. mehrgliedrige Grapheme (st, sp, qu), Groß-/Kleinschreibung, Morphemkonstanz bei Umlauten (äu, ä) und Auslautverhärtung
* über konkrete Wörter
* nach lernpsychologischen Gesichtspunkten gezielt angeht (S. 42 ff.).

Die Kinder haben also weder isoliert einzelne Wörter noch abstrakte Regeln gelernt. Vielmehr sollten sie Einsichten in bestimmte Baumuster der Schrift gewinnen und diese nutzen, um sich Wörter mit den genannten Besonderheiten einzuprägen (S. 32 ff.). »Selbständiges Lernen« und »Selbstkontrolle« bestimmten den Aufbau der Sitzungen und des Materials. Leitkarten mit Prüfverfahren für bestimmte Rechtschreibmuster (vgl. auch *Bergk 1987a, 67 ff.)* waren eines der methodischen Mittel.
Aus 15 Bochumer 5. Klassen nahmen 41 rechtschreibschwache SchülerInnen an durchschnittlich 30 Sitzungen des Trainingsprogramms teil (= TG).

Ihre Entwicklung wurde verglichen mit einer Kontrollgruppe (= KG) ebenfalls rechtschreibschwacher SchülerInnen und mit einer normal streuenden Vergleichsgruppe (= VG) aus dem Gesamt der 15 Klassen (S. 77ff.). Die drei Hauptergebnisse sind unterrichtspraktisch wie auch für Theorien des Rechtschreiblernens interessant (S. 102ff., 149 ff.):

1. Die rechtschreibschwachen Kinder (TG) erreichten nach dem Training in einer Prüfliste (Wörter und Regeln aus dem Übungsbereich) fast das Niveau der Altersgruppe insgesamt (VG). Im Vergleich dazu blieb die Kontrollgruppe deutlich unter dem Niveau der Gesamtgruppe: Abnahme der Fehlerzahl in der KG nur 9% gegenüber 38% in der TG.

2. Ebenfalls deutliche, wenn auch weniger stark ausgeprägte Fortschritte zeigten sich bei den Transferwörtern, die einzeln nicht geübt waren, auf die aber die Regeln/Verfahren des Trainings angewandt werden konnten: Abnahme der Fehlerzahl in der TG um 28% gegenüber nur 8% in der KG.

3. Bei ungeübten Wörtern, die zudem nicht aus dem Regelbereich des Trainings stammten, war die Verbesserung und damit der Unterschied zur Kontrollgruppe am geringsten: Abnahme der Fehlerzahl in der TG um 11%, in der KG um 6%.

Der Lerneffekt ist also bereichsspezifisch, im Bereich des Trainings aber nachhaltig. Damit wurde zugleich das theoretische Modell des Rechtschreibens (S. 18ff.) und des Rechtschreiblernens (S. 32ff.) gestützt: Rechtschreibwissen wird an einzelnen Wörtern, aber in regelhafter Form gewonnen (vgl. auch *Gerheid Scheerer-Neumann 1986a, b; Balhorn 1983a; 1985a; und in diesem Band S. 58ff.)*

(Zusammengefaßt und kommentiert von Hans Brügelmann)

Marianne und Klaus R. Wagner

Deutsch: Ächz! Würg!

Zur These vom Verfall der Kindersprache

Sprechen unsere Kinder heute schlechter als früher? Geht es mit der Kindersprache bergab? Diese These vom Verfall der Kindersprache wird mit den veränderten Seh- und Lesegewohnheiten begründet. Die Kinder hocken zu lange vor dem Fernseher und spielen zu wenig, sie verschlingen zu viele Comics und, was dann aus den kleinen Mündern kommt, ist nur noch »Ächz!« und »Würg!« Die Kindersprachforschung kann diese Meinung nicht kalt lassen. Es kann ihr nicht gleichgültig sein, wie sich eine Sprache entwickelt. Um die Verfalls-These zu überprüfen, bieten sich Vergleiche historischer Kinderwortschätze mit heutigen an. Durch derartige Vergleiche müßte sich doch zeigen lassen, welche Veränderungen in diesem Jahrhundert auf dem Gebiet des kindlichen Wortschatzes vor sich gegangen sind.

Historische Kinderwortschätze

Die Quellenlage ist nicht günstig. Die historischen Quellen sprudeln nicht, sie tröpfeln eher. Für das Grundschulalter sind nur zwei Altersgruppen belegt, und zwar die Gruppe der Sechsjährigen mit den Untersuchungen von *Schlag (*durchgeführt 1914/15), *Rosenkranz* (1950/51) und *Augst* (1975/80) und die Gruppe der Neunjährigen mit den Wortschätzen von *Schaffert* (1934/35; veröff. in *Oberender* 1951a), *Oberender* (1949/50), *Wagner* (1972), *Otto* (1974) und *Häussermann* (1975). Wir beschränken uns hier auf einen Vergleich der Sechsjährigen, der sich auf drei Wortschatzsammlungen stützt:

a) Johannes *Schlag (1921a)* und sein Bruder Reinhold sammelten 1914/15 den Wortschatz der Sprechsprache von zwei Mädchen, die insgesamt 1800 verschiedene Wörter verwendet haben.

b) *Rosenkranz (1957a)* sammelte 1950/51 den Wortschatz (Schriftsprache, »Sprechspur«) eines 1. Schuljahres, der 1700 verschiedene Wörter umfaßt.

c) *Augst (1984b)* und seine MitarbeiterInnen erhoben 1975-1980 den Wortschatz (Sprechsprache) von 10 Kindern, die insgesamt 13300 verschiedene Wörter verwendet haben.

Zur Charakteristik des letzten Wortschatzes sind folgende Punkte herauszustellen:

- Durch die sprachwissenschaftliche Fundierung der Erhebung ist der Blick der Mitarbeiter mehr geschärft als bei Schlag und Rosenkranz.

– Der Beobachtungszeitraum und Beobachtungsaufwand ist umfassender als bei den beiden anderen Untersuchungen.
– Der Auszählungsmodus wertet eine ganze Reihe von Zusammensetzungen als eigene, neue Wörter, die bei *Schlag* und *Rosenkranz* bestehenden Wörtern getrennt zugeordnet werden.

Um einen Eindruck zu vermitteln, wie sich die Wortschätze von *Schlag, Rosenkranz* und *Augst* unterscheiden, sollen exemplarisch die Bedeutungsfelder 'Farbadjektive' und 'Tiernamen' vorgestellt werden.

Farbadjektive bei Sechsjährigen

Schlag (1914/15)	Rosenkranz (1950/51)	Augst (1975-80)
blau	blau	blau, dunkelblau, hellblau, bläulich, blaurot
braun	braun	braun, bräunlich, hellbraun, braunkariert, dunkelbraun, schwarzbraun, bunt, farbig, sechsbuntig, unbunt
gelb	gelb	gelb, hellgelb, gelblich, goldgelb, blond, dunkelblond, beige, beigelich
golden goldig	golden	golden, goldig, naturgolden
grau feldgrau	–	grau, gräulich
grün	grün	grün, hellgrün, dunkelgrün, grasgrün,
–	–	lila (vgl. violett)
rot, rosa	rot	rot, rosa, feuerrot, hellrot, rötlich, blutrot, dunkelrosa, dunkelrot, klatschrot
schwarz	schwarz	schwarz, klarschwarz, kohlrabenschwarz, kohlschwarz, rußig
silbern silbrig	–	silbern
	– –	violett, blaurot (vgl. lila)
weiß	weiß	weiß, dunkelweiß, glühweiß, grauweiß, schmutzigweiß

Der Vergleich der drei Wortschätze ergibt:
- Die Grundfarben finden sich in allen drei Sammlungen.
- *Schlag* hat neben 'feldgrau' noch 'goldig', 'rosa' und 'silbrig', die bei *Rosenkranz* nicht vorkommen.
- Bei *Augst* dagegen ist die ganze Palette der Farbnuancen entfaltet.

Vergleich der Tiernamen

Der quantitative Vergleich der drei Listen ergibt: Bei *Schlag* sind 61, bei *Rosenkranz* 52 und bei *Augst* 370 Tiernamen aufgeführt.
Allen drei Wortschätzen *gemeinsam* sind die geläufigen Tiere der Kinderwelt: Affe, Bär, Ente, Esel, Fisch, Gans, Hund, Katze, Kuh, Laus, Maus, Pferd, Reh, Schwein, Truthahn, Vogel, Ziege (17 Wörter).
Nur bei *Schlag* kommen vor: Affenbär, Boa, Geiß, Geißlein, Himmelmiezeln, Huleganz, Kabeljau, Käutzchen, Lachs, Matz ('Stubenvogel'), Milchbulle (= Milchmann?), Piepmatz, Piepmätzchen, Puthühner, Schellfisch, Seefisch, Sprotte (17 Wörter). Zwei charakteristische Wortfelder lassen sich erkennen: *Seefische* (Kabeljau, Schellfisch, Lachs, Sprotte) und verniedlichende Wörter aus der *Kleinkindersprache* (Himmelmiezeln, Huleganz, Matz, Piepmatz, Piepmätzchen, Puthühner). Nur bei *Rosenkranz* stehen: Karnickel, Rehbock, Ringelnatter, Rotfuchs (4 Wörter). Es sind Tiernamen aus der konkreten Umwelt der Schüler. Karnickel als Stallhase kommt bei *Augst* nicht vor, denn in der BRD der 75er – 80er Jahre werden in der Mittelschicht keine Stallhasen mehr gehalten.
Schlag und *Rosenkranz* haben nur 1 Wort gemeinsam: Kikeriki-(hahn), ein Ausdruck aus der ländlichen Kinder- und Märchenwelt.
Schlag und *Augst* haben gemeinsam: Eisbär, Glühwürmchen, Goldfisch, Hähnchen, Hase, Hering, Hirsch, Hühnchen, Kalb, Karpfen, Kätzchen, Kröte, Made, Marienkäfer, Muschel, Osterhase, Osterhäschen, Papagei, Schäfchen, Schnecke, Storch, Vögelchen, Wolf, Ziegenbock (26 Wörter). Gemeinsam sind *Fischnamen* (Goldfisch, Hering, Karpfen und dazu auch Muschel und Schnecke) und *Verkleinerungen* (Glühwürmchen, Hähnchen, Hühnchen, Kätzchen, Osterhäschen, Schäfchen, Vögelchen). Unter den gemeinsamen Wörtern zwischen *Rosenkranz* und *Augst* finden sich dagegen die Normalformen Hahn und Huhn.
Rosenkranz und *Augst* haben gemeinsam: Bock, Dachs, Elefant, Entchen, Entlein/Entle, Entenmutter, Eule, Floh, Florfliege, Fohlen, Fuchs, Geier, Hahn, Henne, Huhn, Igel, Kamel, Kater, Lama, Libelle, Löwe, Meerschweinchen, Nashorn, Pony, Raubtier, Regenwurm, Salamander, Schmetterling, Star, Taube, Tier (31 Wörter). Es handelt sich hier zwar noch um Ausdrücke aus der *Kinderwelt* (Entchen, Entenmutter, Floh, Fohlen, Fuchs, Hahn, Henne, Huhn, Igel, Kater, Löwe, Meerschweinchen, Pony, Taube), aber zunehmend auch um *Tiernamen aus fernen Ländern* (Elefant, Geier, Kamel, Lama, Nashorn) und um *Tiernamen der Umwelt* (Dachs, Florfliege,

Libelle, Regenwurm, Salamander, Schmetterling, Star). Diese Umwelt wird nicht mehr mit Märchenaugen betrachtet, sondern biologisch-sachlich gesehen.
Am Sondergut von *Augst* (296 Tiernamen) läßt sich deutlich erkennen, welchen großen, positiven Einfluß die Medien (Tiersendungen, Tierbücher) auf den Wortschatz der 6jährigen haben. Allerdings bleibt zu bedenken, daß von den 10 Kindern 8 aus der Mittelschicht und nur 2 aus der oberen Unterschicht stammen.

Vergleich der Nomen

Da sich die Präsentation aller Belege zur Wortart Substantiv im Rahmen eines Aufsatzes wegen der großen Fülle als unmöglich erwies, wurden nur die Nomen des Buchstabens A verglichen.
Bei *Augst* verblüfft zunächst der Wortreichtum, der sich durch systematische und konsequente Beobachtung feststellen läßt. Von einem Verfall der Kindersprache kann nach diesem Material keine Rede sein. Eher umgekehrt! Aber auch beim Gegenargument sollte man kritisch bleiben. Es könnte immerhin sein, daß die Zunahme des Wortschatzes nur für Mittelschichtkinder gilt, während die Sprache der Unterschichtkinder unter den Medien leidet.
Schwerpunkte des Wortschatzes von *Augst* sind:

- der emotionale Wortschatz der Kinder, der hier endlich in aller Kreativität und Farbenpracht ausgebreitet wird, vgl. Thema 'Arsch' mit 10 Variationen;
- Zusammensetzung mit bekannten und beliebten Kinderwörtern: Abend (7mal), Alles (8mal), Apfel (12mal), Auto (15mal);
- Verkehr: von Abschleppauto über Abstellparkplatz bis zu Autozug;
- Gesundheitswesen: von Abstrich über Apotheke und Arzneiflasche bis zu Arzt (6mal).
- die Tierwelt, vgl. oben das Bedeutungsfeld 'Tiere';
- spontane Neubildungen: Allesarzt, Alles-Nichtverräter, Allespassiertag, Aufräumauge, Ausratzelding u.a.

Insgesamt läßt sich sagen, daß die ganze moderne Welt von 'Astronaut' bis 'Antonbombe' (=Atombombe) hier vertreten ist.

Zusammenfassung

Der quantitative Vergleich zeigt, daß in den 35 Jahren zwischen 1914 und 1950 mehr Wörter im kindlichen Wortschatz ausgewechselt worden sind als in den 30 Jahren zwischen 1950 und 1980. Mit anderen Worten: Der Zeitfaktor spielt eine markante Rolle bei der Veränderung des kindlichen Wortschatzes. Bedeutet nun aber die quantitative Veränderung eine qualitative Verschlechterung, wie es die Verfalls- Hypothese behauptet?

Im untersuchten Material finden sich dafür keine Anhaltspunkte. Umgekehrt: Der Wortschatz der Sechsjährigen zwischen 1975 und 1980 ist wesentlich reichhaltiger als bei *Schlag* und *Rosenkranz*. Die heutige Lebenswelt der Kinder führt nicht zu einer Verarmung, sondern eher zu einer Bereicherung im Wortschatz.

Anmerkung:
Der Titel spielt auf die Titelgeschichte in der Zeitung DER SPIEGEL vom 9. Juli 1984 an: »Deutsch: Ächz, Würg. Eine Industrienation verlernt ihre Sprache.«
Im begrenzten Rahmen dieses Jahrbuches können wir das Ergebnis unserer Untersuchung nur thesenhaft und exemplarisch vortragen (vgl. ausführlicher: *Wagner/Wagner 1987a)*.

Rechtschreibfehler damals und heute

Roland Vogel (1985a; vgl. auch *Menzel 1985a, 4ff.)* hat Schüleraufsätze des 3./4. Schuljahres von 1972 – 74 mit Arbeiten von 1982 – 84 verglichen. Seine ersten Ergebnisse faßte er in folgender Zwischenbilanz zusammen:

1. *Die Schüler verwenden in weniger Aufsätzen insgesamt heute mehr Wörter als früher; ihre Texte sind länger.*
2. *Sie gebrauchen nicht nur mehr Wörter insgesamt, sondern auch mehr verschiedene Wörter.*
3. *Dabei produzieren sie mehr verschiedene Fehler im Verhältnis zu den verwendeten Wörtern (4,8% heute, 3,93% damals).*
4. *In Bezug auf die verwendeten verschiedenen Wörter produzieren die Schüler heute aber weniger Fehler als damals (22,96% heute gegenüber 24,26% damals).*

Einen weiteren Befund, der die These vom Niedergang der Schriftkultur in Frage stellt, berichtet *Wolfgang Menzel (1985b, 9).* Nach seinen Erhebungen (1982 – 1984 im 2. bis 10. Schuljahr) war selbst der Rechtschreibunterricht der viel gescholtenen 70er Jahre so effektiv, daß

- Grundschüler in ihren Texten im Durchschnitt etwa 93% der verschiedenen Wörter, die sie selbständig verwenden, richtig schreiben,

- Hauptschüler am Ende des 10. Schuljahres rund 96%

- und Realschüler am Ende des 10. Schuljahres rund 98% der Wörter.

Katharina Lenner
Die Schreibhandlung

So ist die Schreibhandlung entstanden: *Roswitha Stenzel* hatte die Idee eines öffentlichen Schreibers, der so ähnlich wie im Orient an einer belebten Strassenecke sitzt und den Leuten ihre Briefe schreibt, oder wie bei uns früher der Notar: er notierte, schrieb auf – weil: WER KANN SCHON / NOCH SCHREIBEN??
Sie, die *Roswitha,* hat sich also gedacht, daß alle die Leute, die mit ihren Briefen und Formularen nicht klarkommen, eine Stelle brauchen, wo sie hingehen können und wo ihnen geholfen wird. Wie beim Friseur oder beim Schuster: Besohlst Du Deine Schuhe etwa selber?
Dahinter steckt die Idee, daß Schreiben ein Handwerk ist, das mancher beherrscht, mancher nicht.
(...)
Ich denke, der Name spricht für sich: Wir handeln mit Geschriebenem und handeln schreibend. Wir handeln buchstäblich: Du kriegst hier nichts umsonst, aber es gibt auch keine festen Preise. Wir vereinbaren die Preise je nach Einkommen des Kunden und Aufwand, den wir getrieben haben.
(...)
Jemand hat gefragt, ob unser Schreibservice die Leute nicht zur Faulheit verleitet?! Wir meinen, daß man sich freier fürs Lernen entscheiden kann, wenn einem der Druck genommen ist, es auf Gedeih und Verderb zu müssen. Hier könnte die Schreibhandlung eine Vermittlerrolle einnehmen – wir vermitteln mit der Möglichkeit, bei uns schreiben zu lassen, die Freude am eigenen Ausdruck und damit die Lust darauf, selbst zu schreiben.

Aus : Lenner, K.: Die Schreibhandlung. In: Alphabetisierung international. Informationen, H. 6. Pädagogische Arbeitsstelle/ Deutscher Volkshochschulverband: Frankfurt (Holzhausenstr. 21) (1988, S.23). Die Anschrift der Schreibhandlung: Feilitzschstr. 9 im Hof, 8000 München 40 (Nähe U-Bahnhof Münchner Freiheit).

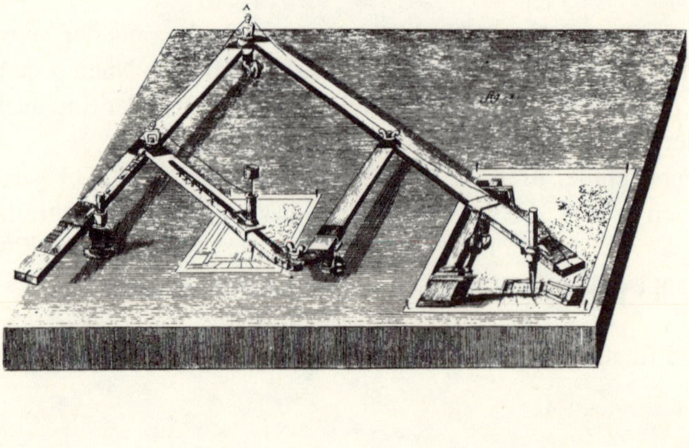

Teil II:

Irgendwo ist jeder ein Ausländer: Zweisprachigkeit

Heiko Balhorn
RUSSISCH FÜR SIE!
Einstieg über lehnwörter

Auch wenn Sie es nicht glauben,
das russische wort für KEKS ist КЕКС
und für SALAT ist САЛА́Т
und für KURORT ist КУРО́РТ

Jürgen Reichen (›Lesen durch Schreiben‹) und inzwischen auch andere geben leselernern eine anlauttabelle. Damit können sie sich – ihr sprachwissen nutzend – von den anlauten her die buchstaben erschließen. – Analoges für Sie:

А	Б	В	Г	Д	Е	Ж	З	И	Й	К	Л	М	Н	О
A	B	W	G	D	E	weiches SCH	stimmh. S	I	J	K	L	M	N	O
П	Р	С	Т	У	Ф	Х	Ц	Ч	Ш	Щ	Ь	Ъ	Ю	Ы
P	R	stimml. S	T	U	F	CH	Z	TSCH	SCH	SCHTSCH	weiches Z	hartes Z	JU	

Bitte *schreiben* Sie nun auf russisch:

LANDSCHAFT ...., SCHLAGBAUM ....

KAMMERTON ...., IDIOT ....

SCHNUR ...., STRICH ....
(Ja, der sch-laut ist ein sch.)

Jetzt können Sie auch russisch *lesen:*
(Leider ist dieses übersetzungsverfahren auf rund 30 deutsche wörter begrenzt.)

БУТЕРБРО́Д heißt ....

ШОКОЛА́Д heißt ....

ШПИО́Н heißt ....

ЦЕЙТНО́Т heißt ....

ЦИФЕРБЛДА́Т heißt ....

und zum Nachtisch:

КОМПО́Т heißt ....

Haben Sie gemerkt? – Einige feinheiten deutscher ortografie sind nicht übergekommen: Der sch-laut vor t wird mit dem zeichen für sch wiedergegeben; doppelkonsonanten als kürzezeichen werden nicht konsequent genutzt. ›Butterbrod‹ ein reflex auf unsere ›auslautverhärtung‹?
Aufschlußreich für ein verständnis von begriffsbildung ist auch die umkehrung, nämlich russische wörter in deutschem sprachgebrauch: *Perestroika* und *Glasnost.* Die übersetzung ist schwierig und dennoch ›wissen‹ wir um die bedeutung.

Ingrid Gogolin
Einsprachigkeit: Die heimliche Norm in der Norm

»Die deutsche Schule – ist sie auch, so gut sie es sein kann, eine Schule der deutschen Sprache?« *Harald Weinrich (1982a)*, der mit dieser Frage ein Buch einleitet, stellt sie sich voller Sorge darüber, ob die Institution Schule ihren Bildungsauftrag, die Schüler zum »richtigen« und »guten« Sprachgebrauch zu führen, hinreichend erfüllt; ob die Schule etwa angeht (und ankommt) gegen Tendenzen des schludrigen Umgangs mit dem Deutschen im öffentlichen Sprachgebrauch, gar der provokativen Normverweigerung bei vielen Jugendlichen. Aus der Perspektive von ungefähr 10% der Schülerinnen und Schüler in der deutschen Schule kann diese Frage klar beantwortet werden: Die deutsche Schule ist gewiß eine Schule der deutschen Sprache; jedenfalls ist sie nicht die Schule irgendeiner anderen Sprache, wenn man vom Fremdsprachenunterricht und von einigen Ausnahmen absieht[1]. Die Perspektive dieser ca. 10% der Schüler an deutschen Schulen, deren Muttersprache nicht Deutsch ist, nehme ich hier ein (vgl. *Beauftragte.... 1987a;* s. auch *Klemm 1987a).*

Wer sind diese Schülerinnen und Schüler mit anderer Muttersprache, in deren Familien Deutsch nicht die dominante Sprache ist? Der größte Teil von ihnen stammt aus Familien, die als Arbeitsmigranten in die Bundesrepublik Deutschland kamen, aus den Ländern Italien, Spanien, Griechenland, Portugal, Jugoslawien, der Türkei und Marokko, wo bis 1973 Menschen für die Arbeit hier angeworben wurden. Andere kommen als Flüchtlinge hierher, vorwiegend aus arabischen, asiatischen und afrikanischen Staaten. Etwa 3 Millionen 'Ausländer', also mehr als 2/3 ihrer Gesamtzahl, leben seit mehr als 8 Jahren hier. Manche besitzen längst deutsche Pässe; was sie zu Ausländern macht ist nicht der falsche Ausweis, sondern ihre Haut-, Haar-, Augenfarbe, ihre Art, sich zu kleiden, sich zu bewegen – nicht zuletzt: ihre Redeweise. Wie »leicht« es hierzulande ist, ein Ausländer zu sein, haben Autoren wie *Gerhard Kromschröder (1984a)* und *Günter Wallraff (1985a)* vor nicht zu langer Zeit der Öffentlichkeit vorgeführt.

Die Kinder aus diesen Familien treten mit außerordentlich heterogenen sprachlichen Bildungsvoraussetzungen in die deutsche Schule ein. Nur mehr wenige haben im Land der Auswanderung eine Schule besucht, mithin die Erfahrung schulischen sprachlichen Lernens bereits in ihrer Muttersprache gemacht, lesen und schreiben gelernt, vielleicht auch an Fremdsprachenunterricht teilgenommen. Der überwiegende Teil der Kinder ist in der Bundesrepublik geboren oder aufgewachsen – die einen 'im Getto', mit wenig (und dann oft sehr distanziertem) Kontakt zu Deutsch und den Deutschen, die anderen vielleicht im bunt gemischten Wohnviertel derselben Großstadt, mit deutschen Freunden (und anderen Freunden mit anderen Sprachen) auf der Straße und im Kindergarten. Für die einen hat die Sprache der Familie die dominante Rolle in der bisherigen Sprachentwicklung gespielt; ihr Deutsch ist geringer ausgebaut. Andere haben – vielleicht durch ältere Geschwister – auch im Elternhaus vorwiegend Deutsch gesprochen und von der Sprache ihrer eigenen Ethnie nur wenig aktiv gelernt. Bei wieder anderen haben beide Sprachen eine balancierte Rolle gespielt; sie können sich in beiden ungefähr gleichgut verständigen. Bei aller Heterogenität der sprachlichen Bildungsvoraussetzungen, die die Gruppe der Kinder aus ethnischen Minderheiten in die deutsche Schule mitbringt, hat sie gemeinsam, daß sich ihre ersten Spracherfahrungen von denen ihrer deutschen Mitschülerinnen und Mitschüler grundlegend unterscheiden. Das Aufwachsen und Leben in zwei Sprachen bestimmt die gesamte sprachliche Vorerfahrung des Kindes – egal, zu welchem vorläufigen Resultat es geführt haben mag. Ein zweisprachiges Kind lernt nicht nur andere Wörter und grammatische Regeln kennen als ein Kind, das einsprachig aufwächst, sondern auch ein ganzes Arsenal an anderen gesellschaftlichen Vorverständnissen, an Formen der Kombination von Sprachlichem und Nicht-Sprachlichem, an Bedeutungen von mimischer, gestischer Begleitung von Gesagtem, die für eine Sprache und Kultur spezifisch sind (vgl. als Einführung in diese komplexen Zusammenhänge *List 1987a).*

Eine weitere Erfahrung macht die Mehrzahl der Schüler aus ethnischen Minderheiten, die den deutschen Kindern meist erspart bleibt: daß ihre sprachlichen Erfahrungen in der Schule mißachtet, ignoriert, diffamiert werden[2]. So beschrieb zum Beispiel eine deutsche Lehrerin in einem Buch über Unterrichtserfahrungen mit türkischen Kindern das »Hauptproblem« ihrer Lerngruppen, *»nämlich die Zusammensetzung aus ganz gewieften Deutschlernern, die aber erst kürzlich schreiben gelernt haben, noch ganz sprachlosen Analphabeten und den Neuankömmlingen mit türkischer Schulbildung.«*[2] In einer anderen Veröffentlichung stellten Lehrer fest: *»Wenn in einer Klasse nicht genügend deutsche Kinder sind, müssen Probleme beim Spracherwerb auftauchen. Wenn zuviele ausländische, noch nicht integrierte Ausländer da sind, werden sie neue, kleine Sprachgruppen bilden, in denen die Heimatsprache angewendet wird. Die kleinen Ausländer tun dies, weil sie in ihrer schulischen und gesellschaftlichen Umwelt nicht genügend Angebote für Sozialkontakte finden«.*[3] Deutsch nicht zu beherrschen gilt da als Sprachlosigkeit, nur das Lernen des Deutschen gilt als Spracherwerb, das Sprechen der 'Heimatsprache' wird als schädlich angesehen, und es geschieht aus dieser Sichtweise sowieso nur als Notfallmaßnahme – 'genügender Sozialkontakt' ist erst der mit Deutschen. Die Muttersprache der Kinder ist aus dieser Perspektive keine Sprache, und Zweisprachigkeit gilt als Hin-

dernis für eine normale sprachliche Entwicklung – die Einsprachigkeit in Deutsch ist zur Norm erhoben.
Die Kinder aus ethnischen Minderheiten machen sich diese Sichtweise ihrer deutschen Umwelt nicht selten zu eigen: verzichten darauf, ihre eigenen sprachlichen Fähigkeiten als normal anzusehen, ihre Muttersprache selbstverständlich zu gebrauchen.[4]

Ausländerkind
Bin stumm geworden
durch den Zwang,
anders zu sprechen.
Ihr habt mich noch nicht verstanden
und wollt mich auch nicht verstehen.
Sergio L. Amado Monroy

Mit fremdem Namen
Ich spreche eine schöne Sprache, und die Urlauber, die in mein Land kommen, sind angetan von den Menschen und der Sprache. Doch hier ist Anpassen die Devise; meine eigene Sprache, die so weich und melodisch über meine Lippen klingt, die mir so warm und vertraut ist, die ist hier nicht erwünscht.
Mojca Posavec

Verstummung
meine Sprache
grenzt mich ab
ich habe sie aufgegeben
mit deiner
verfaulen mir
die Gefühle im Bauch
Gino Chiellino

Daß diesem Leugnen, Verdrängen, Denunzieren der sprachlichen Bildungsvoraussetzungen von zweisprachigen Kindern aus ethnischen Minderheiten in den Schulen der Einwanderungsländer ein erheblicher Teil der Verantwortung für ihre Benachteiligung im Bildungssystem zukommt, weisen zahlreiche Forschungsergebnisse aus.[5] Darüber hinaus aber führt diese Haltung dazu, daß allen Kindern – auch den einsprachigen deutschen – Chancen zu lernen von der Schule vorenthalten werden. Diese Chancen tun sich auf, wenn Zweisprachigkeit so aufgefaßt wird, wie *Umberto Eco (1987a, 19)* sie sieht:
»Wenn das Sprechen einer Sprache bedeutet, daß man die Welt in einer bestimmten Weise sieht, so bedeutet zwei Sprachen zu sprechen, den Zauber durchbrochen zu haben, welcher die Griechen vor den Stoikern gefangen

hielt, es bedeutet, nicht mehr an die magische und tiefgreifende Identität zwischen den Wörtern und den Dingen zu glauben, nicht mehr zu glauben, daß 'nomina sunt numina' (Wörter sind Gottheiten), sondern zu wissen, daß es verschiedene Weltbilder, verschiedene Zivilisationen, verschiedene Kulturen gibt, so wie wir unterschiedliche sprachliche Strukturen kennen.«

Eine Reihe von Lehrerinnen und Lehrer haben sich eine solche Sichtweise inzwischen zu eigen gemacht und begonnen, praktische Versuche im Unterricht durchzuführen, durch die die Chancen, die in der Situation liegen, daß Kinder vieler Sprachen gemeinsam unterrichtet werden, positiv genutzt werden. Sie haben die faktische Vielsprachigkeit im Klassenzimmer, in der Schule, im Wohnviertel zum Gegenstand ihres Unterrichts gemacht und dabei erfahren, wieviel Spaß es macht – aber auch: wieviel Lernerfolge und Fortschritte es den Kindern bringt, wenn ihre sprachliche Wirklichkeit eine selbstverständliche Dimension im Unterricht ist. Viel mehr als aus der Bundesrepublik Deutschland liegen Anregungen für solchen Unterricht aus anderen europäischen Ländern vor; sie können aber (und sie verdienen es!) auf den Unterricht hier übertragen werden. Als Beispiel stelle ich »Kijk Taal!« vor, eine Materialentwicklung für interkulturellen Sprachunterricht in den Niederlanden:[6]

In KIJK TAAL! sind sechs Unterrichtseinheiten zur »interkulturellen Sprachbetrachtung« vorgeschlagen, das beigefügte Material reicht für ca. 40 Unterrichtsstunden. Es werden die folgenden Themen angesprochen:

Thema 1: Sprachen, Dialekte und Akzente
Hier wird eine Einführung in das gesamte Unterrichtsprogramm gegeben; die Informationen, die hier kurz angesprochen werden, werden später im Unterricht wieder aufgegriffen. Es geht um Sprachvarietäten, Sprachverschiedenheit, wobei die Sprachen, Dialekte und Akzente in der Klasse zum Ausgangspunkt genommen werden.

Thema 2: Ihr könnt dasselbe in verschiedenen Sprachen sagen.
Hier geht es um Aufgaben wie Grüßen, Zählen und Gesten. Die Kinder lernen in mehreren Sprachen (in allen Sprachen der Klasse) bis zehn zählen, sich grüßen; sie lernen, daß in verschiedenen Sprachen dabei verschiedene Gesten gebraucht werden.

Thema 3: Die »Sprache« der Tiere, Zeichen und Signale, Gestensprache, Körpersprache
Die Kinder lernen, daß Sprache im Prinzip auf Absprachen zwischen Menschen beruht. Die Art dieser Absprachen wird ihnen am Zusammenspiel von Sprache mit anderen Kommunikationsmitteln wie Gesten, Körpersprache deutlich gemacht, wobei auf kulturspezifische Aspekte in diesen Mitteln besonders geachtet wird.

Thema 4: Über Sprechen/Hören und Lesen/Schreiben
Hier geht es um die Ähnlichkeiten bzw. Unterschiede zwischen den vier Sprachfertigkeiten. Im Zentrum steht dabei, daß »Sprache« in verschiedener Weise »eingeteilt« werden kann, z.B. in produktive und reaktive Fertigkeiten, in erworbene oder erlernte. Die verschiedenen Fertigkeiten werden unter mehreren Aspekten beleuchtet (z.B. Schriftarten, Schriften, Analphabetismus).

Thema 5: Was Sprachen gemeinsam haben und was nicht
Hier kommen allgemeine Gesetzmäßigkeiten, z.B. der Einfluß von Situation und Gesprächsanlaß auf die Kommunikation, zur Sprache. Gezeigt wird, daß die kennengelernten Gesetzmä-

ßigkeiten in verschiedenen Sprachen unterschiedlich realisiert werden, z.B.: in der einen Kultur ist es üblich, den Gesprächspartner anzusehen, in der anderen nicht.

Thema 6: Anders ist nicht sonderbar – Einstellungen gegenüber Sprachen und Dialekten und ihren Benutzern
Mit verschiedenen Methoden werden hier die Vorurteile zur Sprache gebracht, die Menschen gegenüber denen hegen, die sich sprachlich »anders« verhalten. Es wird dabei die Verbindung zwischen Vorurteilen, Diskriminierung und Rassismus aufgezeigt.

Das Programm besteht aus einem Lehrerhandbuch mit einer reichen Materialsammlung (z.B. einem Poster, das die Schriftbilder von etwa 100 Sprachen zeigt) und vielen Anregungen für die Durchführung des Unterrichts sowie drei Büchern für die Hand der Schüler. Viele Anregungen zur interkulturellen Sprachbetrachtung können aufgenommen und in deutsche Klassenzimmer übertragen werden.
Gelänge es, die faktische Vielsprachigkeit in unserer Lebenswelt als selbstverständlichen Gegenstand des Unterricht zu etablieren, die Sprachen der Minderheiten vom Ruch des Minderwertigen zu befreien, der jetzt an ihnen haftet, und der Zweisprachigkeit in der Schule den Status des Normalen zu verleihen, den nun die Einsprachigkeit besitzt, so würden vielleicht alle Kinder dies aus dem Unterricht mitnehmen:
Zwei Sprachen sind wie zwei Landschaften,
unvergleichbar in ihrer Art,
vergleichbar in ihren Charakteristiken.
Man muß sich in sie einleben,
um das Faszinierende an beiden zu erkennen,
um doppelt reich zu werden.
Irene Frandsen-Roeger

Anmerkungen und Literaturhinweise
[1] Ausnahmen bestehen für einige wenige Schulen, z.B. die Europäischen Schulen (u.a. in Karlsruhe), wo verschiedene Unterrichtssprachen vorgesehen sind, sowie in territorialen Nischen, z.B. im deutsch- dänischen Grenzgebiet, wo Dänisch außer Deutsch als Unterrichtssprache erteilt wird.
[2] Tendenziell vergleichbare Erfahrungen machen einheimische Kinder eventuell, wenn sie Sprecher eines regionalen Dialekts oder einer sozialen Varietät von niedrigem Ansehen sind; vgl. die Beiträge von *Blesi/Stern* und *Mattheier* in diesem Band.
[3] Beide Zitate *(Tramsen 1973a; GEW 1986a)* sind willkürlich aus einer Fülle von möglichen herausgegriffen worden.
[4] Texte aus: In zwei Sprachen leben. Berichte, Erzählungen, Gedichte von Ausländern, dtv. 10189: München 1984
[5] Vgl. *Fthenakis u.a. (1985a)*; auch hier sei auf die tendenziell ähnliche Situation von Dialektsprechern hingewiesen.
[6] Die Darstellung hier folgt der Beschreibung in *Kroon, Sjaak/Anita Rasenberg (1987a)*. Sie haben KIJK TAAL! zusammen mit Lehrern entwickelt. Weitere Informationen kann man bei Ihnen erhalten (p.A. Katholieke Universiteit Brabant, Tilburg/NL). Vgl. außerdem »Welten der Schrift – Schriften der Welt« in diesem Band, S.86/96
Anregende Berichte aus der Praxis bietet der neue Band: Pommerin, G. (Hrsg.)(1988a): *»Und im Ausland sind die Deutschen auch Fremde...« Interkulturelles Lernen in der Grundschule. Beiträge zur Reform der Grundschule Bd. 74. Arbeitskreis Grundschule: Frankfurt.*

Umberto Eco
Was es bedeutet, zwei Sprachen zu sprechen

[Die Deutsche Schule Mailand feierte im Jahr 1986 ihr 100jähriges Bestehen. Die Festrede hielt Umberto Eco, weltberühmter Autor des mittelalterlichen Kriminalromans »Der Name der Rose«. Eco lebt in Mailand und lehrt als Ordinarius für Semiotik an der Universität Bologna. Seine wissenschaftlichen Arbeiten befassen sich überwiegend mit der Theorie und Praxis der Zeichen, der Literatur, der Kunst und der Ästhetik des Mittelalters. Ecos Gedanken zur Zweisprachigkeit als Schule geistiger Freiheit schienen BEGEGNUNG wert zu sein, auch noch im 101. Jahr des Bestehens der DS Mailand abgedruckt zu werden.]

Liebe Freunde,
ich kann Euch nicht sagen, worüber ich sprechen werde, weil die mir zur Verfügung stehenden 15 Minuten nicht ausreichen, um alles zu diesem Thema vorzutragen. Jedenfalls spreche ich, wie hier bereits angedeutet wurde, als Nachbar, da ich nur einige hundert Meter weit von hier wohne, und als Vater von zwei Schülern dieser Schule, die ich also schon immer als eine Schule des gemeinschaftlichen Lebens und fachübergreifender Interessen gekannt habe. Es hat mich einmal erschüttert, als ich entdeckte, daß mein Sohn am Nachmittag, auch wenn es keinen Unterricht gab, hierher kam, um in der Schreinerwerkstatt zu arbeiten; der eben in etwas abgeänderter Form zitierte Dantevers paßt also durchaus in diesen Rahmen.

Diese Schule scheint ein Ort zu sein, den die Schüler nur zögernd verlassen. Aber mehr noch als eine Schule des gemeinschaftlichen Lebens und der fachübergreifenden Interessen ist dies eine Schule der Sprache, ja der Zweisprachigkeit, vermutlich sogar der Dreisprachigkeit, denn es gehen aus ihr zweisprachige deutsch-italienische Kinder hervor, die auch ein ausgezeichnetes Englisch gelernt haben.

Nun ist eine Schule, in der zwei Sprachen nicht nur gelernt, sondern auch tatsächlich gesprochen werden, in der man in zwei Sprachen lebt, etwas sehr Wichtiges, denn zwei Sprachen lernen ist nicht dasselbe wie zwei naturwissenschaftliche Fächer oder zwei Sportarten lernen: es bedeutet, zwei Denkweisen zu erlernen. Aber wenn einmal die Schranken durchbrochen werden, auf die ich noch zu sprechen komme, bedeutet das Erlernen von zwei Denkweisen bereit sein, viele Denkweisen zu erlernen. Daß die Sprache mit dem Denken identisch sei, ist eine Wahrheit, die uns die Griechen überliefert haben, welche für »Sprache« und »Gedanke« das gleiche Wort »logos« verwendeten. Aber die Griechen der klassischen Zeit unterlagen, zumindest bis zum zweiten oder ersten Jahrhundert v. Chr., einer großen Einschränkung. Sie identifizierten das Denken mit der Sprache, die Sprache aber mit dem Griechischen. All diejenigen, die nicht griechisch sprachen, galten als die

»Stotterer«, d.h. »oi barbaroi«, ein Begriff, mit dem die Menschen bezeichnet wurden, die nicht zu sprechen und vermutlich auch nicht zu denken wußten.

Aristoteles wurde vorgeworfen, er habe im Grunde genommen die zehn Kategorien, auf denen seiner Auffassung nach die Struktur der Welt und des Denkens beruhten, nach dem grammatikalischen Muster der griechischen Sprache geprägt. Er habe also eine Welt in griechischer Sprache aufgebaut. Nun traten fast zu Beginn unseres Zeitalters in Griechenland Philosophen in Erscheinung, die Stoiker genannt wurden. Der Einfluß der Stoiker auf unsere Kultur ist enorm, denn *Aristoteles* wird im Mittelalter, Platon in der Renaissance wiederentdeckt, aber ohne die Stoiker gäbe es keine lateinische Philosophie, wäre zum Beispiel *Cicero* undenkbar. Als Gelehrte haben sich die Stoiker eingehend mit dem Problem der Sprachen befaßt. Vor allem ist auf sie die Unterscheidung zwischen den Begriffen – wie es im heutigen Gebrauch heißt – »Signifikant« und »Signifikat«, zwischen dem Wort und seinem Sinn zurückzuführen. Als erste haben sie verstanden, daß der »Barbar« das griechische Wort als akustische Form begreift, daß er den entsprechenden Begriff in seinem Kopf hat, aber nicht im Besitz der Regel ist, aufgrund deren die beiden Begriffe miteinander in Verbindung gebracht werden können. Dies bedeutet, daß die Stoiker das Problem der Willkürlichkeit, des Konventionellen der Sprache entdeckt und dann weitere Aspekte vertieft haben, die vom Standpunkt der Sprachwissenschaft aus betrachtet unvermutet modern erscheinen. Wer waren aber nun die Stoiker? Die berühmtesten unter ihnen – mit Sicherheit *Zenon* und *Chrysippos* – waren keine Griechen, sie waren Phönizier.

Dieses Problems ist sich gerade der deutsche Gelehrte *Max Pohlenz* in »Die Stoa – Geschichte einer Bewegung« (Verlag Vandenhoeck & Ruprecht, Göttingen, 2 Bde) bewußt geworden, der erklärt: *»Das Problem, das darin beschlossen war – d.h. das Problem der Sprache –, hat klar erst der zweisprachige Zenon erkannt. Er war gezungen, die schweren Gedanken, die ihn bewegten, in einer Sprache auszudrücken, die ganz anders gebaut war als seine Muttersprache. Ja, er mußte lernen, in dieser fremden Sprache und ihren überkommenen Formen zu denken. Da mußte ihm klar werden, daß die Sprache nicht nur Ausdrucksmittel ist, sondern auch auf das Denken zurückwirkt und es in bestimmte Bahnen lenkt.«*

Die Stoiker waren die ersten zweisprachigen Intellektuellen, und gerade deswegen wurden sie die ersten echten Erforscher der tieferen Mechanismen der Sprache. Und vielleicht ist es kein Zufall, daß man sie aufgrund gewisser Aspekte ihrer Ethik als erste Weltbürger bezeichnen konnte, das heißt als die ersten Philosophen, die eine nicht ethnisch bestimmte, nicht regional ausgerichtete, sondern supranationale Vorstellung von der menschlichen Gemeinschaft hatten. Es wäre interessant weiterzuforschen, ob auch andere große Philosophen, die einen Einfluß auf die Untersuchung und das Verständnis für die Vielfalt der Sprachen ausgeübt haben, zweisprachig waren.

Zweisprachig war der andere Phönizier, *Porphyrius,* der später griechisch schreibt, aber auch in Rom lehrt, und dem wir eine der einflußreichsten Theorien über den Begriff der Sprache verdanken.

Auf seine Art war auch der *Heilige Augustinus* zweisprachig, im übrigen auch er ein Phönizier, der sich die Frage gestellt hat, was es bedeutet, eine Schrift auszulegen, in seinem besonderen Fall die Heilige Schrift, die in hebräischer Sprache abgefaßt, später ins Griechische und dann ins Lateinische übersetzt wurde. Im übrigen hatte der *Heilige Augustinus* keine Kenntnis des Hebräischen und Griechisch konnte er nur schlecht, aber gerade sein Werdegang als – zumindest afrikanischer und lateinischer – Zweisprachiger hatte es ihm ermöglicht, eben diesen ernsten Konflikt dramatisch zu gestalten.

Es gibt viele zeitgenössische Theorien, die sogar behaupten, es bestünden nicht nur Übereinstimmung oder enge Beziehungen zwischen Sprache und Denken, sondern daß die Formen der Sprache, die Formen der Syntax das Weltbild bestimmten. Viele Gelehrte sind der Auffassung, daß die indoeuropäische Satzgliederung in Subjekt, Kopula und Prädikat uns zwingt, die Welt als in Substanzen und Akzidenzien, in Dinge und ihre Sekundärveränderungen unterteilt zu denken. Gelehrte wie *Benjamin Lee Whorf* haben den Beweis dafür erbracht, daß bei einigen amerikanisch-indianischen Stämmen, deren Sprache völlig andere syntaktische Strukturen aufweist, der Sinn für die Gegenwart, die Vergangenheit, das Hier und das Dort, für Bewegung und Stillstand ganz anders entwickelt ist, weil es sich um eine Struktur ohne Subjekt, Kopula und Prädikat handelt; es gibt keinen »Fluß«, sondern einen Zustand des ständigen Vorübergehens von Wassermassen, usw.

Der große amerikanische Philosoph und Forscher auf dem Gebiet der Semiotik und Linguistik, *Charles Sanders Peirce*, indentifizierte sogar den Menschen selbst mit der sprachlichen Tätigkeit, mit seinem eigenen Tätigwerden beim Hervorbringen von Zeichen*: »Da der Mensch nur vermittels von Wörtern oder sonstigen äußeren Zeichen denkt«,* – könnten diese, d.h. die Symbole und die Wörter, sich an den Menschen wenden und ihm sagen: *»Du bedeutest nichts, was wir dich nicht gelehrt haben, und nur insoweit, als du einige Wörter äußerst, die deinen Gedanken interpretieren. Es ist nämlich so, daß Menschen und Wörter sich gegenseitig erziehen. Jede Erweiterung der menschlichen Information bedingt eine entsprechende Erweiterung der Information durch Wörter und ist durch sie bedingt.«* Und er schließt *»das heißt, daß der Mensch und die äußeren Zeichen identisch sind und folglich meine Sprache die globale Summe meiner selbst ist, weil der Mensch der Gedanke ist.«* In jüngerer Zeit hat *Roland Barthes* in seiner »Leçon inaugurale« vor dem Collège de France, um die Bedeutung, die eine Sprache und ihre Struktur für unsere Denkweisen besitzen, zu unterstreichen, sich zu jener Behauptung hinreißen lassen, die zweifellos eine »Boutade« ist, aber, wie jede »Boutade« und jedes Paradoxon auch ein Körnchen Wahrheit enthält: *»Le language est fasciste«* – die Sprache ist

faschistisch, die Sprache ist diktatorisch, die Sprache zwingt uns, gemäß ihrer Strukturen zu denken.
Merkt euch, wie beispielsweise drei Gedanken, die in drei verschiedenen Sprachen ausgedrückt werden, bereits unterschiedlich sind. In deutscher Sprache steht die Geschichte von *Pohlenz* und der Stoiker ganz im Zeichen der »Kultur«, von dem angelsächsischen Peirce und von *Whorf* erzählt, stellt sie sich – so möchte ich sagen – psychologisch-empirisch dar, und aus dem Munde des Franzosen *Barthes* lautet sie ideologisch-poetisch. Nun gut, die Frage, wieweit eine Sprache tatsächlich die Struktur des Denkens beeinflußt und dazu zwingt, die Welt nach ihren Gesetzen aufzubauen, ist umstritten. Es ist nicht wahr, daß die Sprache faschistisch ist, denn sie hat eine demokratische Prägung, insofern als sie mir erlaubt, sie zu verwenden, um sie zu zerstören, um sie durch das Wirken der Dichtung oder durch die metalinguistische Überlegung zu verwandeln. Ob die Sprache wirklich das Denken aufbaut oder das Denken die Sprache, oder ob beide den Aufbau gegenseitig bewirken? Aber es ist sicher, und dessen können wir gewiß sein, daß die Sprachen sich gegenseitig kontrollieren. Wenn das Sprechen einer Sprache bedeutet, daß man die Welt in einer bestimmten Weise sieht, so bedeutet zwei Sprachen sprechen, den Zauber durchbrochen zu haben, welcher die Griechen vor den Stoikern gefangen hielt, es bedeutet, nicht mehr an die magische und tiefgreifende Identität zwischen den Wörtern und den Dingen zu glauben, nicht mehr zu glauben, daß »nomina sunt numina« (Wörter sind Gottheiten), sondern zu wissen, daß es verschiedene Weltbilder, verschiedene Zivilisationen, verschiedene Kulturen gibt, so wie wir unterschiedliche sprachliche Strukturen kennen.
Zwei Sprachen sprechen und in zwei Sprachen denken bedeutet Bereitschaft, in mehreren Arten zu denken, und daher ist die Zweisprachigkeit der Ausgangspunkt für eine nicht auf einen »Ethnozentrismus« ausgerichtete Erziehung. Zweisprachigkeit ist antikolonial par excellence. Es ist bezeichnend für die großen Kolonialreiche, daß sie ihren Untertanen nicht eine zweite Sprache gaben, sondern eine unvollkommene, zweitrangige Sprache, die im allgemeinen »Pidgin« genannt wurde. Und die Untertanenvölker waren nicht frei, weil sie durch die Kolonialherrschaft nicht eine zusätzliche Sprache erworben hatten, sondern nur eine halbe, verkümmerte Sprache mit dürftigen syntaktischen Strukturen und spärlichem Wortschatz, der es ihnen nicht erlaubte, umfassend, flexibel und kritisch zu denken.
Wohlverstanden, man kann mehrsprachig und doch intolerant sein, man kann zwei Sprachen sprechen und diese zum Verhör von Gefangenen verwenden. Es ist nicht so, daß die Zweisprachigkeit ein Allerweltsheilmittel ist, das automatisch zu einem freien Verstand verhilft. Aber sie ist der Ansatz zu dieser Befreiung, sie ist eine bedeutsame und interessante Triebkraft dazu, ein Grundsatz, den es zu pflegen gilt, weil sich auf dieser sprachlichen Flexibilität – die, wie wir sahen, kulturelle Flexibilität und Schule der Toleranz ist –, das Gebäude der Erziehung besser errichten läßt.

Ihr habt aus geschichtlicher Notwendigkeit, wie uns auch heute wieder gesagt wurde, aber nach und nach durch Berufung, und folglich aus freier Entscheidung, den Weg einer Schule eingeschlagen, die auf Toleranz und gegenseitiger sprachlicher Verständigung beruht. Wie sehr würde ich mir wünschen, daß alle Schulen nach eurem Muster geprägt wären. In dem Augenblick, in dem ich euch gratuliere zu diesen hundert Jahren, die ihr so unbekümmert tragt, spreche ich zugleich auch einen Wunsch für die Schulen meines Landes und vielleicht für alle Schulen in der ganzen Welt aus.
Danke.

Der Text von Umberto Eco ist, einschließlich der redaktionellen Vorbemerkung, mit freundlicher Erlaubnis entnommen: »Begegnung 2/87«, Zeitschrift für deutsche Auslandsschulen. Hrsg. vom Auswärtigen Amt und der Zentralstelle für das ausländische Schulwesen, Köln.

* * *

Valentin Braitenberg
Nationale Duftmarken
Skizze zum Thema »Übersetzbarkeit«

Auszug aus dem Kapitel »Das Nichtverstandenwerdenwollen und die Sprache« in: Valentin Braitenberg »Gescheit sein – und andere unwissenschaftliche Essays«. Haffmanns: Zürich 1987, S. 27-29 (vgl. zu unserem Thema dort auch die Abschnitte »Die Alternative einer Affenweltsprache«, »Innere und äußere Sprache« und »Schreiben«).

Und jetzt wissen wir auch, was wir davon zu halten haben, wenn wieder einmal gestritten wird: das Eigentliche an der Sprache, sagen die einen, ist das, was sich ohne Schwierigkeit und ohne Zweideutigkeit von einer Sprache in die andere übersetzen läßt, und die anderen: das Eigentliche ist genau das, was bei der Übersetzung verlorengeht. Das sind wieder die zwei ureigenen Aspekte der Sprache, Kommunikation und Abgrenzung. Die Übersetzung durchbricht die von den Völkern zwischen sich aufgebauten Barrieren. Der, dem die Fremdheit der fremden Sprache zuvorderst am Herzen liegt, betont die Unzulänglichkeit jeder Übersetzung, weist auf die Nuancen hin, die bei den Worten seiner eigenen Sprache assoziativ mitschwingen und nur für die hörbar sind, die in derselben Welt aufgewachsen sind.
Das hat merkwürdige Auswirkungen. In Kiew sah ich an einem Gebäude ein großes schwarzmarmornes Schild, darauf in goldenen kyrillischen Lettern untereinander die beiden Wörter: ›Počtamt‹ und ›Poštamt‹, russisch-ukrainische Doppelsprachigkeit. Eine Regel der russischen Phonetik legt nahe, ›Počtamt‹ wie ›Poštamt‹ auszusprechen. Es ist nicht zu erwarten, daß ein Russe in Kiew vor dem einen Wort oder ein Ukrainer vor dem anderen ratlos dastünde, wäre nur eins zu lesen. Aber einen der beiden Volksteile jener Stadt würde es unangenehm berühren. Die assoziativen Nuancen

hängen an der Schreibweise einzelner Buchstaben. Daß der Terminus ursprünglich weder ein russischer noch ein ukrainischer war, fällt dem Besucher aus Deutschland auf, ist in Kiew aber wahrscheinlich schon vergessen. Man braucht nicht so weit zu fahren. Das Südtiroler Telefonbuch bringt unter Bolzano die ganze Liste: Abart Frieda, corso Italia 17, Abate Antonio, via Gaismair 5 und so weiter, und dann im selben Band unter Bozen: Abart Frieda, Italienstr. 17, Abate Antonio, Gaismairstr. 5; bei Meran dasselbe, nur Meran vor Merano wegen der alphabetischen Reihenfolge. Sprachliche Fairness radikal durchgehalten, aber für diejenigen beleidigend, die sich zutrauen, jederzeit ›via Gaismair‹ als ›Gaismairstraße‹ zu erkennen.

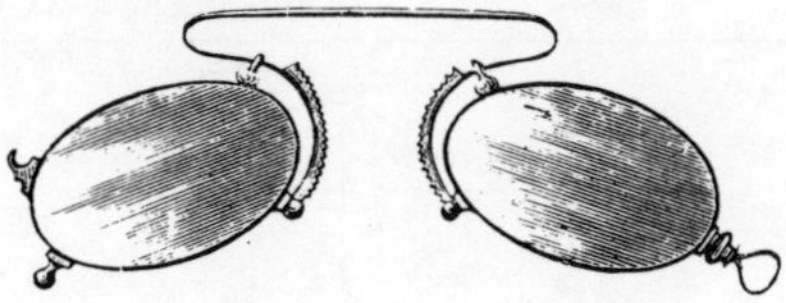

Ein Gleiches

Eines der schönsten und bekanntesten Gedichte von Goethe ist:

Ein Gleiches
Über allen Gipfeln
Ist Ruh,
In allen Wipfeln
Spürest du
Kaum einen Hauch;
Die Vögelein schweigen im Walde.
Warte nur, balde
Ruhest du auch.

Natürlich ist es auch in viele Sprachen übersetzt worden, und dabei ist etwas Lustiges passiert: Denn die komischste Verwandlung, die dieses Gedicht erlebte, geschah, als jemand meinte, es sei ein japanisches. 1902 war »Ein Gleiches« ins Japanische übersetzt worden, 1911 wurde es aus dieser Sprache ins Französische übertragen und aus dem Französischen kurz darauf ins Deutsche, wo es als »Japanisches Nachtlied« in einer Literaturzeitschrift abgedruckt wurde. Ohne es zu ahnen, veröffentlichte man die erstaunlichste Verwandlung von »Über allen Gipfeln ist Ruh«:

Stille ist im Pavillon aus Jade
Krähen fliegen stumm
Zu beschneiten Kirschbäumen im Mondlicht.
Ich sitze
Und weine.

Aus: D. Matthen-Gohdes (Hrsg.), Goethe ist gut. (Beltz & Gelberg, Weinheim 1982, S. 57f.)

WELTEN DER SCHRIFT
SCHRIFTEN DER WELT

persisch (farci) فارسی

Aussprache	Wort	Aussprache	Wort	Zahl
modär	مادر	jek	یک	۱
pedär	پدر	do	دو	۲
bärodär	برادر	ße	سه	۳
chohär	خواهر	tschahar	چهار	۴
män	من	pandsch	پنج	۵

中文 chinesisch

Zahl	Wort	Aussprache	Wort	Aussprache
一	壹	ji	母親	mukin
二	貳	er	父親	fukin
三	叁	san	哥哥	gege
四	肆	si	姐姐	jiejie
五	伍	wu	我	wo

»Welten der Schrift – Schriften der Welt«: Unsere Doppelseite zeigt Ausschnitte aus einem A1-Poster von Heiko Balhorn, das 8 Fotokopiervorlagen enthält: Sieben Einheiten zur Schriftgeschichte und fünfzehn ›Sprachen im Vergleich‹ (s. auch unten S. 96f.). Zu beziehen bei *vpm, Telemannstraße 56, 2000 Hamburg 20.*

dansk — dänisch

Zahl	Wort	Aussprache	Wort	Aussprache
1	en	en	moder	mor
2	tvende	twäne	fader	far
3	tre	tre	broder	bror
4	fire	fire	søster	ßößder
5	fem	fäm	jeg	jä

eestikeel — estnisch

Zahl	Wort	Aussprache	Wort	Aussprache
1	üks	üks	ema	ema
2	kaks	kaks	isa	isa
3	kolm	kolm	vend	went
4	neli	neli	öde	öde
5	viis	wies	mina	mina

Jochen Rehbein
Bericht über das Symposion Dimensionen bilingualer Entwicklung

Angesichts der mehr als viereinhalb Millionen Menschen mit anderer Muttersprache als Deutsch, hoher Prozentsätze ausländischer Schüler an unseren Schulen sowie vieler Kinder in binationalen Familien findet in der Bundesrepublik mehrsprachige Entwicklung ein zunehmendes Interesse auch außerhalb der Universität, wenngleich in Kindergarten und Schule die fremden Muttersprachen immer noch kaum gefördert werden. Auch sind *wissenschaftliche* Erfahrungen mit langfristigen mehrsprachigen Entwicklungen hierzulande noch gering; viele negative Schlüsse über mehrsprachige Erziehung sind eher ein unbewußtes Erbe der Vergangenheit als wissenschaftlich begründet. Eine entwicklungsgemäße *Sprachstandseinschätzung* für zweisprachige Kinder und Jugendliche ist seit langem ein Desiderat in Forschung und Praxis (von der Schule bis zum Arbeitsamt).

Dies ist der Hintergrund dafür, daß vom 8. bis 10. September 1988 zwanzig ausländische und fünf inländische Sprachwissenschaftler an die Universität Hamburg kamen, um auf einem von der Stiftung Volkswagenwerk unterstützten und von der Hamburger »Arbeitsstelle Mehrsprachigkeit« ausgerichteten Symposion ihre Forschungsarbeiten zur *Entwicklung von Mehrsprachigkeit* vorzustellen. Übergreifende Themenschwerpunkte waren Fragen zur grammatischen und pragmatischen Kompetenz und ihrer Differenzierung in der Entwicklung, psychische und soziale Aspekte des Bilingualismus sowie Methodenfragen von Analyse und Auswertung aufgezeichneter Daten.

Die Vorträge bezogen sich sowohl auf den simultanen Bilingualismus (gleichzeitiger Erwerb von zwei bzw. mehr Muttersprachen) als auch auf den sequentiellen Bilingualismus (aufeinanderfolgender Erwerb zweier Sprachen, etwa in Immigrantenfamilien).

Vor allem *Langzeituntersuchungen* wurden von psycholinguistischen, pragmatischen, universalgrammatischen, soziolinguistischen und sprachpädagogischen Positionen aus vorgestellt. Inhaltliche Schwerpunkte lagen auf Problemen, auf die allerdings kaum schon endgültige Antworten gefunden werden konnten; vielmehr sind erst einmal exakte Beschreibungen erforderlich. Ich benenne die entscheidenden Fagen, die auf dem Symposion behandelt wurden, im einzelnen:

* Sprachentrennung und Sprachenmischung in der frühkindlichen Sprachentwicklung (bis ca. 3 Jahre) und ihre Gründe;

* wie lassen sich die pragmatischen Einflüsse in der mehrsprachigen Entwicklung methodisch genauer bestimmen;

* wirkt sich der Erwerb mehrerer Sprachen auf die kognitiv-geistige Entwicklung des Individuums positiv oder negativ aus: Die Antwort fiel positiv aus;

* Gebrauch mehrerer Sprachen in der Familienkommunikation (z.B. permanentes Code-Switching in afrikanischen Immigrantenfamilien in Paris) als Input des Spracherwerbs und dessen psychische Auswirkungen auf die Sprachentwicklung;

* ist das Sprachbewußtsein bei zweisprachigen Kindern besser ent-wickelt als bei monolingualen: Auch hier wurde im allgemeinen eine positive Antwort gegeben;

* wie ist die Beziehung der verschiedenen sprachlichen Dimensionen in der Entwicklung, also der phonologischen, grammatikalischen sowie der pragmatisch-diskursiven Dimensionen und ihrer Strukturen;

* gibt es allgemeine sprachliche Erwerbsmechanismen, die in den verschiedenen Sprachen in gleicher Weise, sozusagen universell, operieren: Hier waren die Ansichten unterschiedlich;

* lassen sich die Spracherwerbsstadien bestimmen und Aussagen darüber machen, welche sprachlichen Fähigkeiten in welchem Entwicklungsstadium von dem heranwachsenden Kind in welcher Sprache erwartet werden können: Im frühkindlichen Zweispracherwerb lassen sich solche Stadien angeben, ab dem 4. Jahr wird die Bestimmung schwieriger;

* unter welchen Umständen werden beide Sprachen gleichermaßen ausgebaut (etwa für Schreiben und Lesen, Geschichten- und Witze- Erzählen usw.) und unter welchen ergibt sich ein Verlust der Muttersprache;

* wie entwickelt sich der Wortschatz, die Morphologie, Syntax, Phonologie usw. in den jeweiligen Sprachen und wovon hängt diese Entwicklung spezifisch ab?

Es wurden Falluntersuchungen und quantitativ orientierte Studien aus folgenden (z.T. noch nicht untersuchten) *Sprachenkonstellationen* mit dem *Deutschen* vorgestellt: Dänisch/Deutsch *(Petersen)*, Englisch/Deutsch

(Clyne, Saunders, Wode), Französisch/Deutsch *(Lüdi, Meisel)*, Griechisch/Deutsch *(Radisoglou)*, Italienisch/Deutsch *(Taeschner, Lüdi)*, Serbokroatisch/Deutsch (*Stölting, Schönpflug)*, Estnisch/Deutsch *(Oksaar*), Spanisch/Deutsch *(Lleó)*, Türkisch/Deutsch *(Pfaff, Rehbein, Schönpflug, Grießhaber)*.

Andere Sprachenkonstellationen: Englisch/Französisch *(Genesee)*, Griechisch/Türkisch *(Afendras)*, Englisch/Schwedisch *(Arnberg)*, Italienisch/Französisch *(Lüdi)*, Finnisch/Schwedisch *(Hyltenstam, Skutnabb-Kangas)*, Spanisch/Englisch *(Silva-Corvalán)*, Portugiesisch/Französisch *(Connors)*, Spanisch/Französisch *(de Heredia)*, Spanisch/Quechua/Aymara *(Lopez, Escobar, v. Gleich)*, Spanisch/Katalanisch *(Serra)*, Spanisch/Baskisch *(Idiazabal)*.

Auf dem Symposion wurde der Wunsch nach einer *Zusammenarbeit auf europäischer Ebene* zur Thematik geäußert, da sich in Europa das Problem mehrsprachiger Entwicklungsprozesse sowohl familiär und schulisch als auch im Rahmen einer internationalen und interkulturellen Kommunikation im Zuge der europäischen Integration immer häufiger stellt. Die Beiträge sollen in dem britischen Verlag *Multilingual Matters* gegen Ende 1989 erscheinen.

Erziehung: Führen oder Wachsenlassen?

---

*Hilfen zur sprachgeschichtlichen Deutung aus den koreanischen Schriftzeichen für »Erziehung«**

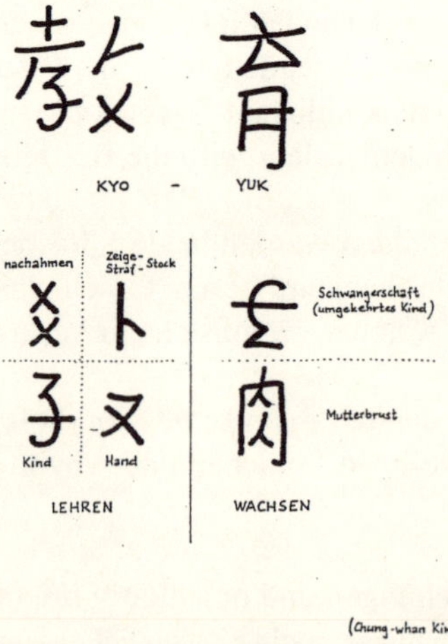

(Chung-whan Kim)

* *... mit einem herzlichen Dankeschön an Elmar Hengartner (CH-Zofingen)*

Silvia Gaspard
Die Schubladen im Kopf

Merkwürdig geht es in meinem Kopf zu: das Zählen (Maschen beim Strikken, Punkte beim Kartenspielen, Addieren ohne Taschenrechner) geht bei mir eher auf deutsch vor sich. Eine Unterhaltung über Kinderkriegen, Kinderpflege oder -aufzucht und alles, was dazugehört, geht mir dagegen leichter auf französisch von der Zunge: Auf Deutsch suche ich nach den richtigen Worten, den treffenden Wendungen; oft drücke ich mich ungeschickt aus, schlimmer, ich merke gar nicht, daß man es *so* auf deutsch nicht sagt.

Nach zwanzig Jahren Aufenthalt im französisch sprechenden Ausland stelle ich fest, daß es in meinem Gehirn offenbar verschiedene Schubladen gibt. Einige waren leer, als ich Deutschland verließ, und füllten sich erst in Frankreich und Belgien, z.B. als ich Auto fahren lernte und Kinder bekam. Die Koch-Schublade gehört auch dazu.

Wer ist denn da geknickt ?

Es war wohl Mitte der Siebziger Jahre, bei einem Besuch in Deutschland, nach etwa zehnjährigem Auslandsaufenthalt. Nur selten und kurz war ich in der Zeit in die Heimat zurückgekehrt.
Mit den Freunden sprach ich über dies und das. Da fiel das Wort »Pillenknick«. Wie bitte? *Wie* sagst du? *Pillenknick?* Was ist denn das für ein Ding? Aber da dämmerte es mir schon: es geht um den Geburtenrückgang, der durch die weit verbreitete Antibabypille ausgelöst wurde. Und damit verläuft die Kurve der Geburtenrate plötzlich anders: sie hat einen Knick bekommen. Ein Gesellschaftsphänomen wird da genial zusammengezogen in einem anschaulichen Wort, das die Situation bildhafter und treffender darlegt als ein abstrakter Satz oder eine lange Erklärung. Unübersetzbar!
Da wird mir klar, daß sich ein Land in zehn Jahren verändert, nicht nur äußerlich, sondern vor allem in der Sprache und im Denken.

Andere Sprache – anderer Mensch

Nola und Rob, das waren unsere jungen kanadischen Freunde damals. Wir mochten sie gern und unternahmen vieles gemeinsam, Ausflüge in die Berge, gegenseitige Einladungen zum Essen usw. Abendelang hockten wir beisammen. Sie waren so aufgeschlossen, so interessiert an allem, neugierig, das Land kennenzulernen, in dem sie ein Jahr lebten: Frankreich. Und sehr bestrebt, die französische Sprache besser zu lernen. Nicht leicht für ein amerikanisch-kanadisch gebautes Mundwerk.

Ihre Wohlerzogenheit und Höflichkeit ging so weit, daß sie in unserer Gegenwart auch untereinander nur französisch sprachen.
Eines Tages – ich war allein mit ihnen – schlug ich ihnen vor, diesmal englisch miteinander zu sprechen: zum einen, um ihnen eine Freude zu machen, aber auch, um mein eigenes Englisch wieder etwas ans Tageslicht zu holen.

Das Ergebnis war überraschend. Ich hatte plötzlich zwei andere Menschen vor mir, die endlich ihre eigene Sprache hervorsprudeln konnten, anstatt mühsam innerlich Vokabeln zusammenzuklauben, Sätze zu konstruieren und dabei ständig nachzudenken: Wie konjugiert man dieses Verb? Ist die Satzstellung richtig? Gehört da ein Konjunktiv hin? All das ließ ihre Ausdrucksweise im nachhinein gekünstelt erscheinen.
Meine Verblüffung war groß, die mir gut bekannten Freunde auf einmal anders zu erleben. Dabei begriff ich, daß ein Mensch anders wirkt, ja anders *ist,* je nach der Sprache, die er benutzt.

Muttersprache – Vatersprache
Wie es kam, daß die Muttersprache meiner Kinder die Sprache ihres Vaters ist, erzählt die Mutter

Eigentlich sollten meine Kinder ja deutsch sprechen lernen. Ich war doch Deutsche und fühlte mich auch so, ungeachtet der Tatsache, daß ich einen französisch-sprachigen Belgier geheiratet hatte und wir erst in Frankreich, dann in Belgien lebten.
Bei näherem Zusehen war ich jedoch nicht ganz sicher, daß Zweisprachigkeit eine so gute Sache sei, hatte ich doch während meiner Ausbildung am Dolmetscher-Institut Studenten gekannt, die zwar beneidenswert zwei- oder gar mehrsprachig waren, aber merkwürdigerweise alle über die ersten Semester bei der Berufsausbildung zum Dolmetscher oder Übersetzer nicht hinauskamen.
Warum? Sie hatten kein Sprachgefühl! Oder auf jeden Fall nicht genug, d.h. weniger als die einsprachig Aufgewachsenen. Das hatte sich anscheinend bei ihnen nicht entwickeln können. Sie waren unfähig, die verschiedenen Sprachebenen zu erspüren und zu unterscheiden: Hochsprache, Umgangssprache, Vulgärsprache, Fachsprache – das hoppelte alles bunt durcheinander, mit starkem Übergewicht der mündlichen Alltagsprache.
Und sie schrieben, wie sie sprachen. Sie verstanden alles in jeder ihrer beiden Sprachen, konnten sich mühelos in beiden ausdrücken und anderen verständlich machen. Aber die genauen Entsprechungen finden und dabei die verschiedenen Sprachebenen berücksichtigen, darin waren wir, die wir die Fremdsprache mühsam und Schritt für Schritt in der Schule gelernt hatten, ihnen weit überlegen.
Ich wußte: So sollten meine Kinder nicht werden. Lieber eine Sprache ganz

und gründlich kennen als zwei halb und nichts richtig. Und das nicht nur aus praktischen Erwägungen, sondern auch der Sprache zuliebe.

Bei meiner Entscheidung, nur noch französisch zu sprechen, spielte noch eine Besorgnis mit: Ich wollte um jeden Preis vermeiden, daß es in der Schule von meinen Kindern hieße. *»Das sind die Kinder der deutschen Mutter, deshalb können sie nicht richtig französisch.«* Das wollte ich nicht! Meine Sorge war wohl übertrieben, aber vorher ist das schlecht abzuschätzen.

Heute findet Michel es schade, daß er sich mit der deutschsprachigen Verwandtschaft nicht gut unterhalten kann, und er fände es *super,* als Kind eine Fremdsprache mühelos gelernt zu haben. Ob das aber wunschgemäß geklappt hätte, ist fraglich. Ohne regelmäßige längere Aufenthalte in Deutschland sicher nicht.

*

Deutsch-Japanischer rotfuchs-comic von Jan Schniebel aus: Wulf Wallrabenstein: »Laberlaber, blabla? Wie man mit der Sprache besser zurechtkommt« (Rowohlt 1983); bitte umblättern nicht vergessen...!

¶ *Lesenlernen in zwei Sprachen*

Die Sprachentwicklung von 20 zwei- bis viersprachig aufwachsenden Kindern wurde an der Universität Hamburg von *Els Oksaar (1980a; 1983a)* untersucht. Dabei wurde festgestellt, daß die Kinder zuerst in der Familiensprache lesen lernten; bei zweisprachigen Ehen war es die Sprache der Mutter. In der zweiten Sprache lernten die Kinder dann leichter und schneller, d.h. sie mußten »nur einmal lesen lernen« und konnten die gewonnenen Einsichten auf die zweite Sprache analog anwenden. – Über die Umstände dieses Schriftspracherwerbs berichtet *Oksaar (1983a, 91)* u.a.:

Von den 13 Kindern in unserem Projekt, die vor dem 5. Lebensjahr in zwei Sprachen lesen konnten, war bei 10 Kindern kein bestimmter methodischer Weg festzustellen, sondern eine Art von Methodenpluralismus, in dem die Interaktion mit der Mutter oder mit anderen Bezugspersonen eine dominierende Rolle spielte. Den Kindern wurde schon sehr früh in beiden Sprachen vorgelesen – nach dem altbekannten Prinzip »eine Person, eine Sprache« (Oksaar 1980b, 496), sie konnten vieles davon auswendig, und schließlich wollten sie auch selbst lesen. Daraus entwickelte sich ein Fragespiel, indem die meisten Kinder nach beiden Einheiten – Buchstaben und Wörtern – fragten. Das Interesse an Buchstaben wurde auch durch Buchstaben-Bauklötze erweckt. Bei 3 Kindern kam die Initiative von den Eltern, sie wurden im Alter von 3;5 – 4;1 nach der Ganzwortmethode vom Bilderbuch aus »unterrichtet«, jedoch nur kurze Zeit. Alle Kinder bekamen Impulse in den Landessprachen (Deutsch und Schwedisch) durch das Fernsehen. (...)

Aus den sozialpsychologischen Projektdaten können wir feststellen, daß sich bei dem heterogenen Komplex, den man als Leselernbereitschaft zusammenfaßt, eine Vorphase ergibt, die durch folgende Komponenten gekennzeichnet ist: (1) In der greifbaren Umgebung des Kleinkindes waren Dinge mit Schriftzeichen; (2) dem Kind wurde fast täglich aus Bilderbüchern in beiden Sprachen vorgelesen; (3) beim Zuhören saß das Kind so, daß es die Schrift und die Bilder sehen konnte, meistens dicht neben der Mutter (Bezugsperson) oder auf ihrem Schoß; (4) das Kind konnte bald vieles auswendig, wollte es aber immer wieder aus dem Buch hören; (5) die meisten Kinder gaben vor, auch selbst etwas zu lesen: gewöhnlich das aus dem Buch Gehörte oder auch etwas anderes; (6) die Mütter bauten das Lesen und Buchstabenbenennungen häufig in die Spiele ein. Diese Komponenten sind auch für das Schreibenlernen wichtig.

Dieter E. Zimmer
Drei Arten der Zweisprachigkeit

Der folgende Text ist ein Auszug aus dem Kapitel »Die Sprache, die den Kindern zuwächst« in *D. E. Zimmer*s faszinierendem Buch: *So kommt der Mensch zur Sprache. Haffmanns: Zürich 1986*, S. 50 f.

Bis in die sechziger Jahre hinein war die Sprachwissenschaft der Ansicht, daß Zweisprachigkeit von Übel sei. Empirische Untersuchungen zweisprachiger Kinder hatten immer wieder ergeben: Ihre Schulleistungen sind schlechter als die einsprachiger Kinder, ihre gemessene Intelligenz ist niedriger, und die sprachliche Heimatlosigkeit macht sie seelisch instabiler. Seit den sechziger Jahren hat sich das Bild verändert. Neuere Studien kamen fast einhellig zu dem Schluß, daß nicht nur die früher behaupteten Nachteile der Zweisprachigkeit nicht wirklich bestehen, sondern daß zweisprachige Kinder ihren einsprachigen Altersgenossen sogar in einiger Hinsicht überlegen sind. Ihr Denken ist flexibler, sie kommen eher auf ausgefallene Möglichkeiten, sie sind witziger.
Aber Zweisprachigkeit ist nicht gleich Zweisprachigkeit. Die beiden Sprachen können in ganz verschiedenem Verhältnis zueinander stehen. Drei Arten gibt es, mit gleitenden Übergängen: eine nebenordnende Zweisprachigkeit, bei der die beiden Sprachen sauber abgegrenzt nebeneinander bestehen; eine unterordnende Zweisprachigkeit, bei der die eine, die dominante Sprache die andere stark beeinflußt, aber nicht umgekehrt; und eine »vermischende« Zweisprachigkeit, bei der sich beide Sprachen gegenseitig stark beeinflussen. (...)
Welche Art von Zweisprachigkeit sich einer erwirbt, hängt nicht nur, aber doch hauptsächlich davon ab, unter welchen Umständen die beiden Sprachen gelernt wurden. Fremdsprachenunterricht bringt in der Regel eine unterordnende Zweisprachigkeit hervor: Die Zweitsprache lehnt sich an die Muttersprache an. Werden im Elternhaus beide Sprachen gesprochen, so entsteht in der Regel eine vermischende Zweisprachigkeit: Beide Sprachen verschmelzen miteinander. Werden beide Sprachen in verschiedenen Umwelten erworben, so ist die Chance einer nebenordnenden Zweisprachigkeit am größten. Seit einer einflußreichen Untersuchung der amerikanischen Linguisten *Susan Ervin* und *Charles Osgood*[1] aus dem Jahre 1954 weiß man, daß es diese ist, die angestrebt werden sollte: Sowohl unterordnende wie vermischende Zweisprachler bleiben in ihren sprachlichen Leistungen zurück.

1 Erwin S./Osgood, C.E. (1954a): Second language learning and bilingualism. In: Journal of Abnormal and Social Psychology (Supplement), Vol. 49, 139-146.

Schriften der Welt
Welten der Schrift (Teil II)

BUCHSTABEN AUF BUCHENSTÄBEN

Die Germanen ritzten ihre Schriftzeichen in Holzstäbe.
Sie nahmen dazu oft Buchenholz.

Ihre Zeichen nannten sie RUNEN. Das heißt Geheimnis.
Ihre 16 Zeichen waren auch Lautzeichen. Sie sind heute fast vergessen, aber ein Wort ist geblieben:
Unsere Lautzeichen heißen heute immer noch **Buchstaben.**

f	**u**	**th**	**a**	**r**
k	**g**	**w**	**h**	**n**
i	**j**	**ei**	**p**	**z(r)**
s	**t**	**b**	**e**	**m**
l	**ng**	**d**	**o**	

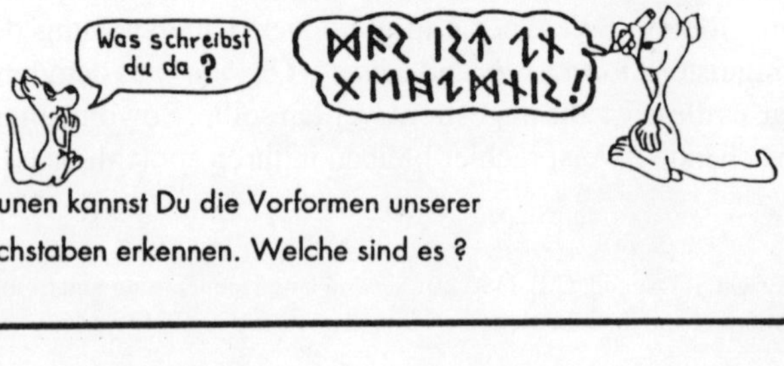

In einigen Runen kannst Du die Vorformen unserer heutigen Buchstaben erkennen. Welche sind es ?

Ausschnitte aus einem A1-Poster zur Schriftgeschichte, wie schon vorn S. 86f. Ein schöner Bestandteil der *Regenbogen-Lesekiste*, kann aber auch gesondert bezogen werden gegen 10.-DM (Schein) bei:
vpm, Telemannstraße, 2000 Hamburg 20.

Klaus J. Mattheier
Dialekt, Standardsprache und die Schule

Der Dialekt ist ein gesellschaftliches Phänomen, das mit der Schule zumindest in dreierlei Hinsicht verknüpft ist:

1 Dialekt ist Gegenstand der Sprachbetrachtung in bestimmten Schulstufen.
2. Dialekt ist – oder könnte – Medium des Unterrichts sein und eine zu sätzliche didaktische Möglichkeit.
3. Dialekt ist, besonders im Deutschunterricht, in allen Schulstufen ein Hemmnis bei der schulischen Entwicklung/Leistungsentfaltung.

Darum ist es notwendig, den Dialekt mehr als bisher in die didaktischen Konzeptionen der verschiedenen Schulstufen einzubeziehen.
Ich möchte die Verflechtung zwischen Dialekt und Schule in den drei oben genannten Bereichen etwas erläutern und einige Überlegungen zu einer den Dialekt berücksichtigenden Didaktik anfügen. Zuvor aber einige Bemerkungen zur Bedeutung des Dialekts in der gegenwärtigen Gesellschaft:
Faßt man die gegenwärtige Situation des Dialekts in der BRD zusammen, so kann man sagen 'Der Tod des Dialekts findet nicht statt', und nicht wenige Dialektologen fügen sogar noch ein 'im Gegenteil' hinzu. Schon seit Beginn der wissenschaftlichen Beschäftigung mit den Dialekten hört man immer wieder die Prognose: Der Dialekt verfällt, die alten Dialekte gibt es in vielen Regionen schon nicht mehr. Und in den 60er Jahren dieses Jahrhunderts ging man sogar noch weiter und sagte eine Sprachgemeinschaft ohne Dialekte für die kommenden Generationen voraus. Die Grundlage dafür war verblüffend einfach: Man stellte fest, daß die Eltern in den Familien vermehrt dazu übergingen, mit ihren Kindern als Erstsprache Hochdeutsch zu sprechen. Wenn die Kinder – so schloß man – im Elternhaus keinen Dialekt mehr lernen, dann können sie ihn nicht mehr an ihre Kinder weitergeben, also wird der Dialekt in der kommenden Generation ausgestorben sein. Noch zu Beginn der 70er Jahre, als man damit begann, die Probleme des Dialekts in der Schule zu untersuchen, bekam man von den Lehrern und den Schulbehörden gesagt: Warum wollen Sie sich denn mit diesem Problem beschäftigen, das gibt es doch in 20 Jahren gar nicht mehr.
Aber heute lebt der totgesagte Dialekt immer noch, und wenn man sich die Kulturlandschaft ansieht, hat man fast den Eindruck, er ist lebendiger als zuvor. Das Institut für Demoskopie in Allensbach hat von 1966 bis 1980 nur

eine minimale Abnahme des Dialekts in der BRD festgestellt und betont besonders, daß diejenigen, die Dialekt sprechen können, den Dialekt mittlerweile weit häufiger verwenden als noch 1966.
Trotzdem hat sich die gesellschaftliche Stellung des Dialekts in der BRD sicherlich in den vergangenen Jahrzehnten verändert. Die gegenwärtige Situation ist bestimmt durch zwei Entwicklungen, durch den Dialektverfall und durch ein Phänomen, das einige Dialektwelle nennen, das von anderen aber Dialektrenaissance genannt wird. Beide Entwicklungen laufen gleichzeitig in unserer Gesellschaft ab.
Im Rahmen des *Dialektverfalls* werden die tiefen örtlichen Dialekte in den ländlichen Regionen unter dem Einfluß der Hochsprache, die die Dialektsprecher mittlerweile fast alle ebenfalls verwenden können, verändert. Es werden vermehrt Wörter, Ausdrucksweisen, grammatische Konstruktionen und auch Laute aus der Hochsprache in die Ortsdialekte übernommen. Dadurch verändern sich diese Dialekte in Richtung auf eine regionale Umgangssprache. Oft wirkt auch nicht direkt die Hochsprache auf die Dialekte, sondern die städtische Umgangssprache der nächsten größeren Stadt. Beides wirkt in die gleiche Richtung. Die tiefen ländlichen Ortsdialekte werden aufgegeben und durch eine regionale Umgangssprache, eine Regionalsprache, ersetzt, die häufig den Charakter der städtischen Umgangssprache der nächsten größeren Stadt annimmt. Diese Entwicklung hat durchaus den Charakter eines Dialektverfalls, obgleich als Ergebnis nicht eine dialektfreie Bundesrepublik herauskommen wird, sondern eine durch 10 oder 12 großräumige Regionalsprachen geprägte Dialektlandschaft. Die Regionalsprachen stehen der Hochsprache aber insgesamt näher und verursachen in der Regel keine Verständnisschwierigkeiten, so wie die tiefen ländlichen Lokaldialekte es tun.
Diese Veränderungen im Sprachvarietätensystem des Deutschen sind im Grunde ein Teil des Modernisierungsprozesses des Kommunikationssystems der deutschsprachigen Gesellschaft, der Mitte des 16. Jahrhunderts mit der Ausbildung einer genormten deutschen Schriftsprache begonnen hat. Seit der Mitte des 19. Jahrhunderts setzt sich auch die einheitliche Lautsprache in der deutschen Sprachgemeinschaft durch. Das geschieht jedoch nicht in der gesamten deutschen Sprachgemeinschaft gleichzeitig, sondern zuerst in den gesellschaftlichen Bereichen, in den Regionen und in den Lebenssituationen, die am meisten dem gesellschaftlichen Modernisierungsprozeß ausgesetzt sind: In den Städten, in den schon früh und durchgreifend verstädterten und industrialisierten Gebieten Deutschlands, in den gesellschaftlichen Gruppen, die schriftorientierte Berufe haben, und in öffentlichen, in offiziellen Lebensumständen. Die mehr ländlichen und weniger industrialisierten Gebiete, die mehr an der Handarbeit orientierten Berufsgruppen und die mehr privaten Lebensbereiche werden daher auch heute noch deutlicher vom Dialekt geprägt. Es gibt also ein Dialektgefälle zwischen Stadt und Land, zwischen industrialisierteren und mehr ländlich-bäuerlichen Regio-

nen Deutschlands, zwischen schriftorientierten und handarbeitorientierten gesellschaftlichen Gruppen und zwischen öffentlichen und privaten Lebenssituationen. Da die gesellschaftlichen Bereiche, in denen der Dialekt durch den gesellschaftlichen Modernisierungsprozeß noch nicht verdrängt ist, in der gesellschaftlichen Wertschätzung im allgemeinen eine geringere Rolle spielen, wird der Dialekt, der als typisch für diese Bereiche angesehen wird, hier zu einem sozialen Stigma. Deswegen verbindet man den Dialekt, den man bei einem Sprecher hört, heute teilweise, jedoch nicht überall, noch mit Vorurteilen wie bäuerliches Hinterwäldlertum, Unbildung, Herkunft aus unteren gesellschaftlichen Schichten.
Diese Entwicklung, die Dialektverfallskrise und auch die gesellschaftlichen Vorurteile, mit denen sie verbunden ist, werden nun seit den 70er Jahren durchkreuzt durch eine gegenläufige Entwicklung, die *Dialektrenaissance*. Im Rahmen dieser Entwicklung kann man eine Ausweitung des Dialektgebrauchs auch in öffentlichen Lebenssituationen und in gesellschaftlichen Gruppen, die schriftorientierte Berufe haben, beobachten. Soweit Angehörige dieser Gruppe noch Dialekt gelernt hatten, verwenden sie ihn heute häufiger als früher. Aber auch bei den Menschen, die schon keinen Dialekt mehr können, schwächt sich die negative Einstellung gegenüber dem Dialekt deutlich ab. Beide Entwicklungen laufen zwar gleichzeitig in unserer Gesellschaft ab, sie betreffen aber unterschiedliche gesellschaftliche Gruppen und auch unterschiedliche sprachliche Existenzformen. Dialektverfall betrifft den tiefen ländlichen Dialekt und die handarbeitenden und ländlichen gesellschaftlichen Gruppen, die Dialektrenaissance betrifft die überall sich ausbreitenden Regionalsprachen und die gesellschaftlichen Kreise, die neben ihrem Dialekt auch noch das Hochdeutsche beherrschen und den Dialekt heute gerne als »zweite Garderobe« ab und zu hervorholen.
Soweit die Bemerkungen zur gegenwärtigen Situation des Dialekts in der BRD. Für die Schule kann man aus dieser Konstellation wohl zweierlei folgern: erstens werden sich die Probleme, die Dialekt sprechende Kinder im Deutschunterricht haben, in den nächsten Jahren sicherlich nicht von alleine verflüchtigen, und zweitens bietet die sich abzeichnende Aufwertung dialektalen Sprechens neue didaktische Möglichkeiten, Aspekte der regionalen Kultur in den Unterricht einzubringen bzw. sie besser in ihm zu verankern.
Ich sehe auf dem Hintergrund der genannten Befunde zwei Ansatzpunkte für eine Didaktik für dialektsprechende Kinder:

1. didaktische Maßnahmen im engeren Sinne, bei denen Schüler im Zentrum steht;

2. allgemeine Maßnahmen, die man nur bedingt als 'didaktische' bezeichnen kann und die die anderen beiden am Erziehungsprozeß beteiligten Gruppen, die Lehrer und die Eltern, mit einbeziehen.

Didaktische Maßnahmen im engeren Sinne

1.1 *Lernziel* sollte für die dialektsprechenden Kinder der funktional gesteuerte *Varietätenwechsel* ohne Abwertung des Dialekts sein. Gerade die 'gemäßigten' Dialektsprecher unter den Schülern, die beide Varietäten, den Dialekt und die Hochsprache, bis zu einem gewissen Grade kennen, erweisen sich im Deutschunterricht als leistungsstärker als die ausschließlich Hochsprache sprechenden Kinder *(Ammon 1978a)*.

1.2 *Lerninhalte* sollten ausschließlich die Sprachbereiche sein, in denen innerhalb der verschiedenen Teilbereiche des Deutschunterrichts Fehler auftreten. Diese *Interferenzbereiche* genau zu beschreiben ist eine Aufgabe moderner dialektologischer Forschung.

1.3 *Lernmethode:* Hier zeichnet sich noch keine klare Konzeption ab. Der bewußten Gestaltung der Spracherwerbsprozesse mit am Fremdsprachenunterricht oder am Muttersprachenunterricht erprobten Methoden steht als Alternative gegenüber, die natürlichen und ungelenkt immer schon ablaufenden Erwerbsprozesse der Hochsprache mit geeigneten didaktischen Maßnahmen unterstützend aufzugreifen und gezielt zu einem Abschluß zu bringen. Diese Methode kommt sicherlich der besonderen Situation der Dialektsprecher entgegen. Es fehlen jedoch noch fast alle Kenntnisse über den natürlich ablaufenden Erwerbsprozeß von Hochsprache durch Dialektsprecher.

1.4 *Lernmittel:* Vorerst stehen als Lernmittel nur die Sprachhefte für den Deutschunterricht 'Dialekt/Hochsprache – kontrastiv', hrsgg. v. *W. Besch, H. Löffler* und *H. H. Reich*, zur Verfügung. (s. Anm.). Diese Heftreihe baut auf dem kontrastiven Prinzip auf und weist nur in beschränktem Ausmaß Übungseinheiten auf. Probleme ergeben sich auch bei der Integration des dort gebotenen Stoffes in den normalen Deutschunterricht. Trotzdem enthalten sie für den Lehrer zahlreiche Hinweise, besonders wenn er den Schülerdialekt nicht selbst spricht und die Dialektalität der Fehler deswegen nur teilweise erkennen kann. Eine bessere Lösung wäre die Ergänzung eingeführter Lehrwerke zum Sprachunterricht durch beiliegende Hefte für einzelne Regionen, in denen dann der Schwerpunkt auf Arbeitsmaterialien für den Schüler liegen müßte.

Didaktische Maßnahmen im weiteren Sinne

2.1 Die *Eltern* sollten von Beginn des Sprachlernprozesses an mit einbezogen werden. Das könnte durch Beratung der Eltern geschehen, wie sie sich dem Dialekt gegenüber während der Spracherziehungsphase zu verhalten haben. Zielpunkt sollte dabei sein, daß dem Kind die Hochsprache als geeignete Varietät für die Öffentlichkeit und der heimische Dialekt als angemessene Varietät für den privaten Bereich aktiv und passiv vor Augen geführt wird. Weiterhin sollte jede Abwertung des Dialekts vermieden werden.

2.2 Innerhalb der *Lehrerschaft* sollten in erster Linie die folgenden drei Richtungen eingeschlagen werden:

a. In der Lehreraus- und fortbildung sollten die Lehrer in ausreichendem Maße mit dem Problem vertraut gemacht werden, das sich im Bereich 'Dialekt und Schule' stellt.

b. Lehrer sollten dazu ausgebildet werden, die Dialektbedingtheit von Schülerfehlern zu erkennen. Sie sollten etwa Anleitungen zum Anlegen von Fehlersammlungen erhalten.

c. Lehrer sollten in bezug auf die gesellschaftliche Ungerechtigkeit der Benachteiligung dialektsprechender Kinder sensibilisiert werden.

Anmerkung: Weiterführende Hinweise zu diesem Beitrag finden sich bei Ammon (1978a), Mattheier (1980a) und Rosenberg (1986a).

Die Herausgeber geben folgenden ergänzenden Hinweis:

Dialekte unterscheiden sich von der Hochsprache nicht nur in Randphänomenen, sondern systematisch. Am auffälligsten sicher im Lautbereich. Dieser ist z.B. für das Rechtschreiblernen hochbedeutsam: wenn dialektal nicht zwischen scharfem und weichem s-Laut unterschieden wird, die Vokallänge mundartlich von hochsprachlicher Norm abweicht. Wenn hieraus spezifische, also regelmäßige Schreibfehler entstehen, sollten wir sie als solche – eben als regelmäßige – verstehen.

Dialekte wirken sich auch auf die Wortbildung aus (Pluralbildung, Ableitung) und bestimmen Wortbedeutungen und auch syntaktische Muster. Ein schwäbischer »Fuß« schließt den Unter- und Oberschenkel ein, ein Hamburger hört am Enkel auf.

Wenn wir im Unterricht wirklich von der Sprache des Kindes ausgehen wollen, brauchen wir einen Zugang zu unserer und seiner Sprache, die (uns) die Selbstverständlichkeit des intuitiven Gebrauchs wieder verständlich macht.

Hier ist die von *W. Besch, H. Löffler* und *H.H. Reich* herausgegebene Reihe »Dialekt/ Hochsprache kontrastiv – Sprachhefte für den Deutschunterricht« sehr hilfreich, auf die auch *K. Mattheier* in seinem Beitrag verweist. Im Schwann-Verlag, Düsseldorf, sind die sehr empfehlenswerten Hefte für Alemannisch, Bairisch, Schwäbisch, Hessisch, Pfälzisch, Westfälisch und Rheinisch erschienen.

Weitere konkrete didaktisch-methodische Hilfen geben *C.L. Naumann (1987b; 1988a), Naumann / Ketteniß (1984a)* und *Ketteniß / Naumann (1987a).*

*

***Anmerkung der Verlegerei:** In der Hoffnung, daß die Herausgeber beim weihnachtlichen Korrekturlesen diese Zeilen übersehen, sei doch mal kurz darauf hingewiesen, daß für Freunde bzw. Freundinnen der Alemannischen Mundart im Zeichen der Libelle lieferbar sind:*

Tobias Engelsing (Hrsg.), Kumm gang mer ewäg. Alemannische Gedichte (1984);

***Peter Auer & Karl Joos, Kleiner seealemannischer Wortschatz gehoben auf Konstanzer Grund,** mit hochdeutschen Illustrationen von Florian Weiland -Pollerberg (1988).*

*Nach der Lektüre dieser Werke ist z.B. einigermaßen klar, daß norddeutschere Mitmenschen beruhigt abwarten können, wenn ein Alemanne ihnen in leicht rüffelndem Ton das folgende syntaktische Muster entgegenhält: **»Londses!«**. Es meint etwa die freundliche Aufforderung: »Ach, lassen Sie es, das wird schon (von uns) erledigt.«*

Peter Sieber / Horst Sitta
Neun Thesen zum Umgang mit Mundart und Hochdeutsch auf der Unterstufe

1. Hochdeutsch ist für den Schulanfänger keine Fremdsprache; es ist ihm von Fernsehen, Radio und Kassetten her vertraut und durchaus nicht unsympathisch. Es kann deshalb von der Lehrerin/dem Lehrer von Anfang der ersten Klasse an verwendet werden.
2. Verstehen einer Sprache geht dem eigenen Sprechen voraus. Darum sollen die Schüler über lange Zeit hinweg Gelegenheit erhalten, Hochdeutsch immer besser verstehen zu lernen (z.B. beim Anhören von Märchen, Geschichten, Erlebnissen etc.); erst danach darf man sie mit der Anforderung konfrontieren, selbst Hochdeutsch zu sprechen (manche werden das freilich auch ohne Aufforderung schon vorher gerne tun).
3. Nichts spricht dagegen, dass in einer ersten Klasse die Lehrerin Hochdeutsch spricht, die Schüler Mundart. Im Sinne einer »dosierten Überforderung« ist eine solche Verteilung eher förderlich für den Spracherwerb der Schüler: Die Situation ist dabei vergleichbar mit dem frühen Spracherwerb beim Kind, wo Erwachsene und Kinder ja auch nicht die »gleiche« Sprache sprechen.
4. Der Ausbau des Wortschatzes kann sowohl in der Mundart als auch im Hochdeutschen erfolgen. Dabei gilt: Was die Schüler in der einen Sprachform erwerben, wird ihnen zum Besitz auch für die andere. Der Ausbau des Mundartwortschatzes kommt auch dem Hochdeutschen zugute (und umgekehrt).
5. Das gesprochene Hochdeutsch der Schüler wird anfangs über längere Zeit einerseits stark von Mundart durchsetzt, andererseits »fernsehgeprägt« sein: Die Schüler sprechen eine »Lernersprache«; das ist eine notwendige Zwischenstufe auf dem Weg zur Fähigkeit, Hochdeutsch zu sprechen (beim Schreibenlernen beobachten wir ja Entsprechendes – und akzeptieren es). Wir müssen uns davor hüten, diese »Lernersprachen« zu entwerten.
6. Was die »Fernsehfärbung« angeht, haben wir es in der Regel mit einer Sprechweise zu tun, die ein hilfreicher Ausgangspunkt für gesprochenes Hochdeutsch sein kann. Allerdings bedürfen diese Sprachmuster der gezielten Ergänzung durch geeignete Filme, TV- und Radiosendungen (auch z.B. aus deutschem oder österreichischem Schulfunk) und Kassetten.
7. In mehrfacher Hinsicht empfiehlt sich der Einbezug von Versen, Gedichten, Reimen und Liedern; einmal knüpft das an die vorschulischen (und durchweg lustbetonten) Umgangsweisen mit Sprache an; zum andern er-

möglicht es den Erwerb von ganzen Wendungen, Textmustern und Formeln.
8. Freies Sprechen in Mundart wie in Hochdeutsch soll unter dem gleichen Blickwinkel gewertet und begleitet werden: In beiden ist die Orientierung am Inhalt wichtig, und auf Formales soll grundsätzlich nur dort reagiert werden, wo Klarheit und Verständlichkeit beeinträchtigt werden.
9. Die Schüler der Unterstufe wollen richtig Hochdeutsch sprechen lernen; ihren Lernweg sollten wir nicht durch kleinliche Korrekturen und entmutigende formale Anforderungen am falschen Platz verbauen. Die Rückmeldungen des Lehrers sollen Verständnis- und Formulierungshilfe für den Schüler sein: Nur wenn der Gesprächspartner verstehen will, lernt man auch zu formulieren.

Auszug aus: *Sieber, P./Sitta, H. (Hrsg.) (1988a)*: Mundart und Hochdeutsch im Unterricht. Sauerländer: Aarau, S. 103. In diesem Schweizer Sammelband finden sich entsprechende Thesen für die Mittel- und Oberstufe der Schule und weitere grundsätzliche und praxisnahe »Orientierungshilfen für Lehrer«, z.B. zum Thema »Hochdeutschfehler – und wie man mit ihnen umgehen kann« von Bruno Good (vgl. auch den Beitrag von Blesi /Stern, s. auf den folgenden Seiten in diesem Band).

Öpfel Bire Nuss,
und
du bisch duss.

Wer jetzt das Buch sacht nach rechts dreht, jaaa, genau so....

Sprechen und Schreiben II - *Geschriebene Mundarten*

Übersetze diese drei mundartlichen Texte ins Hochdeutsche. Der graue Kasten unten rechts hilft Dir bei Deiner Selbstkontrolle.

Plattdeutsch

De Klökere gifft na

De Vadder seggt to den lütten Jörgen: „Awer, Jörgen, worüm mußt du di denn ümmer so veel mit Joochen rümhauen un kloppen: Denk dor*) doch an: De Klökere gifft na!"
Dor seggt Jürgen ganz plietsch:*) „Du, Vadder, so dumm bün ik awer nich, dat ik ümmer de Klökere sien will!"

*) dor ... an = daran; plietsch = pfiffig

Der Klügere gibt nach
Der Vater sagt zu dem kleinen Jürgen: „Aber, ...
....
....

Schwäbisch

„Heut möcht e aber emol ganz grönlich ontersuacht werde, Herr Dokter."- „Ja, wo fehlt's Ehne denn?" Do moint de Patient: "Ha, sell*) tät Ehne so passe'! I sag nix! Des sollet doch Se rauskriage'! Send Se dr Dokter oder i?"

*) sell = das

Heute möchte ich aber einmal ganz gründlich unter-
....
....

Berlinisch

Ick sitze hier und esse Klops,
uff eenmal klopp's.
Ick staune, kieke, wundre mir,
uff eenmal jeht se uff, die Tier.
Nanu, denk' ick, ick denk': Nanu,
jetzt jeht se uff, erst war se zu!
Und ick jeh' raus und kieke,
und wer steht draußen? ... Icke!

Ich sitze hier und esse Klops,
....
....

Der Klügere gibt nach. Der Vater sagt zu dem kleinen Jürgen: „Aber, Jürgen, warum mußt du dich denn immer so viel mit Jochen hauen und schlagen: Denk doch daran: Der Klügere gibt nach!" Da sagt Jürgen ganz pfiffig: „Du, Vater, so dumm bin ich aber nicht, daß ich immer der Klügere sein will!"
Schwäbisch - „Heute möchte ich aber einmal ganz gründlich untersucht werden, Herr Doktor." - „Ja, wo fehlt's Ihnen denn?" Da meint der Patient: „Ha, das würde Ihnen so passen! Ich sage nichts! Das sollen doch Sie rauskriegen! Sind Sie der Doktor oder ich?"
Berlinisch - Ich sitze hier und esse Klops, auf einmal klopft's. Ich staune, gucke, wundere mich, auf einmal geht sie auf, die Tür. Nanu, denk' ich, ich denk': Nanu, jetzt geht sie auf, erst war sie zu! Und ich geh' raus und gucke, und wer steht draußen? ... Ich!

Aus: Balhorn u.a.: wlt 6, Trainingsprogramm mit Wörtern und Texten

Absicht: Das <u>zeigen</u> der differenz zwischen gesprochener und geschriebener sprache; form des selbstdiktats als 'überstzung'.

Pankraz Blesi / Otto Stern

MIRHÄNTFROITWENDUKUNSCH...

Schriftspracherwerb in der Schweiz – zwischen Mundart und Hochdeutsch

I. Cornelias Brief

Die siebenjährige Cornelia, seit Mitte April in einer ersten Klasse in Regensdorf (Zürich), schrieb Anfang Dezember folgenden Brief an St. Nikolaus (schweizerdeutsch: *Samichlaus):*

Abschrift des Originals (/ = *Zeilengrenze*)	*Zürichdeutsche Rekonstruktion* (ie, ue, üe, öi *sind als Diphthonge zu lesen)*
LIBER SAMIKLAUS / UND SCHMUZLI	liebe Samichlaus und Schmutzli
UND DASESELÄIN / WIGEZ /	und (s) Eseli, wie gaat s ?
BRIN GUTISAKE MANDARINTLI /	bring gueti Sache, Mandarindli
UND NÜSLI UND / SCHÖGELI	und Nüssli und Schöggeli !
DUBIST MÄIN / LIBSTER /	du bisch min liebschte
SAMIKLAUS / KUNSTU WIDER /	Samichlaus. chunsch du wider
ZUOIS WIR HABEN /	zu öis ? mir händ
MIRHÄNTFROIDWENDUKUNSCH /	mir händ Fröid, wenn du chunsch.
FILGRÜS FÜR SAMIKLAUS /	vil Grüess für de Samichlaus
UND SCHMUZLI FON CORNELIA /	und de Schmutzli vo de Cornelia.

Der erste Eindruck kann trügen; es handelt sich nicht um einen Mundart-Text. Der Vergleich mit der Übertragung ins Zürichdeutsche (rechts) zeigt im Gegenteil, wie stark sich die Schreiberin schon hochdeutsche Formen angeeignet hat: Cornelia hat alle Diphthonge ausgeschieden, die im Hochdeutschen nicht vorkommen. Aus schweizerdeutsch (= swdt.) *lieber, liebster* und *wie* (gesprochen als fallender Diphthong) wird <LIBER>, <LIBSTER> und <WI>, aus *guet* wird <GUT>, und aus *Grüess* wird <GRÜS>.

Das Mädchen schreibt konsequent nach dem phonematischen Prinzip. Stets ersetzt sie den /x/-Laut in der Mundart durch /k/ in der Standardsprache: *Samichlaus* wird <SAMIKLAUS>, *chunsch* wird <KUNS(CH)>. Auch die

swdt. *Sache* setzt sie um in <SAKE>. Diese Übergeneralisierung der Regel zeugt von einer intensiven Bearbeitung des lautlichen Bezugs zwischen Mundart und der neu zu erwerbenden Standardsprache. Gegen den Schluß des Texts fällt der *Wechsel der Sprachform* auf: Nach einem ersten Ansatz in Standardsprache mit <WIR HABEN> setzt die Schreiberin in der drittletzten Zeile in Mundart neu an (<MIRHÄNT....>) und schreibt den ganzen Satz in der ihr vertrauten Sprachform, ohne Markierung der Wortgrenzen – ein Zeichen für Ermüdung, indirekt auch ein Hinweis auf den Grad der Anstrengung, den die Übersetzung aus der Mundart in die Hochsprache Cornelia abfordert.
Dieses Beispiel, etwa in der Mitte zwischen einem Mundart- und einem Hochdeutsch-Text, soll daran erinnern, daß das Schulkind in der Deutschschweiz nicht nur Lesen und Schreiben lernen, sondern gleichzeitig die Standardvariante erwerben muß. Eine Reihe von Fragen mögen sich hier stellen: *Was versteht man eigentlich unter »Schweizerdeutsch«, und wann wird in der Schweiz Hochdeutsch verwendet?* (s. Abschnitt II) *Wie wird in den Deutschschweizer Schulen gesprochen?* (s. III) *Wie erwerben Schweizer Kinder die Standardsprache, und welche Probleme ergeben sich in dieser Situation für das Lesen- und Schreibenlernen?* (s. IV).
Auf so knappem Raum können wir nur ausgewählte Aspekte skizzieren, und ohne Vereinfachungen geht es dabei nicht.

II. Die Sprachsituation: »Mediale Diglossie«

Die Schweiz hat bekanntlich vier Landessprachen: Deutsch, Französisch, Italienisch und Rätoromanisch *(Schläpfer 1982a).* Etwa 5 Mio. Schweizer sind deutschsprachig, das sind 3/4 der Bevölkerung. In der Deutschschweiz werden in der Regel Mundarten gesprochen, *geschrieben* wird hochdeutsch. Was die Wissenschaft als »mediale Diglossie« bezeichnet, hat der Schriftsteller *Hugo Loetscher* auf die Formel gebracht: *zweisprachig in der eigenen – deutschen – Sprache* (vgl. *Sieber/Sitta 1986a, 17).*

Schweizerdeutsch: eine Vielfalt von Dialekten

»Schweizerdeutsch« ist ein Sammelname für eine Vielzahl von relativ kleinräumigen Dialekten. Diese unterscheiden sich besonders im lautlichen Bereich *(Lötscher 1983a).* Es gibt also kein einheitliches »Schweizerdeutsch«. Wenn Deutschschweizer unter sich ihre Muttersprache bezeichnen, dann sprechen sie von »Züritütsch«, »Bärndütsch« oder »Baaseltiitsch«.
Die kleine Auswahl von Dialektfassungen desselben Neujahrswunsches (s. Kasten auf der nächsten Seite) könnte den LeserInnen in der BRD bewußt machen: Die von Schweizern im Gespräch mit Deutschen verwendete Sprache ist meist *nicht* Schweizerdeutsch«. Irrtümlicherweise wird das von

uns gesprochene, helvetisch gefärbte Hochdeutsch von unseren Nachbarn oft für die Mundart gehalten. Es muß aber erwähnt werden, daß die Verständigung zwischen den verschiedenen swdt. Dialektgruppen keine nennenswerten Schwierigkeiten bereitet. Aufgrund der heute großen Mobilität und der überwiegenden Präsenz der Mundart in den gesprochenen Massenmedien *(Burger 1984a)* ist man gewohnt, verschiedene Dialekte zu hören und zu verstehen.

Gueden Oobe, Hërr Leerer! I winsch ech e gligghafdig nei Joor, und doo schigd ech d Muedr uf e Fyrtig ëbis z äse. Es isch e Cheeswääje, e Wëge un e Läbchueche.

Baselland: Ettingen

Tach, Herr Lehrer. Beste Neujahrswünsche! Und da ist ein Geschenk: Mutter schickt Ihnen drei Kuchen, einen Käsekuchen und eine Quarkschnitte. Dazu einen mit gedörrten Birnen.

Deutsche Umgangssprache

Grüezi, Hërr Leirer! Ich wüüsch ich au äs guets, glückhaftigs nüüs Jour, und dou schickt ich d Mueter öppis z ässä. Es sygit dry Tünä, ä Chääs- und ä Nydeltünä und äini us tüürä Birä.

Schwyz: Galgenen

Giot Tag, Hërr Leerer! Ich wiischen ech äs giots niws Jaar. D Miotter schickt ech da eppis z ässä; äs ischt driierläi: ä Chäschiochä, ä Läbchiochä und ä Schnitzweggä us tirä Birä.

Obwalden: Lungern

Gueten Òòbet, Hërr Leerer! I wüntsch i òu e guets Nüüjòòr, ònd dòò schickt i d Muetter näbis z ësse; es sònd dry Fläde, en Chääs- ònd en Ròmflade ònd ën vo tüere Bere.

Appenzell Ausserrhoden: Herisau

Grüessech, Herr Schuemiischter! I wünschenech o es guets, glückhaftigs nöis Joor, u doo schickt nech ds Müeti öppis z ässe: e Züpfe, e Glychschwäärchueche u non es hawbs Dotze Schlüüfchüechli.

Bern: Münchenbuchsee

(aus: Phonogrammarchiv, Universität Zürich)

Schweizerdeutsch – die Umgangssprache

Entscheidend ist der besondere Stellenwert, den die Mundart für den Deutschschweizer hat: In allen übrigen deutschen Sprachgebieten hat sich zwischen den Dialekten und der Hochsprache eine Umgangssprache etabliert. In der Schweiz übernehmen die Dialekte eben diese Funktion. Auf selbstverständliche Weise wird, unabhängig vom sozialen Status und von situativer Wertung, jederzeit von allen und über alles Schweizerdeutsch gesprochen. Jeder spricht in *seinem* Dialekt.

Im Gegensatz zu den meisten Deutschen sind Schweizer stolz auf ihren Dialekt. Noch um 1900 prophezeiten Sprachwissenschaftler den Untergang des Schweizerdeutschen. Damals unterhielten sich die oberen Schichten in den Städten vor allem beim Einkaufen und in Gesellschaften häufig auf hochdeutsch. Im 20. Jahrhundert nahm der Gebrauch des Dialekts ständig zu, akzentuiert durch die drei sog. »Mundartwellen«, die erste zu Beginn des Jahrhunderts, die zweite in den 30er Jahren im Sinne der »geistigen Landesverteidigung« und die dritte Ende der 60er Jahre. Heute wird der Trend zur Mundart zudem verstärkt durch die allgemeine Vermündlichung der Sprache, verbunden mit einer Aufwertung der Alltagssprache (bei uns eben des Dialekts).

Hochdeutsch: Schriftsprache sprechen – Schulsprache sprechen

So unbestritten die Schweizerdeutschen Mundarten als gesprochene Umgangssprachen sind, so unangefochten ist die hochdeutsche Standardsprache als Schriftsprache in der Schweiz. Wann also wird hochdeutsch *gesprochen?* Es sind heute nur noch wenige Situationen: im Kontakt mit anderssprachigen Schweizern und mit deutsch sprechenden Ausländern. Hochdeutsch wird auch im eidgenössischen Bundesparlament (nicht mehr in den kantonalen Parlamenten), z.T. vor Gericht und in der Kirche gsprochen, immer weniger in Radio und Fernsehen; am zuverlässigsten noch in der Schule, die den Auftrag hat, *beide* Sprachformen zu pflegen.

III. Mundart und Standardsprache als Problem der Schule

Von der zweiten bzw. der dritten Klasse an gilt in der Deutschschweiz Hochdeutsch als Unterrichtssprache. Außerhalb der Lektionen wird aber auf allen Schulstufen immer Mundart gesprochen, auch an Hochschulen. Die tatsächliche Praxis läßt sich aber mit dieser Regel nicht beschreiben, sie ist äußerst komplex und variabel. Charakteristisch sind vor allem die mehr oder weniger häufigen *Sprachwechsel,* wie etwa im folgenden Ausschnitt aus einem Lektionsprotokoll:

1. Sekundarklasse
Fach: Biologie
Thema: Die Teile der Pflanze

L: «Jetzt versorgt aber jeder sein Rechnungsheft, *jede sitzt normal häre, s Rächnigsmaterial wäglege.*»
(Lehrer installiert Hellraumprojektor.)
«*S'isch äbe nid äso guet iigrichtet*[1] *bi üüs.* So sollte es etwa gehen.»
«Laßt eure Blätter noch im Mäppchen. Wir wollen versuchen, ob wir die Blätter ohne Unterlage anschreiben können.»
«Nummer eins: Petra!»
S: «Kronblätter.»
L: «*Chöntsch*[2] *du diis Heft wider under de Bank tue, es gwagglet*[3]*.*»
«Kennt ihr diese Blume? – Das ist ein Hasenfuß.»
«Jetzt nehmt ihr euer Blatt und den Fülli und einen (sic!) Lineal.»
«*Gseesch*[4] *es du?*»
S: «*Jo jo.*»
L: «Nummer eins: Kronblätter ... Nummer zwei?»
«Das könnte jemand für mich hier auf die Folie schreiben; Petra, versuch's ... Peter, kannst du die Narbe einzeichnen?»
«Die Linien überschneiden sich, aber das soll euch nicht stören. Ihr könnt verschiedene Farben verwenden.»
S: «*Chriesiblüete*[5]*, sind die wiiss?*»
L: «Ja, betrachte einmal die Bäume hinter dem Schulhaus ... Dann ordnet ihr das Blatt jetzt ein und nehmt Zettel Nummer fünf. *Ir zwäi chönd no jedem so es Blüemli gää*[6]*. – Anita, würsch du no d Schtore abeloo?*[7]»
...

Worterklärungen:

1 eingerichtet
2 könntest
3 wackelt
4 siehst
5 Kirschblüten
6 geben
7 herunterlassen

(Aus: *Sieber/Sitta 1986a, 59)*

Nicht weniger als siebenmal wechselt der Lehrer von Standardsprache in Mundart – und nicht zufällig: Die Wechsel lassen sich mit bestimmten *Situationen bzw. Sprachfunktionen* in Verbindung bringen. Das hat auch die erste umfassende Studie zum Gebrauch beider Sprachen in unseren Schulen gezeigt *(Sieber/ Sitta 1986a).* Wechsel von der Standardsprache in die Mundart erfolgen charakteristischerweise

- bei spontanen Anweisungen (oben Zeile 10) und für praktische Anordnungen (23);
- wenn etwas bekräftigt werden soll (1, 2);
- in Situationen der Unsicherheit (20);
- während ungeplanter Phasen des Unterrichtsgeschehens.

Ein weiteres wichtiges Resultat der Studie ist das Gewicht der *Einstellung gegenüber den beiden Sprachformen:* Im Unterricht selbst werden für den Erwerb der Standardsprache ungünstige Einstellungen gegenüber dem Hochdeutschen erzeugt: durch eine feste Koppelung von Standardsprache mit Arbeitszeit, »Kopffächern« und formellen Situationen einerseits, von Mundart mit Freizeit, »Herz- und Handfächern« und informellen Situationen andererseits. Ein flexiblerer Umgang mit der gegebenen Zweisprachigkeit könnte positivere Einstellungen gegenüber dem Hochdeutschen herausbilden (vgl. *Sieber/Sitta 1988a).*

IV. Lesen lernen und Hochdeutsch lernen in der Schweiz

Darüber etwas Allgemeingültiges zu sagen, ist fast unmöglich. Jeder Kanton hat sein eigenes Schulwesen, und immer noch weiß oft der Berner nicht, was der Basler oder der St. Galler tut. Immerhin gelten einige Punkte mehr oder weniger überall:

(1) Wie im vorausgehenden (fakultativen) Kindergarten wird in den ersten Schulmonaten weitgehend Mundart gesprochen.

(2) Der Erwerb der Standardsprache ist meist untrennbar mit dem Lesen- und Schreibenlernen verbunden.

(3) Die UnterstufenlehrerInnen (= Grundschule) pochen auf ihre gesetzlich verankerte Methodenfreiheit: Sie erarbeiten sich z.T. eigene Fibeln/Lehrgänge oder wählen aus einem Angebot schweizerischer Produkte (auch Adaptationen von BRD-Lehrwerken) aus.

(4) Wichtiger als Lehrmittel sind im Anfangsunterricht bei uns aber *Traditionen,* die in den sog. »Übungsschulen«, also in der Schulpraxis der Lehrerbildung, vermittelt werden:

- Der Erwerb der Schrift und des Hochdeutschen sind nach *Pestalozzis* Maxime von der Gleichrangigkeit von »Kopf, Herz und Hand« von Anfang an in vielfältige Aktivitäten eingebettet (Gestalten, Musizieren, frühes Schreiben, Erkunden der Umwelt).
- Meist werden diese Aktivitäten zudem durch einen *inhaltlichen Rahmen* zusammengehalten, durch ein Thema (Gesamtunterricht), eine Erlebnisgeschichte (z.B. in der Fibel) oder ein Projekt.
- Seit jeher wird in der Grundschule der Sprachunterricht eng mit dem *Sachunterricht* verbunden (vgl. z.B. *Boxler 1979a).*

(5) Diese Traditionen wurden zuletzt in Frage gestellt, als neue Lehrgänge die Aufmerksamkeit der LehrerInnen z.T. einseitig in lesetechnischer Hinsicht beanspruchten (z.B. *Grissemann 1980a).* Die Diskussion über Erstlesemethoden hat so immer wieder den sprachlichen Aspekt, das Nebeneinander von Mundart und Hochsprache überdeckt.

(6) Heute sind Neuanfänge zu verzeichnen:
- Der Lehrgang »Lesen durch Schreiben« *(Reichen 1982a)* fördert geradezu die Wiederaufnahme der oben skizzierten Traditionen und ermutigt zu einer an die Reformpädagogik anschließenden Praxis.
- Eine öffentliche Diskussion über die Gewichtung von Mundart und Standardsprache ist in Gang gekommen *(EDK/ SRG 1988a).*
- Unsere Sprachsituation wird zum Gegenstand umfangreicher Forschung *(Schläpfer/Bichsel 1989a),* auch im Hinblick auf die schulische Lernsituation *(Sieber/Sitta 1986a;* vgl. auch das Projekt »Spracherwerb in der deutschen Schweiz« von *Burger, Häcki* und *Stern,* das seit 1986 am Deutschen Seminar der Universität Zürich läuft).

(7) Die heutige Situation kann etwa so charakterisiert werden: Die Relativierung der Methodenfrage, ein gewachsenes Bewußtsein der Zweisprachigkeit als Ausgangspunkt und Ziel sprachlichen Lernens und die Rezeption neuer Einsichten über den Spracherwerb stehen nicht mehr im Gegensatz zu den pädagogischen Traditionen. Was allerdings fehlt, ist ein alle Aspekte des Schriftspracherwerbs übergreifendes Konzept. Die Entwicklung im kommenden Jahrzehnt könnte u.E. an ein Modell von *Hugelshofer (1956/57a)* anschließen, das unsere Sprachsituation (im Rahmen der damaligen Gegebenheiten) konsequent zum Ausgangspunkt einer Sprachdidaktik gemacht hat.

»Der Sprachunterricht auf der Elementarstufe« (A. Hugelshofer)

Der hier vorgeschlagene Weg, damals z.T. heftig umstritten, wurde in den 50er und 60er Jahren von vielen LehrerInnen mit Überzeugung praktiziert. Vier Merkmale kennzeichnen ihn:

(1) Mindestens während der ersten sechs Monate des ersten Schuljahrs wird ausschließlich schweizerdeutsch gesprochen.
(2) Dem ordnet sich das Lesenlernen unter: Während dieser Zeit werden nur Mundarttexte gelesen und »gesetzt«.
(3) In die Schriftsprache wird, Ende des ersten Schuljahres beginnend, nach dem Prinzip »Lernen durch Handeln« eingeführt.
(4) Der Einsatz von literarischen Texten spielt für den Schriftspracherwerb eine zentrale Rolle und wird sorgfältig geplant.

Wie wurde für diesen Weg argumentiert?

(1) Mundart als Unterrichtssprache: Eine alte, bis ins 19. Jahrhundert zurückgehende Forderung *(Winteler 1878a)* ist, die Mundart als "mitgebrachte Sprache" des Kindes zu nutzen, um die Kommunikationsfreude zu erhalten. Vorrangig ist die sprachliche Entwicklung des Kindes.

(2) Lesenlernen in der Mundart: Mundartfibeln, zum ersten Mal 1948 in Zürich eingeführt, ermöglichen die Verwendung der dem Kind vertrauten Sprache in vollwertiger Form, während sich schriftdeutsche Fibeln auf Wörter beschränken, die mit der Mundart stammverwandt sind, was oft einen *»zerkrümelten Wortvorrat von Schreibleseübungen«* zur Folge hat *(Bächthold/ Hugelshofer 1961a).*

(3) Einführung in die Schriftsprache: Diese wird in einer zweiten Phase (spätestens ab letztem Viertel des ersten Schuljahres) geplant, und zwar nach dem Modell des Lautspracherwerbs: *»So wie das Kind seine Mundart im häuslichen Kreis durch Hören und selbständiges Sprechen gelernt und aufgrund der unbewußt wirksamen Analogien weiter ausgebaut hat, so soll es nun in der Schule auch in die Hochsprache hineinwachsen durch tägliches Hören, Lesen, Sprechen und Schreiben, durch vorwiegend unbewusstes Übernehmen also« (Hugelshofer 1956/57a, 62).*

(4) Textarbeit im Zentrum: Den bedeutsamsten Bezugspunkt für den Erwerb der Standardsprache bildet in den ersten drei Schuljahren ein Angebot *»nicht zurechtgestutzter« (!) Texte. Dies sind Reime, Verse, Gedichte, Lieder, Märchen und Texte aus der zeitgenössischen Kinderliteratur. Dabei wird die Zweisprachigkeit in einem gestuften Verfahren bewußt einbezogen, das sich im Extremfall über folgende Phasen erstreckt: Mundarterzählung der Lehrerin – Mundartgespräch unter den Kindern – Festhalten von Aussagen in Mundart im Setzkasten oder an der Wandtafel – Lehrerdarbietung des Textes in Standardsprache – abschnittweises Lesen und Besprechen des hochsprachlichen Textes – Gespräch unter den Kindern in Standardsprache – begleitendes oder abschließendes schriftliches Formulieren in Standardsprache.*

Perspektiven aus heutiger Sicht

Neuansätze könnten durch den Blick auf die Konzeption *Hugelshofers* bestärkt und modifiziert werden.

(1) Vorrang der sprachlichen Entwicklung: Daß die Förderung der Entwicklung der Sprache und der Kommunikationsfreude des Kindes vorrangig ist, behält seine Gültigkeit. An der »mitgebrachten Sprache« des Kindes anzuschließen, heißt auch heute noch, die Mundart als Umgangssprache im Unterricht einzubeziehen, guten Gewissens auch in oberen Klassen.

(2) *Berücksichtigung der Lernvoraussetzungen:* Es gilt aber heute auch, veränderte Ausgangsbedingungen zur Kenntnis zu nehmen. Eine »fiktive Stunde Null am Schulanfang« *(Scheerer-Neumann u.a. 1986a)* gibt es auch im Bezug auf Kenntnisse der Standardsprache für heutige Schulanfänger nicht mehr. Vorschulkinder konsumieren in der Regel auch deutsche und österreichische Fernsehprogramme und werden so hörend früh mit der Standardsprache vertraut. Deshalb verstehen sie hochsprachliche Texte heute ganz gut, wenn diese nicht zu komplex sind *(Stern 1988a).* Viele Kinder haben auch schon eine Vorstellung von der Schreibsprache Hochdeutsch. Das zeigt der folgende Auszug aus einem Brief, den Severine im Kindergarten diktiert hat (zuhanden von Mme Bodot, die nur Standardsprache versteht):

```
Liebe Mme Bodot,

Wie geht's am Crictor? Kann er gut mit der Mme Bodot Hochdeutsch
sprechen? Der Crictor hat gesagt zu Mme Bodot, er spiele draussen
mit der Kinder. Kann der Crictor gut mit der Kinden spielen? Hat
der Crictor viel Spielsachen in seinem Zimmer?

Bitte zruggschreiben, liebe Mme Bodot! Einen Gruss vom Kinder-
garten Dorfstrasse.                                   Severine
```

Severine ist 6 1/2 Jahre alt und besucht den Kindergarten. In 2 Monaten wird sie in die erste Klasse der Primarschule eintreten. Sie kennt zwar schon einige Buchstaben, kann aber weder lesen noch schreiben. Der obige Text entstand als Diktat: Im Rahmen eines Forschungsseminars untersuchten Studenten die Fähigkeit von Kindern im Vorschulalter, sich in einer schriftsprachlichen Situation auszudrücken. Der situative Rahmen basiert auf der Geschichte der Schlange Crictor, die bei der Lehrerin Mme Bodot in Frankreich lebt. Dieses Thema wurde von der Kindergärtnerin während zwei Wochen ganzheitlich gestaltet. Da Mme Bodot nur hochdeutsch (als Fremdsprache) versteht, gab es viele Anlässe, z.B. im Rollenspiel, in denen hochdeutsch gesprochen wurde. Natürlich mußte auch der Briefverkehr mit ihr auf hochdeutsch erfolgen. So entstand das Briefdiktat.

Die Sprache dieses Briefdiktats ist offensichtlich das Resultat direkter Übertragung von der Mundart in die Standardsprache. Das sieht man am deutlichsten dort, wo Mischformen entstehen, z.B. *zruggschreiben.* Man sieht aber auch, daß die Auseinandersetzung mit der Kasusdeklination bereits begonnen hat. Die Kasusmorphologie ist in der Mundart stark reduziert. Etwas vereinfachend kann man sagen, daß Nominativ und Akkusativ nicht unterschieden werden, und daß beim Dativ nur die pronominale Flektion erhalten ist. Zusätzlich besteht die Tendenz, den Dativ als Präpositionalkasus auszudrücken.

Ein Beispiel dafür ist *(1) am Crictor* in der folgenden Gegenüberstellung von Mundart und Standardsprache:

	BRIEF:	MA:	ST:
1	am Crictor	am Crictor	(dem) Crictor
2	mit der Mme B.	mit de Mme B.	mit (der) Mme B.
3	zu Mme B.	zu de Mme B.	zu (der) Mme B.
4	mit der Kinder	mit de Chind	mit den Kindern
5	mit der Kinden	mit de Chind	mit den Kindern
6	viel Spielsachen	vil Spilsache	viel(e) Spielsachen
7	in seinem Zimmer	i sim Zimmer	in seinem Zimmer
8	die Kokospalmen	kKokospalme	die Kokospalme
9	mehr Kokosnüssen	mee Kokosnüss	mehr Kokosnüsse
10	einen Gruss	en Gruess	einen Gruss

In (3) und (10) scheinen feste Formeln vorzuliegen, die wahrscheinlich in anderen Brief-Situationen bereits so aufgetaucht sind. In (7) sehen wir, daß so komplexe Formen wie das Possessivpronomen im Dativ *(seinem)* richtig produziert werden. Die Fähigkeit, den relativ systematischen lautlichen Zusammenhang zwischen Monophthongen in der Mundart *(sim)* und Diphthongen in Standardsprache *(seinem)* für die Übertragung zu nutzen, entwickelt sich schon sehr früh. In (4) und (5) wird deutlich, daß das Kind versucht, die (meist) endungslosen Mundart-Nomina entweder durch <-r> oder <-n> zu ergänzen. Schon ganz zu Beginn der ersten Standardsprach-Produktion kann man bei vielen Kindern so etwas wie eine »Endungs-n«-Strategie beobachten, d.h. flektierbare Mundart-Wörter werden, wenn immer möglich, mit der Endung <-(e)n> versehen. Das Flexionssuffix <(e)n> ist in der Standardsprache sehr häufig und muß den Kindern umso mehr auffallen, als gerade diese Endung durch den generellen Schwund von Wortendungen in der Mundart am meisten betroffen ist. Unter Anwendung dieser Strategie gerät (6) richtig, (8) und (9) geraten jedoch falsch (vgl. *Stern 1988a, 146f.).*

Folgerung: Lesenlernen mit Mundarttexten ist heute nicht mehr sinnvoll; die LehrerInnen können getrost von Anfang an (auch!) die Standardvariante sprechen. So wird die »Zweisprachigkeit in der eigenen Sprache« gleich sichtbar. Dabei sollen die Kinder aber nicht *»unter den Zwang gestellt werden, selber schon Standardsprache sprechen zu müssen« (Sieber/Sitta 1986a, 172).*

(3) Lerner-Sprachen: Eine Orientierung des Erwerbs der Standardsprache am Modell des Erstspracherwerbs hat heute größere Chancen. Die zunehmende Verbreitung von *Reichens* Konzept »Lesen durch Schreiben« fördert bei LehrerInnen eine positive Einstellung gegenüber Mischsprachen und eine größere Toleranz gegenüber Fehlern. Den Kindern wird mehr Eigenaktivität zugetraut, mehr Vertrauen in die eigene Lernfähigkeit vermittelt. Schließlich wird in der Ausbildung versucht, die LehrerInnen in einer positiven Einstellung zum Lernen der Standardsprache zu bestärken und den Auftrag einer Erziehung zur Mehrsprachigkeit bewußt zu machen *(Blesi 1988a).*

(4) *Stellenwert literarischer Texte:* Wenn die Hochsprache handelnd angeeignet werden soll, ist eine reichliche und reichhaltige Eingabe und Verarbeitung von »vollwertigen« Texten in der Zielsprache auch heute noch unentbehrlich, trotz des Konsums von Standardsprache über das Fernsehen. Dies wird heute als methodisches Anliegen oft vernachlässigt, und in dieser Hinsicht ist das Konzept von *Hugelshofer* immer noch wegweisend. In der modernen (auch schweizer-hochdeutschen) Kinderliteratur liegt zwar eine Vielfalt von realitätshaltigen und sprachinspirierenden Texten bereit, aber sie wird von den LehrerInnen nur wenig genutzt, wie eine neue Studie zeigt *(Bonfadelli 1988a).* – Hier ist ein Einstellungswandel der LehrerInnen wünschbar, so daß Literatur wieder vermehrt als Quelle für das Lernen der hochdeutschen Sprache wahrgenommen wird.

Wie viele Schweizer Autoren bestätigen, treten Mundart und Hochsprache aufgrund einer intensiven Beziehung zur Literatur nicht in Konkurrenz, sondern in eine produktive Beziehung. In dem Sinne kann das Nebeneinander der beiden Sprachformen auch für die sprachliche Entwicklung des Kindes genutzt werden, wenn sie sich ergänzen. Alexander (8 Jahre) bringt dieses Verständnis im abschließend zitierten Text anschaulich zum Ausdruck:

Der Schatz am Silbersee, nacherzählt von Alexander S.

Es war einmal ein alter Mann, der hiess Oldschäterhänt, und ein eben so alter Mann, der hiess: Winechrüme. Sie waren gute Freunde. Und nun fängt die Geschichte an. Eines Tages erfuhren sie, dass es einen Schatz gab. Da sagte W.: Chumm, dä Goldschatz gömmer go hole. Old.: Ou, mis Butterbrot heti fascht fergässe miznää. W.: Häsch de Rucksack pakt? Old.: Dän chömmer ja loosgaa. - Dann gingen die zwei Freunde zur Tür hinaus. (...)

Anmerkung des Texterfassungspersonals zum Thema Computer, Überraschungen und die Vielfalt des Lebens:
In der Schweiz schreibt man schon seit einigen Jahrzehnten <ss> statt <ß>. So auch die Autoren des vorstehenden Beitrags. Ein kleines Beispiel für *Vielfalt* in Sprache und Schrift. Aber der Computer hielt sich an das zweite Titel-Stichwort *Normen.* Denn erfaßt wurde der Text über ein Computerprogramm mit Rechtschreibkontrolle (entwickelt übrigens von einem Schweizer Unternehmen...). Dieses hat automatisch alle <ss> Duden-getreu in <ß> umgewandelt. Wir hätten nun zusätzlich ein spezielles Schweizer Korrekturprogramm anschaffen können (oder die <ß> von Hand zurückverwandeln...). Aber wir rechnen mit Ihrer Toleranz gegenüber der *Einfalt* der noch jungen Sprachmaschinen. (Aufmerksamen LeserInnen wird aber nicht entgangen sein, daß uns die Maschine oben ein <ss> stehen ließ, sei's aus Intuition oder Sarkasmus...)

Ein Wahlkampf--Poster (1979) von Saatchi and Saatchi für die (schließlich dann erfolgreichen...) Tories und gegen Labour's Erziehungspolitik. Aus: Centre for Contemporary Cultural Studies: »Unpopular Education«. Hutchinson: London, 1981, p. 168

Heiko Balhorn / Ulrich Vieluf

Themen und korrekturen machen keine autoren

Überlegungen nach der durchsicht von tausend schüleraufsätzen

Den intellektuellen anspruch, den das schreiben an lerner stellt, können wir nicht reduzieren. Was wir reduzieren können, sind unsere anforderungen an richtigkeit und vollständigkeit kindlicher texte.

'Jeder schreibt anders' – die variation des titels dieses bandes faßt einen eindruck zusammen, den wir nach durchsicht von etwa 1000 aufsätzen hamburger viertkläßler gewonnen haben. Die unterschiede in der 'qualität' ihrer texte geben uns zum nachdenken anlaß. – Aber auch der untertitel *'Normen und Vielfalt in Sprache und Schrift'* trifft einen leseeindruck: Kindliche schreiber suchen normen zu erfüllen, eben schulaufsatznormen. Entsprechend lesen sich – was die große zahl betrifft – die schülertexte eher als produkte einer pflichtübung denn als ausdruck kindlicher schreiberzählfreude. Die bemühtheit der konstruktionen macht dem leser mühe. Das typisch schulische dominiert.

Korrekturen als ausdruck lehrender hilfestellung, scheinen dem grundsatz zu folgen: »Korrigiere alles, was der standardsprachlichen norm nicht entspricht.« Was norm ist, scheint in korrigierender einstellung kein problem zu sein.

Wenn kinder zu schreiben beginnen ...

Das erste textmuster, das kinder schreibend zu erfüllen suchen, dürfte das der geschichte sein. (Von briefen und notizen sehen wir hier einmal ab.) Dieses muster haben sie gelernt. Kinderbücher, das fernsehen erzählen heitere, traurige, poetische, dramatische und witzige geschichten.

Sie erzählen selbst geschichten, hören geschichten zu. Erzählungen sind nicht bloße erinnerungen, nicht einfache reihungen. Sie sind entwürfe um einen kern: etwas *außergewöhnliches*, eine *unerhörte begebenheit* steht im zentrum, ist der anlaß. Dieses*besondere* ist das, worauf es dem erzähler ankommt, über das er mit anderen in kontakt zu kommen sucht. Das resultat der kindlichen erfahrungen mit erzählungen ist ein grundkonzept dessen, was eine geschichte ausmacht. Dieses konzept schließt die sozialen situationen ein, in denen geschichten vorkommen: spaß, unterhaltung, spannung, zuwendung, menschliche nähe, identifikation.

Wenn ein kind einen text schreibt, erfüllt es in seiner vorstellung das modell der geschichte. Wie unvollkommen ihm dies auch immer gelingt, es realisiert diese seine vorstellung. Es hat noch kaum reflexiven zugang zur differenz zwischen sprechen und schreiben, zwischen den rollen des schreibers und lesers. Es glaubt eine einheit von intention, ausdruck und verständnis. Es ist sich dieser fraglos sicher. – Die differenz der perspektive des schreibers und lesers, die des meinens, ausdrucks und verstehens sind noch nicht thema.

Wie kann sich für den schreiber die unterstellte einheit auflösen, wie kann er die differenz erfahren und produktiv berücksichtigen lernen?

Ein erster schritt zur differenzierung der rollen des schreibers und lesers ist das verschenken von texten. Eltern und lehrerInnen kennen dies: Das gemalte, geschriebene werk wird zum geschenk, der autor löst sich von seinem produkt.

Ein weiterer schritt vollzieht sich, wenn schreiber sich als leser, als vorleser ihrer texte erfahren: Sie stellen fest, daß sie mit eigenen texten nicht so umgehen können, wie sie es mit 'gedruckten' texten tun. Vorgelesen enthalten ihre texte nicht mehr all das mitgedachte.

Wie reagieren zuhörer? LehrerInnen sind souverän, verstehen auch über lücken, können übergehen, einsichtig ergänzen, rückfragen. Kinder verstehen anders, anderes.

Für kinder erfüllt sich die figur eines musters, z.B. einer geschichte auch schon dann, wenn sie noch nicht alle elemente dieses musters enthält. Kinder greifen vor, benutzen formen, die sich erst im laufe der zeit mit reicherer bedeutung auffüllen. Sie sagen mehr, als sie meinen und sind mit weniger zufrieden, als wir meinen, das nötig wäre. Vielleicht könnte man sagen: Sie verstehen und formulieren vorgreifend und holen ein reiches verständnis erst in der zeit ein.

Diese fähigkeit macht kinder zu verständigen zuhörern.

Dabei hilft ihnen, wenn der unterricht verdeutlicht, was 'angesagt' ist, damit sie das muster des verstehens nutzen können. D.h. unterricht braucht rituale, institutionen, die ein gemeinsames vorverständnis begründen, eine art notenschlüssel, der angibt, wie im folgenden 'gespielt' werden wird.

Ein methodisches moment, kindern die erfahrung der differenz zu ermöglichen, mit der sie ihre texte 'aus anderer sicht' wahrzunehmen lernen, ist, ihnen die auswahl unter ihren eigenen texten abzuverlangen. Wenn schreiber – etwa im hinblick auf das vorlesen im 'ergebniskreis', in der 'versammlung', auf die veröffentlichung im 'klassenbuch' hin – *wählen*, werden sie zu *lesern ihrer texte* und müssen kriterien entwickeln, die ihnen ein 'mehr oder weniger geeignet' nahelegen.

Dazu müssen sie an voraussetzungen und erwartungen der anderen denken. Solcherart verfremdungen sind nötigungen zur differenzierung des zu einheitlich gedachten schreiber/leserbezugs. Nicht richtig-falsch-denken, sondern konkretes handeln ist erforderlich.

Praktische überlegungen an einem beispiel des aufsatzes eines viertkläßlers, der uns ein typischer zu sein scheint.

*Hilfe in *Letzter Minute*
*Peter will zu den Bergen, rodeln gehen. Gerade war er beim großen See angekommen, sah er, daß der See zugefroren ist. »Ob ich da rübergehe?« sagte er zu sich. Als er sich *entschiden hatte zu gehen, *viel ihm seine Mütze aufs Eis. Vorsichtig ging er aufs Eis. *Aufeinmal machte es »Krach« und er *viel ins Wasser. »Hilfe!« schrie er, »zu Hilfe!« Er hatte *glück, in der Nähe war ein Mann, der kam schnell *angerant und *ziet *in heraus. »Wie schade«, sagt er, »jetzt kann ich nicht mehr rodeln.« Er ging nach Hause und war sehr traurig. »Na ja, vielleicht geht es *Morgen noch, *befor der Schnee getaut ist.«*

Formal erfüllt der text das muster einer erzählung: In der eröffnung wird die hauptperson mit einem handlungsplan eingeführt *(Peter will rodeln).* Die komplikation, das unerhörte ereignis, um dessen willen nun zu erzählen ist, wird vorbereitet *(Mütze fällt aufs Eis, Peter will sie holen).* Alsdann kommt es zum dramatischen höhepunkt: Peter bricht ein – hilferufe – rettung aus höchster not. Eine konsequenz wird beschrieben *(Peter kann jetzt nicht mehr rodeln).* Im rückbezug auf den eröffnenden handlungsplan wird der erzählrahmen geschlossen (Vielleicht geht es morgen). Im Sinne von *Boueke/ Schülein (1988a,* 392) hat der autor die normative struktur von erzählungen als deren geschichtengrammatik erfüllt.
Das unbehagen, das die erzählung dennoch hervorruft, liegt – wenn man es zu fassen sucht – in der unpassung von erzähl*rahmen (Peter will rodeln, doch sein vorhaben scheitert)* und dem erzäh*lkern.* Was als unerhörte begebenheit erzählt wird, sprengt den entworfenen rahmen.
Die bedrohliche situation (das einbrechen ins eis), die rettung ('hilfe in letzter Minute') bleiben unvermittelt, beiläufig. Die bedrohung, die umstände der rettung, die konsequenzen des unfalls werden nicht ausgeführt. 'Unberührt' kehrt der autor zu dem einmal eingeführten handlungsplan zurück *(»Wie schade...«)* Die vereitelung des rodelns macht ihn *»sehr traurig«.* Nicht die gewichtige rettung aus einer lebensbedrohlichen situation, sondern ein vereiteltes vergnügen wird emotional ausgezeichnet. Die geschichte – obwohl formal stimmig und inhaltlich brisant – wirkt beliebig, belanglos. Daß der autor den leser an der dramatik der situation nicht teilhaben läßt, geht auf die eigene innere teilnahmslosigkeit zurück. Er kann nicht interessieren, weil er selbst nicht interessiert ist.
Dieser aufsatz steht für viele, ist typisch. (Dies können wir hier nur behaupten, nicht aber belegen).
Schreiber solcher aufsätze verfassen texte im schema der *aufgabenerfüllung.* Sie schreiben nicht, weil sie etwas erzählen möchten, sondern weil es ihnen aufgegeben ist, *hier und jetzt zu diesem thema zu schreiben.*
Themen, wie »Ich putze meine Zähne«, »Ich wechsele meine Patrone aus«, »Wie ich meinen Bleistift anspitze«, »Mein schönstes ...-erlebnis«, »Als ich einmal Angst hatte«, »Verloren – wiedergefunden« sind die gängigen

schreibaufgaben. Als 'schreibanlässe' werden sie wesentlich durch die funktion der übung begründet, aber damit für schreiblerner nocht nicht in den hinsichten verständlich, die ihnen schreibend orientierung bedeuten können. Wenn ein schüler in einer »Personenbeschreibung« formuliert: *»... Er hat einen kleinen Mund. Er wohnt in einem Reihenhaus ...«*, so fehlt ihm, woraufhin er merkmale oder eigenschaften auswählen kann. (Würde er im rahmen eines ratespiels jemanden so zu beschreiben haben, daß ein anderer den bestimmten unter anderen herauszufinden hätte, so wüßte er, welche eigenschaften zu nennen, welche wegzulassen wären.)
Wenn eine schülerin schreibt: *»Meine Zähne sind schmutzig, deshalb gehe ich ins Badezimmer«*, so stellt sich die frage, weshalb für einen alltagsweltlich so geklärten umstand wie das zähneputzen hier eine begründung gegeben wird. Derartige leere begründungen lassen auf das fehlen einer sicherheit dessen schließen, was geteilte gemeinsamkeiten zwischen schreiber und leser sind, und deshalb besteht unsicherheit, was denn mitzuteilen ist und was nicht.
Weitere 'textstellen' aus den untersuchten aufsätzen mögen als beispiele solcherart unterrichtlich vermachten orientierungsmangel ausweisen:
» ... und *ergreife* die Zahnpastatube *..«* (1) – »Bei uns zu Haus hatte ich keine Zahnschmerzen mehr, weil *der Mann ein Loch gebohrt hatte.*« (2) – »Bei diesem Anblick *kriegten sie Lust* einzubrechen.« (3) – »Ich saß zu Hause und las. Es war *inzwischen* der 22. Dezember.« (4) – »Nach zwei Wochen am Urlaubsort *kam ich plötzlich auf den Gedanken..*« (5) – »Jetzt lege ich die linke Hand an die Füllerspitze und drehe *sie so lange, bis sie ab ist.*« (6) – »Es lief ein spannender Wildwestfilm. *Nach einiger Zeit wurde er mir zu langweilig.«* (7)
Und schlußsätze:
»Danach ist nichts mehr passiert und sie konnten weitergehen.« (8) »Nach einer weile dachte ich: Es war schön allein zu Hause.« (9) »Als abends die Mutter kam, erzählte ich ihr alles.« (10) »Dann waren wir zu Hause, und da gingen wir ins Bett.« (11)
Das, was in diesen textstellen 'verunglückt' ist – überexplikation und pseudobegründungen – läßt sich als spezifikum der textsorte schulaufsatz ausweisen: der in seinen texten abwesende, unbeteiligte schüler.

Würden wir uns nun daranmachen, vorschläge auszuarbeiten, welcherart korrekturen und kommentierungen etwa bezogen auf den aufsatz »Hilfe in letzter Minute« für den schreiber hilfreich wären, in der vorstellung, daß die verbesserung dieses bestimmten aufsatzes die allgemeine textkompetenz dieses schreibers betrifft, würde dies bloße symptombehandlung bedeuten. Unsere kritik müßte – wie auch immer gefaßt – auf die teilnahmslosigkeit des schreibers zielen. Dies wäre als paradoxe zumutung *»Sei engagiert!«* für ihn jedoch ebenso unverständlich wie unakzeptabel. Und jeder einzelheitliche korrkturvorschlag bliebe äußerlich, weil eine textbearbeitung nur auf

dem fundament von etwas gemeintem ansetzen kann, das es zu entfalten, zu verdeutlichen gilt. Diese voraussetzung aber erfüllt die geschichte nicht. Korrekturen an einer uninteressiert entworfenen geschichte können den schreiber nicht interessieren. Sie blieben so belanglos, wie das, worauf sie sich beziehen.
(Daß es auch andere, eigenwillige texte unter den untersuchten aufsätzen gibt, in denen sich schreiber auch innerhalb des rahmens gesetzter themen und zeiten als ambitionierte personen zur sprache bringen, soll hier ausdrücklich vermerkt werden (vgl. die texte im artikel von *D. Adrion).*
Themen und korrekturen machen keine autoren. Kinder finden zum schreiben, wenn sie die funktionen, die schreiben und schrift für sie selbst haben, positiv erfahren. Über das vorlesen lernen sie einen reichtum kennen, der inspiriert; an fremden texten läßt sich schönes, nuancenreiches entdecken, das auch dem eigenen schreiben zugute kommt. Zum schreiben brauchen kinder keine themenvorgabe. Sie brauchen modelle und mut zum schreiben. Ermutigt haben alle kinder etwas zu sagen und werden auch schreiben. Sie schreiben allerdings ihre geschichten in der vorstellung, wie diese zur geltung kommen können, wie sie selbst damit und darin ankommen. Erzählungen erfüllen sich, indem sie wahrgenommen werden. Eine geschichte ist ohne hörer und leser noch keine geschichte. Auch jeder erwachsene kennt noch die erwartung der 'rückmeldung', die mit der mühe, den investitionen wächst. Deshalb ist die situation auf die hin ein autor schreibt, die entscheidende bedingung. Die erwartung der situation, in der die geschichte zu gehör gebracht wird, entscheidet darüber, ob eine geschichte überhaupt begonnen, wie sie weiter gesponnen wird. In 'aufsatzdidaktischem' interesse geht es deshalb nicht um das ausdenken von zwingenden 'schreibanlässen', sondern um soziale situationen, in denen kinder die erfahrung machen, daß ihre geschichten gefragt sind. *Heide Bambach (1987a* und *Bambach/Thurn, 1984a)* haben in sensibel- anschaulicher weise die »Lese-Versammlung« als den ort und die zeit für geschichten beschrieben. Solcherart erfahrungen zeigen, daß kinder verständige zuhörer sein können, die sehr genaue und akzeptierbare kritik formulieren können (in der lerngruppe von *Heide Bambach* über die triftige unterscheidung von *Frage* und *Sage*). In der öffentlichkeit der lerngruppe ist auch der ort, wo sich die erwachsenenkritik zu bewähren hat. Hier ist sie erwünscht, sogar in besonderem maße. Hier ist sie aber auch kontrollierbar. Sie ist nicht korrektur als lehrermonopol, sondern ein inspirierendes korrektiv unter anderen.

Hubert Wudtke
Unerhörte Lautsprache: Können Gebärden Gehörlosen helfen?

1. Das Problem

Es ist die zentrale Aufgabe der Gehörlosenpädagogik, den Schülern eine Beherrschung der Schriftsprache auf hohem Niveau zu ermöglichen. Die Schrift ist das sicherste Kommunikationsmittel im Umgang mit Hörenden, die Schrift erlaubt über Briefe und Schreibtelefon eine Kommunikation mit abwesenden Personen, und nur das selbständige Lesen kann den sprachlichen Erfahrungsmangel ausgleichen. Die schriftsprachlichen Leistungen der Schulabgänger in den rein lautsprachlich orientierten Erziehungsprogrammen sind aber enttäuschend, nur 5% erreichen ein altersangemessenes Leseniveau und 55% verlassen die Schule als Analphabeten (vgl. *Conrad 1979a; Csanyi 1982a; Quigley/Paul 1984a*).

Die Schrift ist als Zeichensystem auf die Lautsprache zugeschnitten worden. Folgerichtig erlernen hörende Kinder erst dann die Schriftsprache, wenn sie lautsprachlich kompetent sind. Merkwürdigerweise wird die Schrift aber bei gehörlosen Kindern sehr früh eingesetzt. Schon im 3. Lebensjahr findet man Schriftkarten in den Wohnungen und bald *graphische Gespräche* in den Kindergartenheften; zu diesem Zeitpunkt können die Kinder in der Regel noch kein Wort verständlich sprechen. Drei Jahre später beim Schulanfang ist der verstandene Schriftwortschatz oft deutlich höher als der passive und aktive Sprechwortschatz – 700 : 500 : 200. Ist nun die Lautsprache das sekundäre Zeichensystem und wird sie bei gehörlosen Kindern gar von der Schriftsprache abgeleitet?
Zeichen verweisen auf Bedeutungen und andere Zeichen. Hörende interpretieren alle Zeichensysteme in der Lautsprache, gehörlose Erwachsene übersetzen sich die Botschaften in ihre Gebärdensprache. Die Gebärdensprache wird dabei andauernd durch die Laut- und Schriftsprache der hörenden Mitwelt beeinflußt, zumal die Gebärdensprache kein eigenes Aufschreibsystem kennt. Videoanalysen zeigen darüberhinaus, daß Gehörlose zu ca. 60% ihrer Gebärden das adäquate lautsprachliche Mundbild formen.
Könnte also eine Kommunikation mit Gebärden – bei hörenden Eltern und Lehrern mit lautsprachbegleitenden Gebärden (LBG) – und gefingerten Buchstaben helfen, die Strukturen der Schriftsprache zu durchdringen und das Erlesen von Texten fördern? Erste Forschungen zeigen, daß es lohnend ist, diesen Fragen in Praxis und Forschung endlich nachzugehen (vgl. *Ewoldt 1981a*).

2. Alltagskommunikation mit Gebärden: Texterfahrung und Sinnerwartung

Lautsprachbegleitende Gebärden (LBG) haben im Elternhaus und Kindergarten die Aufgabe, früh eine lebendige Alltagskommunikation zu sichern. Ohne Gebärdeneinsatz ist die erreichbare Lautsprache bis in die Grundschulzeit hinein viel zu dürftig, um dem Kind die Möglichkeit zum persönlichen Ausdruck seines Wissens und Wünschens zu geben. Beim Schulanfang beträgt der aktive lautsprachliche Wortschatz vielleicht 200 Wörter, das Kind kann aber leicht mehr als 1400 Gebärden beherrschen. 1400 aktive Gebärden erschließen wiederum bei konservativer Schätzung weit mehr als 3500 passive Gebärden. Bei gehörlosen Kindern gehörloser Eltern übersteigt der aktive/passive Gebärdenschatz, der zu 60% mit adäquaten Mundbildern verknüpft ist, sicher die Zahl von 2000/5000 Gebärden (vgl. *Prillwitz/Wudtke 1988a)*.

Der aktive Gebärdenschatz erlaubt es dem Kind, die Kommunikation zu eröffnen, mitzugestalten und anzutreiben; der passive Gebärdenschatz wiederum eröffnet den Eltern und Erziehern die Chance, dem Kind Geschichten und Erlebnisse mitzuteilen und täglich etwas vorzulesen.

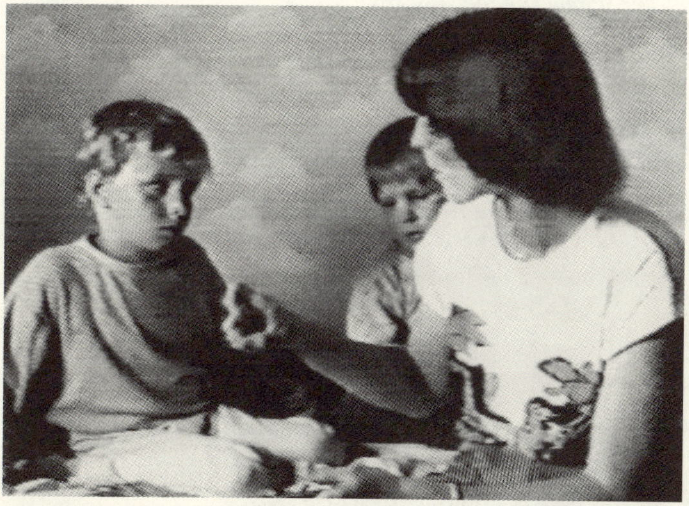

DIE RAUPE...

Das Kind ist also beim Schulanfang auf Schrift eingestellt, es kennt ca. 700 Schriftbilder, kann einige Wörter auswendig aufschreiben, kennt fast alle Buchstaben und es kennt verschiedene *sprachliche Kompositionen* wie Märchen, Geschichten, Briefe. Die LBG-Kommunikation führt also zu Texterfahrungen und sprachlich strukturierten Sinnerwartungen, die als wichtige Voraussetzungen für erfolgreiches Lesenlernen gelten.

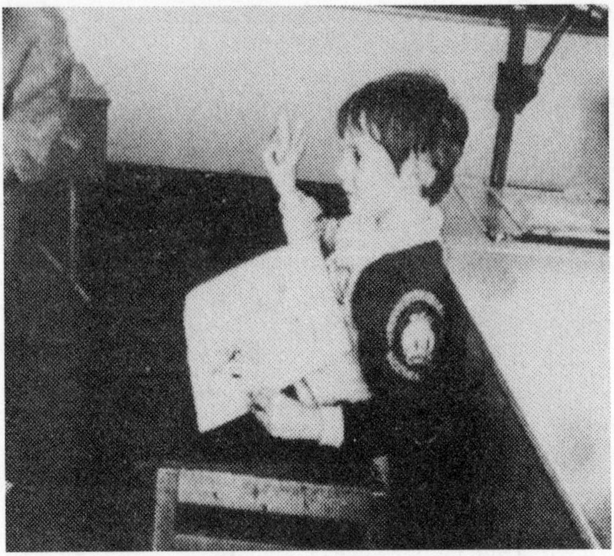

1. Schuljahr: C. möchte ein Buch vorstellen. Er zeigt das Buch und spricht/gebärdet Schneewittchen (SCHNEE + W).
Sofort springt D. auf und erzählt eine Kurzfassung des Märchens:

APFEL bleibt im Hals stecken...
Es kommt zu einer Diskussion darüber, ob Schneewittchen nun tot *sei, schließlich ist sie wieder* aufgewacht.

Die Texterfahrung und sprachlich strukturierte Sinnerwartung sind notwendige, aber nicht hinreichende Lesestrategien. Die Kinder erinnern die Geschichten, lesen noch *sinnbeilegend*, aber viele Wörter werden schon fingernd und sprechend genau rekodiert.

Wir lesen aber nicht dem Buchstaben sondern dem Geiste nach. Der Sinn eines Textes, auf den die graphischen Gebilde nur verweisen, liegt hinter und zwischen den Zeilen und immer auch im Leser selbst. Wer nur den Buchstaben nach 'lesen' kann, dem bleibt der Sinn eines Textes verschlossen.

Ohne eine leitende *Sinnerwartung* bricht jeder Lesevorgang zusammen, wird zu einem zusammenhanglosen Buchstabensammeln. Man wird aber die Sinnerwartung und das *sinnbeilegende Lesen* bei bekannten Texten nur als Lesestrategie anerkennen, wenn auch *Lesetaktiken* von unten eingesetzt werden können: Erkennen bekannter Buchstabengruppen und Wortteile, Erkennen bekannter Wörter, Erkennen syntaktischer Beziehungen.

3. Durchdringen der Schriftwörter

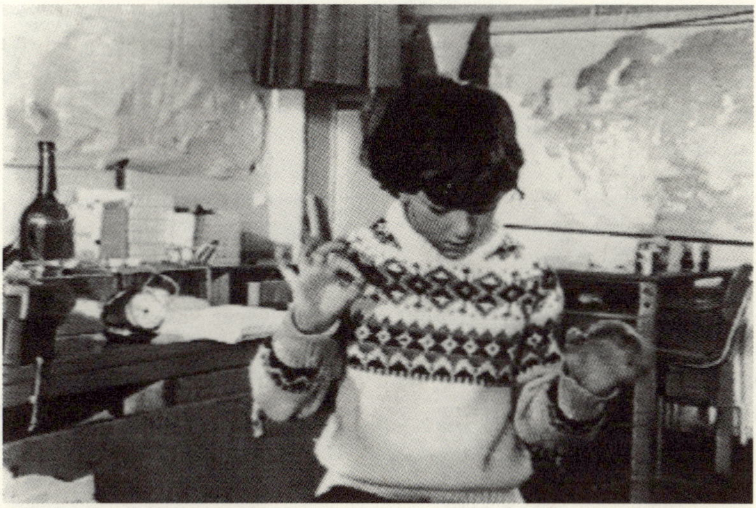

LEHRER

Bekannten Schriftbildern können die Kinder sofort perfekte Gebärden und noch unperfekte Sprechwörter zuordnen. Entscheidend ist, daß die Gebärden den Text mit dem breiten sprachlichen Erfahrungshorizont verbinden, so daß stetig Sinnerwartungen und interpretative Kombinationen ausgelöst werden. Somit können sich die Kinder auch probierend an noch unbekannte oder entfallene Wörter heranmachen. Die Gebärden erlauben es nun dem Lehrer, ein Stück weit den Erlesungsprozessen auf die Spur zu kommen.

Gerade *Verlesungen* zeigen, daß die Kinder planvoll Wörter untersuchen und das Wort bereits durchgliedern (optisch; Sprechsilben; Sinneinheiten).

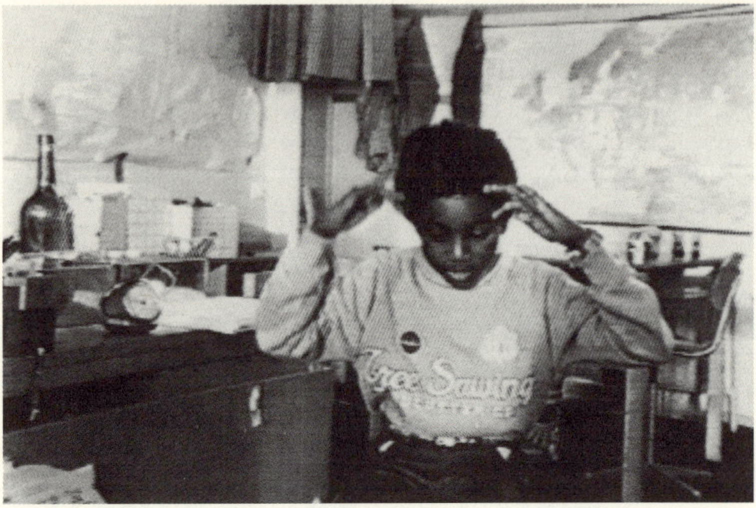

REGEN

Lesewort: *träumt*

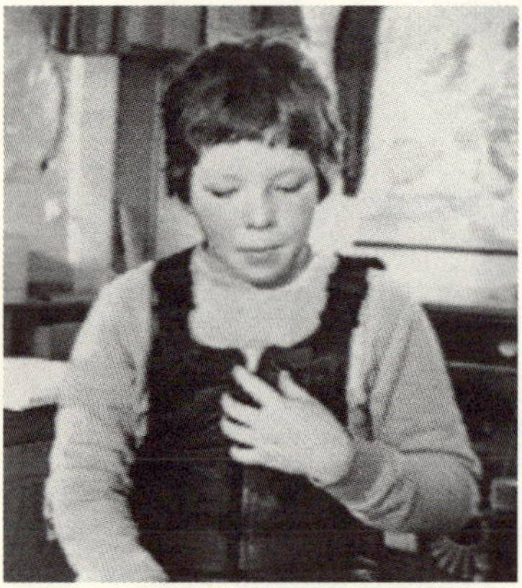

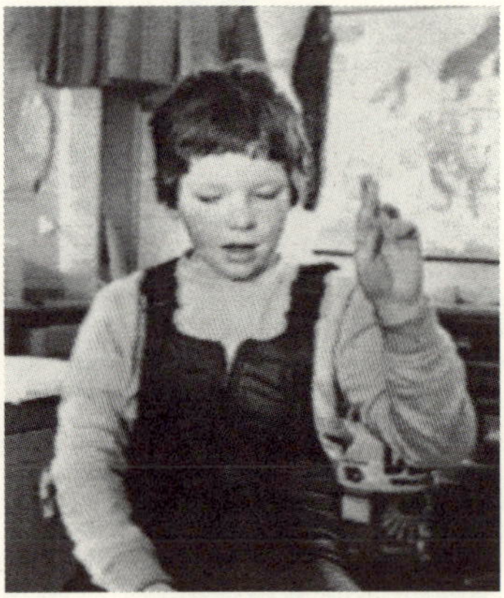

TRAURIG *R*

spricht: *taumb –> taumb –> traumt*
gebärdet: *TRAURIG*
fingert: *T-R-A-U-M-T*

Die optische Gestalt regt zu der ersten Vermutung – *traurig* – an. Das Sprechen – *taumb* – aber paßt dann nicht zu dem nötigen Sprechschema – *traurig*–; er liest nun ein zweites Mal ohne Gebärde, beim dritten Mal spricht er zum Fingern und verbessert sein Sprechwort – *traumt* –, diese Vorgestalt reicht nicht aus, um auf – *träumt* – zu schließen.

Der Gehörlose kann niemals in die Sprache hineinhorchen, um aus der tönenden Sprache die Phoneme zu abstrahieren, er muß sie über das Absehen (Viseme) und über die Artikulation (Laleme) erschließen. Für den Lernprozeß ist die gekonnte sequentielle Artikulation, nicht aber die Verständlichkeit der gesprochenen Sprache für die Hörenden, von Bedeutung. Die Koartikulation und das Fingern der Buchstaben sind nicht nur motorische Stützen, sondern auch strukturierende Leistungen, die mithelfen, daß das Lesen sich auf eine *orthographische* Strategie steigern kann (vgl. *Frith 1986a).*

....

Lesewort: *einfach*

EIN

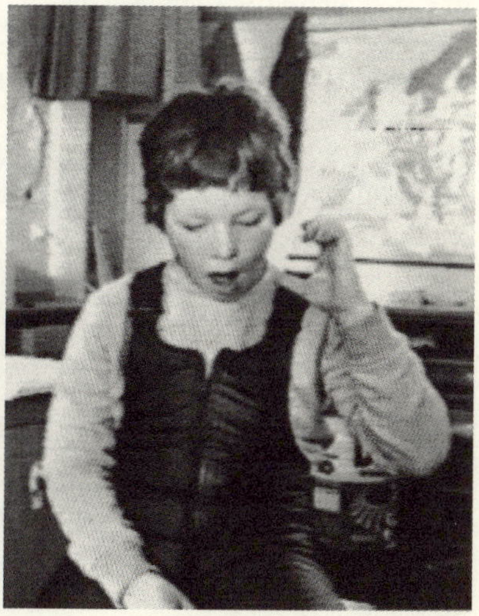

- C -

spricht: *ein-fa-ch*
gebärdet: *EIN*
fingert: *F-A-C-H*

Der Übergang zum Fingern zeigt an, daß das Wort noch nicht korrekt verstanden worden ist, vielleicht fehlt ihm auch das Gebärdenzeichen.

4. Erkennen syntaktischer Beziehungen.

Die Forschung zeigt, daß 10 – 13 Jahre oraler Erziehung es nicht bewirken, daß mehr als 5% der Schulabgänger die Sprachbaupläne der Schriftsprache souverän beherrschen (vgl. *Quigley/Paul 1984a)*. Die Grammatik der Erstsprache kann offenbar nicht durch systematische Belehrung erworben werden. Vielmehr müssen die syntaktischen Pläne vom Lerner selber entdeckt werden können.

Die Spracherwerbsforschung zeigt deutlich, daß das Kind durch eine Folge von Grammatiken hindurchgeht, deren Regelhaftigkeiten nicht von den Erwachsenen vorgegeben werden. Der Lerner hat aber nur die Chance, eine Sprache aktiv zu rekonstruieren, wenn er sich selber von Anfang an persönlich darin ausdrücken kann. Das Selbst kommt in Rederitualen und unpersönlichen Sätzen nicht zur Darstellung. Sprache aber ist Mitteilung, soziales Ereignis, persönlicher Ausdruck und Information. Wie soll das gehörlose Kind ohne Gebärden früh zur persönlichen Ausdrucksfähigkeit gelangen?

Die LBG und die Schrift präsentieren die Ordnungen der Verbalsprache. Die Kinder aber werden auf ihre eigene Weise von ihren einfachen Sätzen zu entfalteten Texten voranschreiten. Über viele Jahre passen Schriftsprache und Spontansprache nicht zusammen, dies gilt auch für die Spontansprache in rein oralen Programmen.

Mädchen (9;6 Jahre) erzählt in LBG/GBL (obere Zeile) spontan aus der Erinnerung: Hänsel und Gretel

NACHT MÄDCHEN WEINEN JUNGE SAGEN:
nacht mädchen weint junge sagt

LEISE! DANN MÄDCHEN WEINEN VORBEI.
leis dann mädchen weint vorbei

DANN PAPA TRAURIG. PAPA TRAURIG. MAMA
dann papa traurig papa traurig mama

BÖSE SCHIMPFEN AUF PAPA. MORGEN MAMA
schimpft auf papa morgen mama

PAPA STEHEN AUF. MÄDCHEN UND JUNGE
papa stehen auf mädchen und junge

MÜSSEN AUCH AUFSTEHEN. usw.
müssen auch aufstehen

Die Forschung zeigt, daß die Eliminierung von Artikeln und Hilfsverben, die Nichtverwendung von Pronomen und Präpositionen in der Spontanspra-

che oder Verschriftung bei 9jährigen auch in oralen Programmen der Normalfall ist.
Frühestens im Jugendalter sind die inneren Sprachpläne so ausdifferenziert, daß die verschiedenen Sprachspiele und ihre Oberflächenrealisierungen schärfer auseinandertreten. Die Jugendlichen selber entmischen Gebärdensprache und Laut- und Schriftsprache beim Lesen und Schreiben (vgl. *Jedicke 1985a*). Die lautsprachbegleitende Gebärde aber hilft den Jugendlichen gerade beim Erlesen schwieriger Texte, die Gebärde hilft den Gesamtzusammenhang zu präsentieren; unabdingbar wichtig ist ihnen natürlich die Gebärde zum Erklären und Interpretieren von Texten in Gespräch und Diskussion.
Die Forschung zeigt eindeutig, daß der Sinn von Wörtern und Sätzen von gehörlosen Lesern leichter im Textzusammenhang verstanden wird, als wenn diese isoliert präsentiert werden (vgl. *Quigley/Paul 1984a, S. 144 ff)*.
Das Verstehen von Texten ist abhängig von tieferliegenden semantisch-syntaktischen Beziehungen und immer von einem reichen semantischen Netzwerk, nicht von dem präzisen Erfassen spezifischer syntaktischer Regulierungen. *Ewoldt* hat 1981 zeigen können, daß ein Leseunterricht, der auf *Sinnentnahme* zielt, zu besseren Resultaten führt als einer, der auf präzises Lesen – exaktes Rekodieren und Wort-für-Wort Verständnis – wertlegt.
Es wäre in genauen Fallanalysen zu dokumentieren, wie sich die Satzbaupläne im Laufe der Schulzeit entwickeln und die verschiedenen Sprachcodes sich entmischen. Die Schriftsprache nimmt hierbei eine Schlüsselstellung ein.

5. Schlußbemerkung

Die lesenden und schreibenden gehörlosen Erwachsenen wechseln täglich von der Gebärdensprache zur Schriftsprache. Die Schule müßte etwas erproben, was außerhalb der Schule lebendige Praxis ist.
Der Leseunterricht muß versuchen, so früh wie möglich vom *sinnbeilegenden Lesen bekannter Texte zum Selbsterlesen von Fremdtexten* überzugehen (vgl. *van Uden 1976a*; *Peyre 1981a; Ewoldt 1981a)*. Das lebensvolle Gespräch und die spontane Erzählung sind die Bindeglieder. Die Bücher müßten vom Text her das Innenleben der Kinder begeistern und bereichern, sie dürften bei einem sparsamen Bildeinsatz sprachlich weder unter- noch überfordern. Man kann unschwer erkennen, daß die Anforderung, solche Texte zu schreiben und zu illustrieren eine besondere Aufgabe darstellt. Sie erfordert vor allen Dingen Liebe zur Sprache und ein hohes Einfühlungsvermögen in die Phantasie, Denkwelt und Sprachlichkeit jedes einzelnen Kindes – kurzum: eine fordernde, ja überfordernde Aufgabe für einzelne Lehrer.

Siegfried Prillwitz

*Gebärdensprache für ALLE Hörgeschädigten: 8 Thesen **

1. Die *Gebärdensprache* ist eine eigenständige, vollwertige und entwicklungsfähige Sprache mit differenziertem Lexikon (Vokabular) und Grammatik, die durchaus mit der Lautsprache verglichen werden kann.
2. Anstelle des allein auf die Behinderung abhebenden Begriffs der Gehörlosengemeinschaft sollten wir in Zukunft besser von der *Gebärdensprachgemeinschaft* reden, zu der alle Gebärdenden gehören.
3. Mit Gebärdensprache und Gebärdensprachgemeinschaft ist zugleich das Recht der gebärdenden Hörgeschädigten definiert, als *sprachliche Minderheitengruppe* anerkannt zu werden.
4. Aus dem Status einer sprachlichen Minderheit ergeben sich *einklagbare Rechte* auf Ausübung der eigenen Sprache, eine Erziehung in ihr, auf Dolmetscher und eine eigene Sprachkultur.
5. Die *lautsprachbegleitende Gebärde* ist in diesem Zusammenhang als eine spezielle Form des Gebärdengebrauchs voll mit einzubeziehen. Damit können sich auch gebärdende Späterertaubte und Schwerhörige der Gebärden(sprach)gemeinschaft zurechnen und daraus abzuleitende Rechte in Anspruch nehmen.
6. Spätertaubte und Schwerhörige sollten eine *vorurteilslose Aufklärung* über die Gebärdenkommunikation bekommen und diese als eine positive Möglichkeit für eine sichere und entspannte Kommunikation begrüßen.
7. *Gebärden(sprach)dolmetscher* sollten von allen Hörgeschädigten in den unterschiedlichsten Situationen genutzt werden können (Behörden, Arzt, Politik, Kultur, Ausbildung, Studium, Weiterbildung, öffentliche Veranstaltungen usw.).
8. Um diese Ziele zu erreichen, stehen folgende Aufgaben für die nächste Zukunft an:

a. *Erforschung* der Deutschen Gebärdensprache
b. Entwicklung von effektiven *Gebärdenkursen* in DGS (Deutsche Gebärdensprache) und LBG (lautbegleitende Gebärden)
c. Schaffung einer berufsqualifizierenden Ausbildung für *Gebärdensprachdolmetscher* in der BRD
d. Entwicklung von Ausbildungs- und *Studienschwerpunkten für Hörgeschädigte* mit Gebärden- bzw. Dolmetschereinsatz
e. Intensive Informations- und Aufklärungsarbeit in allen Bereichen, um bestehende Vorurteile abzubauen und eine *positive Grundeinstellung* den Gebärden und der Gebärdensprachgemeinschaft gegenüber auch bei Schwerhörigen und Hörenden zu bewirken.

Einen wesentlichen Teil dieser Aufgaben und Ziele wird von der neu gegründeten *Gesellschaft für Gebärdensprache und Kommunikation Gehörloser e.V.* zusammen mit dem überregionalen Zentrum für Deutsche Gebärdensprache... an der Universität Hamburg (Rothenbaumchaussee 45) verfolgt. Wir hoffen daß unsere Arbeiten *allen* Hörgeschädigten zu Gute kommen werden.

* *Aus: Das Zeichen, Nr. 2, 1987, S. 47.*

Siegfried Lenz
Sprach-Verlust

Den Notizblock, Nora, den Kugelschreiber, bring sie schon, du mußt doch die Zeichen verstehen, Notsprache, warum haben wir uns nicht beizeiten auf eine Reservesprache geeinigt, morsen möchte ich auf dein Handgelenk, morsen, ja, mach es, leit alles für uns ein, für uns at ap ich sehe das Haus und den Weg, der hinaufführt, ah, welch ein Durcheinander, Nora, da ist die Freude, die Freude auf das Ziel, mir ist ganz schwindlig, das ist zu anstrengend, stütz mich, komm und stütz mich, ich kann das Bild nicht mehr ansehen, es ist einfach wunderbar, der Gedanke, dort zu sein, dort zu bleiben; ich hör dich schon rufen, hör mich schon antworten von weither; ja stell dir vor, ich höre mich schon antworten.

Seinen Eifer konnte sie nicht dämpfen, kaum hatte er das Schreibzeug in den Händen, begann er auch schon, eckige, verwinkelte Zeichen aufs Papier zu ziehen, großzügig, mit bitterer Entschlossenheit. Wo immer er auch ansetzte, es waren keine wahllosen Bemühungen, keine unorganisierten Striche, vielmehr bewiesen sie bei den auseinandergezogenen Worten, an denen er sich ständig versuchte, daß er etwas Bestimmtes im Sinn hatte. Nora sah es, als sie sich zu ihm setzte und sich leicht an seine Schulter lehnte. Unermüdlich probierte er, hechelnd, verbissen, und plötzlich erkannte Nora, worauf er aus war und warum er sich mehr und mehr bemühte, die Schriftzeichen an den unteren Rand eines Blattes zu setzen: vor ihren Augen versuchte er, seine Unterschrift zu leisten; je öfter er die beiden Worte schrieb, desto mehr glichen sie seinem Namenszug, den Nora in Erinnerung hatte – zumindest kam es ihr so vor, als gewänne seine Unterschrift allmählich die gewohnte Kontur.

Und Nora wunderte sich nicht, daß sie einige Laute, die er offenbar als Ausdruck seiner Zufriedenheit ausstieß, plötzlich zu verstehen glaubte; sie war sicher, das Wort Vollmacht gehört zu haben und das Wort Ermächtigung.

(...)

Nora spürte, daß sie sich gegen aufkommende Furcht wehren mußte; sie nahm den Notizblock auf, trug ihn zum Tisch und blickte auf die gelungene Unterschrift und bemerkte sofort, daß Uli noch etwas dazugeschrieben hatte, zwei Worte, die sie ohne Mühe entziffern konnte: Kein Mitleid.

(aus: Siegfried Lenz: Der Verlust. Hoffmann und Campe: Hamburg 1981, S. 220f., 222)

Susanne Lembrecht Madsen
Ich sah den Dieb

Eine Geschichte mit BLISS

Die Pause

Sven konnte etwas Zeichensprache verstehen, aber er konnte sie nicht selbst anwenden, weil er seine Arme und Hände nicht steuern konnte.
Sebastian erzählte schnell und eifrig. Er fuchtelte mit den Armen und machte Grimassen. Zwischendurch sagte er laut: *»Peng, Au, Hilfe!«*

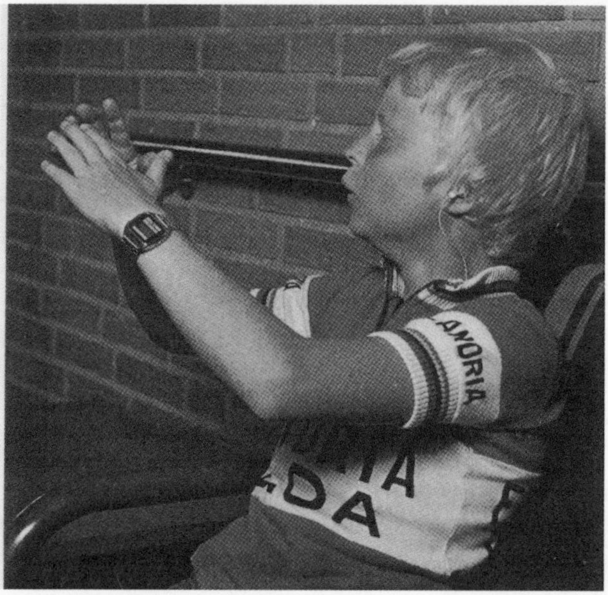

Sven verstand, daß er von dem Film erzählte, der gestern im Fernsehen zu sehen war. Er selbst hatte ihn auch gesehen. Und nun lachte er mit den anderen.
»Darf ich dich hinüber in die Klasse fahren?«
Die Glocke hatte geläutet, und das Mädchen von vorhin war wieder da. Aber Sven sah auf Sebastian. *»Soll ich?«* fragte Sebastian.
Sven nickte, und Sebastian ergriff den Rollstuhl.
»Kommst du nach der Deutschstunde zu mir?« Sven sah hoch. Susanne lächelte ihn an. Sie war die Lehrerin, die mit ihm turnte.

»Ich habe eine Überraschung für dich, wenn du kommst«, sagte Susanne und zwinkerte, als sie ging.
Die Tür zur Klasse stand offen, aber der Lehrer war immer noch nicht gekommen. Die Kinder waren alleine. Sebastian ließ sich viel Zeit. Es war viel in der Klasse zu sehen. Auf dem Fußboden standen Gehapparate und merkwürdige Maschinen.
Peter saß auf seinem Platz und guckte. Seine Stöcke standen nebeneinander. Sein Unterkörper war gelähmt. Aber Peter konnte gut gehen, wenn er sich auf etwas stützte. *»Wo bist du gewesen, Sven?«* fragte Peter.
Er hatte immer Angst, etwas zu versäumen. Sven lächelte und sah Sebastian an. *»Nun möchte ich ihm helfen.«*
Das war Lisa, die sich einmischte. Sie nahm Sebastian den Rollstuhl aus der Hand und schob Sven zu seinem Platz. Sven gab es auf zu protestieren.
»Hier sind deine Sachen. Ich mach jetzt deine Maschine an.« Sie setzte Sven vor die Lichttafel und legte seine Füße auf die Fußplatte. Sven saß steif. Sie hatte nicht zu bestimmen, wann er etwas sagen sollte.
»Was ist das? Hast du ein neues Zeichen gelernt?«
Sebastian war noch nicht gegangen. Er zeigte auf ein Viereck auf der Lichttafel. Es stellte ein Haus, einen Bogen mit einem Pfeil und ein Viereck dar, das einer Scheibe Weißbrot glich.

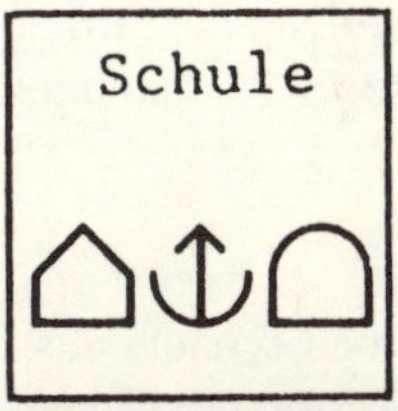

Über dem Zeichen stand ein Wort.
Sebastian buchstabierte:
»S-c-h-u-l-e, bedeutet das Schule?«
Sven nickte.
»Warum machst du das?«

Sebastian fand manchmal, daß es schwer war, Svens Zeichen zu verstehen.

Es machte Spaß, die Bilder anzusehen. Einige waren leicht. Sie glichen richtigen Zeichnungen von Häusern, Bäumen und Autos. Doch andere waren schwer. Dann las er obendrüber, was sie bedeuteten.
Bevor Sven diese Zeichen gelernt hatte – Bliss-Symbole heißen sie – mußten sie raten, was er wollte. Jetzt konnte er selbst eine Menge erzählen. Wenn er mit dem Fuß auf einen Kontakt drückte, dann bewegte sich das Licht. Das Licht stoppte bei dem Symbol, das er brauchte.
Lisa unterbrach Sebastians Gedanken.

»Nun werde ich's erklären. Schau her: Das Haus ist leicht, weil es einem Haus gleicht. Die zwei hinteren Zeichen bedeuten ***lernen****, und ein Haus, wo man etwas lernt, ist eine* ***Schule.*** *Das kannst du sicher verstehen?«*
Sie schaute Sebastian an.
Der nickte, hatte aber nicht verstanden, was sie sagte.
Ihm war auch eingefallen, daß die Glocke gewiß schon geläutet hatte. Obwohl er die Glocke nicht hören konnte, wurde sein Lehrer sauer, wenn er zu spät kam.
In der Tür stieß er mit dem Klassenlehrer, Herrn Müller, zusammen.
»Hallo, du bist hier? Es hat geläutet.«
Herr Müller zog die Stirn kraus und sah Sebastian an.
Dann flitzte Sebastian hinüber in seine Klasse.

Der Diebstahl

»Aber Sven, du kriegst ja nichts getan!«
Sven saß und schaute aus dem Fenster. Er dachte an das Polizeiauto, das morgens verlorengegangen war. Das wollte er Herrn Müller erzählen. Der schaute auf Svens Lichttafel.
Über den Zeichen stand, was sie bedeuteten. Sven konnte noch nicht lesen, aber trotzdem kannte er die meisten Symbole. Es waren aber nicht für alle Dinge Symbole da.
Er wollte versuchen, vom Auto zu erzählen.
Er drückte mit dem Fuß auf den Kontakt
und der Lichtknopf bewegte sich.

»Das Auto zu Hause,« las Herr Müller. *»Ist euer Auto zu Hause? Ist es kaputt, so daß deine Mutter nicht fahren kann?«*
Sven schüttelte den Kopf.
»Bekommt ihr ein neues Auto?«
Sven schüttelte wieder den Kopf. Er drückte auf den Fußkontakt.

Herr Müller sah Sven fragend an.
»Willst du das Auto mit aufs Zimmer haben? Oder meinst du, daß das Zimmer des Autos eine Garage ist?«
Sven versuchte es noch einmal. Er drückte auf
und sah Herrn Müller an.

»Auto, Zimmer und Bett,« wiederholte Herr Müller, *»was soll das bedeuten?*

Ist das etwas mit einem Campingwagen?«
Sven gab auf und schaute aus dem Fenster. Herr Müller ging zu einem anderen Schüler.
Einen Augenblick später kam Herr Müller wieder zu Sven und sagte: *»Komm Sven, ich muß ein Buch aus dem Lehrerzimmer holen, willst du mit?«*
Sven nickte und sie gingen zusammen hinaus. Vor dem Lehrerzimmer war eine Garderobe. Hier hingen die Mäntel der Lehrer.
»Kannst du hier warten? Es dauert nur einen Augenblick,« sagte Herr Müller.
Sven schaute geradeaus in die Luft. Er lehnte den Kopf gegen die Nackenstützen. Er war müde. Da plötzlich passierte etwas. Die Jacken und Mäntel fingen an sich zu bewegen. Er sah ein paar lange Beine unter einem Mantel hervorgucken. Dann erschien ein Kopf.
Der Junge sah Sven an und kam dann raus auf den Flur. Er legte die Finger an die Lippen und sagte: *»Schhhhhhhh.«* Sven starrte den Jungen an. Er hatte etwas in der Hand, das er schnell in die Tasche steckte.
Sven hatte ihn vorher schon gesehen. Er ging nicht ins Sonderschulzentrum, kam aber oft während der Pausen von der großen Nachbarschule herüber. Er ärgerte die anderen Kinder, und Sven konnte ihn nicht leiden.
Der Junge lächelte Sven merkwürdig an. Dann war er weg.
»Hier bin ich wieder!« Das war Herr Müller. *»Es hat etwas länger gedauert, weil ich mein Buch zuerst nicht finden konnte.«*
Als sie zurück zur Klasse kamen, war Lisa nicht da.
»Wo ist Lisa?« fragte Herr Müller.
Die anderen wußten es nicht. Sie waren so mit ihren eigenen Dingen beschäftigt, daß sie nicht entdeckt hatten, daß sie gegangen war. Etwas später kam Lisa rein.
»Wo bist du gewesen?«
Lisa wurde rot im Gesicht.
»Auf der Toilette,« sagte sie.
»Hättest du nicht bis zur Pause warten können? Es klingelt ja gleich.«
Lisa nickte und packte ihre Sachen zusammen.

Verdächtigt

Das Gerücht kam in der Pause auf: *»Einem Lehrer wurde Geld gestohlen.«* *»Es war ein Dieb im Lehrerzimmer.«*
Der Diebstahl wurde entdeckt, als die Musiklehrerin Karin in der Garderobe ihre Geldbörse aus der Manteltasche holen wollte. Sie wollte Herrn Müller die 20 DM zurückgeben, die sie sich gestern von ihm geliehen hatte. Aber die Geldbörse war nicht da. Sie fragte die anderen Lehrer, ob sie jemanden an der Garderobe gesehen hatten. Herr Müller erzählte, daß er mit Sven dort gewesen war. Aber sie hatten nichts gesehen. Plötzlich dachte Herr Müller an Lisa. Sie hatte in der Stunde die Klasse verlassen. Sie hatte einen roten Kopf, als sie zurückkam. Er mußte die Sache untersuchen.

»Mir fällt da etwas ein,« sagte er zu Karin. *»Ich komme gleich.«*
Er ging hinaus auf den Gang.
»Habt ihr Lisa gesehen?« fragte er einige Kinder, die vorbeikamen.
»Sie war eben in der Kantine« antwortete eines von ihnen.
Herr Müller ging hinunter in die Kantine. Aber Lisa war nicht da.
»Was hat Lisa gekauft?« fragte Herr Müller die Kantinenfrau. *»Ach, laß mich überlegen. Ich glaube, sie kaufte etwas Obst,«* sagte sie. *»Kannst du dich erinnern, mit wieviel Geld sie bezahlt hat?« »Ja, es war ein Schein. Ich kann mich erinnern, daß es schwer war, auf den Schein herauszugeben.«*
Die Kantinenfrau zog die Schublade mit dem Geld heraus. Da lagen ein paar Zehnmarkscheine und ein Zwanziger.
»Tja, es kann gut dieser gewesen sein,« sagte sie und zeigte auf die 20 DM, *»aber ich bin nicht sicher.«*
Herr Müller befürchtete, daß es Lisa gewesen sein könnte, die das Geld gestohlen hatte. Es sah ihr eigentlich nicht ähnlich. Sie nahm normalerweise nie die Sachen anderer Leute. Aber sie nahm sonst eigentlich auch nicht soviel Geld mit in die Schule. Er verdächtigte nicht gerne jemanden.
Lisa stand oben auf dem Gang mit einigen anderen Kindern.
Sie hatten alle einen Apfel in der Hand.
»Ich habe die Äpfel spendiert,« sagte Lisa stolz.
»Ich muß eben mit dir reden,« sagte Herr Müller.
Drinnen in der Klasse fragte Herr Müller: *»Wieviel Geld hast du heute mit zur Schule gehabt?«*
»Ich hatte einen Schein – einen Zwanzigmarkschein.«
»Von wem hast du den bekommen?«
»Ich habe ihn von meiner Mutter – nein, von Vater,« antwortete Lisa etwas verwirrt.
»Eigentlich zuviel Geld, um es mit in die Kantine zu nehmen.«
»Er hatte es nicht kleiner. Ich soll den Rest zurückgeben, wenn ich nach Hause komme.«
»Als du in der Stunde auf der Toilette warst, hast du da jemanden auf dem Gang gesehen?«
Lisa bekam einen roten Kopf. *»Nee«,* murmelte sie.
»Während der Stunde ist nämlich Geld von einem Lehrer verschwunden und nun versuchen wir herauszufinden, wer auf dem Gang gewesen ist.«
Lisas Kopf wurde noch röter. Ob Herr Müller glaubte, daß sie es war?
»Aber du hast niemanden gesehen?« fuhr Herr Müller fort.
Lisa schüttelte den Kopf.
»Und du hast es auch nicht genommen?«
Lisa fing an zu weinen.
»Nein,« schniefte sie.
»Das ist gut. Jetzt hör auf zu weinen. Ich glaube auch nicht, daß du es warst. Aber du bist ja in der Nähe gewesen, deshalb mußte ich dich fragen. Nun lauf hinaus und spiel wieder.«

Von alledem wußte Sven nichts. Er und Sebastian waren in die große Schule rübergegangen. Sebastian kannte einige Kinder dort drüben, und ab und zu spielten sie in der Pause zusammen. Sven machte es Spaß, mitzukommen. Er konnte die Kameraden von Sebastian gut leiden.
Plötzlich war da einer, den sie nicht kannten.
»Tag, darf ich mir deinen Rennwagen leihen?« fragte er und schubste Svens Rollstuhl. Sven erschrak. Was meinte er?
»Hau ab und hör auf, ihn zu ärgern,« sagten die anderen Kinder. Der Junge verschwand grinsend.
In der Klasse war es sehr still. Die anderen saßen alle auf ihren Plätzen. Sven sah sich um. Keiner sagte etwas. Sven sah Lisa an. Sonst redete Lisa immer und organisierte alles. Nun saß sie da und schniefte. Was war geschehen? Er mußte fragen, was nicht in Ordnung war.
Er drückte auf den Fußkontakt der Lichttafel.

Das Licht stoppte beim **Fragezeichen.** 
Jetzt wollte er weinen sagen, aber es war kein Zeichen dafür da.
»Wenn man weint, macht man etwas mit den Augen,« dachte Sven.
Er drückte auf **macht etwas** und **Auge**: ∧ ⊙

Zuletzt drückte er auf **Mädchen:** 

Herr Müller las: *»Fragezeichen, etwas tun, Auge, Mädchen.«* Er sah Sven an. Bedeutet das: *»Was sieht das Mädchen?«* Sven schüttelte mit dem Kopf und drückte auf **Wasser:** ~
Dann starrte er Lisa an. Herr Müller folgte seinem Blick.
»Ah, du sagst: Warum weint das Mädchen, also Lisa.«
Sven nickte.
»Ja, das war das, was ich euch erzählen wollte«, sagte Herr Müller. *»In der letzten Stunde wurde Karins Geldbörse gestohlen. Sie war in ihrer Manteltasche, aber als Karin sie holen wollte, war sie weg. Wir haben versucht herauszufinden, wer während der Stunde auf dem Gang war, aber –«*
Sven horchte auf. Dann trampelte er.
»Ja, es ist richtig, Sven. Wir beide waren auf dem Gang, aber wir haben ja niemanden gesehen, und wir waren es auch nicht.«
Nun weinte Lisa laut.
»Sie sagen, daß ich es war,« schluchzte sie.
»Aber ich war auf der Toilette. Ich habe es nicht getan.«
Da verstand Sven plötzlich, warum die anderen so still gewesen waren. Glaubten sie wirklich, daß Lisa es war? Sie würde doch nie auf den Gedanken kommen, Sachen von anderen zu nehmen.
An der Garderobe waren nur er und der große Junge.
Der große Junge! Er war ja während der Stunde auf dem Gang gewesen. Was machte er an der Garderobe der Lehrer? Warum hatte er sich versteckt?

Hatte er nicht irgendwas in seine Tasche gesteckt, bevor er ging? Sven dachte das Ganze noch einmal durch. Er könnte es gewesen sein. Es war nicht Lisa, das wußte er.

Seine Gedanken wurden von Herrn Müller unterbrochen: *»Sven, sitzt du immer noch hier? Du solltest doch jetzt zur Gymnastik. Ich muß noch jemanden finden, der dich fahren kann.«*

Sven trampelte. Nun war er gerade dabei, den Diebstahl aufzuklären. Er hatte jetzt keine Zeit für Gymnastik. Er wollte nicht los.

»Es nützt nichts, daß du jetzt Ärger machst, deine Beine müssen gestreckt werden, damit du sie besser gebrauchen kannst. Sonst nützt die neue Operation nichts.«

Die Aufklärung

In der letzten Stunde hatte Sven mit einigen anderen Kindern zusammen, die auch Bliss-Symbole gebrauchten, Unterricht bei Anne. Es war für sie alle schwer, das Sprechen zu lernen, weil ihre Sprechmuskulatur schwer zu steuern war.

Anne lehrte sie die Bliss-Symbole. Sie lernten selbstverständlich auch zu lesen und zu buchstabieren, aber sie brauchten viel Zeit, dies zu lernen. Es fällt ihnen leichter, auf ein Symbol zu zeigen, wenn man etwas erzählen will. Sie hatten alle eine Tafel mit Symbolen. Die von Tom konnte zusammengefaltet werden. Dann konnte er sie in seine Tasche tun. Er konnte selbst mit dem Finger zeigen.

Sven und Frederik hatten ihre Symbole auf Lichttafeln. Die Tafeln brauchten Strom, so daß sie sie nicht überall mit hinnehmen konnten. Sie mußten warten, bis sie in der Klasse waren, wenn sie etwas erzählen wollten.

»Wer will heute anfangen?« fragte Anne, als alle auf ihrem Platz waren.

Sven und Frederik trampelten gleichzeitig. Sie waren beide begierig darauf zu erzählen. *»Willst du anfangen, Frederik?«* sagte Anne und drehte seine Lichttafel so, daß die anderen sehen konnten, was er sagte.

Frederik war so eifrig, daß er beinahe seine Arme und Beine nicht steuern konnte. Aber dann entspannte er sich und fing an, auf den Fußkontakt zu drücken. Das Licht bewegte sich schnell die Tafel entlang. Es stoppte auf:

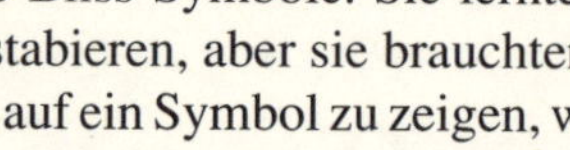

Anne las es, er sagte: ***»ich, tat etwas, Auge.«***

*»Bedeutet das **sehen**?«*

Frederik nickte und Anne las weiter:

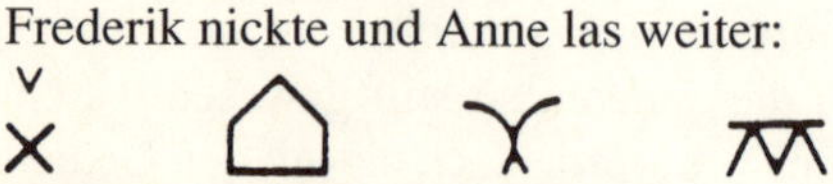

»Viele, Häuser, Vögel, Tiere,

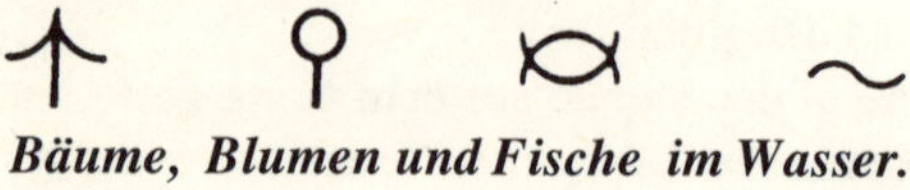

Bäume, Blumen und Fische im Wasser.«

»Ah,« sagte sie. *»Du bist im Zoo gewesen?«*
Frederik nickte und grinste.

Dann sagte er: 

Anne las: ***»wir taten etwas Auto*** *also: wir fuhren im Auto,*

Vater, Mutter, und ich.«

Anne lächelte Frederik an. *»Habt ihr eine schöne Fahrt gehabt? Das hört sich sehr spannend an.« – »Bist du auch schon einmal im Zoologischen Garten gewesen, Sven?«* fragte ihn Anne.
Aber Sven antwortete nicht. Er saß da und dachte an den Diebstahl und an Lisa, die verdächtigt wurde. Wie sollte er bloß erzählen, wer der Dieb war? Er schaute auf seine Tafel. Da war kein Symbol für Geldbörse oder Dieb. Er sah Anne an. Könnte sie doch bloß erraten, woran er dachte. Aber sie redete weiter mit den anderen.
»Kann man einfach in den Zoo gehen, wenn man will?« fragte sie.
Die anderen schüttelten mit dem Kopf.
»Nein, das ist richtig. Er ist nicht immer geöffnet, und man muß auch bezahlen. Ich will euch heute ein neues Symbol zeigen. Es sieht so aus.«
Sie zeichnete zwei Kreise auf die Tafel. Sie ähnelten einer acht. Sie zeichnete einen Strich hindurch.

»Das Symbol bedeutet ***Geld,*** *«* sagte sie.
Die Kinder bekamen das neue Symbol auf ihre Tafel geklebt.
Nun war Sven nicht mehr zu bremsen. Er trat heftig mit dem Bein.
»Nun bist du dran, Sven. Was möchtest du sagen?«
Sven trat auf den Fußkontakt.
»Paß auf, daß er nicht kaputtgeht,« lachte Anne und las

»Lehrer, Geld.«

Sie sah Sven fragend an. *»Was meinst du damit –* ***des Lehrers Geld?«***
Sven drückte weiter und sie las:

»nicht, Mädchen, ich, tat etwas«

»Auge *– also sah,* ***ein großer, Junge, und***

Lehrer, Geld.«

Dann endlich begriff Anne, wovon Sven redete. Sie hatte auch von Karins Geldbörse gehört, die verschwunden war, und von Lisas Verdächtigung.

»Meinst du, daß du etwas über das gestohlene Geld weißt?«

Sven nickte.

»Hast du einen großen Jungen gesehen? Wer war das?«

Sven schüttelte mit dem Kopf und sah auf die Lichttafel. Dann sagte er:

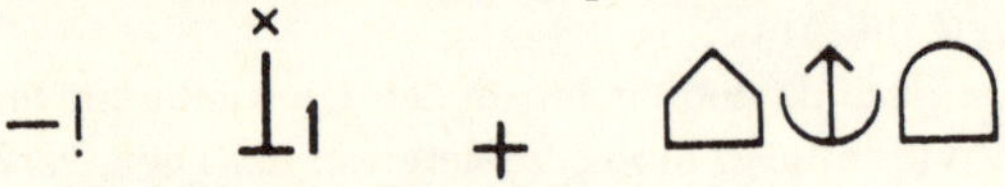

»Nicht, unserer, Schule.«

»Hast du ihn nicht hier auf dieser Schule gesehen?«

Sven nickte, und Anne sah wieder verwirrt aus.

»Warte, ich hole Herrn Müller. Vielleicht kann er uns helfen.«

Anne beeilte sich und kam einen Augenblick später mit Herrn Müller und Lisa zurück.

Herr Müller erzählte, daß er und Sven während der Stunde im Lehrerzimmer gewesen waren.

»Aber ich habe nichts gesehen, du etwa?«

Sven nickte und sagte:

»Ein großer, Junge, Kleidung.«

»War da ein großer Junge an der Garderobe?« fragte Herr Müller, *»kanntest du ihn?«*

Sven nickte und sagte:

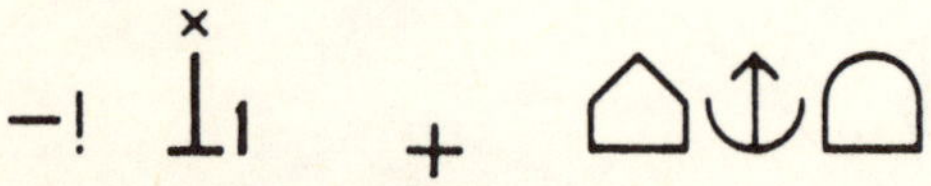

»nicht, unsere, Schule.«

»Und er geht nicht auf unsere Schule?« wiederholte Herr Müller. *»Also geht er drüben auf die große Schule.«*

Sven lächelte. Endlich fingen sie an, ihn zu verstehen.

»Weißt du, wie er heißt?« fragte Anne. Sven schüttelte den Kopf.

»Kannst du beschreiben, wie er aussah?«

Das war schwer. Sven sah auf seine Blisstafel. Da waren nicht viele Symbole, mit denen er beschreiben konnte, was man sah.

Er versuchte, sich alles vorzustellen.

Der große Junge zwischen den Mänteln. Seine Hose war gewiß blau, aber

er war nicht sicher. Viele hatten ja blaue Hosen. War sein Haar dunkel oder hell? Hätte er doch bloß besser hingesehen.
Er hatte ihn auf dem Gang wiedergesehen. Er hatte gestanden und gelächelt.
Seine Zähne!
Es war etwas mit seinen Zähnen. Er hatte eine Klammer auf den Zähnen.
Schnell stoppte Sven den Lichtpunkt auf:

»tut etwas, Zähne.«
Herr Müller und Anne sahen sich an. *»Tut etwas und Zähne, das bedeutet: beißen, kauen.«*
Sven sah wieder auf die Tafel. Es war kein Symbol für Metall oder Zahnspange vorhanden. Vielleicht konnte er **Zähne** und **Arzt** gebrauchen? Aber jetzt vom Zahnarzt zu sprechen, würde sie sicher noch mehr verwirren.
Sven sah Anne bittend an: *»Errate es jetzt!«* dachte er. Dann sah er die Metallkante an seinem Rollstuhl. Sie schimmerte genau so wie die Klammer des Jungen. Er starrte darauf, und Anne folgte seinem Blick.
»Tut etwas mit den Zähnen,« murmelte sie, *»etwas, das man mit den Zähnen tut.«*
Sie sah auf Sven und die Metallkante.
»Hatte er eine Klammer auf den Zähnen?«
Sven lächelte und trampelte nach allen Seiten. Endlich!
Die Lehrer unterhielten sich schnell. Dann ging Herr Müller.
Lisa lief zu Sven. *»Du bist mein bester Freund,«* sagte sie. *»Ich war so traurig, als sie glaubten, daß ich es war.«*

Am Schluß der Stunde kam Herr Müller herein. *»Nun ist das Ganze aufgeklärt. Das haben wir dir zu verdanken, Sven,«* sagte er.
»Ich fand den Jungen drüben in der großen Schule. Er hat es nicht immer leicht. Er wollte gerne vor den anderen in der Klasse angeben. Darum hat er das Geld genommen.«
Herr Müller erzählte weiter: *»Er gab es sofort zu, aber er konnte nicht verstehen, wieso wir wissen konnten, daß er es war. Es war ja keiner da, der ihn gesehen hatte. Als ich sagte, daß du es warst, der es erzählt hatte, war er sehr erstaunt. Du könntest ja nichts sagen. Er wußte nicht, daß du mit Hilfe der Blisstafel erzählen kannst.«*
Herr Müller lächelte und nahm Svens Hand.
»Danke für die Hilfe, Sven,« sagte er.

Auszugsweiser Nachdruck aus: *H. Frey u.a. (1987a)* »Mein Mund ist stumm aber mein Verstand spricht«. Julius Groos Verlag: Heidelberg.
Vgl. zu weiteren Publikationen den Beitrag von *H. Brügelmann / M. Gangkofer* in diesem Band. Spezielle Informationen zum Einsatz von BLISS vermittelt der *Bundesverband für spastisch Gelähmte und Körperbehinderte e. V., Kölner Landstraße 375, 4000 Düsseldorf 13.*

Manfred Gangkofer / Hans Brügelmann
Zeichen – Sprache – Schrift

Je nach Zeichen-Setzung gewinnt der Titel dieses Beitrags (und unseres Projekts) eine andere Bedeutung. Das gilt auch für das Symbolsystem BLISS, das im Mittelpunkt unseres gleichnamigen Vorhabens steht.
In den letzten Jahren hat sich die Arbeit im Projekt »Kinder auf dem Weg zur Schrift« auf Schwierigkeiten beim Schriftspracherwerb konzentriert. Dies gilt in einem doppelten Sinne: (1) Überwindung von Lernschwierigkeiten als Ziel pädagogischer Maßnahmen und (2) Untersuchung von Lernschwierigkeiten als Weg zur Erklärung des Schriftspracherwerbs.
In dieser doppelten Perspektive ist auch unsere neue Untersuchung »Zeichen-Sprache-Schrift« angelegt. Die zunehmende Internationalität des Lebens (»multikulturelle Gesellschaft« durch Einwanderung einerseits, »transnationale Mobilität« des einzelnen durch berufliche und private Reisen andererseits) wirft besondere Probleme auf für die Verständigung über Sprachgrenzen hinweg. Piktogramme auf Flughäfen und Bahnhöfen, aber auch an Maschinen und in Gebrauchsanweisungen signalisieren das wachsende Bedürfnis nach einer Begriffsschrift, die – im Gegensatz etwa zu *Esperanto* – nicht an historisch gewachsenen Lautsprachen anknüpft
Das Zeichensystem BLISS ist in den 40er Jahren von *Charles A. Bliss* mit dem Ziel entworfen worden, ein Symbolsystem zu schaffen, das durch Piktogramme und Ideogramme unabhängig von kulturspezifischen Sprachen verstanden werden kann (ähnlich den arabischen Zahlziffern bzw. den chinesischen Schriftzeichen; vgl. *Bliss 1965a; Hehner 1980a; McDonald 1980a; Benning u.a. 1987a).* In den letzten zwei Jahrzehnten hat dieses System Aufmerksamkeit und erste Verwendung gefunden in der Arbeit mit Behinderten, vor allem spastisch Gelähmten, die unsere Lautsprache nicht artikulieren können (vgl. *Vanderheiden u.a. 1975a; Helfmann 1981a; Frey 1983a; 1987a; o. J.; Pfeifer o. J.).*
Diese Einsatzmöglichkeiten werfen interessante Fragen auf für die psycholinguistische und pädagogisch-psychologische Forschung. Einige sind bereits untersucht worden. Doch ist diese Forschung meist punktuell geblieben. Vor allem fehlt der Bezug zu einer umfassenden Konzeption des Schriftspracherwerbs, wie sie in unserem Projekt für den Anfangsunterricht entwickelt worden ist (Stichworte: Stufenmodelle der Lese- und Schreibentwicklung; Lernfelder der didaktischen Landkarte; vgl. *Brügelmann u.a. 1984a; 1988a).* Vor allem müssen Grundlagenforschung und didaktisch-methodische Anwendung enger aufeinander bezogen werden, wenn (linguistische) Struktur und (persönliche wie auch soziale) Funktion verschiedener Zeichensysteme besser verstanden werden sollen.

Im jetzt geplanten Projekt wollen wir u.a. die Möglichkeiten von BLISS in drei Perspektiven untersuchen (für interessierte LeserInnen mit einigen Hinweisen auf Vorarbeiten zu diesen Fragen):

1. Was sind die charakteristischen Vorzüge und Nachteile eines Zeichensystems, das nicht an die Lautsprache angebunden ist, für die Aneignung des Systems und für die Verwendung im Alltag? (Vgl. dazu *Kolers 1969a; Biederman/ Tsao 1979a; Besner/ Coltheart 1979a; Muter/ Johns 1985a).*
2. Welche Chancen bietet ein solches System als Alternative (a) zur Lautsprache und (b) zum alphabetischen Schriftsystem für Behinderte, die Schwierigkeiten beim Erwerb von Laut- und/ oder Schriftsprache haben? (Vgl. dazu *Schiefelbusch 1980a; 1984a; Vanderheiden/Grilley 1982a; Hurlbut u.a. 1982a).*
3. Eignet sich eine Bilder- oder Ideenschrift generell für die Entwicklung des Symbolverständnisses und insbesondere als Vorläufer für den Erwerb der alphabetischen Schrift, indem sie auf einfache Weise grundlegende Einsichten in die Logik von Zeichen als notwendige Voraussetzung für den Schriftspracherwerb (und für die Begriffsbildung generell) vermittelt, oder stellt sie einen unnötigen, evtl. sogar hinderlichen Umweg dar? (Vgl. dazu *Rozin u.a. 1971a; Clark 1981a; Stevenson u.a. 1982a; Warrick 1982a).*

Ein derart umfassendes Forschungsprogramm kann nicht in einem einzigen Projekt bearbeitet werden. Unsere erste Untersuchung konzentriert sich deshalb auf Fragen, die einen Ausschnitt aus dem zweiten und dritten Bereich bilden. Sie sollen im Rahmen einer Pilotstudie so weit bearbeitet werden, daß eine umfassendere und vor allem längerfristig angelegte Forschung gezielter ansetzen kann: Läßt sich BLISS geistig Behinderten Kindern/ Jugendlichen mit vertretbarem Aufwand und in einem Umfang vermitteln, der (a) ihre Fähigkeit zur Verständigung mit anderen und (b) ihre Denkfähigkeit über die (aufgrund üblicher Förderung) zu erwartende Entwicklung hinaus steigert?

Die Forschung (s. oben) hat vielfältige Belege dafür erbracht, daß BLISS nicht nur spastisch Gelähmten, sondern auch geistig Behinderten vermittelt werden kann. Diese Untersuchungen sind aber weithin an der Oberfläche didaktisch-methodischer Effektivität geblieben. *Warum* sich gerade dieses Zeichensystem als Sprachersatz eignet, *bis zu welchem Grade* nicht nur einzelne Zeichen, sondern die Logik des Systems angeeignet werden, und *wie tief* der Umgang mit diesen Zeichen Begriffsentwicklung und Denkfähigkeit der Kinder verändert, ist bisher nur am Rande untersucht worden. Genau auf diese Fragen wollen wir uns in der geplanten Studie konzentrieren.

Anm.: Ein Plakat mit BLISS-Zeichen und Schriftwörtern, das sich auch für die Vorschule und für den Anfangsunterricht eignet, ist gegen eine Schutzgebühr von 3 DM erhältlich vom Projekt »Kinder auf dem Weg zur Schrift«, FB 12, Universität, 2800 Bremen 330 440.

Jörg Hupfeld
Blindenschrift – eine Sprache zum Fühlen

1. Spracherfahrungen und verbale Fähigkeiten blinder Kinder

Die Erfahrungen blinder Kinder unterscheiden sich deutlich von denen Sehender, und sie scheinen durch das Fehlen des wichtigsten Fernsinnes wesentlicher Möglichkeiten beraubt zu sein, die Welt, die durch die Sprache beschrieben wird, wahrzunehmen. Manche Dinge, die erwähnt werden, sind zu weit weg (Vögel, Rehe etc.), andere sind ausschließlich optisch wahrnehmbar (Farben, Gebirgsumrisse etc.) und somit sind sie oftmals nicht in der Lage nachzuvollziehen, worum genau es bei Gesprächen in ihrer Umgebung geht.

In neueren Untersuchungen zeigt sich jedoch, daß die Sprache blinder Kinder keineswegs – wie von manchen Forschern (z.B. *Bloom 1983a)* angenommen – aufgrund eingeschränkter Erfahrungen mangelhaft oder »gestört« sein muß. »Verbalismus«, d.h. ein nicht sinnentsprechender, klanggeleiteter Begriffsgebrauch, ist keine zwangsläufige Folge der Sehschädigung. Nach möglicherweise anfänglich auftretenden geringfügigen Verzögerungen der Sprachentwicklung sind bei angemessener Förderung bereits mit drei Jahren die Äußerungen sehender und blinder Kinder bezüglich Wortschatz, Syntax und Inhalt nicht mehr unterscheidbar *(Landau/Gleitman 1985a, 49)*. Blinde Kinder sind ebenso wie ihre sehenden Altersgenossen in der Lage, wichtige Kommunikationsaspekte wahrzunehmen und diese auch bei eigenen Äußerungen angemessen zu berücksichtigen *(Matsuda 1984a)*.

2. Vorschulerfahrungen mit Schrift

Im Gegensatz zu sehenden Kindern beginnen blinde Schulanfänger ihre Schullaufbahn zumeist gänzlich ohne Schrifterfahrungen. Oft fehlen auch die zum erfolgreichen Erlernen der Brailleschrift notwendige feinmotorische Geschicklichkeit, die Ausdauer sowie die kleinräumige taktile Differenzierungsfähigkeit, die dann in der Schule häufig noch vor dem eigentlichen Lesenlernen durch spezielle Spiele und Aufgaben eingeübt werden müssen (vgl. *Olson 1981a)*.

Daß dies keineswegs so sein muß, schildert sehr anschaulich ein Erfahrungsbericht von *Diane Miller (1985a)*. Mit Phantasie und viel Initiative werden zur Freude ihrer geburtsblinden Tochter Jamaica Fühlbücher entworfen, der

Buchmarkt nach geeigneten Vorschulbüchern durchsucht, Bilderbücher für sehende Kinder in mühevoller Eigenarbeit mit Brailleschrift ergänzt und interessante Gegenstände hineingeklebt, sowie eigene Bücher für und über Jamaica und ihre Freunde geschrieben. Die dreijährige Tochter besteht – obwohl sie noch nicht lesen kann – auf Braillebeschriftung aller ihr wichtigen Gegenstände, diktiert der Mutter Briefe und Geschichten, erkennt erste Buchstaben und verfolgt tastend die Brailleschrift, während die Mutter synchron den darüber gedruckten Schwarzschrifttext vorliest.
Auf diesem (für die Eltern recht mühsamen) Weg erlernt das blinde Kind spielerisch und über einen langen Zeitraum hinweg mechanische Fähigkeiten, erwirbt einen selbstverständlichen Umgang mit Schrift und den Wunsch, Lesen und Schreiben zu lernen.

3. Lesen der Braille-Vollschrift

Die Brailleschrift

Im Jahre 1825 stellte der aufgrund eines Unfalles im Alter von drei Jahren erblindete *Louis Braille* (1809-1852) ein von ihm entwickeltes Blindenschriftsystem vor. Das Grundzeichen dieser heute international gebräuchlichen Schrift, die Braille-Zelle, besteht aus sechs erhabenen Tastpunkten, von denen jeweils zwei in drei untereinander liegenden Reihen angeordnet sind. Die Braille-Zeichen (incl. Leerzeichen) ergeben sich aus den (2^6 =) 64 möglichen Punktekombinationen innerhalb einer Braille-Zelle. Den einzelnen Zeichen sind in der Braille-Vollschrift, mit der Leseanfänger im Deutschen beginnen, jeweils Schwarzschriftbuchstaben zugeordnet, in einigen Fällen jedoch auch einfache Buchstabenkombinationen.

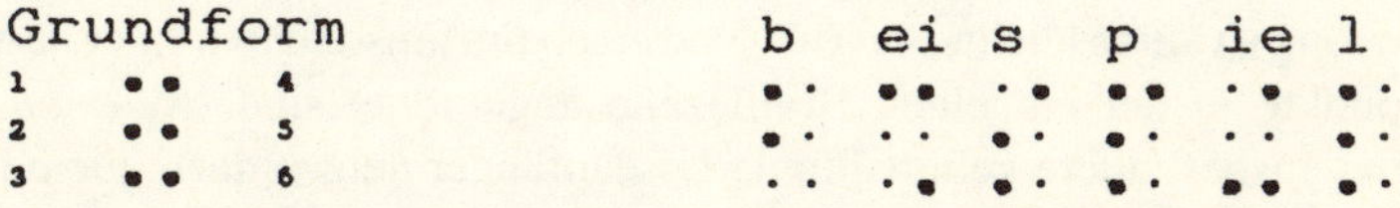

Aufgrund der Größe der Tastzeichen und des notwendigerweise erheblich stärkeren Papiermaterials steigt der Raumbedarf für Brailletexte gegenüber Schwarzschrifttexten so stark an, daß selbst einfache Nachschlagewerke leicht mehr als 20 Aktenordner umfassen. Neben der Frage der prinzipiellen Verfügbarkeit von Brailleliteratur kann dieser Umstand leicht zum Hemmnis bei eigenständigen Versuchen des Kindes werden, die Schriftwelt zu erobern. Hinzu kommt, daß optische Gestaltungsmöglichkeiten, sofern sie überhaupt existieren, bei Brailleschrift zumeist eher der Verwirrung als der Übersicht dienen. Z.B. sind **Fettdruck**, Unterstreichungen, *verschiedene Schreibarten* und GROSS-SCHREIBUNG (auf letztere wird im übrigen in der Regel verzichtet) nur mittels vorangestellter Braillesonderzeichen darstellbar. Während bei sehenden Leseanfängern die Motivation durch ansprechende optische Textgestaltung und interessantes Bildmaterial aufrecht erhalten wird, kann nicht erwartet werden, daß *»Brailleleser von identischen rechtwinkligen Blättern Braillepapier begeistert sind« (Olson 1981a, 49).*

Wie wird gelesen?

Prinzipiell kann Brailleschrift mit jedem Finger gelesen werden, die Zeigefinger erbringen allerdings erhebliche Geschwindigkeitsvorteile. Es können die unterschiedlichsten Handbewegungsmuster beobachtet werden. Sie reichen vom unsicheren einhändigen Ertasten bis zum gleichmäßigen beidhändigen Lesen vieler Lesekönner. Diese erlesen ungefähr die erste Hälfte der Braillezeile durch eine gleichmäßige Bewegung mit sanftem (!) Druck parallel mit beiden Zeigefingern. Der rechte Zeigefinger liest die Zeile dann allein bis zum Ende weiter, während die linke Hand den Anfang der nächsten Zeile aufsucht. Bei einigen geübten Lesern erreicht die Dissoziierung der Handbewegungen ein recht hohes Ausmaß. In der Zeit, in der die rechte Hand noch das alte Zeilenende ertastet, beginnt die linke bereits mit dem Lesen der Folgezeile *(Bertelson u.a. 1985a).* Bei neuesten Videoanalysen zeigte sich allerdings, daß generell beim beidhändigen Lesen keine simultane, sondern eine rasch wechselnde Informationsverarbeitung stattzufinden scheint. Während der eine Finger ein Zeichen ertastet, berührt der andere zumeist gerade Zeichen- oder Wortzwischenräume *(Millar 1987a).*

Die Zeichenerkennung

Reicht bei Schwarzschrift aufgrund der großen Redundanz bereits die Identifikation einiger relevanter Merkmale (Geraden, Bögen, Winkel, Punkte etc.) zur Buchstabenerkennung aus, so muß bei Blindenschrift *jeder* Teil der absolut redundanzlosen 2x3-Punktematrix analysiert werden. Die Zeichenerkennung ist keine leichte Aufgabe und erscheint umso schwieriger, je mehr Tastpunkte in der einzelnen Braillezelle angeordnet sind *(Newman u.a. 1987a).* Insbesondere geburtsblinde Leseanfänger neigen dazu, die einzelnen Zeichen (noch) nicht als räumliche Punktmuster (Gestalten) zu kodieren, sondern als texturale Muster anhand von Ähnlichkeiten in der Punktdichte *(Millar 1978a).* So zeigen denn auch Verlesungsanalysen, daß neben dem irrtümlichen Überlesen oder Hinzufügen einzelner Tastpunkte vertikale und/oder horizontale Vertauschungen innerhalb der Braillezellen die häufigsten Fehler darstellen (z.B. *Nolan/Kederis 1969a, 57 ff.).* Nicht zuletzt aus diesem Grunde hat sich eine absolut getrennte Einführung spiegelbildlicher Zeichen

z.B. d= ⠙ und f= ⠋

bewährt (vgl. *Olson 1981a, 43).* Zusätzlich kann der Erstleseunterricht durch vergrößerte Braillezellen *(Newman u.a. 1985a)* und Vergrößerung der Abstände zwischen den Braillezeichen erleichtert werden.

Das Lesen von Wörtern

Sowohl Schwarzschrift- als auch Braillelesen sind sukzessiv ablaufende Prozesse, der eine eher sprunghaft (Saccaden und Fixationspausen) der andere eher gleichförmig. Beim visuellen Lesen werden jedoch während jeder Fixation mehrere Buchstaben gleichzeitig erfaßt. Selbst Anfänger, die nach einer möglichen ersten logographemischen Phase viele Worte oftmals noch buchstabenweise erlesen, erhalten so Informationen über die Wortgestalt und Wortlänge und können mit wachsender Erfahrung in immer größerem Umfang Silben, Buchstabengruppen oder Ganzwörter als Verarbeitungseinheiten nutzen (vgl. z.B. das Modell von *Günther 1986b).* Hingegen nimmt die tastende Fingerspitze nicht mehr als ein einzelnes Braillezeichen wahr. Selbst bei geläufigen Wörtern bleibt bei den meisten Lesern die Erkennenszeit eine lineare Funktion der Wortlänge *(Nolan/Kederis 1969a, 39).* Und so scheinen denn auch bei jungen Braillelesern (im Alter von 6; 10 bis 11; 10) verschiedene Leseniveaus nicht mit einem Wechsel der Kodierungsstrategien verbunden zu sein *(Millar 1984a).* Sollen sie beim stillen Lesen einer Wortliste jeweils eines von drei Wörtern als »nicht passend« erkennen, so sind ihre Entscheidungen durch Strategien vermittelt, die sowohl auf der Wortgestalt, der Tastpunktezahl, dem Klang als auch der Wortbedeutung basieren können. Die Wortgestalt ist allerdings bei allen Lesern die am seltensten gewählte Kodierungsbasis.

Unterschiede in der Wahl der Strategien zeigen sich jedoch zwischen »normalen« Braille-Lesern und solchen, die einen deutlichen Leseentwicklungsrückstand im Verhältnis zu ihrem Intelligenzalter aufweisen. Letztere neigen dazu, eine Kodierung auf der Basis der Wortgestalten stark zu vernachlässigen, obwohl prinzipiell im Vergleich zu »normalen« Lesern keine Fähigkeitsunterschiede vorliegen. Sie bevorzugen stattdessen eine phonologische Kodierung, und *Millar (1984a, 577 f.)* weist in diesem Zusammenhang auf eventuell bestehende Verbindungen zum »Verbalismus« blinder Kinder hin (vgl. Abschnitt 1).

Auch für geübte Leser (mehrjährige Leseerfahrung, Alter ca. 11 bis 13 Jahre) liegen erste Studien zum Wortlesen vor, hier jedoch mit dem Forschungsschwerpunkt direkter und indirekter Zugänge zur Wortbedeutung. Dem »Zwei-Wege-Modell« von *Coltheart (1985a)* folgend, kann ein Wort über verschiedene Zugänge erlesen werden (vgl. hierzu *Scheerer-Neumann 1987a):*

- auf *direktem* Wege aufgrund des Vergleiches seiner graphischen Merkmale mit den Eintragungen in einem »inneren Lexikon«

- und auf *indirektem* Wege (ohne Rückgriff auf das innere Lexikon) durch Kombination von einzelnen, den Buchstaben oder Buchstabengruppen entsprechenden Lauteinheiten zu einer phonologischen Repräsentation des Ganzwortes.

Beim lauten Lesen zeigen sich keine Unterschiede zwischen Braille- und Schwarzschriftlesern. Beide Wege des Wortlesens können gleichzeitig erfolgreich genutzt werden *(Pring 1982a)*. Beim stillen Lesen erkennen blinde Leser in der Regel (vgl. *Pring 1984a)* Wörter jedoch anscheinend ausschließlich über den Zugriff auf das innere Lexikon (direkter Weg), während Schwarzschriftleser wiederum beide Möglichkeiten zur Worterkennung nutzen.
Diese Unterschiede beim Wortlesen sind möglicherweise eine Folge der generell schwierigeren Braillezeichenerkennung, so daß blinde Leser für eine weitergehende parallel ablaufende klangliche Analyse nicht mehr genügend freie Verarbeitungskapazitäten aufweisen, sofern sie nicht durch die Leseaufgabe (z.B. lautes Lesen) dazu gezwungen sind *(Pring 1985a)*. Unklar ist noch, ob blinde Leser als Grundlage des Vergleiches mit dem inneren Lexikon hauptsächlich charakteristische Einzelzeichen oder auch größere Wortteile bis hin zur Ganzwortgestalt nutzen können (vgl. *Foulke 1982a, 198 f.)*. Insgesamt ist das Lesen von Brailleschrift allerdings auch bei geübten Lesern noch um das Zwei- bis Dreifache langsamer als das Lesen von Schwarzschrift. Das Leseverständnis ist hingegen nicht eingeschränkt.

4. Das Schreiben

Der Braille-Schreibunterricht, der entweder ungefähr zur selben Zeit wie der Leseunterricht *(Heinze 1986a, 310)* oder erst nach einer ausschließlichen Lesephase einsetzt *(Hudelmayer 1985a, 137)*, beginnt mit Buchstabentäfelchen, Setzkästen oder häufig sofort mit dem Einsatz der Punktschriftbogenmaschine. Bei dieser entstehen die einzelnen Braillezeichen durch simultanes Betätigen der den sechs Punkten der Braillezelle zugeordneten Tasten. Tastenanordnung und Punkteanordnung sind aus ergonomischen Gründen jedoch nicht raumanalog. Eine siebte Taste dient als Leerzeichen.

Schreibtafel und Griffel

Blindenschrift-Bogenmaschine

Wie alle Kinder schreiben und lesen die jungen Braillelerner gerne ihre eigenen Geschichten und genießen hierbei die ihre Schreibversuche begleitende Geräuschkulisse *(Birns 1976a, 393 f.)*. Wird die Brailleschrift schließlich beherrscht, kann die Übung mit handlicheren (und leiseren) Schreibhilfen beginnen: Schreibtafel und Punktschriftgriffel. Die Schreibtafel ist ein Kunststoff- oder Metallrahmen mit Aussparungen, durch die mit Hilfe des Griffels die Brailletastpunkte in Papier gepunzt werden. Da das Papier zum Lesen gewendet wird, muß der Schüler von rechts nach links (!) schreiben, was große Sicherheit bezüglich der einzelnen Braillezeichen voraussetzt.

5. Kurzschrift und andere Schriften

Nachdem die Schüler neben der normalen Blinden-Vollschrift auch eine spezielle Mathematik- und eine Notenschrift erlernt haben, kommen später noch Schriftsysteme für die Naturwissenschaften und die deutsche Blindenkurzschrift hinzu. Zur Entwicklung der Kurzschrift, in der (wenn überhaupt) die meisten Bücher und Zeitschriften erscheinen, führte der enorme Platzbedarf der Vollschrift. Die Unterrichtung beginnt meist im 5. Schuljahr und bis zur sicheren Beherrschung sind mindestens zwei Jahre stetiger Übung notwendig.

Vergleiche von im Textzusammenhang analysierten Verlesungen zeigen, daß spezifische Schwierigkeitsunterschiede, wie sie noch beim Lesen einzelner Schwarzschrift- und Braille-Buchstaben und -Wörter deutlich werden (vgl. oben: »*Die Zeichenerkennung*«), keineswegs zu typischen Punktschriftverlesungen führen. Beim Vorlesen amerikanischer Kurzschrifttexte auftretende Verlesungen ähneln sehr stark denen von Schwarzschriftlesern *(Sowell/Sledge 1986a)*. Selbst bei der komplizierten deutschen Kurzschrift finden sich bei sprachlich eher überdurchschnittlich begabten jugendlichen Braillelesern keinerlei bedeutsame Unterschiede zu Art und Umfang von Verlesungen, wie sie bei verschiedenen Gruppen von unterschiedlich stark sehbehinderten Schwarzschriftlesern beobachtet werden können *(Hupfeld 1987a, 188 ff.)*.

Zeigt sich bereits bei Vollschrift, daß der Zusammenhang zwischen Leseleistung und Verbal-IQ stärker ist als die ebenfalls signifikante Beziehung zur haptischen Wahrnehmungsfähigkeit (bedeutsam sind hier vor allem Formunterscheidung und Formorientierung, weniger hingegen die Rauhigkeitsunterscheidung, *Mommers 1976a)*, so muß leider festgestellt werden, daß die deutsche Blindenkurzschrift für Lerner mit geringer sprachlicher Kompetenz kaum geeignet ist, denn eine ihrer bemerkenswertesten Eigenschaften besteht in der Komplexität des Regelwerkes, daß aus fast 300 (!) Kürzungen und vielfältigen Ausnahmeregeln besteht *(Ernst 1982a)*.

```
Beispiel:                  Das Wort Verbraucher
                in Vollschrift:                    und in Kurzschrift:
v  e  r  b  r  au ch e  r                           ver brauch er
●· ●· ●· ●· ●· ●· ●● ●· ●·                           ·· ·· ·● ●●
●· ·● ●● ●· ●● ·· ·● ·● ●●                           ·· ●· ·· ●●
●● ·· ●· ·· ●· ·● ·● ·· ●·                           ●● ·· ●· ·●
```

Das erste Kurzschriftzeichen ist das Zeichen für die Vorsilbe »ver«, das zweite Zeichen ist der Ankündigungspunkt für Wortstammkürzungen (auch als Komma genutzt) und bildet mit dem dritten Kurzschriftzeichen (welches auch die Bedeutung »äu« besitzt und als Vorsilbe »aus« heißt) die gültige Kürzung für »brauch«. Das letzte Braillezeichen ist die Abkürzung für »er«.

Bei allen Aussagen über Brailleschrift muß jedoch ihre selbst unter Blinden recht geringe Verbreitung berücksichtigt werden. Von allen Blinden und wesentlich Sehbehinderten in der Bundesrepublik Deutschland und in West-Berlin (ca. 74.000) geben ungefähr 27% an, Punktschrift lesen oder schreiben zu können. Nur ca. 17% beherrschen die 1971 reformierte Kurzschrift. Innerhalb der Gruppe Sehgeschädigter, die eine ihre Behinderung berücksichtigende Schulbildung aufweist (Geburts-, Früh- und Jugendblinde), steigt der Anteil der Lesekundigen jedoch deutlich an: 67% sind in der Lage, Punktschrift zu lesen, und 46% haben die Kurzschrift erlernt. Allerdings wendet von allen Sehgeschädigten, die irgendeine Form der Punktschrift beherrschen, ca. ein Drittel diese nur selten oder überhaupt nicht an. Insgesamt wird das Hören gegenüber dem Tastlesen deutlich bevorzugt *(Herzog/Kügle 1982a, 131 ff.)*.

Neues internationales Symbol für Blindheit

¶ *Hören mit der Haut*

Blinde können lesen, wenn sie Schriftzeichen ertasten (vgl. den vorstehenden Beitrag von *Hupfeld).* Der Tastsinn läßt sich aber auch als Ersatz des Gehörs nutzen. Mit dieser Idee beschäftigt sich das Projekt »Taktile Sprachvermittlung« an der Universität München (Institut für Phonetik und Sprachliche Kommunikation). Zwei Probleme sind nach diesem Ansatz in der Forschung zu lösen:

(1) Erschließen der artikulatorischen Information aus dem hörbaren Sprachsignal (durch einen Computer, der »dieselben« Laute in unterschiedlichen Verbindungen und bei verschiedenen Sprechern als gleiche Spracheinheiten identifizieren kann; *Tillmann 1970a).*

(2) Übersetzung der so bestimmten Lautfolgen in Reizmuster auf die Haut, die möglichst rasch erkannt und zuverlässig unterschieden werden können.

Als theoretische Frage ist vorweg zu klären, welche Grundeinheiten man wählt: einzelne Laute; Artikulationseinheiten, also Sprechsilben; ganze Wörter oder bedeutungstragende Wortteile *(Tillmann 1972a; Piroth 1985a).* Insofern rührt die Arbeit des Münchner Projekts an grundlegende linguistische Fragen des Aufbaus der Sprache und der psychologischen Erklärung unserer Sprachwahrnehmung. Erste Erfahrungen sprechen dafür, daß Silben leichter zu verarbeiten sind als einzelne Phoneme.

Für die praktische Umsetzung auf Empfängerseite sind die technischen Möglichkeiten und die physiologischen Voraussetzungen einer differenzierten Wahrnehmung von Berührungsreizen interessant. Signale können unterschieden werden nach der örtlichen Lage von Reizen; durch ihre Kombination zu räumlichen Mustern; nach ihrer Intensität; durch die zeitliche Anordnung und Dauer bzw. Tempounterschiede/ Pausen in ihrer Darbietung.

Die Münchener Gruppe hat den Unterarm als Analogie zum »Ansatzrohr« Mund/ Rachen gewählt, um unterschiedliche Muster in der Anordnung und Abfolge von Hautreizungen zu erzeugen. 16 Elektrodenpaare werden in vier Reihen angebracht, um zureichend viele Kombinationsmöglichkeiten zu erhalten, mit denen sich die verschiedenen Artikulationsstellen und -modi der Laute unterscheidbar nachbilden lassen. Die folgenden beiden Abbildungen zeigen ein Beispiel für das »Längsmuster« der Vokaldarstellung und für das »Rundmuster« der Konsonantendarstellung *(Piroth 1987a, 47-54):*

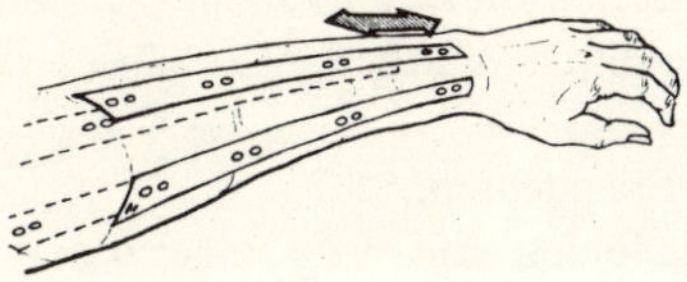

Abb. zu /i/

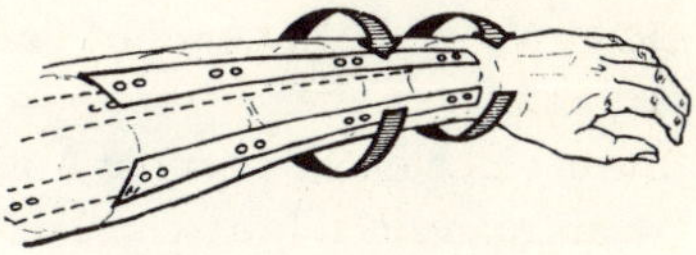

Abb. zu /s/

Die spontanen Erkennungsraten schwanken zwischen rund 30% (bei verschiedenen Konsonanten) und rund 70% (bei den Vokalen) *(Piroth 1987b, 24-27).* Lerntests konnten jedoch zeigen, daß die Erkennung von konsonantischen Mustern schon nach wenigen Trainingssitzungen ansteigt und schließlich das Niveau der Vokalidentifikation erreicht *(Piroth 1988a).* Um die zunehmende Miniaturisierung von Computern für die Übersetzung von Lautsprache in taktile Zeichen für Gehörlose zu nutzen, muß allerdings noch erhebliche Forschungs- und Entwicklungsarbeit geleistet werden.

(Zusammenfassung: Hans Brügelmann)

Oliver Sacks
Die Ansprache des Präsidenten

Tongefühl und darstellende Sprache

Auszüge aus dem gleichnamigen Kapitel des Buches von Oliver Sacks »Der Mann, der seine Frau mit einem Hut verwechselte« (Rowohlt: Reinbek 1987, S. 115-120; mit freundlicher Genehmigung des Verlags).

Was war da los? Aus der Aphasie-Station drang, gerade als die Rede des Präsidenten übertragen wurde, lautes Gelächter, und dabei waren doch alle so gespannt darauf gewesen ... (...)
»Man lügt wohl mit dem Mund«, schreibt Nietzsche, *»aber mit dem Maule, das man dabei macht, sagt man doch die Wahrheit.«* Für einen solchen Gesichtsausdruck, für jede Falschheit der körperlichen Erscheinung und Haltung haben diese Menschen ein übernatürliches Gespür. Und wenn sie ihr Gegenüber nicht sehen können – dies gilt besonders für blinde Aphasie-Patienten –, dann haben sie ein unfehlbares Gehör für jede stimmliche Nuance, für den Tonfall, den Rhythmus, die Hebungen und Senkungen, die Satzmelodie, für die subtilsten Modulationen, Tonveränderungen und Abweichungen von der normalen Aussprache, die dem Gesagten die Glaubwürdigkeit geben oder nehmen können.
Darauf gründet sich also ihre Fähigkeit, etwas zu verstehen und zu erkennen, was wahr und was unwahr ist, ohne die Worte zu begreifen. Folglich waren es die Mimik, die schauspielerischen Übertreibungen, die aufgesetzten Gesten und vor allem der falsche Tonfall, die falsche Satzmelodie des Redners, die diesen sprachlosen, aber ungeheuer sensiblen Patienten heuchlerisch erschien. Auf solche (für sie) höchst offenkundigen, ja grotesken Widersinnigkeiten und Ungereimtheiten reagierten diese Patienten, die sich durch Worte nicht täuschen ließen, weil sie durch Worte nicht zu täuschen waren.
Darum lachten sie über die Ansprache des Präsidenten.
Wenn man einen Menschen, der an Aphasie leidet, auf Grund seiner besonderen Sensibilität für Ausdruck und »Ton« nicht anlügen kann, wie verhält es sich dann, so könnten wir fragen, mit Patienten, denen jeder Begriff von Ausdruck und »Ton« *fehlt,* während ihr Verständnis für Wörter unverändert erhalten bleibt – Patienten also, deren Krankheitsbild das genaue Gegenteil der Aphasie darstellt? (...)
Zu den Patienten mit tonaler Agnosie in unserer Aphasie-Station, die der Ansprache des Präsidenten lauschten, gehörte auch Emily D. Sie hatte ein Gliom in ihrem rechten Schläfenlappen. (...).
Ihr blieb nichts anderes übrig, als auf äußerste Genauigkeit in Sprache und Sprachgebrauch zu achten und darauf zu bestehen, daß die Menschen in ihrer

Umgebung dasselbe taten. Sie hatte wachsende Schwierigkeiten, Unterhaltungen zu folgen, die in Umgangssprache oder Slang geführt wurden und in denen Gefühle oder Anspielungen eine Rolle spielten, und bat ihre Gesprächspartner immer häufiger, *Prosa* zu sprechen – »das rechte Wort am rechten Platz«. Dadurch, so stellte sie fest, ließ sich die fehlende Wahrnehmung von Tonfall oder Gefühl in gewissem Umfang ausgleichen. (...)
»Er ist nicht überzeugend«, sagte sie. *»Er spricht keine gute Prosa. Er gebraucht die falschen Worte. Entweder ist er hirngeschädigt, oder er hat etwas zu verbergen.«* Die Rede des Präsidenten zeigte also bei Emily D. infolge ihres sensibilisierten Gefühls für den Gebrauch formaler Sprache und für die Angemessenheit gesprochener Prosa ebensowenig Wirkung wie bei unseren Aphasie-Patienten, die die Bedeutung der Worte zwar nicht mehr erkannten, aber eine große Sensibilität für den Tonfall besaßen.
Das war also das Paradoxon der Präsidenten-Rede.

Claus Forytta
Lese-Partitur: Ein Kindergedicht

lesen –> spielen –> sprechen –> lesen

```
                                   +
            +                    flog //
          F e d e r c h e n /              über
Ein                                              Land.
```

Die oben geschriebene Zeile ist der erste Vers eines Kindergedichts, den lesen kann, wer sich Klang und Rhythmus dieses Verses mit vorstellt. Es ist gesprochene Sprache aufgeschrieben, und dies als Ergebnis eines handlungsorientierten Umgangs mit dem Text, der im folgenden genauer dargestellt wird. Durch *Lesen – Spielen – Sprechen – Lesen* verbinden sich der objektive Text und der subjektive Leser, wird der Text vom Leser entfaltet und aufgeschlüsselt, wird der Leser vom Text emotional ergriffen und aktiviert. Beide bewegen sich gleichsam aufeinander zu, um sich in der ästhetischen Rezitation zu vereinen. Die Lesepartitur zeigt bildhaft und deutlich, wie ein Text vom Leser 'aufgelöst' werden kann.

Der Text

Kindergedichte sind poetisch; sie sind gestaltete Sprache. In ihren Versen werden nicht nur sprachliche Bedeutungen vermittelt, sondern auch Klang und Rhythmus der Sprache[1], die zu dem Sinn, welchen wir Leser uns bilden, eine Menge beitragen. Kindergedichte bedeuten mehr als sie sagen. Das heißt auch: die kindlichen Leser müssen mit dem Text in einen Dialog treten, um ihn zu verstehen; je nach Verschlüsselungsgrad müssen sie das Gedicht entschlüsseln, und zwar durch Lesen, Gestalten, Sprechen usf. Kindergedichte entstehen erst eigentlich in der Rezitation, in der auch ihre Klanggestalt realisiert wird[2]. Diese gehört dem Text selbst zu. Bei den Versuchen eignen sich die Leser den Text vollständig an, weil sie ihn vereinnahmen und zu 'ihrem' Text machen.
Das Kindergedicht, um das es im weiteren gehen wird, heißt »Die Feder« und ist von *Joachim Ringelnatz* geschrieben[3].

Die Feder
Ein Federchen flog über Land.
Ein Nilpferd schlummerte im Sand.
Die Feder sprach: Ich will es wecken.
Sie liebte, andere zu necken.
Aufs Nilpferd setzte sich die Feder
und streichelte sein dickes Leder.
Das Nilpferd öffnete den Rachen
und mußte ungeheuer lachen.

Der Autor schaut lächelnd, aber nicht onkelhaft, auf die Kinder herab. Sein Gedicht ist kindlich, von Humor und von einer optimistischen Grundhaltung getragen. Es ist naiv, denn es erzählt »eine einfache Fabel auf einfache Weise«[4]. Es ist dynamisch: bewegt und bewegend, und ohne besondere pädagogische Intention. Die Sprache ist anschaulich, bildhaft, beschreibend und nicht reflexiv[5], dazu noch paarweise gereimt, d.h. für die Kinder zum Lesen, Sprechen und für das Gedächtnis geordnet. Das Gedicht ist realistisch: es deutet auf das, was Kinder sich ausdenken, was sie manchmal träumen. *James Krüss* würde noch weitere Vorzüge nennen: Das Gedicht ist anmutig, sinnlich, überzeugend und natürlich; es ist vollkommen.

Leseversuche[6]

Nachdem die Lehrerin das Gedicht einmal laut vorgelesen hat und die Kinder mit ersten spontanen Äußerungen *(»Das is wie 'ne Art Comic, so läuft es ab«/»Das reimt sich so gleichmäßig«/»Das ist so witzig, wie die Feder den kitzelt«*... uam.) reagiert haben, werden Textblätter verteilt, mit der Aufforderung, still zu lesen und dann vorzulesen. Die Versuche fallen anfangs stockend, später dann fließender aus, aber alle Kinder bleiben haften an den jeweils zum Lesen fixierten Wörtern bzw. Wortfolgen, die sie aneinanderreihen. Das heißt, es wird – wenn überhaupt – metrisch betont und nicht bedeutungsbezogen. Je schneller die Kinder lesen, desto stärker leiern sie den Text herunter. Je zwei Verse werden dabei etwa gleichlautend gelesen, was mit ihrer Bedeutung nicht übereingeht. Lesen als fixierende Konzentration auf das Wort des Geschriebenen läßt dessen Bedeutung gleichsam verkommen.

Spielversuche

Das Textblatt wird weggelegt, ein Text bleibt an der Tafel, und die Lehrerin bittet jetzt die Kinder, die ersten zwei Verse *»zu sprechen und sich dazu zu bewegen«*[7], also die Verse zu spielen. Nach einigem Zögern steht ein Schüler aus dem Stuhlkreis auf, spricht den ersten Vers und bewegt dazu leicht schwingend die Hand auf und ab. Den nächsten Vers sprechend legt er sich auf den Boden und nimmt eine Schlafhaltung ein. Andere Kinder machen das beim Sprechen nach, verändern es, erfinden neue Gesten und

Bewegungen usw. Dabei bereitet die Koordinierung der beiden Handlungen nur zuerst einige Schwierigkeiten. Von Verspaar zu Verspaar geht es weiter, und zum Schluß ist etwa der folgende Bewegungsablauf gefunden:

Vers 1:  Vers 2:  Vers 3: 

Vers 4: (s. linkes Photo) Vers 5:  Vers 6: (s. rechtes Photo)

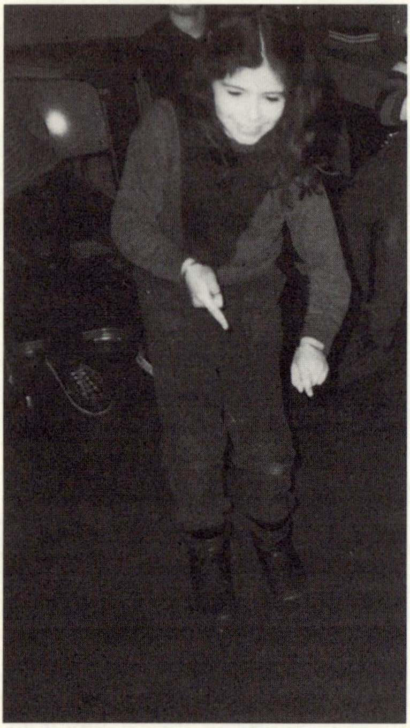

Vers 7:  Vers 8: 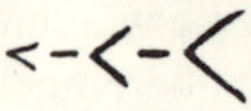

Es ergibt sich, daß die Verse sofort völlig anders gesprochen (als vorher gelesen) werden: im Tempo, in der Setzung von Pausen, in der Gewichtung von Betonungen. Die Bewegungsabläufe, die ihre eigene Zeit in Anspruch nehmen, bestimmen jetzt das Sprechen als 'gestisches Sprechen'. Es erfolgt bei einigen Kindern nun in einer Weise, die den Gesamtzusammenhang der Verse, also das Gedicht als ganzes, aus dem Blick geraten läßt. War es anfangs für die Kinder schwierig, Sprechen und Bewegen zum Spiel zu integrieren, d.h. gleichzeitig zu tun, so gehen zum Schluß beide Teilhandlungen derart ineinander auf, daß es schwierig wird, das Sprechen wieder herauszutrennen. Dies aber ist unsere Absicht.

Sprechversuche

Es ergeht an die Kinder also die Aufforderung, den inzwischen auswendig verfügbaren Text 'neu' zu sprechen. *»Ohne das Spiel, ohne Bewegungen?« »Ja, ohne Bewegungen!«* Zunächst melden sich zwei Kinder, die sich bei den Spielhandlungen zurückgehalten haben, und beide sprechen den Text ordentlich, aber nicht spannend. Sie sprechen ihn, wie wenn sie ihn innerlich ablesen würden, kaum bewegt und kaum bewegend. Jetzt folgen andere Kinder, die besonders aktiv an den Spiel- und Bewegungsversuchen teilgehabt haben.

Sie sprechen den Text völlig angemessen: in wechselndem Tempo, mit eigenen Pausen, die am Sinn, aber auch an den vorausgegangenen Bewegungen orientiert sind, mal lauter, mal leiser, nicht metrisch, sondern rhythmisch, und vor allem insgesamt sehr voluminös, wir wollen sagen: erzählend. Dabei beobachten wir bei einigen Kindern und insbesondere bei einem Schüler, daß er die Bewegungen nicht ganz aufgegeben, vielmehr vom Körper in die Hand verlagert hat. Er führt also während des Sprechens mit der rechten Hand begleitend symbolische Bewegungen aus: bei »streichelte« geht die Hand leicht hin und her, bei »öffnete« öffnen sich Daumen und Zeigefinger langsam und immer weiter.

Das genau ist Abbild der von uns intendierten 'Verinnerlichung des Textes'. Der Schüler hat sich auf dem Weg über seinen Körper das Gedicht buchstäblich angeeignet, den einfachen Inhalt in seiner einfachen lyrischen Struktur. Durch die spielerische, körperlich-sinnliche Identifikation mit dem Text hat dieser Schüler (und andere Kinder ebenso) das Gedicht zu seinem Gedicht gemacht, über das er in Zukunft verfügen, das er an andere weitergeben wird. *Wygotski (1977a, Kap. 6)* beschreibt diesen Weg als einen von der »äußeren Sprache« über die »innere Sprache« zur »entäußerten Sprache«, wobei die Stufen der »inneren Sprache«, nämlich die der subjektiven Bedeutungsbildung, mit Zeit und Geduld durchlaufen werden müssen. Spiel- und Handlungsorientierung haben in diesem Zusammenhang zur *»Aneignung einer mittelbaren Erfahrung (Text) im Lernrhythmus der unmittelbaren Erfahrung (Handlung)* geführt.[8)]

Partitur[9)]

Im folgenden wird versucht, die beiden Strophen des Textes so aufzuschreiben, wie sie gesprochen, also klanglich realisiert wurden (s. Abbildung auf der nächsten Seite.)

Dabei berücksichtigen wir: die *Stimmlage* (drei Linien: unten: untere Stimmlage, Mitte: mittlere Stimmlage, oben: obere Stimmlage), die *Betonung* (über den betonten Wörtern oder Silben ist ein + eingefügt), das *Sprechtempo* (gesperrter Druck: langsameres Sprechtempo) und die *Pausen* (/ = kurze Pause, // = längere Pause im Vers).

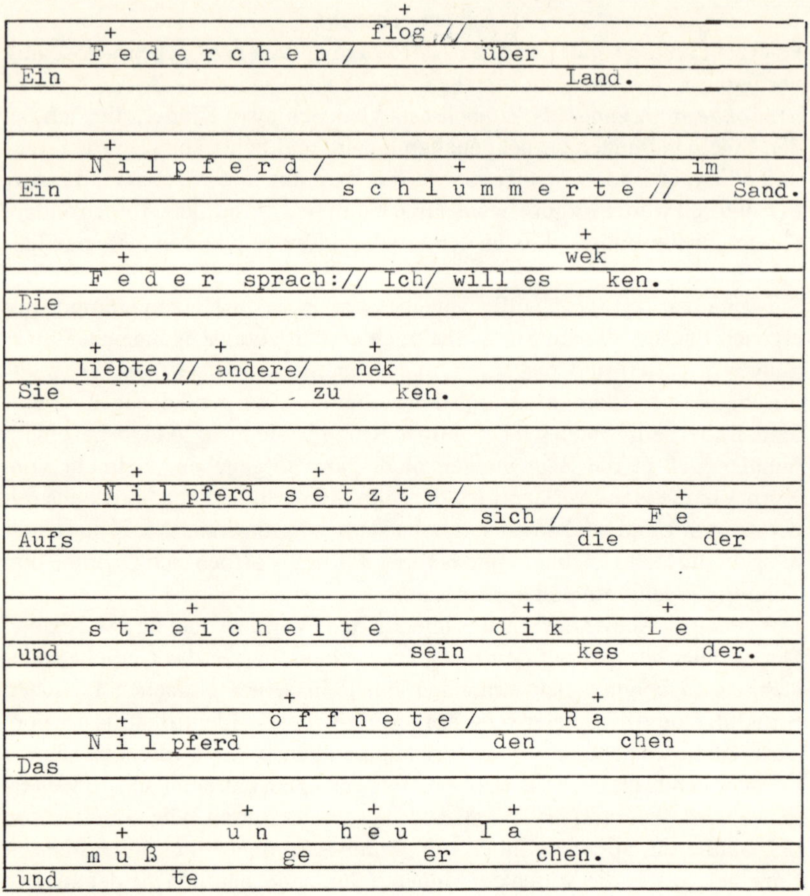

Fazit

Die Kinder werden diese Partitur so lesen, wie sie den Text gesprochen haben, also mit dem Wissen darum, wie das Gedicht klingt. Wie aber lesen fremde Kinder diesen Text? Bietet er einen Einstieg für die nächste Unterrichtsstunde in einer anderen Klasse? Dort müßte dann die Erarbeitungsfolge lauten: Silben lesen –> Wörter lesen –> Verse lesen –> Text lesen. Lesen wäre nicht Ablesen (das in unserem Versuch ja vom Sprechen überholt wird), sondern zurückgeführt auf seine ursprüngliche erste Funktion: Entziffern, im Sinne einer Übertragung von Schriftsprache in Lautsprache. Im schrittweisen und erschwerten Leseprozeß würde aber nicht nur die semantische Textstruktur (Text als Handlungsablauf) entstehen, sondern auch die klanglich-rhythmische Struktur (Text als lyrische Aussageweise). *Lesen* würde aufgewertet zu: Sinnentnahme + Sinnkonstitution + Sinninterpretation, alles in einem Akt.

Anmerkungen

1) Vgl. *Ivo Braak (1959a)*.

2) Viele Anregungen für solche »Übersetzungen« gibt *Marion Bergk (1988d)* am Beispiel des Lesens von Märchen.

3) Erstmals veröffentlicht in *Kleine Wesen*, Eßlingen-München, 1910.

4) Vgl. dazu *James Krüss'* Aufsatz »Was ist ein gutes Kindergedicht« (in: *Krüss 1969a, 283)*.

5) *M. Motté* (1983a) weist darauf hin, daß Kinderlyrik zur Reflexion führt, aber nicht Ergebnis von Reflexion ist.

6) Wir berichten aus einem Unterrichtsversuch mit einem 3. Schuljahr, der in der Grundschule Horner Heerstraße, Bremen, stattfand.

7) So die wörtliche Formulierung der Lehrerin.

8) Ein Zitat von *G. Waldmann (1984a, 116)* im Zusammenhang mit dem sog. produktionsorientierten Literaturunterricht.

9) »Partitur«: Wörter und Silben wie Noten.

Großvater zeigt seinem Lieblingsenkel die »guten Stellen«

Heide Niemann
»Bilder lesen« verlockt zum Erzählen

»Sie sitzt nicht, sie steht, sie ist anders gekleidet, sie sieht ärmlicher aus, sie trägt kein Kleid, sie hat keinen Schmuck, sie hört dem Gespräch der anderen zu, sie erzählt etwas, sie hat ihren Stand kurz verlassen, um sich einen Augenblick auszuruhen, sie ist von ihrem Vater geschickt worden, um einer der Damen etwas zu sagen......«

»Ta Matete« von Gauguin in einem dritten Schuljahr? Ja, und zwar als äußerst geeigneter Anlaß zum mündlichen Erzählen, der viele Schüler, die sonst im Gespräch nur wenig Bereitschaft zeigen, sich zu äußern, dazu brachte, Vermutungen anzustellen, Überlegungen zu verbalisieren und Zusammenhänge aufzuzeigen. Für eine Schulstunde stand dieses Bild im Mittelpunkt und während dieser Zeit brach das Gespräch darüber nicht ab.

Das Bild hing am Anfang der Stunde großformatig für alle sichtbar an der Tafel, der Name des Malers war darübergeschrieben, *»Ta Matete – Der Markt«* darunter. *»Ich habe euch heute dieses Bild mitgebracht, weil es auf mich, als ich noch zur Schule ging, großen Eindruck gemacht hat. Ich bin gespannt auf das, was ihr dazu sagt«.*

Schon die ersten ungeordneten Äußerungen und Kommentare zeigen ein starkes Interesse der Klasse für das Bild. Zunächst ist es das Fremdländische, das die Aufmerksamkeit auf sich zieht, dann die Farbwahl für den Hintergrund und für die Kleider der Frauen.

Einhellig ist die Meinung, daß es sich um eine Szene in Afrika handeln müsse (Lehrerinformation 'Südsee' folgt erst später), und daß die auf der Bank sitzenden Frauen auf dem Markt eingekauft haben und sich nun ausruhen. Es dauert nicht lange, bis durch die Äußerung eines Mädchens die Aufmerksamkeit auf die vorne rechts im Vordergrund stehende Frau gelenkt wird, und jetzt sind die Beiträge nicht mehr aufzuhalten.

Eine genauere Betrachtung der anderen Frauen schließt sich an: Lange schwarze Haare, schmale durchgehende lange Kleider, ähnliche Handbewegungen, aufrechtsitzende Haltung, barfuß, das sind die Gemeinsamkeiten. Daneben viele Unterschiede, die auf den ersten Blick gar nicht ins Auge fallen, die für die Kinder aber einen hohen Stellenwert haben und die zu weiteren Vermutungen und Äußerungen regen Anlaß geben. Alle Frauen, bis auf die im orangefarbenen Kleid, tragen Blumenschmuck, die zwei links außen Sitzenden sehen strenger, trauriger aus als die anderen, sie sind mit dunkleren Farben gekleidet, die Handbewegungen sind stärker abwehrend, die Gesichtszüge strenger. Die rechts außen sitzenden Frauen sehen gelokkerter aus, sie tragen hellere Farben, sie sind lebhafter in ihrer Unterhaltung. Bei all diesen Äußerungen wird das Gespräch ohne Eingreifen der Lehrerin unter den Schülern geführt. Die Klasse beherrscht die Gesprächsregeln, im Gesprächskreis gehen die Schüler aufeinander ein, sie rufen sich gegenseitig auf, weisen einander zurecht, wenn Meldungen nicht berücksichtigt werden. Eine Steuerung des Gesprächs bietet sich an, als die Äußerungen, die die Gemeinsamkeiten einerseits und die Unterschiede andererseits herausstellen, auf der beschreibenden Ebene bleiben.

Als neuer Gesprächsanlaß wird jetzt das Augenmerk auf die Anordnung der Frauen auf der Bank gelenkt. Fünf Kinder stellen die Szene nach, erst dabei wird erkannt, welche Bedeutung der Körpersprache zukommt, und viel Zeit wird darauf verwendet, genau zu studieren, in welcher Weise die einzelnen Frauen die Hände halten. Die Kommentare der dabei nicht direkt beteiligten Kinder zeigen deutlich das Bemühen um den 'treffenden Ausdruck': *»Nein, Du mußt die Hand eher so halten* (unterstrichen durch die entsprechende Geste)*, so ein bißchen hochmütig, so blasiert .... ja, so als ob sie sagen will, 'ach, das interessiert mich doch gar nicht'... genau, so ganz erschrocken an den Mund.«*

Die Kommunikation zwischen den Frauen, die Zweiergespräche, die offensichtlich unterschiedlichen Gesprächsgegenständen gelten, die Anteilnahme bzw. Abwehr oder Gleichgültigkeit fordern das Interesse heraus und regen an, Dialogszenen zu entwerfen. Im Mittelpunkt stehen dabei Überlegungen wie: *Welche Frauen gehören zusammen? Worüber sie sich wohl unterhalten? Warum ist die in der Mitte sitzende Frau nicht am Gespräch beteiligt?*

Dabei werden immer wieder Gestik, Mimik und Körperhaltung als Anlaß für weiterführende Vermutungen genutzt. Es dauert lange, bis die Kinder herausgearbeitet haben, daß nur die zwei rechts sitzenden Frauen sich unterhalten, und daß eine der Frauen einen Brief in der Hand hält, wird erst nach längerem Gespräch von allen erkannt.
Die Mehrdeutigkeit und die Rätselhaftigkeit der gesamten Situation stellten eine Aufforderung für mündliches Erzählen dar, die von den Schülern äußerst vielfältig genutzt wurde. Wenn ich sonst Bilder für Sprech- oder Schreibanlässe ausgewählt hatte, war ich oft nach solchen Kriterien vorgegangen: *Welche Identifikationsmöglichkeiten für Kinder sind gegeben? Wie ist der Inhalt didaktisch aufbereitet?* usw. Hier war es ein Bild, das nicht im Hinblick auf Unterricht entstanden war, das nicht speziell Kinder, sondern Menschen allgemein ansprechen soll und das vielleicht gerade deswegen soviel Interesse weckte. Auch die Kinder, die sich nur wenig am Gespräch beteiligten, zeigten durch ihr konzentriertes Zuhören und durch den Verzicht auf Störungen jeglicher Art, daß sie interessiert waren. Anstatt zusammenhängende Äußerungen zum Inhalt zu geben, beschränkten sie sich darauf, die Beiträge der anderen Schüler zu kommentieren oder schon Gesagtes zu wiederholen.
»Können Sie das Bild noch eine Stunde hängen lassen, ich bleibe in der nächsten Stunde hier alleine im Klassenraum und möchte gerne eine der Frauen abzeichnen?« Sonja fragte so am Ende der Stunde. Ihre Freundin Anna dagegen sagte zu ihrem Nachbarn Markus: *»Komischer Kunstunterricht, wir haben gar nichts gemalt!«* Andere Kinder zeigten ihr Interesse, indem sie wissen wollten, wo man ein solches Bild kaufen könne, ob ich noch andere Bilder mitbringen würde, und ob dieser Maler nur das eine Bild gemalt habe. Ich brachte noch andere Drucke mit, u.a. von Rousseau *»Vater Juniot's Kutsche«*, von Canaletto *»Der Markusplatz in Venedig«* und mehrfach Bildbände von Klee. Dabei hat sich jedesmal wiederholt, was schon in der ersten Stunde deutlich wurde: Die Kinder verfügen über eine große Bereitschaft und Ausdauer genau anzuschauen, zu verweilen, sich hineinzudenken – Eigenschaften, die ihnen heute häufig abgesprochen werden, da sie vielfach mit bewegten Bildern, immer neuen optischen Reizen konfrontiert werden. Ist es da nicht in besonderem Maße Aufgabe der Schule, Kinder zu einem Anschauen zu führen, das Wahrnehmen als aktives Aufnehmen versteht?

Peter Fuchs
»Lesen durch Schreiben« – auch in der Musik

Die Entwicklung des Verständnisses für Zeichen und der wirksame Gebrauch von Zeichen ist auch im Musikunterricht eine wichtige Aufgabe, weil Notation ein Kommunikationsmittel zum Musizieren und Hören ist. Außerdem wird mit Hilfe der Notation die Flüchtigkeit der Musik überwunden. Musik wird für einen weiteren Sinn anschaulich. Akustische Vorgänge werden durch Schriftspuren sichtbar. So kann man mit Auge und Ohr Musik wahrnehmen und besser verstehen. Über Hören, Lesen und Schreiben wird Musik immer verständlicher. Die Diskussionen um das Wie und Was der Notation werden von vielen Standpunkten aus und zu verschiedenen Zwecken geführt.
Gemeinsam ist allen Bemühungen das Ziel, die verwendeten Zeichen musikalisch zu gebrauchen. Das heißt: Zeichenbilder (Notationen) sind im Musikunterricht entweder Spielanweisungen, die gesungen oder mit einem Instrument gespielt werden sollen (Produktionsnotation), oder die Notationen sind dazu da, Hörerwartungen aufzubauen (Rezeptionsnotation). Lesenlernen heißt immer das Befragen der Zeichen nach ihrer akustischen Bedeutung: Wie laut oder leise, wie hell oder dunkel, wie hoch oder tief, wie lang oder kurz, wie oft, wieviele Spieler, welche Klangfarbe, wie schnell oder langsam ist das, was da steht. Da Zeichen immer in einem Zeichenzusammenhang stehen, muß man lernen, solche Zusammenhänge kennenzulernen. Wie man Lesen in musikalischen Notationen über das Schreiben lernt, soll an einem Beispiel aus dem Unterricht in der Grundschule gezeigt werden.[1)]

1. Beispiel: Wir versuchen gemeinsam, Klänge eines Beckens an der Tafel zu notieren.
Unterrichtsprotokoll: Jedes Kind hat vor sich ein unliniertes Heft. Der Lehrer spielt einen Beckenschlag vor, läßt ihn verklingen und fordert die Kinder auf, diesen Klang in ihr Heft zu schreiben. Beim Durchgehen durch die Klasse werden drei verschiedene Notationsformen festgestellt. Die Kinder werden jeweils zu sprachlichen Erklärungen ihrer Notation aufgefordert. Die ausgewählten Notationen werden von den Kindern an die Tafel geschrieben.

a) Verbalnotation:

„In Mitternacht"	Gemeint ist eine Glocke in der Nähe der Wohnung.
„Das eine ist erst hoch, das ist dann tief"	Ein Mitschüler ergänzt: „Der meint, wenn es immer leiser wird, wird es tiefer . . ."

b) Als Instrumentenzeichen, Symbol

Zuerst wird umständlich der Kreis gemalt und ausgefüllt — dann nach Besinnen wird ein Schlägel dazu gemalt — und wieder nach einer Weile der Besinnung wird die Schlaufe des Beckens oben hinzugefügt. Offenbar wollte der Junge zuerst den Ton als solchen malen und wurde dann, gedrängt durch die Frage nach der Präzisierung, auf die Idee des Instrumentenbildes gebracht.

c) Klangnotation

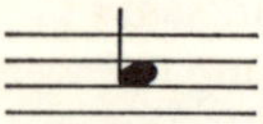

Von einem Kind notiert, das Flöte spielt. Es werden nur vier Linien geschrieben.
Es stellt sich heraus, daß die Kinder Tonhöhen, Tonstärken und Intensitäten hören.

Und obwohl nur *ein* Beckenschlag gespielt wurde, notieren die Kinder eine Reihe von Strichen. Dieser Ansatz wird ausgewertet. Ein Kind wird aufgefordert, seine Notation an die Tafel anzuschreiben und zu erklären.

Anschrieb:

Frage:
Wer möchte dies verändern?

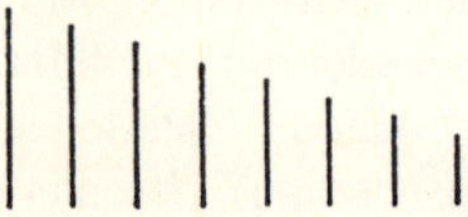

Die Striche werden nach unten auf eine gemeinsame Grundlinie verlängert. Das Kind kann sich nicht genau erklären, offenbar sollte der einmal angeschlagene Ton auf eine Grundlinie bezogen werden.

Frage: Warum eigentlich so viele Striche, ich spielte doch nur einen einzigen Schlag? Wer kann einen Zusammenhang herstellen?
Kind ergänzt Begrenzungslinien:

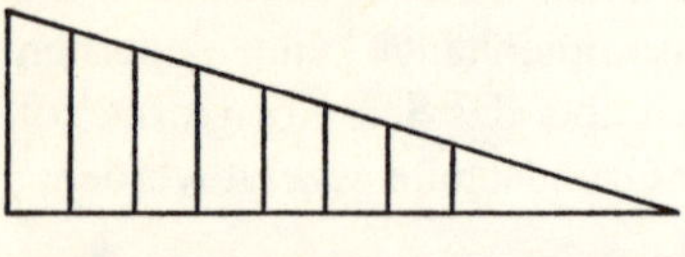

Wir könnten doch die Striche in der Mitte ganz weglassen!
Begeisterte Aufnahme des Vorschlages.
Und jetzt kann einer mehrere Beckenschläge an die Tafel notieren:

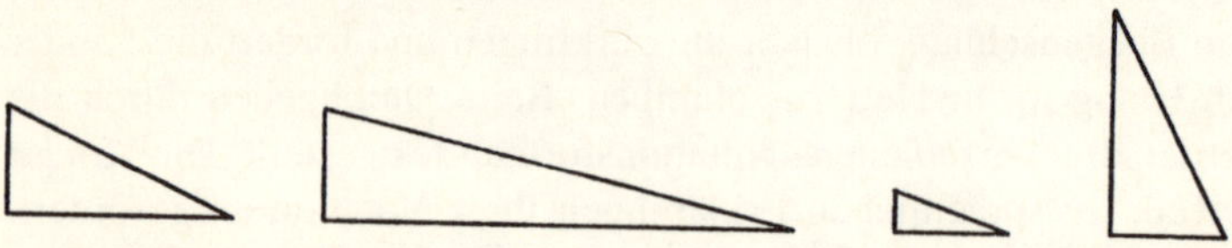

Die Lust der Kinder an der Veränderung der Zeichen ist groß. Es erhebt sich die Frage, was meinen die verschieden großen, langen und hohen Zeichen? Es entspinnt sich im Zusammenhang mit den Relationsversuchen ein Gespräch, das die Schüler engagiert führen: über die Beziehung der Zeichen zu Dauer, Stärke und Art des Anschlags. Viele Versuche werden auf Tonband aufgenommen, abgehört und beurteilt. Die Kinder erfinden Anschlagsarten mit dem Hängebecken, mit Knöchel, Schlägelstiel, Filzschlägel, Metallschlägel, ... Der kurze, starke Anschlag mit sofortigem Abbremsen des Klanges mit der Hand ruft besondere Begeisterung bei den Kindern hervor.

Was in dieser Unterrichtssequenz im Mittelpunkt stand, sind die elementaren Schalleigenschaften Tondauer und Lautstärke. Im folgenden Beispiel geht es schwerpunktmäßig um die Schalleigenschaft Tonhöhe.

2. Beispiel: Verschiedene Tonhöhen, auf dem Klavier vorgespielt, sollen von den Kindern notiert werden.

Unterrichtsprotokoll:

a) Vorspiel auf dem Klavier: Ganz hoch, ganz tief, dann immer mehr nach der Mitte zusammen; b) Kinder notieren; c) die Kinderaufschriebe werden gemeinsam geordnet; d) charakteristische Beispiele werden ausgewählt und von den Kindern an die Tafel geschrieben. Die Auswahl übernimmt der Lehrer. Dabei ergibt sich, daß die Notationsebenen sehr unterschiedlich gewählt wurden und außer den Tonhöhen auch Bewegungsabläufe notiert wurden.

„Immer hell — dunkel, hell — dunkel."

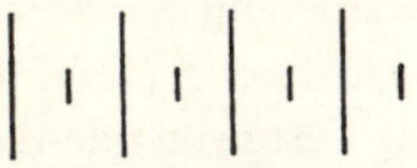

„Das Kleine war immer hell, das Große war tief."

„Von außen immer weiter zusammen haben Sie die Tasten gespielt." (Hier sind also die Bewegungen der Hände gemeint.) Das Kind kann keine Begründung für die verschiedene Größe der Punkte geben.

Die Bogen wurden eingetragen, nachdem der Schüler sein Aufgeschriebenes erklärt hatte. Er meinte hoch und klein und tief und groß immer im Wechsel.

„Erster Ton ganz hell — immer tiefer." (Verbalnotation)
„Ich meinte, es wird lauter und immer leiser." (Das Große für laut.) Der hohe Ton wird als laut empfunden, der tiefe als leiser.

Der Lehrer fordert die Kinder auf, das zuerst geschriebene (horizontale) mit dem zuletzt geschriebenen zu vergleichen. Es sollte damit die Vertikale als geeignet für Tonhöhen entdeckt werden.

Bei dem Versuch, die Kinder auf die Tonwiederholung aufmerksam zu

machen, wird ein kurzes Beispiel auf dem Klavier geboten. Die Kinder notieren jetzt nicht Tonhöhen, sondern die rhythmische Gestalt, da das Beispiel aus fünf Tönen bestand, die simultan aufgenommen wurden; die Aufmerksamkeit war durch die typische Gestalt von den Tonhöhen abgezogen worden.
Notationen der Kinder:

Dies offenbart die Schwierigkeit, die Kinder auf Einzelparameter hinzuführen und sie in der Musik hörmäßig zu erkennen. Der Klangeindruck ist zu differenziert, als daß sich bestimmte Sachverhalte so erschließen, wie wir meinen und hoffen. In Fortsetzung der Tonhöhenübung werden die Kinder auf das Problem der Raumbegrenzung geführt: Hoch und tief, in der Vertikalen angeordnet, erfordern eine Begrenzung des Raumes durch Linien. Allmählich bilden sich in einer Klasse Symbole, die im weiteren Verlauf zu Systemen ausgebaut und immer weiter differenziert werden können. Eigene Kompositionen regen zu vielerlei Realisationen an.
Durch diese Unterrichtssausschnitte soll deutlich werden, wie durch Notationsversuche eine Beziehung zu den Grundlagen der Notation gelegt wird. In Verbindung mit diesen Unterrichtsinhalten werden die Kinder die Noten auch in ihrem Liederbuch genauer anschauen – ja überhaupt auf die Noten aufmerksam. Meist werden ja Lieder auswendig gesungen und das Notenbild könnte sich erübrigen. Aber im erweiterten Verständnis der Notation sollen wir gerade mit der Notation solcher Lieder arbeiten, die die Kinder bereits können. Die Beschäftigung mit dem Bekannten, d.h. die gezielte Auseinandersetzung mit notierten Klangvorstellungen, die das Kind bereits in sich trägt, ist sehr wichtig. Das Erkennen und Wiedererkennen und das Vergleichen beruhen auf der Voraussetzung der Kenntnis.
Ob eine Notation als Hörpartitur (Rezeptionsnotation) oder als Aktionsvorschrift (Produktionsnotation) konzipiert ist, spielt für die Beurteilung ihrer unterrichtlichen Ergiebigkeit nur eine sekundäre Rolle, denn es geht bei jeder Beschäftigung mit musikalischen Notationen immer um Hörsachverhalte. Diese muß man entweder selbst herstellen (produzieren) oder man muß sie sich nur vorstellen. Baut man in seiner Vorstellung beim Lesen Hörerwartungen auf, so muß man diese Vorstellungen beim nachfolgenden Hören korrigieren oder bestätigen. Ohne ständige Kontrolle des Lesens durch das Ohr sind Leseprozesse in der Musik für Kinder kaum vorstellbar. Sowohl lesen und hören als auch lesen und musizieren gehören immer zusammen.[2)] Haben sich Kinder ein Repertoire von Zeichen, bestehend aus Punkten, Strichen, Flächen, Noten... erworben, und können sie die Bedeutung ihrer verwendeten Zeichen auch benennen, dann können sie an vorgelegten Notationen ihre Lesefähigkeit erproben. Was dabei alles zur Sprache

kommt und wie man das machen kann, wird im folgenden Erfahrungsbericht aus dem Unterricht gezeigt.

3. Beispiel: Übung im Lesen von Notation, Grundeinsichten in Notation

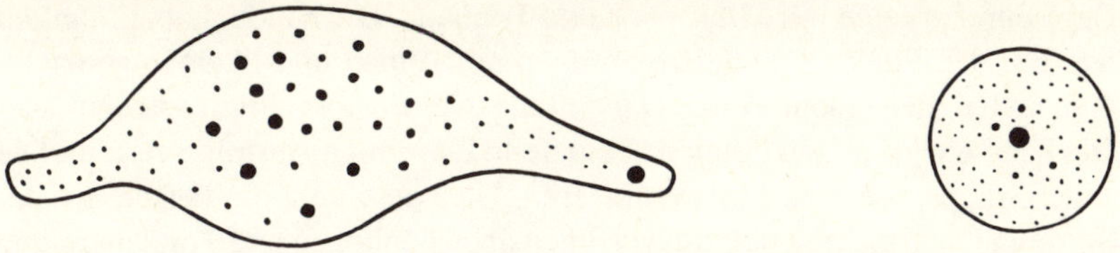

An der Tafel steht diese Notation. Es liegen verschiedene Schlaginstrumente bereit: Trommeln, Holzblöcke, Triangeln, Becken, ...
An der Aufgabe: *»Dieses Bild meint Musik. Wer kann sie spielen?* « entzündet sich das Gespräch, und verschiedene Versuche der Realisation folgen. Jeder Versuch wird beurteilt, begründet und ständig weiter differenziert.
Fragen zur Notation: Welches Instrument kann Punkte spielen? – Warum?
Wieviel Spieler brauchen wir? – Genügt auch einer?
Was spielen wir zuerst? Warum spielen wir das Hochstehende zuerst?
Warum steht das Linke höher? Hat es mit Tonhöhe oder Klangfarbe zu tun?
Was bedeuten die verschieden dicken Punkte? – Hat dies etwas mit der Dauer zu tun? – Warum?
Wie muß das Linke gespielt werden? – Leise beginnen, in der Mitte einige laute Schläge, dann wieder leiser werden, mit einem lauten Schlag enden. – Wenig Schläge in langer Zeit.
Was meint das Rechte? – Viele Töne in kurzer Zeit, in der Mitte ein lauter Schlag.
Wie lange soll jeder spielen, wenn zwei miteinander die Notation realisieren? – Der eine länger, der andere kürzer; warum?
Soll zwischen beiden eine Pause sein? – Woran sieht man das?
Wie könnten wir deutlich machen, wie lange das ganze Stück dauern soll?
Womit mißt man die Zeit? – Warum mißt man in Sekunden und nicht in Minuten?
Wir schreiben eine Zeitleiste dazu und teilen sie in Sekunden ein:

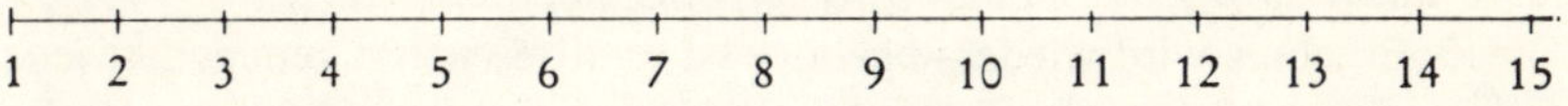

Das ganze Stück soll 15 Sekunden dauern. Die Zeitleiste ist länger als das Bild. Wohin mit der übrigen Zeit? – Vor das Bild, damit die Spieler wissen, wie schnell die »Sekunden« des Dirigenten sind? – Das führt zur Entscheidung darüber, wann die Musik anfängt und aufhört.
An diesem einfachen Beispiel werden erprobt und operational erfahren: Tondauer, Klangfarbe, Tonintensität, Tempo, Lautstärke. Die Relationen

sind hier mehrdeutig, die Differenzierung zur immer größeren Eindeutigkeit ist der Weg, den der Musikunterricht gehen muß.

Übung im Notieren gleichzeitiger akustischer Ereignisse
Grunderfahrungen für das Partiturverständnis
Der Lehrer arbeitet mit Mikrophon und Tonband. Die Kinder haben, ähnlich wie mit den Punkten auch Erfahrungen mit Linien und Flächen gemacht. Nun sollen die verschiedenen Darstellungsweisen kombiniert werden.
Die Klasse wird in drei Gruppen eingeteilt. Es werden Aufträge verteilt: Die erste Gruppe soll eine Linie realisieren. Dies geschieht am besten mit der Stimme. Die Kinder sollen frei verfügen über Tonhöhen und Tondauern und sich nicht durch Tonalitäten oder Taktschemata eingeengt fühlen. Das Auf und Ab des Bewegungsablaufs kann in Schritten und Sprüngen oder gleitend geschehen. Solistische Versuche sind zu Beginn ratsam.
Die zweite Gruppe soll eine Klang- oder Geräuschfläche erzeugen mit Stimme, Instrumenten oder Händen und Füßen. Entweder kann jedes Kind einen beliebigen Ton singen und aushalten, oder es werden auf einem Klavier mit Ellbogen oder Arm und Hand stationäre Klänge erzeugt, die ausgehalten werden und sich eventuell übereinander schichten, je nachdem, wieviel Kinder beteiligt werden sollen. Es können auch durch Zischen oder Reiben Geräusche hervorgerufen werden.
Die dritte Gruppe produziert Punktuelles mit Schlaginstrumenten oder mit Händen und Füßen.
Während der Lehrer die einzelnen Gruppen anweist, werden die Kinder bereits anfangen zu probieren. Sobald alle Anweisungen verstanden sind, nimmt der Lehrer einen nicht zu langen Zeitabschnitt aus dem Probendurcheinander auf Band und läßt dann die Kinder abhören.
Das zufällige Ergebnis wird beurteilt und bewertet: Das ist ein Durcheinander, man kann nichts unterscheiden, alles ist zu laut, alle spielen immer zur gleichen Zeit, es fehlen die Pausen, alles ist so willkürlich, ...
Die Folgerung aus dieser Beurteilung ist eine neue Planung. Es wird eine bestimmte Zeitspanne ausgemacht, die für den neuen Versuch zur Verfügung steht.
Die Gruppen besprechen sich einzeln, das Besprochene wird vornotiert, ein Dirigent wird bestimmt, der mit der Uhr in der Hand führt. Die Einzelergebnisse werden vorgeführt, dann wird gemeinsam produziert.
Dieses Ergebnis wird wieder abgehört. Ist es differenziert genug, darf jede Gruppe ihre Aktion an der Tafel notieren. Dabei dient eine Zeitleiste wieder zur Einteilung des horizontalen Verlaufs. Doch wieviel vertikaler Raum steht jedem zur Verfügung? Was soll der vertikale Raum ausdrücken? – Beim gleitenden Ton die Tonhöhe, beim Klangband die Lautstärke, bei den punktuellen Ereignissen die Häufigkeit der Schläge, also das Tempo? Gibt es noch andere Möglichkeiten?
Alle drei Ereignisse müssen untereinander geschrieben werden, denn sie ge-

schehen ja gleichzeitig. Die Diskussion klärt, welches Stück oben stehen soll, warum das eine oben, das andere unten steht. Kommt durch den Ort, wo etwas notiert ist, zum Ausdruck, wie wichtig es ist?
Dann wird das Aufgeschriebene noch einmal hörend verglichen, Verbesserungsvorschläge werden gemacht, es entsteht eine neue Komposition, die wieder realisiert wird.
Solche Spiel-Lese- und Notationsübungen können auch mit komplexen Partituren durchgeführt werden. Man liest die Notationen wie ein Bild, sagt, was man sieht, und beschreibt, wie es wohl klingen muß, welches Instrument man wählt, wieviel Spieler man braucht, was zuerst kommt, wie lange es dauern soll... Dann spielt man die Notation, nimmt sie auf Tonband auf und bespricht sie dann. Ein Unterrichtsbeispiel für den Umgang mit notierten musikalischen Gedanken haben wir an *Bernhard Rands* »Klangmuster 4 für Spielmusikgruppen« entwickel[2]. Der Umgang mit graphischer Notation schließt sich nahtlos an die Notationsversuche von Kindern an. Dem nicht ausgebildeten Lehrer fällt die Arbeit mit solchen Notationen leichter. Er wird eher ermutigt, Lese- und Spielversuche mit seinen Kindern zu starten. Die Zeichen sind vertraut und engen die Klangphantasie nicht ein. Eine traditionelle Partitur mit ihrem komplexen theoretischen Hintergrund baut eher Barrieren auf. Übrigens spielt die graphische Notation in neuerer Musik eine immer größere Rolle. In der traditionellen Notenschrift läßt sich vieles nicht mehr aufschreiben, was akustisch denkbar ist. Außerdem gibt die graphische Notation dem Interpreten mehr Spielraum. Das wiederum kommt den pädagogischen Bemühungen zugute, die Kinder von den mehr konsumorientierten Verhaltensweisen zu mehr produktiven Verhaltensweisen anzuregen, das heißt, sie zum Musik machen und selber Musik erfinden zu ermutigen.[3]

Anmerkungen

[1] Die Beispiele dieses Beitrags leicht verändert aus *Peter Fuchs: Notenschrift und Musikhören in »Musikhören«, hrsg. von P. Fuchs, Klett: Stuttgart 1969* und: *Musik lesen in »Schule des Lesens, 1. Stufe«, hrsg. von Ruth Gümbel, Klett: Stuttgart 1969.*

[2] Vgl. *Dieter Schnebel (1969):* MO-NO, Musik zum Lesen. *»Dieses Lese- und Bilderbuch bietet weder Literatur noch aufs Blatt gebannte Kunst fürs Auge. Vielmehr ist MO-NO Musik eine Musik zum Lesen; genauer Musik für einen Leser. Die Lektüre des Buches will im Kopf des Lesers Musik entstehen lassen.«*

3 Unterrichtswerke für die Grundschule, die die hier beschriebenen Lesewege umsetzen, sind »Dudelsack« *(Fuchs/Gundlach 1976a)* und »Quartett 1 – 4« *(Fuchs u.a. 1989a).*

Peter Gallin / Urs Ruf
Du mußt nur eine Null anhängen

Zahlen »lesen« im Zehnersystem

Der folgende Text ist ein Vorabdruck aus dem Buch »Sprache und Mathematik in der Schule: Auf eigenen Wegen zur Fachkompetenz« von Peter Gallin und Urs Ruf, das derzeit nur als Manuskript über die Autoren erhältlich ist (Anschrift: Tüfenbach 176, CH-8494 Bauma).

Cyrille tut sich wirklich schwer beim Multiplizieren mit Zehn.
So erscheint es jedenfalls dem Erwachsenen, der dem Siebenjährigen zuschaut, wie er 10 x 37 ausrechnet.
»Siebenunddreißig und Siebenunddreißig gibt Vierzig und Vierzig weniger Sechs, also Achtzig weniger Sechs, also Vierundsiebzig«, sagt er halblaut vor sich hin.
Und weiter gehts: *»Vierundsiebzig und Siebenunddreißig gibt ...«*, es folgt eine kleine Pause, *»Hundertvierzehn weniger Drei, also Hundertelf.«* Auf die gleiche Weise durchläuft er die Stationen *»Hundertachtundvierzig«, »Hunderfünfundachtzig«, »Zweihundertzweiundzwanzig«, »Zweihundertneunundfünfzig«, »Zweihundertsechsundneunzig«, »Dreihundertdreiunddreißig«* und erreicht schließlich erschöpft, aber stolz das Resultat *»Dreihundertsiebzig«.*
Es kostet mich schon einige Anstrengungen, den Kleinen bei seinem absurd erscheinenden Tun nicht zu unterbrechen. Den armen Sisyphus vor Augen, atme ich erleichtert auf, als er endlich bei 370 ankommt. *»Vergleich doch einmal 370 mit 37«*, schlage ich nicht ohne Bosheit vor und erwarte ein perplexes Aha. Doch Cyrille schaut mir unerschüttert in die Augen: *»Na und?«* Nun ist die Überraschung auf meiner Seite, doch dann wird mir bewußt, daß Cyrille ja noch gar nicht richtig schreiben kann und sich die Zahlen nur akustisch, nicht optisch vorstellt: »370« und »37« sind für ihn zwei so unterschiedliche Zahlen wie »19« und »123«. Ich muß also deutlicher werden. Ich schreibe die Zahl 37 mit großen Ziffern auf ein Blatt und fordere ihn auf, 370 daneben zu schreiben. Nach langem Überlegen notiert er die drei Ziffern ungelenk, aber richtig aufs Blatt. *»Siehst du«*, kommentiere ich, *»du brauchst doch nur eine Null anzuhängen, dann kommst du viel schneller von 37 auf 370.«* Jetzt beginnt es in seinem Innern zu arbeiten. Er kann sich der Wirkung, die von der verwandten Schreibweise der beiden Zahlen ausgeht, offensichtlich nicht ganz entziehen. Es ist aber ebenso offensichtlich, daß er an diesem Tatbestand gar keine Freude hat. Schließlich meint er: *»Man kann das vielleicht schon machen mit der Null, aber das ist nicht richtig gerechnet.«*

Cyrille ist von schulischem Wissen noch völlig unbelastet. Für Zahlen interessiert er sich aber schon seit einiger Zeit. Seine Methode des Multiplizierens hat er sich allein aufgebaut. Aus seiner Sicht ist es ganz natürlich, bei einer Multiplikation mit dem Faktor 10 genau gleich zu verfahren wie mit 2 oder 3. Vom Multiplizieren macht er sich eine ganz natürliche Vorstellung: Er denkt ans Aufeinanderschichten von Paketen, in denen 37, 40, oder 3 Einheiten enthalten sind. Die Multiplikation ist, so betrachtet, eine spezielle Art des Addierens.

Einige Wochen später beobachte ich Cyrille wieder beim Multiplizieren. Erst jetzt wird mir bewußt, wie wichtig es war, daß er sich von meinen wohlgemeinten Ratschlägen nicht hat beirren lassen und seine Methode, so *umständlich* sie auch war, beharrlich gegenüber undurchschaubaren Abkürzungen verteidigt hat. Cyrille hat offensichtlich Fortschritte gemacht: Er addiert jetzt mit größerer Leichtigkeit. Und was noch viel wichtiger ist: Er hat seine ursprüngliche Methode weiterentwickelt und verbessert. 10 x 37 rechnet er jetzt so: *»Siebenunddreißig mal Zehn gibt«*, er beginn zu zählen, *»Zehn, Zwanzig, Dreißig, Vierzig, Fünfzig, Sechzig, Siebzig, Achtzig, Neunzig, Hundert«*; und jetzt rechnet er: *»Hundert und Hundert gibt Zweihundert und nochmals Hundert gibt Dreihundert und noch sieben mal Zehn gibt also Dreihundertsiebzig.«* Er ist sehr stolz auf seine neue Methode und kommentiert strahlend: *»Gell, jetzt habe ich auch einen Trick!«* Er hat entdeckt, daß das Addieren sehr viel leichter fällt, wenn die Pakete, die aufgeschichtet werden müssen, immer die gleiche, handliche Größe haben. Die Zehner- und die Hunderterpakete sind schnell aufgeschichtet und schnell zusammengezählt. Noch traut er unanschaulichen Rechenoperationen nicht und will immer genau mitverfolgen können, was in jeder Phase des Rechenvorgangs mit den Zahlen passiert. Deshalb ist seine Methode immer noch recht schwerfällig. Beim Experimentieren mit der Multiplikation hat er offenbar ganz nebenbei noch ein zentrales Rechengesetz entdeckt und angewendet:

10 x 37 = 37 x 10 (Kommutativgesetz)

Es ist Cyrille klar, daß seine neue Methode einen Nachteil hat: sie funktioniert nur bei Multiplikationen, bei denen ein Faktor Zehn ist. Das scheint der Stachel zu sein, der ihn antreibt, weiterzusuchen.

Tatsächlich hat er bald eine neue Idee. Zwar bleibt er seiner *Kernidee*, dem *Aufeinanderschichten von Paketen* treu, differenziert sie aber in einer etwas anderen Richtung als vorher aus. Er faßt wie zu Beginn den zweiten Faktor einer Multiplikation als Paket auf, das so oft aufeinandergeschichtet werden muß, wie der erste Faktor es anzeigt. Jedesmal aber, wenn er zwei gleiche Pakete aufeinandergeschichtet hat, schnürt er sie zusammen und legt sie beiseite. Am Schluß holt er möglichst große Pakete, damit er möglichst wenige Pakete aufeinander schichten muß. Die Aufgabe 10 x 37 löst er nun so:

37 + 37 = 74 (Zweimal)
74 + 74 = 148 (Viermal)
148 + 148 = 296 (Achtmal)
296 (Achtmal) + 74 (Zweimal) = 370 (Zehnmal)

Noch ist Cyrille auf seinen Erkundungsreisen im Bereich der Multiplikation nicht bei der konventionellen Methode des Null-Anhängens angelangt, wie sie heute in der Schule gelehrt wird. Anstatt mit Zehner-Paketen zu arbeiten wie es üblich ist, verwendet er konsequent die Methode, die er selber gefunden hat: Er packt die Zahl, die er multiplizieren muß, in Zweier-, Vierer-, Achter-Pakete usw. ab. Es braucht einen neuen Impuls von außen, damit Cyrille von seiner singulären Methode abrückt und die reguläre übernimmt. Der Anstoß dazu kommt vom Schreibunterricht, bei dem die Zahlen, die er sich bisher nur vorgestellt hat, erstmals schriftlich festgehalten werden.

Bevor wir Cyrille auf diesem neuen Abschnitt seines individuellen Lernweges begleiten, wollen wir das Stadium, das er jetzt erreicht hat, etwas genauer unter die Lupe nehmen. Mit dem kleinen Exkurs möchten wir zeigen, daß es nicht nur im Interesses des Lernenden ist, wenn wir ihm aufwendige Erkundungsreisen zugestehen: Es lohnt sich auch aus fachlichen Gründen. Nicht selten durchlaufen Kinder mit ihren singulären Handlungsweisen *(Ontogenese)* ähnliche Stadien, wie man sie in der Geschichte der Wissenschaften *(Phylogenese)* beobachten kann. Dadurch gelangen sie nicht nur zu einem fundierten Verständnis des Fachwissens, es werden auch Keime für Innovationen gelegt: Wer die Wissenschaft einen Schritt weiterbringen will, muß sich immer auch vergegenwärtigen, wie sie zu dem geworden ist, was sie ist.

Cyrilles Idee, die Multiplikation mit Hilfe von Paketen auf die Addition zurückzuführen, entspricht einer berühmten ägyptischen Rechenmethode, die im »Papyrus Rhind«, einem 3500 Jahre alten Dokument, belegt ist. Und nicht nur das: Auch die modernsten Computer basieren auf dieser Idee. Beide benützen das Zweiersystem.

Man könnte das ägyptische »Papyrus Rhind« geradezu als Handbuch für die digitale Computertechnik benützen. Weil der Computer letztlich nur zwei Zustände eines Schalters erkennen kann – ein/aus oder ja/nein –, kann er mit Zahlen nur arbeiten, wenn sie in Ketten von Einern und Nullen übersetzt sind. Die Zahl 29 zum Beispiel schreibt er so: 11101. Jede Ziffer in einer »Computerzahl« steht für eine bestimmte Zweierpotenz, nämlich für 1, 2, 4, 8, 16, 32, 64 usw. Steht die Ziffer »1«, so bedeutet das: »Setze hier die Zweierpotenz ein, die an diesen Platz gehört.« Steht die Ziffer »0«, so bedeutet das: »Hier wird die entsprechende Zweierpotenz nicht benötigt.« Die Zahl 29, die im Zweiersystem als 11101 erscheint, interpretiert der Computer also

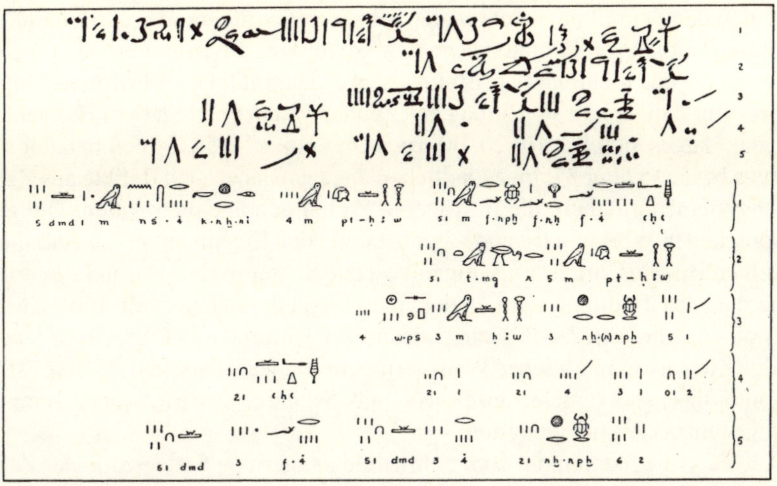

Mathematikaufgabe aus dem mehr als 3500 Jahre alten Papyrus Rhind, der in den Ruinen des antiken Theben gefunden wurde: Oben der Originaltext in der von Priestern benutzten, vereinfachten Hieroglyphenschrift; unten die entsprechenden Hieroglyphen (Blockschrift) mit der heute angenommenen Lautschrift. Die Schreibrichtung verläuft von rechts nach links: Die Figuren schauen immer entgegengesetzt zur Schreibrichtung.

so: Die erste Eins steht für die Zahl 16, die zweite für 8, die dritte für 4. Die Null deutet an, daß die Zweierpotenz »2« nicht gebraucht wird, um 29 aufzubauen. Die Eins am Schluß steht für die niedrigste Zweierpotenz, für 1. Jetzt können wir die Zahl 29 als Summe von lauter Zweiterpotenzen notieren: 29 = 16+8+4+1.

Man lasse sich durch diese scheinbar komplizierte Zahlenakrobatik nicht abschrecken. Sie liefert uns bloß den Hintergrund, um durchschaubar zu machen, wie Cyrille – und lange vor ihm schon die alten Ägypter – multipliziert haben. Die folgende Graphik veranschaulicht die Rechenoperation am Beispiel der Multiplikation 29x37 = 1073.

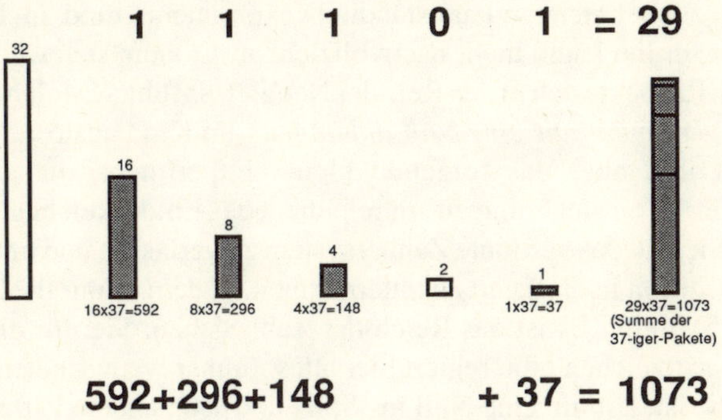

Cyrille hat also in seiner Entwicklung ein Stadium erreicht, das der ägyptischen Multplikation mit Hilfe des Zweiersystems entspricht. Es ist klar, daß er hier nicht stehen bleiben darf. Wie aber gelangt er auf seinem individuellen Weg schließlich doch noch zur regulären, auf dem Zehnersystem basierenden Methode? Verfolgen wir seine nächsten Schritte.

Durch den Schreibunterricht in der Schule ist Cyrille mit der optischen Repräsentation von Zahlen vertrauter geworden. Er orientiert sich beim Rechnen jetzt mehr am Schriftbild als am Klangbild. Die schriftliche Notation von Zahlen hält sich streng ans Zehnersystem und legt dem Betrachter nahe, daß es sich bei 10, 20, 30 usw. um »einfachere« Zahlen handelt als etwa bei 7, 15 oder 37. Im Mündlichen dagegen haben sich Relikte aus Zahlensystemen erhalten, die in früheren Zeiten gebräuchlich waren. Die gesprochenen Wörter »elf« und »zwölf« sind noch Eigennamen: Sie enthalten keinen Hinweis auf ihre zusammengesetzte Schreibweise »11 und 12« erinnern an das Zwölfersystem, in dem man folgendermaßen zählt: Eins, Zwei, Drei, ..., Zehn, Elf, Zwölf = ein Dutzend, ein Dutzend und Eins, ein Dutzend und Zwei usw. In ählicher Weise erinnern die französischen Wörter »soixante-dix«, »soixante-et-onze« usw. ans Sechzigersystem, »quatre-vingt« dagegen ans Zwanzigersystem.
Auch Cyrille hat nun die vom Schriftbild suggerierte Sonderrolle der Zehnereinheiten erkannt. Das nützt er in einer weiteren Verfeinerung seiner Kern-Idee vom Multiplizieren aus. Es trennt ihn jetzt nur noch ein kleiner Schritt von der begreifenden Einsicht in die allgemein übliche und elegante Rechenmethode, die vorschreibt, daß man einer natürlichen Dezimalzahl bloß eine Null anzuhängen braucht, wenn man sie mit Zehn multiplizieren will. Er verfährt jetzt, wenn er 10 x 37 rechnet, so: *»Zehn mal 30 ist 300 und zehn mal 7 ist 70, das gibt zusammen 370.«* 30 und 7 erlebt er als »einfache« Zahlen; ihnen darf man eine Null anhängen. 37 dagegen ist eine zusammengesetzte, nicht so leicht durchschaubare Zahl; mit ihr muß man vorsichtiger umgehen.
Diese Ausführungen über Cyrilles entdeckendes Lernen mögen einem Erwachsenen, dem das Zehnersystem schon fast zur zweiten Haut geworden ist, banal erscheinen. Was es für ein Kind bedeutet, dieses Zehnersystem als neue Welt zu betreten und umständlich experimentierend in Besitz zu nehmen, ist für ihn kaum mehr nachvollziehbar. Er kann sich weder in den ängstlichen Respekt noch in den Reiz der Neugier einfühlen, welche die Aufforderung *»Du mußt nur eine Null anhängen«* im Kind auslöst. Vielleicht ermöglicht ihm aber das folgende kleine Experiment, die anregende Wirkung der Verunsicherung zu spüren, die jedes Entdecken begleitet.
Wir laden Sie ein, das vertraute Zehnersystem zu verlassen und mit uns eine kleine Expedition in ein Land zu unternehmen, in dem es nur die Ziffern 0, 1, 2, 3, 4, 5, 6 gibt. Es ist das Reich der Zahl Sieben: Sie, für die es kein eigenes Schriftzeichen gibt, regiert hier alles. Immer wenn sie beim Zählen an der Reihe ist, kommt eine Null ins Spiel und setzt andere Ziffern in Bewegung. Die Sieben spielt in ihrem Reich, dem Siebnersystem, die gleiche Rolle wie die Zehn im Zehnersystem. Und nicht nur das: sie schreibt sich auch gleich, nämlich 10. Man hüte sich davor, diese Zahl als »Zehn« zu lesen; sie stellt ein Bündel von sieben Einheiten dar und markiert, wie die Zehn im Zehnersystem, eine Pause beim Zählen. Auch wenn im Siebnersy-

stem nur sieben Ziffern zur Verfügung stehen, kann man, wie die folgende Tabelle zeigt, beliebig hoch hinauf zählen, und man kann auch alle Rechenoperationen, die im Zehnersystem denkbar sind, ausführen. Ungewohnt ist nur die Schreibweise der Zahlen. Die Stunde hat im Siebnersystem eben nicht 60 Minuten, sondern 114; das Jahr nicht 365, sondern 1031 Tage. Auch im Siebnersystem bezeichnen die Ziffernfolgen 10, 20, 30, 40, ... »einfache« Zahlen, aber sie bedeuten Sieben mal Eins, Sieben mal Zwei, Sieben mal Drei, Sieben mal Vier, ...

Zählen im Zehner- und im Siebnersystem

Zehnersystem:	1	2	3	4	5	6	7	8	9	**10**	11	12	13	14	15	16	17
Siebnersystem:	1	2	3	4	5	6	**10**	11	12	13	14	15	16	**20**	21	22	23

Zehnersystem:	18	19	**20**	21	22	23	24	25	26	27	28	29	**30**	31	32
Siebnersystem:	24	25	26	**30**	31	32	33	34	35	36	**40**	41	42	43	44

Zehnersystem:	33	34	35	36	37	38	39	**40**	41	42	43	44	45	46	47
Siebnersystem:	45	46	**50**	51	52	53	54	55	56	**60**	61	62	63	64	65

Zehnersystem:	48	49	**50**	51	52	53	54	55	56	57	58...
Siebnersystem:	66	**100**	101	102	103	104	105	106	**110**	111	112...

Cyrilles Widerstand gegen das simple Anhängen einer Null kann man mit dem folgenden Experiment im Siebnersystem nachempfinden. Wir wissen daß 7 x 37 im Zehnersystem 259 ergibt. Übersetzen wir die Rechnung ins Siebnersystem, so lautet sie, wie man in der Tabelle nachsehen kann, 10 x 52 = ? Sind Sie bereit, ohne zu zögern an die Ziffernfolge 52 einfach eine Null anzuhängen? Sind Sie sicher, daß die Ziffernfolge 520 im Siebnersystem der Zahl 259 im Zehnersystem entspricht? Wir zweifeln. Aber Sie brauchen sich nicht zu grämen: Im *Zögern* künden sich die Energien an, aus denen die Motivation zum Lernen entspringt. Nur wer sein Zögern wahrzunehmen und wachzuhalten vermag, entwickelt wirksame Abwehrkräfte gegen unkontrollierbare, abhängigmachende Patentrezepte und verschafft sich den nötigen Spielraum für eigenes Nachdenken, Forschen und Entdekken. Wie läßt sich, so könnte man zum Beispiel weiterfragen, die Gleichheit der durch 520 und 259 dargestellten Zahlen nachweisen? Muß man tatsächlich in mühsamer Kleinarbeit die obige Tabelle erweitern, oder gibt es elegantere Verfahren?

Klammerbemerkung für Lehrbuchautoren: Machen Sie aus der Art, wie Cyrille Multiplizieren gelernt hat, um Gottes Willen keinen obligatorischen Lehrstoff. Sie haben miterlebt, wie ein eigenwilliger Pilger auf eigene Faust seinen Weg nach Rom sucht. Machen Sie daraus keinen Trampelpfad für Reiseagenturen. Verzichten Sie aber auch darauf, ihren eigenen Weg des Erkennens, der vielleicht über das Siebnersystem geführt hat, für verbindlich zu erklären.

Wilhelm Hitzler
Aus der Unterrichtsforschung

Grundschul-Mathematik, ein sprachliches Problem?

Unser Text ist entnommen aus: Mathe-Journal 1/88, zu beziehen über: B. Andelfinger, Rosenstr. 19f., 4044 Karst. Dieser Beitrag wurde uns zugesandt von Wilhelm Hitzler, Eichbühlstr. 29, 7900 Ulm-Donaustetten. Die Grafik »Kindergruppe« stammt von Mike Franke (Schüler Klasse 5 der Gesamtschule Mönchengladbach). Mike zeichnete dieses Bild, nachdem ihm im Unterricht die folgende Geschichte von seinem Lehrer vorgelesen worden war.

Die 17 Schüler der 4. Klasse sitzen im Kreis, um einen Lösungsweg für diese Aufgabe zu finden.
Giulio: *»Das muß man zusammenzählen.«*
Nesrin: *»Nein, erst mit der Uhrzeit rechnen.«*
Zradvler: *»Was heißt 'in Höhe von'?«*
Oliver: *»Das heißt, daß er so hoch ist.«*
Zradvler: *»Wie hoch?«*
Oliver: *»2 Meter oder 3 Meter.«*
Alexander: *»Keine Meter. Hier meint man, wie teuer es ist.«*
Nirgül: *»Was ist Material?«*
Carlo: *»Das Zeug, was der Bauer braucht.«*
Nebosja: *»Welcher Bauer?«*
Carlo: *»Der Bauer, der hier arbeitet.«*
Nebosja: *»Da arbeitet doch ein Elektriker.«*
Judith: *»Ja, der Elektriker heißt Bauer und der arbeitet bei Familie Hauf.«*
Semra: *»Wir müssen erst ausrechnen, wie lange er arbeitet und dann das Material und die Fahrt dazuzählen.«*
Egemen: *»Und die 48,00 DM für die Arbeitsstunde noch dazu.«*

Emelyano: *»Nein, nix dazu. Muß rechnen, was kostet Zeit.«*
Judith: *»Ja, wenn er zwei Stunden arbeitet, sind das 96,00 DM.«*
Alexander: *»Er arbeitet aber 3 1/2 Stunden.«*
Nesrin: *»3 1/2 mal 48, wie geht das?«*
Zradvler: *»Erst einmal 3, dann mal 1/2.«*
Nebosjan: *»Dreimal 48 ist 144 und die Hälfte ist 72.«*
Alexander: *»Nein, die Hälfte von 48.«*
Semra: *»144 plus die Hälfte von 48.«*
Egemen: *»Plus 24«.*
Giulio: *»168.«*
Bastian: *»Also 168 DM plus 56,70 DM, plus 28,00 DM, das ist die Rechnung.«*

....

Sicher haben die LeserInnen an den Namen der Kinder bemerkt, daß es sich vorwiegend um Ausländerkinder handelt. Von den 17 SchülerInnen sind es nur 2 deutsche Kinder, der »Rest« Kinder aus Italien, der Türkei, Jugoslawien, Griechenland und Syrien.

Die Schwierigkeiten, mit dieser Klasse Mathematik zu betreiben, liegen weniger im mathematischen als im sprachlichen Bereich. Das wiedergegebene Gespräch zwischen den SchülerInnen verdeutlicht zweierlei:
(1) Selbst bei einer für unsere Verhältnisse überschaubar und anschaulich gestellten Aufgabe kann nicht davon ausgegangen werden, daß sie auch für Ausländerkinder verständlich formuliert ist. Wortbedeutungen sind fremd und die Satzstrukturen verleiten zu falschen Schlußfolgerungen. Rein rechnerische Fehlschlüsse werden schnell erkannt und richtig gestellt, gerechnet wird schnell und sicher, sogar im Kopf.
Die meisten Eltern der ausländischen Kinder üben die rein numerischen Rechentechniken intensiv und regelmäßig, so daß hier gute und sehr gute Leistungen erbracht werden. Sobald die Einkleidung in Texte erfolgt, sinken die Leistungen unter ausreichend ab.

(2) Die SchülerInnen erschließen in diesem Gespräch die Aufgabe ohne die Hilfe des Lehrers. Jeder Schüler und jede Schülerin trägt mit den eigenen Kenntnissen zur Lösung bei. Die SchülerInnen sind gezwungen, die Aufgabe sprachlich zu analysieren. Diese Art, Sachaufgaben zu erschließen, hat sich für die besonderen Probleme der Ausländerkinder bewährt. Allerdings muß sie schon frühzeitig trainiert werden. Begonnen wird schon in den ersten beiden Schuljahren, in denen aus Bildern Rechnungen herausgelesen und selbst formuliert werden. Sobald die Kinder den Leselehrgang beendet haben, werden die Bilder mit Sprechblasen oder Informationsschildern versehen. Die Kinder erfinden eine passende Aufgabe, stellen eine Frage (oder mehrere) und beantworten sie. Schnell lernen sie, zwischen Fragen, die sich aus dem Bild beantworten lassen und solchen, die erst berechnet werden müssen oder gar solchen, die unbeantwortbar sind, zu unterscheiden. Unnötige Informationen im Bild bringen die SchülerInnen dazu, eine Zahl immer in einem Sinn- und Sachzusammenhang zu sehen und nicht wahllos Zahlen zu verknüpfen – was nicht nur den ausländischen Kindern zugute kommt, sondern auch Kindern mit schwachem logischem Denkvermögen.
Um Aufgaben in Texten anzugeben, bedarf es dann einer Begriffsklärung über gebräuchliche Begriffe, die sich in einem »mathematischen Wörterbuch« zusammenstellen lassen. Es sind weniger die mathematischen Fachausdrücke, die im Unterricht ja von allen Kindern neu gelernt werden, sondern aufgabenspezifische Formulierungen wie:

insgesamt = alles zusammen
Stückpreis = das kostet 1 Stück
benötigt = brauchen
beträgt = so viel ist es
der dritte Teil = durch 3 usw.

Bevor eine Sachaufgabe in der anfangs beschriebenen Form des freien Gesprächs ablaufen kann, werden die Aufgaben nach einem vorgegebenen Schema angegangen:

1 Lesen der Texte
2 Fragen zu Wortbedeutungen
3 Erzählen der Rechengeschichte in eigenen Worten (ohne Textvorlage)
4 Lösungsfrage stellen
5 Zuordnen von Sachverhalt zu Zahl
6 Erstellen eines Rechenplans
7 Rechnung
8 Beantworten der Frage.

Sobald dieser Ablauf sich eingeschliffen hat, kann zur freieren Form übergegangen werden. Eines ist den LehrerInnen sicher: Sie werden die Denkvorgänge ihrer SchülerInnen viel leichter durchschauen und Fehler frühzeitig erkennen können.

2 + 11 = 12 ?

Was uns ZAHLWÖRTER über unser mentales LEXIKON sagen

Weil zahlen üblicherweise als ziffern geschrieben werden, sind sie uns als geschriebene wörter unvertraut. (Außer auf schecks schreiben wir sie selten aus.)

Die *frage:* Wie regelmäßig werden zahlwörter gebildet?

eins
zwei
drei
vier
fünf
sechs
sieben
acht
neun
zehn
elf
zwölf
drei*zehn*
vier*zehn*
fünf*zehn*
sech*zehn*
sieb*zehn*
acht*zehn*
neun*zehn*
zwan*zig*
ein*und* zwan*zig*
zwei*und* zwan*zig*
drei*und* zwan*zig*
vier*und* zwan*zig*
fünf*und* zwan*zig*

sechs*und* zwan*zig*
sieben*und* zwan*zig*
acht*und* zwan*zig*
neun*und* zwan*zig*
drei*ßig*
vier*zig*
fünf*zig*
sech*zig*
sieb*zig*
acht*zig*
neun*zig*
hundert
hundert*eins*
zwei hundert*zwei* und*zwan* zig
drei hundert*drei* und*drei* ßig
vier hundert*vier* und*vier* zig
fünf hundert*fünf* und*fünf* zig
sechs hundert*sechs*und*sech* zig
sieben hundert*sieben*und*sieb* zig
acht hundert*acht* und*acht* zig
neun hundert*neun* und*neun* zig
tausend

Zweifellos ist die bildung von zahlwörtern regelmäßig. Kinder in der grundschule verfügen über diese regeln, sie können – diesen regeln folgend – tausende von wörtern bilden. Aber sie können diese regeln nicht als sätze formulieren.
Regeln sind das eine, die sogenannten ausnahmen das andere.
Kennzeichnen Sie bitte die zahlwörter, die in einem bestimmten sinne *nicht* einer/der regel folgen.
Auf welchen ebenen folgen bestimmte zahlwörter bestimmten regeln nicht?
Sind sie deshalb regellos?
Was können Sie für Ihre theorie des rechtschreiblernens aus diesem beispiel lernen?

(Vergleichen Sie auf der folgenden seite unten unsere anmerkungen dazu.)

¶ *ZWO + ELF = ZWÖLF ?*

Auflösung zur Aufgabe *Was uns zahlwörter über unser mentales lexikon sagen* (s. vorherige Seite)

Unser Zahlenbeispiel lehrt:

1) Ortografisches ist in sprechsprachlich gewonnenem fundiert.
2) Das, was man hört, reicht als schreibanleitung nicht aus ('ainuntswantsich').
3) Man schreibt, was man weiß, d.h., was man 'buchstäblich artikulierend auf die reihe bringt'. Ortografisches schreiben ist also intuitives (gekonntes, routiniertes) und zugleich wissentliches schreiben.
4) Regelbefolgung, als das realisieren dessen, was für viele schreibweisen gilt, wird durch einzelwortspezifisches wissen, durch wortbezogene merk-male ergänzt (dreißig, sech-zig).

Zusammengefaßt: Wenn eine schreibung nicht 'spontan' gelingt, bietet der artikulierte, durch wissen bereicherte entwurf das modell des schreibens, in dem regelhaftes (gekonntes) und einzelwortspezifisches (gewußtes, das auch regelhaft ist) zusammenfließen.

Das geschriebene produkt wird auf seine richtigkeit, triftigkeit, vertrautheit geprüft (visuelle kontrolle).

Heiko Balhorn / Ulrich Vieluf

Anmerkung von Hans Brügelmann: Vielleicht werden Ihnen die Besonderheiten unserer Zahlschreibung deutlicher im Vergleich mit der Schreibweise in *Esperanto* (vgl die amüsant zu lesende Einführung von *Richard Schulz (» Mein geliebtes Esperanto. Mia amata Esperanto« Bleicher Taschenbuch: Gerlingen-Stuttgart, 3. erw. Aufl. 1984, 7–15):*

```
   unu
   du
   tri
   kvar
   kvin
   ses
   set
   ok
   nau
   dek
   dek unu
   dek du
   dek tri
   dek kvar
   dek ses
   dek set
   dek ok
   dek nau
du dek
du dek unu
du dek du
du dek tri
du dek kvar
du dek kvin
```

```
  du dek ses
  du dek set
  du dek ok
  du dek nau
 tri dek
kvar dek
kvin dek
 ses dek
 sep dek
  ok dek
 nau dek
     cent
     cent unu
  du cent du   dek du
 tri cent tri  dek tri
kvar cent kvar dek kvar
kvin cent kvin dek kvin
 ses cent ses  dek ses
 sep cent sep  dek sep
  ok cent ok   dek ok
 nau cent nau  dek nau
     mil
     miliono
     miliardo
```

Nach soviel Mathematik
und bevor der dritte Teil des Buchs beginnt
wollen wir uns noch einmal so richtig entspannen.
Mit einer
– wie gewitzte Leserinnen
(jaja, diesmal ohne »I« in der Mitte)
gewiß finden werden – :
irgendwie ja schon typischen sechsy Männergeschichte

Eine eingekleidete Aufgabe

Na –?

3 × 6
SCHNIEBEL / BAUERSFELD '88
18 Uhr!
3 × 6 = 18
Stimmt!
© vpm verlag für pädagogische medien

Teil III

Voraussetzungen erfolgreichen Lesen- und Schreibenlernens Werkstattberichte aus der Forschung

Kleine blütenlese aus texten von Bernhard Bosch

Es gibt gute gründe, *Bernhard Boschs* schriften aus den dreißiger und vierziger jahren zu lesen (vgl. Lit.-verzeichnis) und auch – in einem jahrbuch wie diesem – gedanken von ihm zur geltung zu bringen. Es ist wichtig – ehre, wem ehre gebührt – festzuhalten, daß er es war, der in seiner »Preisschrift« von 1937 lesenlernen als *einsichtiges Lernen* expliziert hat. *Bosch* sah schon damals, daß das problem des erlernens einer alfabetischen schrift nicht wesentlich als wahrnehmungs- und gedächtnisleistung zu begreifen ist, sondern dem kind *eine spezifische intellektuelle Neuleistung* abverlange. Wenn, ja wenn die disputanten des folgenden ebenso aufwendigen wie fruchtlosen methodenstreits um die scheinalternativen eines synthetischen oder analytischen leselehrgangs doch nur *Bosch* gelesen hätten, vielen kindern wäre viel abwegiges erspart geblieben.
Zudem: Bei *Bosch* finden sich bestimmungen zum lesenlernen, die auch die heutige – so fürchte ich – gängige praxis von unterricht übersteigen, also noch gegenwärtig orientierende bedeutung besitzen können. Dies zumal deshalb, weil *Bosch* nicht nur in gehaltvoller theoretischer perspektive ein verständnis für einen kognitiven leselernbegriff eröffnete (und dabei, immerhin vor rund 40 jahren, die 'Wortbildtheorie' ad absurdum führte), sondern zugleich auf sehr praktische weise mit konkreten materialien unterricht inspirierte. Deshalb ist es, wenn man die zur zeit rund vierzig in umlauf befindlichen fibeln bedenkt, wohl doch nicht ganz überflüssig, festzuhalten, daß der autor *Bosch* sich an keinem fibellehrgang beteiligte.

*

Gegen eine verkürzende vorstellung, daß beim lesen die einzelnen laute (z.B. *a - l - t*) wie durch aneinanderreihen zu einer silbe, zu einem wort zusammengefügt würden, ähnlich wie wir dies buchstaben schreibend tun, unterscheidet *Bosch* laute 'in gestaltgebundener Individuallage' von solchen 'in neutraler, gestaltindifferenter Lage' und zieht methodische konsequenzen. (Wer diese wichtige unterscheidung zwischen fonen und fonemen verstanden hat, wird schwerlich von *'lauttreuen'* wörtern reden mögen).

»Da in unserer Buchstabenschrift aus ökonomischen Gründen die Schriftzeichen (Buchstaben) nicht Laute in Individuallage bezeichnen, sondern Laute in neutraler, gestaltindifferenter Lage, die auf dem Weg des Abstraktionsverfahrens gewonnen werden, muß der Leseunterricht das Kind bei der Gewinnung der isolierten, »abstrakten« Laute methodisch führen. Das geschieht nicht, wenn man – wie bisher vielfach üblich – dem Kinde einfach die abstrakten Laute und deren Zeichen, die Buchstaben, unmittelbar vor-

setzt. Vielmehr kommt es darauf an, in psychologisch adäquater Weise den Abstraktionsprozeß in Gang zu bringen. Über die gestaltgebundene Analyse geht der Weg zu den gestaltentbundenen, abstrakten Lauten und deren Zeichen, den Buchstaben. Nur wenn das Kind diesen Weg gegangen ist, gelingt es ihm, beim Lesen den durch Vermittlung des Buchstabens gebotenen abstrakten Laut in seinem spezifischen Funktionswert einzusetzen, den der Laut im Zusammenhang des Wortes, also gestaltgebunden, hat.«

*

Gegen eine heute gängige praxis in den anfangsteilen von fibeln mittels fernliegender figuren (Fu, Uta, Flossi) in kaum situierten, sinnverdünnten sätzen lesereize bieten zu wollen, setzt *Bosch* 'texte aus der klasse'. Damit fundiert er praktische einsichten durch gestaltendes lesen, bei dem leser wissen zum kriterium gestalteter unterscheidung nutzen können.

»Das Kind soll von vornherein gestaltend lesen lernen. Es muß also im ersten Umgang mit der Schrift tätig erfahren, daß Klangteil und Inhalt wechselwirkend aus inniger Zusammengehörigkeit ineins streben. Das kann ihm aber nur gelingen, wenn es sich innerlich dazu genötigt sieht, die bislang anderweitig eingebettete Wortfolge »Fritz geht in die Schule« in die neue Situation einzubeziehen und in den Dienst der dieser Situation entsprechenden Sinnfunktion zu stellen. Das heißt, daß diese neue Situation für das Kind zunächst einmal gegeben sein muß; dann erst kann sie »steuernd« wirksam werden, Impulse setzen. Praktisch kommen wir zum Ziel, indem wir uns wiederum zunächst in der Klasse darüber unterhalten, wohin die Leute morgens gehen. Da stellt sich heraus, daß Fritz ein Stück Wegs mit Oma gemeinsam geht; dann, an der Mühlenstraße, trennen sie sich: Oma geht in die Kirche, Fritz in die Schule. Nun ist der Augenblick erreicht, daß der Lehrer sich zur Tafel begeben und (vorher noch einmal geheimnisvoll um sich blickend) anschreiben kann: »Oma geht in die Kirche.« Es verwundert nach dem Vorangegangenen nicht, daß die Kinder den Ton des Satzes beim Lesen auf »Kirche« legen. Der Lehrer macht darauf wiederum ein gespanntes (und darum die Kinder spannendes) Gesicht und erklärt: »Die Geschichte wollen wir aber noch länger machen.« Er schreibt darunter: »Fritz geht in die Schule.« Zunächst läßt er die Feststellung über Oma noch einmal lesen, dann gleich den Satz über Fritz folgen. Siehe da! Auch in diesem Satz legt sich der Hauptton zwanglos ans Ende, auf »Schule«. Zugleich mit der Einbeziehung in das Kraftfeld des neuen umfassenden Sinnganzen springt gleichsam die Wortfolge »Fritz geht in die Schule« in die situationsgemäße Satz-Klanggestalt. Wahrscheinlich wünschen die Kinder selbst, daß auch von Grete und Manfred, und womöglich noch anderen, geschrieben wird, wohin sie gehen.
Man kann diese Übung natürlich weiter ausbauen. Nach einer Unterhaltung

über den Sonntag etwa schreibt der Lehrer ein »Rätsel« an die Tafel, das aus folgenden zwei Sätzen besteht:

»Fritz geht in die Kirche.
Fritz geht in die Schule.«

Es zeigt sich, daß die Kinder – nach dem, was voraufgegangen ist – das »Rätsel« ohne weiteres lösen können: »Ja, sonntags geht er in die Kirche, alltags in die Schule.«
Wir sehen, daß bei solchem Vorgehen die Kinder schon bei ihren ersten Leseversuchen, der ersten Bekanntschaft mit der Schrift, die Einheit von Klanggestalt und Sinngehalt stimmig verwirklichen. Aus innerer Nötigung lesen sie gestaltend, wie sie in natürlicher Redesituation gestaltend sprechen. Das ist möglich, weil nicht nur Wörter »äußerlich«, mechanisch ausgewechselt werden (etwa in dem Satze »Fritz geht in die Schule« das Wort »Schule« durch »Kirche«), vielmehr das situative Sinnganze sie beim Lesen in die prinzipiell gleiche Ausgangslage versetzt, in der sie sich beim natürlichen Sprechen befinden. Auf diese Weise erfahren sie tätig (im Umgang mit der Schrift, sprechend-handelnd, in einem learning by doing, also in praktischer Einsicht), daß der gleichen Folge von Wörtern nicht starr die gleiche Sinnfunktion zukommt, ihr nicht fest die gleiche Klanggestalt zu eigen ist, sondern die jeweils gemäße Sprachgestalt vom Leser in einem schöpferischen Akt gestiftet werden muß.«

*

Die Deutsche Gesellschaft für Lesen und Schreiben (DGLS) gab sich die ehre, *Prof. Dr. Bernhard Bosch* am 6.5.1988 die ehrenmitgliedschaft anzutragen. *Bernhard Bosch* nahm unseren antrag dankend an.

Heiko Balhorn

»Lesen durch Schreiben« – schon in den 20er Jahren

Bernhard Bosch hat vor 5o Jahren wichtige Gedanken der heutigen Lesepsychologie und -didaktik vorformuliert. Aber auch in der Praxis gab es Versuche, Ideen umzusetzen, die in den letzten Jahren wieder an Bedeutung gewonnen haben (vgl. u.a. die vielfältigen Hinweise in den Büchern von *Gerhard Sennlaub).*

A. Storch und *G. A. Tode* (1933a) beispielsweise entwickelten in der Hamburger Versuchsschule Tieloh-Süd eine eigene »Schreib-Lese-Methode«. Über die Arbeit seines Vaters berichtet sein Sohn *Gustav-Adolf Tode,* der in den 50er Jahren mit seiner Frau nach demselben Ansatz unterrichtete (persönliche Mitteilung):

T. unterrichtete 1923 ein 1. Schuljahr. Der Leseunterricht wurde mit Hilfe der HANSA-FIBEL nach der synthetischen Methode erteilt. Als T. die entscheidende Beobachtung machte, hatten die Schüler schon einige Buchstabenkenntnisse, konnten jedoch noch nicht lesen.

T. hatte ein Märchen vorgelesen, z. B. »Die Bremer Stadtmusikanten«. Die Kinder erhielten jetzt den Auftrag, ein Bild zu der Geschichte zu malen. Da einige Kinder früh fertig waren, erhielten sie die Aufgabe aufzuschreiben, was sie gemalt hatten. Es mögen jetzt folgende »Texte« entstanden sein:

(1) W – H – E – H – H – K : also nur Anlaute;

(2) WL – HS – SL – Han – HND – ZK : vorwiegend Konsonanten. In beiden Fällen handelt es sich um einfache Aufzählungen: Wald, Haus, Esel, Hahn, Hund, Katze. Beide Darstellungen sind »richtig«, auch die Lautumstellung für Katze.

(3) IM WLD IST EIN HS – DER ESL SCHLFT – DER HAN KRT (gelesen: Im Wald ist ein Haus. Der Esel schläft. Der Hahn kräht.)

T. ließ sich von den Kindern die eigenen Texte vorlesen. Sie konnten es, da sie den Text noch im Gedächtnis hatten. Vielleicht halfen ihnen aber auch schon die Buchstaben.

T. stellte fest, daß die Kinder trotz Kenntnis der Vokale (sie werden bei der synthetischen Methode früh eingeführt) vorwiegend Konsonanten schrieben, wobei die Reihenfolge nicht immer richtig war. Die Frage war nun: Wie kommen die Kinder zu dieser Form der Darstellung? T. beobachtete, daß die Kinder die Wörter vorsichtig vor sich hin sprachen, das Wort analysierten und die gefundenen Buchstaben niederschrieben. Bei näherer Untersuchung – und dies ist der entscheidende Punkt – stellte er fest, daß die Kinder die Buchstaben niederschrieben, die sie bei der Lautbildung fühlten *(an den Lippen, an der Zunge und am Gaumen). Die Vokale konnten nicht gefunden werden, da sie nicht erfühlt werden können.*

Ausgewählt von Hans Brügelmann

Schwierigkeiten beim Lesen- und Schreibenlernen: Drei Forschungsansätze

»Legasthenie« und »LRS« sind immer noch ungeklärte Tatbestände (und Begriffe). Ähnlich umstritten ist die Bedeutung sog. »Voraussetzungen« für einen erfolgreichen Schriftspracherwerb (trotz breit angelegter empirischer Erhebungen Ende der 70er Jahre, vgl. *Röhr 1978a; Wiedemann 1978a).*
Aus der gegenwärtig laufenden Forschung stellen wir drei Projekte vor, die weithin diskutierte Erklärungsversuche aus unterschiedlichen Perspektiven untersuchen. Es gibt Überschneidungen in den theoretischen Konzepten und in den konkret eingesetzten methodischen Verfahren. Trotzdem setzt jedes Projekt seinen besonderen Akzent, der jeweils einer bestimmten Position in der Diskussion über Schwierigkeiten bzw. Störungen des Lesens und Schreibens entspricht.
Mit der »kognitiven Wende« in der Psychologie haben die Versuche zugenommen, auch Lernen als »Informationsverarbeitung« zu verstehen. Analog zu Computermodellen werden verschiedene »Speicher« und »Programme« angenommen, mit deren Hilfe Informationen aufgenommen, verschlüsselt (»codiert«), übersetzt (»recodiert«), aufbewahrt und abgerufen werden. Solche »Module« werden grundsätzlich unabhängig von dem konkreten Gegenstand (Schrift, Zahlen, Farben usw.) gedacht. Schwierigkeiten beim Lesen- und Schreibenlernen werden deshalb auch nicht auf die Qualität der Erfahrungen zurückgeführt, die das Kind mit Schrift(sprache) gemacht hat, sondern auf Störungen des Gedächtnisses, der Wahrnehmung, der Motivation oder ähnlich allgemeiner Fähigkeiten bzw. Einstellungen. Dieser Ansatz ist am stärksten in der LOGIC-Studie des Max-Planck-Instituts für Psychologische Forschung (München) berücksichtigt, über die *Wolfgang Schneider* berichtet (s. S. 190).
Zum Teil orientiert sich die Münchener Untersuchung auch an einem Prozeß-Modell des Lesens und Schreibens. Dieser Ansatz ist aber charakteristischer für die Studie »Früherkennung und Prävention bei Risiken der Lese-Rechtschreib-Schwäche« (SFB 227 der Universität Bielefeld) (vgl. den Beitrag von *Mannhaupt/ Skowronek).* Prozeßmodelle stehen ebenfalls in der Tradition der kognitiven Psychologie. Sie versuchen, komplexe Leistungen wie Lesen und Schreiben als Verknüpfung von Teilprozessen zu beschreiben, die sich auf bestimmte Inhalte beziehen. Entsprechend differenziert ist das Instrumentarium, mit dem die Bielefelder Gruppe schrift- und lautsprachliche Teilleistungen zu erfassen versucht. Schwächen in spezifischen Aufgaben dienen als Orientierung für eine gezielte Förderung. Sie soll helfen, fehlende Voraussetzungen für einen erfolgreichen Schriftspracherwerb zu kompensieren. Erste Befunde zur Stützung dieses Ansatzes berich-

tet *Kretschmann* in einer Zwischenbilanz seiner ähnlich angelegten Studie. Trotz der unterschiedlichen Akzente sind das Münchener und das Bielefelder Modell theoretisch und methodisch näher miteinander verwandt als beide zusammen mit der Bremer Untersuchung »Kinder auf dem Weg zur Schrift«. *Hans Brügelmann* geht in seinem Bericht von einem »Feldmodell« des Schriftspracherwerbs aus. Die Bremer Gruppe versucht, in einem alltagsnäheren Sinn zu verstehen, wie Kinder mit Schrift(sprache) in bestimmten sozialen Situationen umgehen, was sie ihnen persönlich bedeutet und wie sie die oft sehr spezifischen Erfahrungen zu (meist impliziten) Konzepten verdichten und so den Gegenstand Schrift(sprache) individuell für sich re-konstruieren.
Es gibt weitere Ansätze, die z.B. stärker neuro-physiologisch (vgl. *Galaburda 1987a),* psycho-analytisch (vgl. *Weber 1988a)* oder kultur-historisch (vgl. *Bergk 1980a)* orientiert sind. Konkrete Vorschläge zielen auf die Verknüpfung von Teilleistungsmodellen und Entwicklungskonzepten, z.B. in Form einer Voraussetzungs-Hierarchie (vgl. *Probst 1988a).* Wir hoffen, vergleichbare Untersuchungen zu solchen theoretischen Alternativen in späteren Jahrbüchern vorstellen zu können. Möglicherweise wird die *Deutsche Forschungsgemeinschaft* in den kommenden Jahren mit einem Schwerpunktprogramm »Schriftspracherwerb« die Entwicklung solcher konkurrierenden Ansätze fördern.

Hans Brügelmann

Wolfgang Schneider

Frühe Vorhersage von Lese-/Rechtschreibleistungen:

Der Ansatz des Münchner Längsschnittprojekts (LOGIC)

Grundsätzliche Probleme der traditionellen Lese-/Rechtschreibforschung sind darin zu sehen, daß die Diagnose von Kompetenzen bzw. Schwierigkeiten im Umgang mit der Schriftsprache in der Regel erst relativ spät im Verlauf der Grundschulzeit erfolgt. Es läßt sich dann meist nur noch schwer entscheiden, ob festgestellte Vorkenntnisdefizite im Lesen und/oder Schreiben primär auf spezifische Ausfälle im kognitiven Bereich zurückzuführen oder aber durch ungünstige Konstellationen des familiären wie auch schulischen Umfeldes mitbedingt sind. Will man mehr über wirklich bedeutsame Prädiktoren der Lese- bzw. Rechtschreibleistung erfahren und weiterhin die Effekte von eher kindzentrierten versus umweltspezifischen Merkmalen im Entwicklungsverlauf möglichst präzise erfassen, so scheint es unerläßlich, möglichst früh, also etwa schon im Kindergartenalter, nach bedeutsamen Prädiktoren von Lese- bzw. Rechtschreibleistungen Ausschau zu halten.

Da bisher noch relativ wenige Längsschnittstudien verfügbar sind, in denen solche Vorhersagemerkmale systematisch einbezogen wurden, entschieden wir uns im Rahmen unseres Münchner Längsschnittprojekts LOGIC (Longitudinal Study on the Genesis of Individual Competencies; vgl. *Weinert u.a. 1986a; Weinert/Schneider 1987a; b)* dafür, im dritten Jahr der Untersuchung eine Reihe von Meßverfahren einzusetzen, die aufgrund der verfügbaren Literatur Hinweise auf spätere Entwicklungen im Lesen und Schreiben erlauben sollten Die ca. 220 Kinder unserer Stichprobe befanden sich zu diesem Zeitpunkt in der letzten Phase der Kindergartenperiode (ca. 4 Monate vor Schuleintritt) und waren im Durchschnitt annähernd sechs Jahre alt.

Bevor ich genauer auf die verwendeten Meßinstrumente eingehe, sollen kurz die wesentlichen Schwierigkeiten skizziert werden, die dann entstehen, wenn man aufgrund der existierenden Literaturbefunde geeignete Verfahren zur Früherkennung von Lese-/ Rechtschreibschwierigkeiten auswählen will.

Probleme bei der Identifikation geeigneter Früherkennungsinstrumente

Inzwischen liegen mehrere umfangreiche Übersichtsreferate vor, in denen der Versuch gemacht wurde, aus der bislang verfügbaren Literatur zur frühen Vorhersage von Lese-/Rechtschreibleistungen solche Prädiktoren herauszufiltern, die sich generell als bedeutsam erwiesen haben (vgl. *Horn/Packard 1985a; Tramontana u.a. 1988a).* Es geht dabei speziell darum, festzustellen, welche in der Kindergartenphase erhobenen Prädiktoren aus unterschiedlichen Bereichen (sprachliche Kompetenz, sensorische Fertigkeiten, Verhaltensauffälligkeiten, motorische Fertigkeiten, allgemeine Intelligenz) korrelative Beziehungen zu späteren Lese-/Rechtschreibleistungen aufweisen. Das Gesamtbild dieser Analysen ist im Hinblick auf die Auswahl von geeigneten Fördermöglichkeiten eher verwirrend. Es hat den Anschein, daß die meisten der erfaßten Merkmale in den genannten Bereichen mit späteren Leseproblemen in Beziehung stehen. Es spielt dabei auch keine Rolle, ob die erfaßten Merkmale theoretisch mehr oder weniger eng mit Lese-/Rechtschreibprozessen in Beziehung gebracht werden können.

Grundsätzliche Schwächen der meisten empirischen Arbeiten zum Thema sind unserer Auffassung nach einmal darin zu sehen, daß sie atheoretisch angelegt sind, also sog. »look-and-see«-Ansätze repräsentieren. Das wesentliche methodische Dilemma besteht andererseits darin, daß in vielen Fällen lediglich eindimensionale Analysen vorliegen, d.h. lediglich *ein* Merkmal herangezogen wurde, um die Vorhersagekraft zu bestimmen. Es ist hier zu vermuten, daß die beobachteten Zusammenhänge niedriger ausgefallen wären, wenn die Variablen nicht isoliert, sondern in Kombination mit anderen theoretisch relevanten Merkmalen erfaßt worden wären.
Um die genannten Probleme zu minimieren, wurden in der eigenen Studie im wesentlichen Prädiktoren der Lese-/Rechtschreibleistung verwendet, die sich auf ein gemeinsames theoretisches Konzept beziehen ließen und für die die Möglichkeit bestand, ihre relative Bedeutsamkeit für die resultierende Lese-/Rechtschreibleistung genauer abzuschätzen.

Vorhersage der Lese-/Rechtschreibleistung in LOGIC: Basales Konzept und Indikatorisierung

Wir gingen von der Annahme aus, daß Lese-/Rechtschreibprobleme von Kindern im wesentlichen durch Defizite im sprachlichen Kodieren bedingt sind. Die Auswahl von Prädiktoren der Lese-/Rechtschreibleistung orientierte sich demzufolge an einem Konzept, das Aspekte der »phonologischen Informationsverarbeitung« in den Mittelpunkt stellte. Dieser Begriff dient dazu, drei unterschiedliche Forschungsbereiche zu integrieren, die erst in neueren Untersuchungen systematisch aufeinander bezogen werden (vgl. *Wagner u.a. 1988a; Wagner/Torgesen 1987a*): (1) Arbeiten zur *phonologischen Bewußtheit*, also zur Einsicht in den lautlichen Aufbau der Sprache;

(2) Studien zum *phonologischen Rekodieren beim Zugriff auf das »innere Wörterbuch«* und (3) Studien zum *phonetischen Rekodieren im Arbeitsgedächtnis.*

Unter phonologischer Bewußtheit wird dabei die Bewußtheit wie auch der Zugang zur Lautstruktur der eigenen Sprache verstanden; phonologisches Rekodieren beim Zugriff auf das »innere Wörterbuch« bezieht sich auf das Abrufen von Lauten aus dem Langzeitgedächtnis, die mit bestimmten Objekten verknüpft sind. Phonetisches Rekodieren meint schließlich, daß wahrgenommene Symbole in einer Weise verschlüsselt werden, daß sie möglichst lange im Arbeitsspeicher verbleiben.

Alle genannten Aspekte der phonologischen Informationsverarbeitung wurden im Screening-Test der Bielefelder Kollegen (*Jansen u.a. 1986a)* erfaßt, den wir auch für die eigene Längsschnittstudie adaptierten. *Phonologische Bewußtheit* wurde hier insbesondere über eine Reimaufgabe, eine Silbensegmentierungsaufgabe sowie eine Laut-zu-Wort- Zuordnungsaufgabe repräsentiert. Mehrere Aufgaben zum schnellen Benennen von Farben und Objekten erfaßten die Fähigkeit zum phonologischen Rekodieren beim Zugriff auf das semantische Lexikon, während sich über die Wiederholung von »nonsense«-Wörtern Angaben zum phonetischen Rekodieren im Arbeitsgedächtnis machen ließen.

Zusätzlich zu diesem »Grobsiebverfahren«, das im wesentlichen der Identifikation von Risikokindern dienen sollte (also kaum eine Differenzierung im oberen Leistungsbereich zuließ), wurden weitere Instrumente verwendet, die höhere Schwierigkeitsgrade aufwiesen und damit Feindifferenzierungen ermöglichen sollten.

Für den Bereich der phonologischen Bewußtheit wählten wir zusätzlich eine von *Bradley* und *Bryant (1985a)* entwickelte Reimaufgabe aus, die aus drei Lautkategorisierungsaufgaben bestand. Während zwei dieser Aufgaben die Identifikation von reimenden Wörtern erforderten, ging es bei der dritten Aufgabe um die Erfassung von Alliterationen. Weiterhin schlossen wir in die Batterie von Testaufgaben eine Auswahl von Maßen zur phonologischen Bewußtheit ein, die von *Brügelmann u.a. (1986b; 1988a)* konzipiert worden waren (Silbensegmentierung, Lautzusammenziehung in Form einer »Roboter«-Aufgabe, »Sprung-zum-Wort«). Komplettiert wurde diese Auswahl durch Aufgaben zur Erfassung der *Buchstaben- bzw. Wortkenntnis* (freie Produktion versus unterstützte Produktion in sog. »Emblemaufgaben«).

Eine in Anlehnung an *Fox* und *Routh (1984a; b)* konstruierte Paarassoziationsaufgabe prüfte die Fähigkeit der Kinder, sich durch die Rekodierung schriftlicher Symbole in lautliche Entsprechungen *Zugang zum semantischen Lexikon* zu verschaffen. Es wurden buchstabenähnliche Gebilde vorgegeben, die jeweils mit einem speziellen Namen verknüpft werden sollten. Wir gingen davon aus, daß diese Aufgabe eine Situation simuliert, die der des Anfangsleseunterrichts recht nahe kommt.

Phonetisches Rekodieren im Arbeitsgedächtnis wurde schließlich über zwei Gedächtnisaufgaben erfaßt, für die schon wiederholt bedeutsame Beziehungen zu späteren Leseleistungen gefunden worden waren: sowohl die Wortspannenaufgabe nach *Case u.a. (1982a)* wie auch die Satzspannenaufgabe nach *Daneman* und *Blennerhassett (1984a)* erfassen dabei Kapazitätsaspekte des Gedächtnisses. Die gleichzeitige Berücksichtigung beider Maße in unserer Studie sollte Aufschluß über die noch strittige Frage geben, für welches Maß bessere Prädikationswerte zu erwarten sind.
Insgesamt gesehen zielt unsere Untersuchung jedoch nicht daraufhin ab, *den* besten Prädiktor zu ermitteln. Es geht vielmehr darum, die *relative Bedeutsamkeit* unserer Meßinstrumente für unterschiedliche Kriterien (Dekodierfähigkeit bzw. Verständnis bei Leseübungen, Rechtschreibkompetenz) und für unterschiedliche Zeitpunkte innerhalb der Grundschulperiode zu erfassen.
In unserer Längsschnittstudie sind eine Reihe weiterer Merkmale erhoben worden, die die Entwicklung des Lesens und Rechtschreibens theoretisch beeinflussen können. Dazu gehören verschiedene Aspekte des *Gedächtnisses* (Gedächtniskapazität, Textgedächtnis) wie auch Maße zur Erfassung der allgemeinen *Intelligenz,* der *Leistungsmotivation* und der *Handlungskontrolle*, d.h. der Resistenz gegenüber möglichen Ablenkungsquellen. Individuelle Unterschiede in diesen Merkmalen dürften sich sicherlich nicht unmittelbar auf das Lesen bzw. Rechtschreiben auswirken, könnten jedoch eine indirekte Rolle übernehmen und werden damit prinzipiell für unsere Fragestellung interessant. Zusätzlich sind Beobachtungen des Unterrichts geplant, aus denen sich möglicherweise Erklärungen für Leistungsentwicklungen ergeben, die aufgrund der erfaßten Schülermerkmale erwartungswidrig sind.

SEH - TEST
WORTBILDER AUF DEM PRÜFSTAND

Beispiele zur verwendung von großen und kleinen buchstaben in wohl vertrauten schriftzügen:

Die firma **OSRAM** schreibt sich in großen buchstaben.

Die firma **adidas** schreibt sich in kleinen buchstaben.

Die firma **Lufthansa** schreibt sich gemischt.

Notieren Sie bitte die folgenden firmen/produktbezeichnungen so, wie Sie sie hunderttausende von malen gesehen haben.
Vielleicht wissen Sie nicht nur, an welchen stellen große bzw. kleine buchstaben verwendet werden, sondern auch, welche firmennamen in schreibschrift geschrieben werden. Wenn ja, verwenden Sie diese.

1. Eine von Henri Nannen gemachte wochenzeitschrift (Himmelskörper): ....

2. Kaffeefilter in grün-roter packung: ... .

3. Zigarettenmarke: ›Der große Duft...‹: ... ...

4. Automarke; amerikanischer gründer: (Henry): ... ...

5. Auflagenstärkste wochenzeitschrift aus dem Springerkonzern.
Nicht ›Sieh zu!‹, sondern: ... ...

6. Automarke, japanisch, reimt sich auf ›Platz da!‹: ... ...

7. Ein kaufhaus, das nicht auf ›haus‹, sondern auf ›hof‹ endet: ... ...

8. Babynahrung; ____, ____ hurra!: ... ...

Nun notieren Sie bitte Ihre eigene automarke, Ihre uhrenmarke und vier benzinmarken:

... ...

Die auflösung des – von Heiko Balhorn entworfenen – 'sehtests' und einen kommentar finden Sie auf seite 227.

Voraussetzungen des Lesen- und Schreibenlernens

Der – von Hans Brügelmann zusammengefaßte bzw. übersetzte – Beitrag ist erschienen in Developmental Review, Vol.. 8, 89-146. Dank an Wolfgang Schneider für den frühen Hinweis.

Im jüngsten Literaturbericht zur Vorhersage des Schulerfolgs haben *Tramontana u.a. (1988a)* 74 Längsschnittstudien aus der Zeit von 1973 bis 1986 ausgewertet. Für den Lernfortschritt im Lesen (unter den Bedingungen heutigen Unterrichts, vor allem in den USA!) haben sich folgende vorschulischen Leistungen bzw. Merkmale als besonders vorhersagekräftige Indikatoren erwiesen (* = mittlerer Zusammenhang; ** = besonders enger Zusammenhang):

Fachbezogene (Teil-)Leistungen

* Schulreifetests (z.B. *MRT),* vor allem nach dem 1. Schuljahr (S. 93)
** Prognose des Schulerfolgs durch die Vorschullehrerin/Kindergärtnerin (S. 93)
** Buchstaben und Wörter erkennen, Alphabet aufsagen, und zwar bis ins 5. Schuljahr hinein (S. 93, 137)

Allgemeine kognitive Fähigkeiten

* formale Intelligenz (IQ-Tests wie *Wechsler, Stanford-Binet,* und zwar in einer anderen Kombination als für Mathematik (S. 126)
** sprachliche Abstraktionsleistungen (S. 126)

Sprachentwicklungsstand

** verschiedene Maße der Sprachproduktion und des Sprachverständnisses, vor allem nach dem 1. Schuljahr (S. 127)
* speziell Wortschatz wie im *PPVT* (S. 127)

Wahrnehmung und motorische Fertigkeiten

** visuelle (z.B. *Bender-Gestalt-Test)* und visu-motorische Leistungen, schon für das 1., aber bis zum 6. Schuljahr (S. 127 f.)
** auditive Wahrnehmung, aber nicht auditiv-motorische Koordination und nur bedingt visuell-auditive Koordination (S. 128)
** taktile Wahrnehmung, insbesondere »Finger lokalisieren« (vom 1. bis zum 5. Schuljahr), aber nicht allgemeine motorische Leistungen (S. 128, 141)

Verhaltensmerkmale und -stile

** Aufmerksamkeit (S. 129)
* Aufgabenorientierung (S. 128)
* Interesse/ Beteiligung (S. 128)

Soziale Bedingungen

** sozio-ökonomischer Status für das 1. Schuljahr (S. 130)
** Leistungsniveau der Lerngruppe, und zwar ebenso stark wie die Fähigkeiten des Kindes selbst (S. 130).

Etwas bissig könnte man diese Ergebnisse auf den Gesamtnenner bringen: Schlechte Voraussetzungen (gleich wo) sind schlechte Voraussetzungen (*auch* für das Lesenlernen). *Tramontana u.a. (S. 130)* fassen ihre Auswertung differenzierter zusammen. Speziell zum Lesen kommen sie zu folgender Einschätzung (S. 131f.):

Es scheint in der Forschung wenig Übereinstimmung über die relative Vorhersagekraft von kognitiven, sprachlichen und Wahrnehmungs- bzw. perzeptuell-motorischen Leistungen für die Entwicklung der Leseleistung zu geben. In der Tat haben verschiedene Forscher unterschiedliche Maße aus jeder dieser Kategorien als »die besten« Prädiktoren aufgelistet, wobei die genaue Rangfolge von Untersuchung zu Untersuchung wechselt. Die Einstufungen liegen aber nahe beieinander, und die meisten Befunde sprechen gegen *eine generell größere Bedeutung einer bestimmten Kategorie. Bedeutsame Beziehungen gibt es für kognitive, sprachliche und Wahrnehmungs- bzw. perzeptuell-motorische Leistungen, und die Vorhersagekraft läßt sich vermutlich durch eine Kombination von Maßen aus jeder dieser Kategorien steigern* (Abrahamson/ Bell 1979a; Butler u.a. 1982a; 1985a; Satz u.a. 1978a; Stevenson u.a. 1976a; Stevenson/ Newman 1986a; Wallbrown u.a. 1975a). Bedin

Die Befunde einiger Untersuchungen legen nahe, daß Entwicklungsbedingungen zu einer Veränderung des Musters führen, in dem verschiedene Merkmale Lesen über die Folge der Schuljahre vorhersagen. Insbesondere erwiesen sich Maße für kognitive oder sprachliche Fähigkeiten in einigen Studien nicht vor dem zweiten oder dritten Schuljahr als vorhersagekräftig (Belka/ Williams 1979a; Pusser/ McCandless 1974a; Satz u.a. 1976a); *möglicherweise ist Lesenlernen am Anfang stärker auf Fähigkeiten der Wahrnehmung und des Erkennens angewiesen. Wie erwähnt haben aber viele Studien gefunden, daß Maße für die Sprachfähigkeit die Leseleistung am Ende des 1. Schuljahres ganz gut vorhersagen* (Badian1982a; Helfgott 1976a; Lindquist 1982a; Reynolds u.a. 1980a; Share u.a. 1984a; Stanovich u.a. 1984a).

Insgesamt scheinen Maße für die Buchstaben- oder Alphabetkenntnis, für allgemeine kognitive Fähigkeiten, für Sprache und visuell-motorische Fertigkeiten (zusammen mit Finger-Lokalisation) durchweg gute Vorhersagen der Leseleistung von Klasse 1 bis 3 zu erlauben. Diese Aufgaben entsprechen ziemlich genau den Verfahren in der Florida Kindergarten Screening Batterie (Satz/Fletcher 1982a).

Schließlich wurde Lesen oft als undifferenzierte Gesamtleistung bewertet, obwohl einige Studien Teilleistungen untersucht haben. Eine solche Ausnahme war die Untersuchung von Wallbrown u.a. (1975a), *in der die Vorhersagen einer umfassenden Batterie verschiedener Merkmale getrennt für die Aufgaben »Wörter benennen« und »Leseverständnis« des Lesetests von* Gates/ MacGinitie *geprüft wurden. Insgesamt ließ sich im 1. Schuljahr der Lesewortschatz besser vorhersagen als das Leseverständnis, und während der IQ das Wortlesen am besten vorhersagte, war der Bender-Gestalt-Test der beste Prädiktor für das Leseverständnis.*

¶ *Alphabetisierung in Südamerika*

Im ersten Jahrbuch »Lesen und Schreiben« berichtet *Franz-Josef Kuhn (1987a)* über ein inhaltliches Konzept für die Alphabetisierung in Ecuador. Inzwischen hat die abc-Gesellschaft mit insgesamt 21 Rundschreiben über seine politischen und praktischen Versuche berichtet, entsprechende Maßnahmen in verschiedenen südamerikanischen Ländern in Gang zu setzen. Sie lesen sich wie die Chronologie eines modernen Sisyphos, so zuletzt im September 1988:

»Meine Reise verzögerte sich, weil in Quito eine neue Regierung gewählt wurde. Natürlich wurden deshalb ein neuer Minister für Educacion und ein neuer Leiter der Erwachsenenbildung eingesetzt ...

Ein Referatsleiter in der Bundesrepublik hat ... geäußert, daß Alphabetisierung beim BMZ (Bundesministerium für Wirtschaftliche Zusammenarbeit) keine Rolle mehr spiele.«

Umso wichtiger wird privates Engagement, das *Franz-Josef Kuhn* und seine Gesellschaft hartnäckig fordern und fördern. Denn nur endlos und geduldig wiederholte kleine Schritte haben regionale Maßnahmen ermöglicht. 500 Alphabetisierungscenter wurden mit dort entwickelten, aber hier produzierten Materialien ausgestattet, 60 Primarschulen mit Mathematikmaterialien. JedeR kann diese Arbeit unterstützen mit einmaliger Spende oder persönlichem Beitritt: *abc-Gesellschaft, Beckenkamp 25, D-4270 Dorsten 11, Konto 70 013 008 bei der Kreissparkasse Dorsten (BLZ 426 501 50).*

Annie lernt mit 60 lesen

Eines Tages, während der Lesestunde, kamen wir beispielsweise zu dem Satz: *The squirrel likes to climb trees* (Das Eichhörnchen klettert gern auf Bäume). Annie bekam das Wort *climb* nicht heraus. Nachdem ich ihr erst einige Hinweise gegeben hatte, sagte ich ihr schließlich, daß das Wort *»climb«* hieß. Sie sah mich verwirrt an, als ob ich eine fremde Sprache spräche. Ich wiederholte das Wort *»climb«*, dann den ganzen Satz *»The squirrel likes to climb trees«*. Plötzlich strahlte sie und sagte: *»Ach, Sie meinen 'clam', the squirrel likes to 'clam' trees.«* Diese und ähnliche Unterschiede in der Aussprache machten mir deutlich, daß ein Erlesen über das Lautieren von Buchstaben für Annie zu mühsam, verwirrend und entmutigend sein würde.

Wir entschieden uns also, anders vorzugehen. Als wirksam hat sich erwiesen, die *Bedeutung* statt der *Lautung* zu betonen.

Dieser Ansatz bedeutet konkret, inhaltlich interessante Texte zu finden, die Annie lesen möchte, und diese Texte auf Band zu sprechen; während der Stunden arbeiten wir gemeinsam an ihnen, und zu Hause übt sie mit Hilfe des Tonbands, die Geschichten zu lesen.

Nach einigen Monaten derartigen Unterrichts kam Annie eines Tages mit dem strahlendsten Lächeln der Welt zu mir. Sie erzählte mir stolz, daß sie am Sonntag in der Gemeinde aus ihrer Bibel vorgelesen hatte.

Danach fragte ich Annie, ob sie Lust habe, in einer Vorklasse eine Geschichte vorzulesen. Dieser Gedanke gefiel ihr, so daß ich einen Termin mit der Lehrerin in einer Schule in der Nähe verabredete. Eine Woche später ging Annie in die Vorklasse und hatte eine herrliche Stunde mit dem Vorlesen von »The Journey« aus *Mouse Tales*. Nach dem Vorlesen half sie den Kindern mit ihren »Buch-Berichten« (Bilder zu ihren Lieblingsstellen in der Geschichte malen). Die Kinder gaben ihr eine außerordentliche Zuneigung und Bestätigung. Der Lehrerin gefiel Annies Vorlesen so gut, daß sie sie eine Woche später wieder einlud. Annie hat seitdem jede Woche eine Geschichte gelernt und den Kindern der Vorklasse vorgelesen. Diese haben sie als ihre »Großmutter« adoptiert.

Ausschnitte aus: John A.Smith, Teaching Annie to read. In: Reading Today, Vol. 5, No. 6, June/July 1988, S. 2; übersetzt von Hans Brügelmann mit freundlicher Genehmigung der International Reading Association.

Gerd Mannhaupt / Helmut Skowronek

Früherkennung von Risiken im Schriftspracherwerb anhand ausgewählter Vorläuferfertigkeiten

Zum Hintergrund des Projektes

Im Mittelpunkt der ersten Projektphase des Projektes »Früherkennung und Prävention von Risiken der Lese-Rechtschreibschwäche« des von der DFG geförderten Sonderforschungsbereiches 227 »Prävention und Intervention im Kindes- und Jugendalter« stand u.a. die Erstellung eines Verfahrens zur Erhebung von »Vorläuferbedingungen« des Schriftspracherwerbs im Vorschulalter. Dieses Verfahren dient als Ausgangspunkt einer Längsschnittstudie über die Vor- und Grundschulzeit, die zum einen den allgemeinen Verlauf der Entwicklung in diesem Übergang in für den Schriftspracherwerb relevanten Leistungen verfolgen, zum anderen Kinder mit Schwächen in den vorauslaufenden Fertigkeiten herausfinden will, um zu überprüfen, ob diese sich als Risiken für den Schriftspracherwerb herausstellen.

Ausgangspunkt für die Konstruktion des Verfahrens waren die zahlreichen Überlegungen und Befunde der anglo-amerikanischen und europäischen Forschung, die u.a. Leistungen zur »phonologischen Bewußtheit« als wichtige Vorläufer des Lesen- und Schreibenlernens betrachteten.

Phonologische Bewußtheit (engl. *»phonological awareness«)* wurde definiert als die Fähigkeit, Sprache als aus distinkten lautlichen Einheiten bestehend wahrzunehmen und mit diesen lautlichen Einheiten analytisch und/oder synthetisch umzugehen *(Golinkoff 1978a; Rozin/Gleitman 1977a)*. Ihren Anfang nahm die neuere Forschung zu diesem Thema mit den Veröffentlichungen von *Elkonin (1963a)* und *Zhurowa (1963a)*. Beiden Arbeiten sowie auch den sich an diese Arbeiten anschließenden Studien liegt die Annahme zugrunde, daß die Aufgabe für Lese-/Schreibanfänger darin besteht, sich zu der ihnen geläufigen gesprochenen Sprache ein Sprach-Darstellungssystem anzueignen, das der Schrift. Während die Schrift in einigen Ländern (z.B. China) auf der Ebene von Begriffselementen arbeitet, müssen sich Erstleser alphabetischer Schriften mit dem Problem auseinandersetzen, daß Schrift eine mehr oder minder exakte graphische Repräsentation der Lautstruktur der gesprochenen Sprache darstellt.

Elkonin (1963a) berichtete von dem erfolgreichen Versuch, den Einstieg in

die Schriftsprache für Erstklässler ausgehend von der Segmentierung der Lautsprache und unterstützt durch abstrakte Lautplättchen durchzuführen. Er schloß daran die Auseinandersetzung mit der eigentlichen Schrift an. Forscher im anglo-amerikanischen Sprachraum nahmen diesen Ansatz in der Art auf, daß sie empirische Beziehungen zwischen Leistungen zur phonologischen Bewußtheit und Leistungen des Lesens und Schreibens untersuchten.
Durchgeführt wurden Studien zu Leistungen der phonologischen Bewußtheit im Vorschulalter *(Bruce 1964a; Liberman u.a. 1974a; Fox/Routh 1975a; Helfgott 1976a; Zifcak 1981a; Blachman 1984a)*, Studien über Trainings in phonologischer Bewußtheit im Vorschulalter *(Bradley/Bryant 1985a; Treiman/ aron 1983a)* sowie Längsschnittstudien über korrelative Zusammenhänge von Leistungen der phonologischen Bewußtheit mit dem Erfolg des Schriftspracherwerbs *(Butler 1979a; Mann/Liberman 1982a; Tunmer/Nesdale 1985a; Bradley/Bryant 1985a)*. Die starke Forschungsaktivität zu diesem Problem führte u.a. zu der Ausdifferenzierung dreier Standpunkte hinsichtlich der Beziehung zwischen den phonologischen Vorläuferbedingungen und dem eigentlichen Lesen und Schreiben (der Diskussion dieses aktuellen Themas ist das Heft 5 des Jahrgangs 7 (1987) der *Cahiers de Psychologie Cognitive* gewidmet):

(a) Phonologische Bewußtheit stelle eine *notwendige Voraussetzung* des Schriftspracherwerbs dar (vertreten z.B. durch *Mattingly 1972a; Gleitman/Rozin 1977a)*; Kinder könnten sich demnach alphabetische Schriften nur dann aneignen, wenn sie vorher verstanden haben, daß ihre gesprochene Sprache aus lautlich distinkten Einheiten besteht.

(b) Phonologische Bewußtheit sei als Folge des Erwerbs einer alphabetischen Schrift zu begreifen (vertreten durch z.B. *Morais u.a 1979a; Ehri 1980a*); demnach führt erst der Umgang mit materialisierten Symbolen für die Laute der Sprache zur Ausbildung von phonologischer Bewußtheit.

(c) Phonologische Bewußtheit sowie Lesen- und Schreibenlernen förderten sich gegenseitig (vertreten z.B. durch *Ryan/Ledger 1984a; Morais u.a. 1987b)*.

Neben den Aufgaben zur phonologischen Bewußtheit, die die letzten beiden Jahrzehnte der Forschung zum Lesenlernen und zu Störungen dieses Prozesses beherrschten, hielten wir es für notwendig, den phonetischen Zugriff zum Gedächtnis sowie kognitives Aufmerksamkeitsverhalten zu berücksichtigen. Dabei wurden nicht allgemeine Fähigkeiten der visuellen Wahrnehmung (wie z.B. bei *Frostig 1972a*) oder allgemeine Problemlösungsstrategien (wie z.B. bei *Kagan 1965a; Wagner 1976a*) mit in das Modell einbezogen, sondern visuelle Fertigkeiten untersucht, die sehr eng am Lerngegenstand Schriftsprache liegen *(Kolers 1970a)*. *Marx (1985a)* hat belegt, daß eine solche Vorgehensweise durchaus Erfolg bei der Erklärung von Leseentwicklungen haben kann.

Vorstudien

Vor dem Hintergrund dieser Überlegungen wurden drei Vorstudien durchgeführt, mit

(a) Aufgaben, die aus deutschen Verfahren übernommen wurden (»Phonematische Differenzierung« von *Breuer/Weuffen 1986a*; »Laute Verbinden« von *Angermeier 1974b*; »Wörter Nachsprechen« von *Tiedemann u.a. 1985a),*

(b) Aufgaben, die aus dem Englischen adaptiert wurden (z.B. »schnelles automatisiertes Benennen« von *Denckla/Rudel (1974a)*; verbales Kurzzeitgedächtnis von *McCarthy (1972a)*; Aufgaben zur phonologischen Bewußtheit nach *Wallach u.a. (1973a)* und *Lewkowicz (1980a),*

(c) Aufgaben, die von uns selbst neu konstruiert wurden.

Alle Aufgaben wurden auf ihre Durchführbarkeit und angemessene Schwierigkeit hin untersucht und angepaßt.
Als Ergebnisse lassen sich vor allem zwei Punkte festhalten: Bei den Aufgaben zur phonologischen Bewußtheit konnten die Aufgaben, die eine *explizite Analyse der lautlichen Elemente* der Sprache verlangten (z.B. »Phonemsegmentierung«, »Wort zu Wort Vergleich«) – wir nennen sie 'Aufgaben zur phonologischen Bewußtheit im engeren Sinne'– vor Schulbeginn von kaum einem Kind bewältigt werden (siehe dazu *Mannhaupt/Jansen 1988a)*.
Lediglich Aufgaben, die nur den *Umgang mit lautlichen Aspekten* von Sprache verlangten (z.B. Reimen, Silben Segmentieren) – wir nennen sie 'Aufgaben zur phonologischen Bewußtheit im weiteren Sinne'– werden von Vorschulkindern hinlänglich verstanden und bewältigt. Die Aufgabe »Phonematische Differenzierung« von *Breuer/Weuffen (1986a)*, auch eine Aufgabe aus diesem Bereich, hat sich dagegen als zu leicht erwiesen.
Die Aufgaben zum verbalen Kurzzeitgedächtnis *(McCarthy 1972a)* wurden aufgrund von Auswertungsproblemen herausgenommen, die Aufgabe »schnelles Benennen« von Objekten, Tieren und Farben *(Denckla/Rudel 1974a)* wurde aufgrund von Ermüdungserscheinungen und Benennproblemen v.a. der Objekte so stark verändert, daß eine vollkommen neue Aufgabe entstand, die nun stärker an Anforderungen kognitiver Aufmerksamkeitssteuerung orientiert ist *(Marx 1985a)*.

Das Bielefelder Screening-Verfahren

Als Resultat dieser Vorstudien wurde ein Vorschul-Sichtungs-Verfahren (Screening) zusammengestellt, das innerhalb von 35 Minuten durchgeführt werden kann und zehn gleichlange Teiltests zu verschiedenen Leistungsbereichen der phonologischen Verarbeitung, zum Aufmerksamkeitsverhalten in visuellen Aufgaben sowie zum Gedächtniszugriff enthält. Die einzelnen Aufgaben wurden folgendermaßen durchgeführt:

Aufgaben zur phonologischen Verarbeitung

Reimpaare Erkennen: Dem Kind werden Wortpaare vorgesprochen (z.B. 'Tisch-Fisch' und 'Tisch-Mann'), die es auf ihre klangliche Ähnlichkeit hin beurteilen soll.

Silben Segmentieren: Dem Kind werden zwei- und dreisilbige Substantive vorgesprochen, die es unterstützt durch sein Klatschen in Silben trennen soll.

Laut zu Wort Vergleich: Dem Kind wird die Frage gestellt, ob ein isoliert vorgesprochener Vokal oder Diphthong mit dem Anfang eines Wortes identisch ist (z.B. »Hörst du ein /i/ in Igel?« oder »Hörst du ein /i/ in Auto?«).

Laute Verbinden: Dem Kind wird ein Wort getrennt vorgesprochen (z.B. Maus als /M/- /aus/) und es soll unter vier Abbildungen auf die den Gegenstand wiedergebende Abbildung zeigen. Neben der richtigen Abbildung sind die Alternativen so gewählt, daß entweder der erste Teil (z.B. 'Milch'), der zweite Teil (z.B. 'Haus') oder keine Komponente mit dem dargebotenen Wort übereinstimmt.

Pseudowörter Nachsprechen: Dem Kind werden Kunstwörter mit unterschiedlicher Silbenanzahl vorgesprochen (z.B. 'zippelzak' und 'risolamu'), die es genau nachsprechen soll.

Aufgaben zum Aufmerksamkeitsverhalten und Gedächtniszugriff

Wort Vergleich Suchaufgabe: Dem Kind wird jeweils eine Karte vorgelegt, auf der in der Mitte der oberen Hälfte ein vierbuchstabiges Wort und in der Mitte der unteren Hälfte vier vierbuchstabige Wörter in einer Reihe abgebildet sind (z.B. Bein – Bein/Wein/Garn/Ruin). Die Alternativen stimmen in unterschiedlichem Maße mit dem Standard überein. Das Kind soll unter den vier Wörtern dasjenige finden, das mit dem Standardwort übereinstimmt. Hierbei werden Bearbeitungszeit und -ergebnis festgehalten.
Objektfarbenkenntnis: Das Kind wird nach den Farben von Salat, Pflaume, Zitrone und Tomate gefragt.

Schnelles Benennen von Farben unfarbiger Objekte: Das Kind soll so schnell wie möglich die richtige Farbe von vier Objekten (Salat, Pflaume, Zitrone, Tomate), die (jeweils sechsmal schwarz/weiß abgebildet) zufällig auf einer Vorlage angeordnet sind, benennen. Da die Fehlerquote sehr niedrig liegt, wird die Zeit als entscheidendes Maß festgehalten.

Schnelles Benennen der richtigen Farben farbig falsch dargestellter Objekte: Die Aufgabe ist der oberen gleich, nur sind die Objekte in nicht zu ihnen passenden Farben abgebildet (z.B. der 'Salat' in blau). Das Kind muß hier wieder die passenden Farben benennen, es muß sich also über den Störhinweis 'Farbe' hinwegsetzen können. Die Zeitdifferenz zwischen dieser Aufgabe und der ersten Aufgabe zum 'Schnellen Benennen' wird als Maß für die Aufmerksamkeitsablenkung festgehalten.

Buchstaben/Zahlen benennen: Auf einer Vorlage bekommt das Kind alle Buchstaben des Alphabets in großer Druckschrift sowie die Ziffern 1-9 in zufälliger Reihenfolge vorgelegt. Es soll, soweit es Buchstaben oder Zahlen erkennt, diese benennen. Diese Aufgabe gilt als Kontrolle für den Stand der Schriftsprachaneignung des Kindes.

Erste Ergebnisse und Diskussion

Von Oktober bis Dezember 1986, also 9-11 Monate vor Schulbeginn, wurde dieses Screening mit 1168 Vorschulkindern in 84 Kindergärten Bielefelds durchgeführt. 1120 Protokolle konnten in die Auswertung aufgenommen werden. (Eine detaillierte Ergebnisdarstellung kann *Skowronek/Marx (1988a)* entnommen werden.)

Unter Aufgabenkonstruktionsgesichtspunkten können alle Aufgaben des Bielefelder Screenings als geeignet gelten, Kinder mit Problemen in den erhobenen Fertigkeiten herauszufinden, denn ihre Punkteverteilungen sind linksschief und weisen zum Teil Deckeneffekte auf, so daß die Trennschärfe im unteren Bereich sichergestellt ist. Obwohl zu diesem Zeitpunkt noch keine stabilen Maße zu Lese- und Rechtschreibleistungen vorliegen, lassen sich dennoch wichtige Ergebnisse hervorheben, die den Wissens- und Fertigkeitsstand der untersuchten Kinder betreffen, sowie die Bedeutung dieser Ergebnisse für die Konzipierung der Beziehung von vorschulischen Vorläuferfertigkeiten und dem Schriftspracherwerb diskutieren.
Entgegen vielen Studien des anglo-amerikanischen und skandinavischen Sprachraums (z.B. *Fox/Routh 1975a; Lundberg u.a. 1980a)*, in denen Vorschulkinder Leistungen zur phonologischen Bewußtheit im engeren Sinne, wie das 'Wörter in Laute Teilen' beherrschen, zeigten die Vorstudien, daß phonologische Bewußtheit im engeren Sinne bei den Kindern unserer Stichprobe noch nicht vorliegt. In der ersten Hauptuntersuchung wurde deshalb nur der 'Laut zu Wort Vergleich' in einer sehr einfachen Version aufgenom-

men, so daß nur der Anfang des Wortes abgefragt wurde und dabei die am einfachsten wahrzunehmenden Laute, also Vokale, vorgegeben wurden.
Eine ähnlich starke Diskrepanz ist beim Buchstabenwissen zu beobachten. *Share u.a. (1984a)* und *Ehri/Wilce (1987b)* berichten von wesentlich höheren Kenntnisständen beim Buchstabenwissen als dies in unserer Untersuchung der Fall ist. Mit einem Mittelwert von 4.19 (Median = 2) können bis auf wenige Frühleser die meisten Kinder ein knappes Jahr vor Schulbeginn kaum Buchstaben benennen. Und selbst im April vor Schulanfang, also ein halbes Jahr später, kennen sie im Durchschnitt nur etwas mehr als 7 Buchstaben, während US-amerikanische Schulanfänger in der Regel fast das ganze Alphabet kennen
In Übereinstimmung mit diesen Ergebnissen, die anzeigen, daß der größte Teil der untersuchten Kinder noch nicht über viel Schriftspracherfahrung verfügt, ist es dann nicht verwunderlich, wenn die 'Wort Vergleich Suchaufgabe' von den Kindern zum großen Teil eher durch einen Vergleich von Buchstabe zu Buchstabe gelöst wird, wofür die relativ lange Bearbeitungszeit von im Mittel 7.41 Sekunden spricht.
Für die Diskussion der Beziehung der Vorläuferfertigkeiten zum Lesen- und Schreibenlernen selbst bedeuten diese Ergebnisse unserer Ansicht nach, daß die Beziehung von Aneignungsstand in phonologischer Bewußtheit und Erfolg im Schriftspracherwerb nicht direkt kausal zu sehen ist, sondern eher als eine 'erleichternd vermittelnde' begriffen werden muß, und zwar in der Weise, daß Minderleistungen *in einzelnen Bereichen* nicht notwendigerweise zu Problemen beim Lesen- und Schreibenlernen führen, sondern im Anfangsunterricht noch erarbeitet oder ausgeglichen werden können. Minderleistungen in mehreren oder vielen dieser Fertigkeiten allerdings stellen die Kinder vor solche Probleme im Erstlese- bzw. Erstschreibprozeß, daß sich das Risiko für Schwierigkeiten erheblich erhöht.
Ein darüberhinaus wichtiges Teilergebnis hat ein Vergleich von zurückgestellten Schulanfängern (in NW »Schulkindergarten«, in manchen anderen Bundesländern »Vorklasse«) mit regulär eingeschulten Kindern erbracht. Beide Gruppen konnten nach Alter, Geschlecht und IQ parallelisiert werden und brachten nach den Ergebnissen des Bielefelder Screenings ungünstige Voraussetzungen mit (ausführlicher: *Skowronek u.a. 1988a, 3.2.3)*. Nach dreimonatigem Schulbesuch der Erstklässlergruppe zeigten diese in den Vorläuferfertigkeiten, die relativ nahe am Schriftspracherwerb liegen (Laute Verbinden, Anfangslaut Isolieren, Endlaut Isolieren, Wort Vergleich Suchaufgabe) signifikant bessere Ergebnisse als die Vorschulgruppe. Auch hier zeigt sich, wie stark der Schriftspracherwerb selbst auf die sog. »Voraussetzungen« zurückwirkt (vgl. zu möglichen Konsequenzen für eine pädagogische Umorientierung von »Vorklasse« bzw. »Schulkindergarten«: *Kretschmann 1988a)*.
Die weiteren Erhebungen in den folgenden Grundschuljahren im Rahmen des Projektes werden, so ist zu hoffen, mehr Aufschluß zu diesen Fragen

bringen, z.B. dazu, welcher der drei oben (1.) aufgeführten Standpunkte angemessen ist, oder ob andere Beziehungen zwischen den Leistungen im Vorschulalter und dem Prozeß des Lesen- und Schreibenlernens konzipiert werden müssen.

* * *

Kleiner Vorschein auf Drucksachen (s. S. 262)

¶ *Zuwendung und Anregung*

Unter diesem Titel hat ein Projekt an der Erziehungswissenschaftlichen Hochschule Landau »Lernumweltforschung zur Sprachentwicklung im Elternhaus und Kindergarten« betrieben. Der gleichnamige Projektbericht ist kürzlich erschienen (Wolf 1987a).

Das interessanteste Ergebnis bislang: Die Sprachentwicklung in den letzten zwei Jahren vor Schulbeginn läßt sich am besten vorhersagen aus dem Entwicklungsstand 1 1/2 Jahre vorher, und zwar im Sinne eines Aufholeffekts (r= –.82). In der Untersuchung wurde nämlich festgestellt,

> *daß die ursprünglich 'schlechteren' Kinder größere Entwicklungsfortschritte machen als die Kinder mit höheren Werten. Die Leistungen gleichen sich aneinander an, so daß beim Eintritt in die Grundschule geringere Unterschiede bestehen als beim Eintritt in den Kindergarten. Es wäre interessant nachzuprüfen, ob dies auf einen egalisierenden Einfluß der institutionellen Lernumwelt, eine gezielte Förderung sprachleistungsschwacher Kinder durch die Erzieherinnen zurückzuführen ist. (a.a.O., 120)*

Eine alternative Hypothese: Kinder lernen in unterschiedlichem Tempo, vor allem die Beschleunigungs- und Ruhephasen liegen zu verschiedenen Zeiten. Unabhängig von den Umweltbedingungen vollzieht sich der Spracherwerb aber generell über dieselben Schritte, die von einigen Kindern z.B. bereits mit 4 Jahren, von anderen erst mit 5 oder 6 Jahren vollzogen werden. Für diese Deutung sprechen Erfahrungen beim Schriftspracherwerb, die in neueren theoretischen Modellen begründet (vgl. *Eichler 1976a; Brügelmann 1983a; 1984a; Spitta 1985a; Günther 1986a; Scheerer-Neumann 1986b; 1987a*) und durch empirische Ergebnisse belegt werden.

Aber auch in der Landauer Untersuchung finden sich Belege für eine gewisse Eigengesetzlichkeit der Sprachentwicklung. Zur Enttäuschung der ForscherInnen sind nämlich die Beziehungen zwischen verschiedenen Umweltvariablen und dem Entwicklungsfortschritt deutlich geringer: sozialer Status der Familie (.12); förderliche Bedingungen in der Familie (.11); Einfluß des Vaters (<.10) bzw. der Mutter (<.10). Selbst mit Bezug auf den Sprachentwicklungsstand mit vier Jahren sind die Korrelationen nur geringfügig größer, wobei die Testintelligenz mit .37 immer noch erklärungskräftiger als die Umweltvariablen ist (a.a.O., 115 – 118).

Auch wenn man mit den AutorInnen Vorbehalte gegenüber einigen Meßinstrumenten und methodischen Bedingungen teilt (a.a.O., 102 f.), so kann der Aufholeffekt durch neuere Untersuchungen allenfalls in seinem Umfang relativiert, aber in der Substanz nicht in Frage gestellt werden.

Insgesamt ist die Untersuchung gerade wegen ihrer vorläufig negativen Ergebnisse zu Umwelteinflüssen eine starke Herausforderung der »ökologischen Forschung« des (Schrift-)Spracherwerbs, bessere Formen der Untersuchung und Beschreibung von Umweltbedingungen der kindlichen Alltagserfahrung zu entwickeln.

Hans Brügelmann

Projekt Lese- und Schreibfortschritte (PLUS)

Zur Notwendigkeit eines Feld-Modells für den Schriftspracherwerb

Dieser Beitrag wurde geschrieben für das Symposium »Prevention and Intervention in Childhood and Youth: Conceptual and Methodological Issues« des SFB 227 an der Universität Bielefeld (28.-30.9.1987). Das englische Original erscheint in M. Bambring et al. (1989a). Die vollständige deutsche Fassung ist vervielfältigt als Bericht No. 47b unseres Projekts (8 S., Schutzgebühr 1 DM). Der komplette Projektantrag ist vervielfältigt als Bericht No. 38b (34 S., Schutzgebühr 4 DM).

Dieser Beitrag berichtet aus der Werkstatt von PLUS, einem Vorhaben in unserem Projekt »Kinder auf dem Weg zur Schrift« an der Universität Bremen. Die geplante – und in Vorstudien *(Brügelmann u.a. 1988a)* bereits dokumentierte – Untersuchung konzentriert sich auf Schwierigkeiten beim Schriftspracherwerb im ersten Schuljahr, auf ihre Voraussetzungen/ Bedingungen und auf Möglichkeiten zu ihrer Überwindung. Ich skizziere hier nur unsere grundlegenden Annahmen, soweit sie für den Projektvergleich in diesem Band von Bedeutung sind und verweise im übrigen auf den Projektantrag *(Brügelmann 1987c).*

Zunächst unterscheide ich zwei Schulen psychologischen und pädagogischen Denkens, zwischen denen es zur Zeit interessante Kontroversen darüber gibt, wie Lese- und Schreibschwierigkeiten von Kindern zu erklären sind. Nicht ohne Hintergedanken habe ich sie nach theoretischen Ansätzen benannt, die vor Jahrzehnten in der Physik um Anerkennung gerungen haben. Die erste Tradition nenne ich *Teilchen-Didaktik.* Sie geht von einem atomistischen Menschenbild aus und behauptet, Lernen vollziehe sich als schrittweise Addition von Teilchen des Wissens und Könnens. Diese Teilleistungen werden als intakte Module verstanden, aus denen sich ein funktionsfähiges System (z.B. des Lesens und Schreibens) zusammenbauen lasse. Dies ist eine recht mechanistische Sichtweise, die es allerdings leicht macht, Unterricht zu planen, Lernfortschritte zu messen und Lernschwierigkeiten zu erklären.
Wellen-Theorien entspringen einer völlig anderen Sichtweise. Sie sehen im Kritzeln und Schein-Lesen der Kinder unzulängliche, aber umfassende Annäherungsversuche an das Lesen und Schreiben, die als sinnvolle Handlungen oft schon lange vor Schulbeginn praktiziert werden. Lernen erscheint dann als allmähliche Verfeinerung dieser groben Vorformen. Kinder konstruieren ihr Denken sozusagen selbst. Sie versuchen, sich je persönlich

einen Reim auf ihre konkreten Erfahrungen (z.B. mit Schrift) zu machen, lernen also in umfassenderen, aber auch individuell unterschiedlicheren Begriffen, als Teilchen-Didaktiken annehmen. Lernen wird verstanden als Folge von Wellen, in denen Kinder ihre Theorien und Strategien probierend entwickeln und verwerfen.

In unserem Projekt PLUS gehen wir von diesem zweiten Modell aus: Lesen- und Schreibenlernen sehen wir als kontinuierlichen Prozeß, der in persönlichen Erfahrungen mit Schrift(sprache) vor, neben und in der Schule wurzelt. Unterschiedliche Fortschritte führen wir zurück auf Entwicklungsunterschiede in diesen Erfahrungen und in den Vorstellungen, die die Kinder aus ihnen entwickeln. Insofern unterscheiden sich Schulanfänger nicht nur in der Zahl der Buchstaben, die sie kennen, und der Wörter, die sie benennen oder schreiben können; sie haben auch unterschiedliche Vorstellungen über den Zweck bzw. Nutzen der Schrift(sprache) und über die technische Beziehung zwischen Schrift- und Lautsprache (vgl. die Beiträge von *Andresen, Baghban, Brügelmann* und *Ferreiro/Teberosky* in *Balhorn u.a. 1987a).* Pädagogisch folgt aus dieser Sicht: Intensiver und vielfältiger Umgang mit Schrift(sprache) ist das beste Mittel, um Schwierigkeiten beim Lesen und Schreiben zu überwinden. Auf eine einfache Formel gebracht: Lesen lernt man durch Lesen und Schreiben durch Schreiben.

Aus dieser Sicht folgt *nicht,* es gäbe keine Kinder, die besondere und oft beträchtlich mehr Unterstützung brauchen als andere. Diese Hilfe ist aber darauf auszurichten, wie das Kind die Schrift(sprache) und einzelne ihrer Merkmale erkundet. »Förderung« ist nur sinnvoll, wenn sie die Versuche des Kindes versteht und unterstützt, sich einen Reim auf dieses Medium zu machen; sie sollte ihm helfen, sein Repertoire im Umgang mit der Schrift(sprache) allmählich zu erweitern und zu differenzieren.

Die Bedeutung des analytischen Teilchen-Modells liegt also, nach meiner Auffassung, mehr in seiner pragmatischen Nutzung im Rahmen einer Wellen-Theorie und auf der Grundlage seiner Einsichten in den kindlichen Lernprozeß. Analysen nach dem Teilchen-Raster können z.B. helfen, Formen des Lesens und Schreibens auf verschiedenen Stufen genauer zu untersuchen und zu beschreiben. Das bedeutet aber, daß solche Komponenten (1) unmittelbar auf die Schrift-(sprache) bezogen und (2) in ein Prozeß-Modell der Handlung eingebunden sein müssen und daß vor allem (3) die Bedeutung einzelner Teilleistungen in der Entwicklung des Lesens bzw. Schreibens über verschiedene Stufen hinweg zu untersuchen ist.

Die Forschung muß sich demnach in zweierlei Hinsicht neu orientieren. Zunächst einmal müssen wir das Spektrum der Variablen erweitern, die wir untersuchen. Mehr noch: Wir müssen die Art und Weise verändern, in der wir beschreiben und analysieren, was in der psychometrischen Tradition »Variable« genannt wird.

In unserem Vorhaben PLUS verwenden wir eine Sammlung von »Lese- und Schreibaufgaben für Schulanfänger« *(Brügelmann u.a. 1988a),* die Kindern erlauben, mit Schrift(sprache) in einer für sie sinnvollen Weise umzugehen. Im Anschluß an *Clay, Downing, Ferreiro/Teberosky* und andere verwenden wir Material, das Kindern ermöglicht, ihre persönlichen Konzepte zum Ausdruck zu bringen und individuelle Strategien anzuwenden. Uns interessiert nämlich die Entwicklung ihres Denkens und nicht allein die Verfügbarkeit isolierter Fertigkeiten und Kenntnisse.

Ein Beispiel ist das »Gezinkte Memory«, ein Such- und Merkspiel mit Kartenpaaren. Dabei ist der Name des Gegenstandes, der (nicht sichtbar) auf der unteren Kartenseite abgebildet ist, zusätzlich auf dem sichtbaren Kartenrücken aufgedruckt. So können wir sehen, ob die (nicht-lesenden!) Kinder Schrift überhaupt beachten oder ob sie die Karten zufällig bzw. nach der üblichen Memorystrategie umdrehen. Kinder, die auf Gleichheiten in der Beschriftung ansprechen, haben schon begriffen, daß Schrift in einer eins-zueins-Beziehung als Zeichen für Gegenstände stehen kann. Indem wir Wörter verwenden, die untereinander in verschiedener Hinsicht ähnlich sind (BOOTE/BOOT/BROT/BROTE; KIRCHE/KIRSCHE; STOP/POST) können wir die Strategie des Kindes herausfordern und sehen, ob es in der Lage ist, aus seinen (Fehl-)Versuchen zu lernen, daß alle Buchstaben wie auch ihre Abfolge von links nach rechts wesentlich für die Identität eines Wortes sind. Es zeigt sich, daß Schulanfänger, die noch nicht lesen können, zu drei verschiedenen Gruppen gehören: Einige drehen die Karten um, ohne die Schrift zu beachten. Eine zweite Gruppe macht zwar ebenfalls Fehler, hat das Zeichenprinzip aber im Grundsatz begriffen; diese Kinder beachten lediglich noch nicht alle Buchstaben bzw. ihre Reihenfolge. Eine dritte Gruppe hat auch auf der technischen Ebene keine Schwierigkeiten. Zusätzlich beobachten wir Unterschiede in dem Maß, in dem die Kinder aus ihren Versuchen neue Einsichten gewinnen.

Die Vorhersagekraft der unterschiedlichen Leistungen in dieser (und ähnlichen) Aufgabe für die Entwicklung der Lese-/Schreibfähigkeit im 1. Schuljahr ist nach unseren ersten Erhebungen (mit r = ca. .50) interessant genug, um diesen Ansatz weiter zu verfolgen. PLUS geht dabei von der Hypothese aus, daß es eine Logik gibt sowohl in den unzulänglichen Umgangsweisen der Kinder mit Schrift als auch in der Folge verschiedener Vorformen, die Kinder auf ihrem Weg zur Schrift durchlaufen (vgl. ausführlicher die oben genannten Beiträge zu *Balhorn u.a. 1987a).*

Über diese »konstruktivistische Wende« *(v.Glasersfeld 1987a+b)* in der Interpretation der kindlichen Lese- und Schreibversuche hinaus muß sich die Forschung in einem zweiten Punkt grundlegend umorientieren. Es reicht nicht, die »black Box« Kind zu erhellen, indem wir uns bemühen, sein Denken über Schrift(sprache) besser zu verstehen (»vom Teilchen-Modell« zur »Wellen-Theorie«). Wir müssen auch den ziemlich vernebelten Kontext aufklären, in dem das Kind seine Erfahrungen sammelt und auf den Begriff zu bringen versucht (»Feld-Modell«). Eine ökologische und dynamischere Interpretation des Schriftspracherwerbs bzw. seiner Schwierigkeiten ist also gefordert. Wir müssen das statische und stark individualistische Modell der »Defekte« als Ursachen des Schulversagens ersetzen oder wenigstens ergänzen durch eine Untersuchung der schriftsprachlichen Sub-Kultur, in der das Kind zu Hause, im Kindergarten, auf der Straße, in der Schule lebt und lernt (vgl. *Goelman u.a. 1984a, Teil I,* und die Arbeiten von *Heinrich Bauersfeld* im Bereich des mathematischen Unterrichts; s. auch den Beitrag von *Gallin/Ruf* in diesem Band, S. 170). Dazu ein kurzer Exkurs.

Psychologische Forschung mit dem Ziel der »Prävention und Intervention« von Lernschwierigkeiten neigt zur Suche nach individuellen »Prädiktoren« des Schulversagens. Sie wird immer wieder irritiert durch die hohe Zahl signifikanter (gleichzeitig aber mäßiger) Korrelationen. Diese Vielzahl statistisch bedeutsamer Beziehungen läßt sich theoretisch nicht stimmig fassen. So viele und so unterschiedliche Variablen können als Risiko-Indikatoren dienen (wenn wir die kritischen Grenzen jeweils nur scharf genug setzen), daß das Ergebnis wie folgt zusammengefaßt werden muß: Kinder, die heute (oder im Bereich A) besondere Schwierigkeiten haben, laufen Gefahr, auch morgen (bzw. im Bereich B) besondere Schwierigkeiten zu bekommen. Insofern können die »Prädiktoren« nur als allgemeine Warnlampen interpretiert werden: Habt acht auf diese Kinder! Sie erklären nicht, *warum* diese Kinder besondere Schwierigkeiten haben, und erst recht nicht, was man tun muß, um ihnen zu helfen. Das aber ist es, wonach uns Eltern, KindergärtnerInnen und LehrerInnen fragen.
Es kommt hinzu, daß die berichteten Korrelationen in verschiedenen Studien (oder zwischen verschiedenen Gruppen innerhalb einer Untersuchung) beträchtlich schwanken (vgl. die Zusammenfassungen bei *Weinert/Schneider 1987a, 151 – 2,* und *Ayers/Downing 1982a).* Wir müssen also zugeben, daß Risikoprognosen aufgrund individueller Merkmale nur unter bestimmten Bedingungen gelten. Um es deutlich zu sagen: Individuelle Prädiktoren des Schulversagens sind nicht ohne weiteres Symptome individueller »Defekte«; sie sind zuerst einmal Indikatoren schulischen Versagens, angemessen auf die individuellen Voraussetzungen der Kinder einzugehen. Schulanfänger kommen auf unterschiedlichen Entwicklungsstufen in die Schule, die jeweils für sich sinnvolle Zwischenschritte darstellen. Lern-»Störungen« sind das Ergebnis fehlender Passung zwischen dem Einheitscurriculum der Grundschule und dem, was die Kinder an unterschiedlichen Erfahrungen mitbringen. Aus *Heinrich Bauersfelds* Sicht: Wir brauchen eine Psychologie und eine Pädagogik, die das Kind nicht nur als aktiven, sondern als *inter-aktiven* Lerner versteht.

Unsere Folgerung für PLUS ist nicht nur, ein breiteres Spektrum an Bedingungen zu untersuchen und sie auf andere Weise zu erheben und zu interpretieren, sondern auch, daß wir eine Forschungsstrategie entwickeln, die das simplistische Prä-/Posttest-Kontrollgruppen-Design erweitert, indem wir auch den sozialen Kontext des Lernens zu erfassen und zu beeinflussen versuchen. Dafür nehmen wir Unschärfen in der technischen Präzision unserer Erhebungen in Kauf.

Wir haben PLUS geplant
(1) als *Längsschnittstudie* vom Kindergarten bis ins 2. Schuljahr

(2) mit *Interventionen,* die die ganze Breite methodischer Ideen im Rahmen der didaktischen Landkarte nutzen (also bewußt nicht als Untersuchung eines kontrollierten Programms zur Überprüfung seiner generellen Wirksamkeit angelegt sind) , um

(3) diese Aktivitäten und ihre Wirkungen in einer *detaillierten Dokumentation* zu erfassen, die wir

(4) als *Lernbiographien* sogenannter »Risikokinder« (nach den herkömmlichen Kriterien), also als persönliche Lerngeschichte mit Bezug auf

(5) das *jeweilige Milieu,* d.h. pädagogisch bedeutsame Situationen beschreiben, in denen das Kind Erfahrungen mit der Schrift(sprache) gesammelt hat.

Das Kind als aktiver Konstrukteur seiner Erfahrung und die Umwelt als Anreger dieser Erfahrung wirken nach unserem Modell in der folgenden Weise zusammen: Individuelle Neigungen, Vorstellungen, Kenntnisse und Fertigkeiten (als Ergebnis noch früherer Erfahrungen) beeinflussen, wie das Vorschulkind seine Umwelt wahrnimmt. Zu dieser zählen

* (fehlende) soziale Modelle des Lesens und Schreibens,
* (fehlende) situative Anforderungen, Schrift(sprache) zu benutzen,
* materielle Bedingungen, die solche Versuche unterstützen/ behindern.

Von diesen objektiven Umständen und von ihrer sozialen Wertung in der (Sub-)Kultur des Kindes und von ihrer Wahrnehmung durch das Kind aufgrund seiner bisherigen Erfahrungen hängt ab, ob es sich auf bestimmte Aktivitäten einläßt oder nicht. Diese Tätigkeiten des Kindes wiederum prägen – zusammen mit beiläufigen Beobachtungen des Kindes und mit ausdrücklichen Lehrversuchen anderer – seine Erfahrungen und wie es diese »auf den Begriff bringt«: seine Ausstattung zu Schulbeginn.

Aus den Vorschulerfahrungen entwickeln sich spezifischere Interessen, Vorstellungen und Fertigkeiten, die in ähnlicher Weise wie vor der Schule durch die Umwelt geprägt werden. Wir müssen also auch hier darauf achten, »Lehren« nicht mit »Lernen« gleichzusetzen: Der Unterricht, das Material, einzelne Aufgaben, das Verhalten anderer usw. werden von dem Kind nicht passiv wahr-genommen, sondern in einem doppelten Kraftfeld neu interpretiert: Zum einen werden sie normativ aufgeladen durch die Lehrerin, die MitschülerInnen, die Eltern und andere Bezugspersonen; zum zweiten werden sie re-konstruiert durch die emotionalen und kognitiven Filter der individuellen Biographie. Wir müssen uns also mit den Einstellungen des Kindes und den Normen seiner Umwelt/en vertraut machen, wenn wir seine Motive und gedanklichen Konstrukte wirklich verstehen wollen.

Die Erfindung einer Feld-Theorie ist noch keine Lösung (auch die Physiker haben noch ihre Probleme damit...). Aber sie rückt Schwierigkeiten (z.B. beim Lernen) erst ins rechte Licht. Nur in dieser Perspektive können wir Lösungen überhaupt mit Aussicht auf Erfolg versuchen. In der Pädagogik ist die Aufgabe besonders schwierig. Kinder sind nun einmal keine berechenbaren Systeme. Es ist also noch ein langer Weg von der programmatischen

Erklärung in unserem Projektantrag bis zu überzeugenden Modellen für den Schulalltag (s. aber die Vorarbeiten in *Brügelmann u.a. 1984a).*
Ohne eine solche Neuorientierung würden wir jedoch – ähnlich wie *Pu-der-Bär* – fortfahren, psychologische Artefakte zu untersuchen, indem wir die Spuren unseres pädagogischen im-Kreise-Gehens nachdenklich bestaunen (es lohnt sich wirklich, das Kapitel in *A. A. Milnes* Buch unter diesem Gesichtspunkt wieder einmal zu lesen, »In which Pooh and Piglet go hunting and nearly catch a Woozle«).

Lernen ohne Unterricht

Die Wechselwirkung von Elternhaus und Schule zeigt sich in einer Untersuchung von *Hayes* und *Grether (1969).* Sie erfaßten die schulischen Leistungen von mehreren tausend Schülern der zweiten und sechsten Klassen in New York City. Man könnte annehmen, daß sich die stärksten Leistungsveränderungen und Unterschiede während des Schuljahres gezeigt hätten. Tatsächlich traten aber die Hauptunterschiede zwischen den Schülern aus unterschiedlichen sozialen und ethnischen Gruppierungen in den Sommerferien auf. Die Schüler der Mittelschicht zeigten im gleichen Maße Leistungsfortschritte wie während der Schulzeit, wohingegen Schüler aus benachteiligten Gruppen Leistungsveränderungen in umgekehrter Richtung zeigten, also schlechter wurden.
Die Autoren schätzen, daß etwa die Hälfte oder mehr an Leistungsunterschieden im Lesen und Wortschatz auf das Konto der schulfreien Zeit gehen. (...) Kinder aus benachteiligten Gruppen (in diesem Fall vor allem Schwarze und Puertoricaner) waren zu Hause Einflüssen ausgesetzt, die sie weg von schulischem Denken und schulischen Anforderungen brachten, so daß sie einen Teil des Erworbenen wieder verlernten.
(Aus: *R. Oerter/L. Montada*: Entwicklungspsychologie, 1987, 105).

Rudolf Kretschmann
Prädiktoren und Komponenten der Schriftsprachkompetenz

Nicht alle Kinder sind in der Schule gleich erfolgreich. Manche sind schon in den ersten Wochen und Monaten des Anfangsunterrichts überfordert. Mißerfolge und Versagenserlebnisse können zu dauerhaften Lernblockaden führen. Um dies zu vermeiden, ist immer wieder versucht worden zu ermitteln, ob Daten, die zu Schulbeginn erhoben werden können, den späteren Erfolg im Lesen und Schreiben vorhersagen können. Variablen, die ein mögliches Versagen anzeigen, könnten zum Anlaß genommen werden, Präventionsmaßnahmen einzuleiten. In den letzten Jahren hat sich die Suche mehr und mehr auf die literalen Vorerfahrungen der Kinder konzentriert bzw. auf die Einsichten, welche die Kinder bei Schuleintritt in die Schriftsprache gewonnen haben (vgl. *Bullock-Report 1975a, Mason/McCormick 1979a, Brügelmann 1984a)*. Die vorliegende Untersuchung reiht sich in diese Bemühungen ein. Über erste Überlegungen haben wir im vorigen Jahrbuch berichtet *(Kretschmann 1987a)*. Inzwischen haben wir zwei Erhebungsinstrumente entwickelt: »Anfangsschritte des Lesens und Schreibens I (ALS1)« für Schulanfänger und »Anfangsschritte des Lesens und Schreibens II (ALS2)« für Kinder am Ende des ersten Schuljahres. Unter Verwendung der beiden Prüfverfahren haben wir Lese- und Schreibleistungen von Kindern am Schuljahresende mit ihren Ergebnissen am Schulanfang verglichen.

1. Erhebungsinstrumente

1.1 »Anfangsschritte des Lesens und Schreibens I (ALS1)«

Dieses Prüfverfahren ist dazu ausersehen, Prädiktoren für den späteren Leseerfolg zu liefern. Den oben beschriebenen Erkenntnissen entsprechend wurden vor allem Aufgaben aufgenommen, die Teilkomponenten bzw. Vorstufen des Lesens repräsentieren:

- *»Silbenklatschen«* – das Kind soll den Silbenrhythmus eines vorgesprochenen Wortes erkennen;
- *»Ähnlich klingende Wörter unterscheiden«* – das Kind soll erkennen, daß Wörter wie »Tanne« und »Kanne« mit verschiedenen Anlauten beginnen;
- *»Unvollständige Wörter erkennen«* – Wenn dem Kind das Wort »Ta_entuch« vorgesprochen wird, soll es erkennen, daß das Wort »Taschentuch« heißt (die Aufgaben wurden in Anlehnung an den Untertest »Wörter ergänzen« des PET *(Angermaier 1974b)* zusammengestellt).
- *»Anlaute erkennen«* – das Kind soll benennen, mit welchem Laut ein Wort wie »Rose« beginnt.

– *»Buchstabenkenntnis«* – anhand einer Tabelle mit Großbuchstaben soll das Kind benennen, welche Buchstaben es schon kennt.
– *»Buchstaben schreiben«* – das Kind soll die ihm bekannten Buchstaben aufschreiben.
– *»Wörter und Namen schreiben«* – das Kind soll aus dem Kopf die ihm bekannten Wörter und Namen graphisch wiedergeben.
Alle diese Variablen haben mit Erfahrungen der Kinder im Umgang mit Sprache und Schrift zu tun. Zum Vergleich mit den erfahrungsbezogenen Prädiktoren wurde eine weitere Variable aufgenommen:
– *»Artikulation«* – Die Kinder sollen »Zungenbrecher« wie »Streichholzschachtel« fehlerfrei nachsprechen können (Artikulationsstörungen werden häufig als Ursache von Lese- und Rechtschreibschwierigkeiten angesehen, vgl. *Breuer/Weuffen 1977a).*

1.2 »Anfangsschritte des Lesens und Schreibens II (ALS2)«

Mit diesem Prüfverfahren soll festgestellt werden, wie weit die Kinder (am Ende des ersten Schuljahres) in ihrer Lese- und Schreibentwicklung gekommen sind. Entsprechend enthält der Prüfbogen

– *Wörter, die von den Kindern erlesen werden sollen, und*
– *ein kurzes Diktat (die Kinder sollen den Satz schreiben »Mona wartet an der Ampel«).*

Es wird erwartet, daß Kinder sich bei einer regulären Entwicklung am Ende des ersten Schuljahres in der »alphabetischen« Phase des Lesen- und Schreibenlernens befinden, d.h. »schreiben, wie man spricht« (vgl. *Günther 1986b, Scheerer-Neumann u.a. 1987a*). Orthographisch richtige Schreibungen können nur in Ausnahmefällen, bei geübten Wörtern, erwartet werden. Daher wurde das Diktat danach ausgewertet, ob die Wörter zumindest phonetisch richtig geschrieben wurden. Ebenso verfuhren wir mit

– 9 Prüfwörtern von *Brügelmann u.a. (1988a),* (»Rosine«, »billig«), die wir den Kindern diktierten, um einen zusätzlichen Indikator für die Lernentwicklung der Kinder zu haben.

Da erwiesenermaßen nicht alle Kinder am Ende des ersten Schuljahres über eine entfaltete Lese- und Schreibkompetenz verfügen, wurden wiederum auch Vorstufen bzw. Komponenten der Leseentwicklung erhoben, allerdings anspruchsvollere als im ALS1:

– *»Synthetisieren«* – die Kinder sollen bei einem einzeln lautierten Wort erkennen, um welches Wort es sich handelt.
– *»Lautieren«* – die Kinder sollen ein vorgesprochenes Wort »buchstabieren« können.
– Kenntnis der *Kleinbuchstaben.*

2. Erhebungen und Ergebnisse

Erhebungen zum Prüfverfahren ALS1 wurden bei 102 Kindern am Anfang des Schuljahres 1987/88 durchgeführt. Die Daten wurden an 5 Bremischen Schulen erhoben. Eine Schule liegt in einem Einzugsgebiet mit zahlreichen sozial schwachen Familien. Die übrigen Einzugsgebiete haben eine normale soziale Streuung. Jungen und Mädchen waren in der Stichprobe gleich verteilt. 23% der Kinder hatten eine Vorklasse besucht, 3 Kinder waren Wiederholer. 13% waren Kinder ausländischer Eltern. Aus Zeitgründen konnten die Variablen »Buchstaben schreiben«, »Namen schreiben«, und »Wörter schreiben« nur bei der Hälfte der Stichprobe erhoben werden.

2.1 Mittelwerte und Streuungen

Tabelle 1 zeigt die Mittelwerte und Streuungen der Untersuchungsvariablen. Von besonderer Bedeutung bei der Suche nach Prädiktoren sind die Streuungen der Vortestergebnisse: Die Variablen »Ähnliche Wörter unterscheiden« und »Unvollständige Wörter erkennen« streuen kaum. Die entsprechenden Anforderungen werden von fast allen Kindern bewältigt. Damit können sie schon rein statistisch wenig zur Streuung der Nachtestergebnisse beitragen. Zugleich ist das Resultat aber auch eine inhaltlich interpretierbare Aussage: eine Kompetenz, über die alle Kinder bei Schulbeginn gleichermaßen verfügen, kann nicht für spätere Unterschiede von Schulleistungen verantwortlich sein.

Tab. 1: Mittelwerte und Streuungen der Untersuchungsvariablen

Variable	Mittelwert	Standard-Abweichung	Minimum	Maximum	N
VORTEST					
Silbenklatschen	9,8	2,0	3	12	102
ähnliche Wörter unterscheiden	10,5	2,4	0	12	102
unvollständige Wörter erkennen	9,4	1,8	2	12	102
Anlaute benennen	7,8	3,1	0	12	102
Artikulation	11,2	1,1	7	12	102
Kenntnis von Großbuchstaben	10,3	8,7	0	31*	102
Buchstaben schreiben	9,1	6,0	2	35	48
Namen schreiben	2,2	0,7	0	4	48
Wörter schreiben	6,9	5,6	0	24	48
NACHTEST					
Synthetisieren	7,9	3,4	0	12	96
Lautieren	7,0	3,1	0	12	95
Kenntnis von Kleinbuchstaben	26,6	6,2	12	36*	94
Lesen	8,9	3,0	1	12	95
Satzdiktat	15,7	3,5	4	20	95
Wörterdiktat	38,5	10,0	9	54	95

* einschließlich Umlaute und mehrgliedrige Grapheme

Die geringe Streuung der »Artikulation« ist möglicherweise darauf zurückzuführen, daß durch ein ausgedehntes System der Frühförderung und Früherfassung in Bremen sprachgeschädigte Kinder direkt in die Sprachheilschule aufgenommen werden, unsere Stichprobe also schon um diese Kinder reduziert ist. Allerdings könnte die Artikulationsprüfung auch schwieriger gestaltet werden – im Gegensatz etwa zum »Silbenklatschen«, bei dem schwierigere Items kaum zu finden wären.

2.2 Interkorrelation der Vor- und Nachtestergebnisse

Korrelationen wurden zweifach berechnet: für die Gesamtstichprobe und für eine Teilstichprobe, bei der Wiederholer und Vorklassenkinder nicht berücksichtigt wurden. Letzteres geschah mit der Begründung, daß bereits »institutionalisierte« Kinder vielleicht anders reagieren. Die Ergebnisse unterschieden sich jedoch kaum, weshalb wir hier die Resultate der Gesamtstichprobe wiedergeben.

Tab. 2: Interkorrelationen der Vortestergebnisse am Beginn des Schuljahres 1987/88 und der Nachtestergebnisse am Ende des ersten Schuljahres (N = 95 für 1-6; N = 46 für 7-9)

Vortests am Schulanfang		Nachtests am Schuljahresende Lesen	Satzdiktat	Wörterdiktat
1	Buchstabenkenntnis	.55**	.54**	.51**
2	Silbenklatschen	.04	-.07	.02
3	ähnliche Wörter unterscheiden	.20	.12	.30**
4	unvollständige Wörter erkennen	.26*	.27**	.28**
5	Anlaute erkennen	.36**	.33**	.39**
6	Artikulation	-.01	.03	.11
7	Buchstaben schreiben	.34*	.34*	.24
8	Namen schreiben	.27	.36*	.24
9	Wörter schreiben	.41**	.32*	.33*

** Wahrscheinlichkeit eines zufälligen Zusammenhangs kleiner als 1%
* Wahrscheinlichkeit eines zufälligen Zusammenhangs kleiner als 5%

Die Korrelation der Vor- und Nachtestergebnisse zeigt, daß als wirksamster Prädiktor der Lese- und Schreibleistung die Buchstabenkenntnis angesehen werden muß. Das Resultat stimmt mit den Befunden von *Mason/McCormick (1979a)* überein, wenngleich der Zusammenhang bei unserer Untersuchung weniger deutlich ausfiel. (So aber auch *Brügelmann u.a. 1988a, *3.11 und *5.08)*.

Bei den phonologischen Variablen erklärt die Variable »Anlaute erkennen« 10 – 15% der späteren Leistungen des Lesens und Schreibens. Dagegen haben die Variablen wie »Silbenklatschen« und »Artikulation«, wie sie von uns erhoben wurden, keine Vorhersagekraft. Angesichts der geringen Streuung überraschen die signifikanten Korrelationen zwischen den Nachtestergebnissen und der Variable »Unvollständige Wörter erkennen«. Allerdings trägt der Untertest nur wenig zur Erklärung der Leistungsstreuung im Nachtest bei. Über die Prädiktoreigenschaft der Variablen »Buchstaben schreiben« und »Wörter schreiben« lassen sich hier nur eingeschränkte Aussagen treffen, weil sie an einer reduzierten Stichprobe erhoben wurden. Sie reichen

fast an die besten phonologischen Prädiktoren heran, sind jedoch weniger aussagekräftig als der Prädiktor »Buchstabenkenntnis«.
Wenn Buchstabenkenntnis bei Schulanfängern geeignet ist, die späteren Lese- und Schreibleistungen vorherzusagen, berechtigt dies nicht zu dem Schluß, daß der Schulerfolg garantiert sei, wenn man mit Vorschulkindern exzessiv Buchstaben übt. Die Buchstabenkenntnis ist nur ein Ausdruck, ein Indikator für die Vertrautheit mit der Schrift.

2.3 Interkorrelationen der Nachtestergebnisse – Komponenten des Lesens und Schreibens

Daß man, um Lesen und Schreiben zu können, Buchstaben kennen muß, ist evident. Die gedankliche Leistung, die Kinder zu erbringen haben, wenn sie beim Lesen einzeln erzeugte Phoneme zu einem Wortklang verschmelzen oder wenn sie beim Schreiben Wörter lautieren, wird häufig unterschätzt. Daß Lautanalyse und Lautsynthese bei weitem nicht von allen Kindern am Ende des ersten Schuljahres beherrscht werden, zeigt die Tabelle 1. Auch ist die Streuung dieser Variablen relativ höher als die der Buchstabenkenntnis. Welchen Anteil die verschiedenen Komponenten an der Lese- bzw. Schreibleistung haben, zeigt die Tabelle 3:

Tab. 3: Interkorrelationen der Nachtestergebnisse am Ende des ersten Schuljahres (1987/88: N = 95)

Teilleistungen	Lesen	Satzdiktat	Wörterdiktat
Kenntnis der Kleinbuchstaben	.60**	.71**	.60**
Synthetisieren	.50**	.51**	.59**
Lautieren	.58**	.68**	.66**

Der Tabelle ist zu entnehmen, daß Buchstabenkenntnis und phonologische Operationen wie »Lautanalyse« und »Lautsynthese« mit der Lese- und Schreibleistung gleich hoch korreliert sind.

3. *Konsequenzen für die Prävention von Lesestörungen*

Von *Havighurst (1972a)* stammt das Konzept der »Entwicklungsaufgabe« als einer Anforderung, die sich in einer bestimmten Lebensperiode dem Individuum stellt. Quellen der Entwicklungsaufgabe sind die physische Entwicklung, die Erwartungen der Gesellschaft sowie die individuellen Zielsetzungen der Person. Der Schriftspracherwerb ist solch eine Entwicklungsaufgabe, wobei viele Kinder allein dadurch in Schwierigkeiten geraten können, daß der Zeitraum, in dem unsere Gesellschaft diese Leistung erwartet, sehr eng definiert ist und die Anforderungen recht willkürlich sind:

– Zwar sollen die ersten beiden Schuljahre dem Schriftspracherwerb zur Verfügung stehen; de facto gilt es jedoch häufig schon als Makel, wenn ein Kind am Ende des ersten Quartals die Grundprinzipien der Schrift noch nicht begriffen hat (ganz zu schweigen von den Leseanforderungen in anderen Fächern).

– Willkürlich sind die Anforderungen, weil die vorschulisch angesammelten Kompetenzen kaum berücksichtigt werden. Wir wollen hier nicht noch einmal die Forderung nach stärkerer Binnendifferenzierung wiederholen, weil wir sie für hinreichend bekannt halten. Stattdessen wollen wir darauf hinweisen, daß es für viele Kinder eine Entlastung wäre, die Zeitspanne, in der die Entwicklungsaufgabe »Schriftspracherwerb« zu bewältigen ist, weiter zu definieren, etwa den Kindern tatsächlich die Zeit von zwei Jahren zuzugestehen. Eine Forderung, deren Verwirklichung allerdings eng an Individualisierung und Binnendifferenzierung gebunden ist.

Ganz sicher wird die Geduld, welche die Gesellschaft gegenüber einem Kind mit Erfahrungsrückständen aufbringt, nicht unbegrenzt sein und auch nicht die des Kindes selbst. Auch dann, wenn wir augenfällige Vergleiche der Kinder untereinander (z.B. die Ziffernbenotung) einschränken – das Kind wird sich selbst mit den anderen vergleichen, und es wird seinen aktuellen Kenntnisstand mit seinem früheren in Beziehung setzen. Wenn es dann keine Fortschritte registriert, wird sein Selbstwertgefühl sinken und seine Motivation, Lesen und Schreiben lernen zu wollen. Kinder mit geringeren literalen Vorkenntnissen brauchen daher besondere Angebote, die man vielleicht nicht einmal Förderangebote nennen sollte. Spielerische und beiläufige Möglichkeiten, Schrifterfahrungen zu sammeln; zeitlich ausgedehntere Erfahrungen, wie sie Kinder aus literalen Familien nach der Schule, zu Hause gewinnen können.
Brauchen sie auch qualitativ andere Angebote? Wenn sie den Anschluß an die anderen Kinder nicht verlieren sollen, sollten sie zumindest methodisch *richtige* Angebote erhalten. Wie aus Tabelle 3 hervorgeht, sind Teiloperationen des Lesens wie die Phonem-Graphem-Beziehung und die phonologischen Operationen des Lautierens gleichrangig. In der Schulpraxis werden diese Kompetenzen den Kindern offenbar nicht gleich gewichtig oder gleich gut vermittelt; wie anders wäre es zu erklären, daß viele Kinder mit schweren Lese- und Schreibschwierigkeiten zwar alle Grapheme richtig benennen können, beim Lesen aber an der Lautsynthese scheitern (bzw. an der Lautsegmentierung beim Schreiben)? Vielleicht sollte generell überprüft werden, ob die üblichen Angebote zur Schulung des Phonembewußtseins zureichend sind. Wo ein Kind bereits Lernblockaden oder irreleitende Ersatzstrategien (z.B. Ratelesen, Auswendiglernen) entwickelt hat, könnte eine entfaltete Schulung von Analyse und Synthese hilfreich sein – vorausgesetzt, daß die Angebote nicht auf ein fades Funktionstraining reduziert

werden. Nicht entwickelte Kompetenzen eines Kindes führen häufig dazu, daß auch das Spektrum der pädagogischen Angebote eingeschränkt wird. Das Gegenteil sollte der Fall sein, wenn man solchen Kindern helfen will.

Der vorstehende Beitrag kommt aus dem Projekt »Kindgerechter Schulanfang« unter der Leitung von Rudolf Kretschmann und Rudolf Schmitt. Für die Hilfe bei der Durchführung der Erhebungen danke ich Ingrid Emmenecker, Christina Ehlers, Peter Lehmann, Heike Hein, Angela Schael und Bettina Kellner.

Die Psychologie des Lesens

Vor gut 30 Jahren ist eine noch heute einflußreiche Psychologie des Lesens erschienen. Sie konnte als ein Kapitel in einem umfassenderen Band auf knapp 140 Seiten den Forschungsstand zusammenfassen und von einem Einzelautor geschrieben werden (Kainz 1956a). Vor rund 10 Jahren veröffentlichten *Gibson/Levin (1975a/1980a)* zu zweit eine »Psychology of Reading«, die bereits in der gekürzten deutschen Fassung mehr als doppelt so dick ausfällt. Der Umfang des kürzlich erschienenen Sammelbandes von *Coltheart u.a. (1987a)* hat sich noch einmal verdoppelt – und hier werden bereits einzelne Kapitel von drei oder vier AutorInnen verantwortet, insgesamt haben über 50 ForscherInnen an dem Band bzw. der vorbereitenden Konferenz mitgewirkt.

Wissen wir also heute mehr darüber, wie Erwachsene lesen und Kinder lesen lernen? *Gerheid Scheerer-Neumann* berichtet auf den folgenden Seiten unseres Jahrbuchs über einen Ausschnitt der vielfältigen Forschung, der auch für die Praxis interessante Ergebnisse einschließt. Im übrigen sind auch wir bei der Lektüre der oft sehr speziellen Beiträge zu dem angelsächsischen Fazit gekommen: *An expert is someone who learns more and more about less and less* (und setzen ihn ungebührlich fort: *until he knows everything about nothing).*

Übrigens: Im nächsten Jahrbuch wollen *Peter Müller* und *Dieter Heller* ein Resümee der Forschung zu Augenbewegungen beim Lesen vorlegen (vgl. bis dahin die Hinweise im zweiten Jahrbuch auf S. 243 sowie die didaktisch orientierte Interpretation der Grundlagenforschung bei *Brügelmann 1983a, Kap. 2, 5, 14).*

Gerheid Scheerer-Neumann

Experimentelle Leseforschung: Was gibt's Neues?

Das Buch

Im letzten Jahr ist ein – mit über 700 Seiten schon äußerlich sehr »gewichtiges« – Buch erschienen, dessen »inneres« Gewicht sicher nicht geringer ist: *The Psychology of Reading*, herausgegeben von *Max Coltheart*.
Der Titel des Buches ist zwar nicht sehr originell und offensichtlich auch nicht geschützt; jedenfalls stehen allein in meinem Bücherregal noch zwei weitere Werke mit gleichem Titel: Das sehr gut zu lesende Einführungsbuch von *Crowder (1982a)* und das Lehrbuch von *Gibson/Levin (1980a)*, mit dem ich mich nie recht anfreunden konnte. Der von *Coltheart* herausgegebene Band ist kein Lehrbuch; er ist der Tagungsbericht der 12. Konferenz der »Attention and Performance«-Gruppe, die im Jahr 1986 zum Thema »Lesen« in England stattfand. »Attention and Performance«-Tagungen sind Expertentreffen; sie geben (eingeladenen) Wissenschaftlern – in diesem Fall Psychologen, Neuropsychologen und Linguisten – Gelegenheit, über ihre neusten Forschungsergebnisse zu berichten.
Tatsächlich deckt das Buch einen sehr weiten Bereich der experimentellen Leseforschung ab; dies wird schon in der Gliederung deutlich. An die einführende Vorlesung mit dem beziehungsreichen Titel »Association Lecture« schließen sich die folgenden inhaltlichen Bereiche an:

Teil II: Frühe visuelle Verarbeitung – Aufmerksamkeit, Maskierung und Vorinformation
Teil III: Worterkennen
Teil IV: Augenbewegungen und Lesen
Teil V: Phonologische Verarbeitung und Lesen
Teil VI: Satzverarbeitung und Textintegration

Trotz der Fülle der Themen kann ich aber *Colthearts* Anspruch eines *»comprehensive review«* nicht ganz akzeptieren und zwar aus zwei Gründen: Zum einen fehlen entwicklungspsychologische Überlegungen und Befunde fast vollständig, zum andern sind die Beiträge etwas zu »anglozentrisch«: Sollte wirklich »The Psychology of Reading« identisch sein mit »The Psychology of Reading *English*«? An den wenigen Stellen des Buches, an denen andere Sprachen erwähnt werden, wird deutlich, daß dies nicht der Fall ist: In Schriftsprachen mit relativ klaren Beziehungen zwischen Graphemen und

Phonemen (etwa im Serbo- Kroatischen) ist z.B. das Lesen eines Wortes weniger von wortspezifischen Faktoren (u.a. seiner Bedeutung und Häufigkeit) beeinflußt als in Schriftsprachen mit vergleichsweise unregelmäßigeren Graphem-Phonem-Beziehungen *(Frost u.a. 1988a*, zitiert im Beitrag von *Paap u.a.)*.
Das Fehlen entwicklungspsychologischer Untersuchungen sehe ich nicht als eine Lücke, die einfach durch ein zusätzliches Kapitel hätte geschlossen werden könnte: Ich meine, daß Einblicke in die Prozesse beim *Erwerb* des Lesens uns helfen können, das »geübte« Lesen des Erwachsenen besser zu verstehen. Dies gilt insbesondere für die Fälle, in denen Forscher etwas ratlos vor der Vielfalt der Lesestrategien stehen, die ein geübter Leser flexibel einsetzen kann: Sie erscheint dann weniger verwunderlich, wenn wir annehmen, daß die dominanten Lesestrategien sich zwar im Laufe des Lesenlernens verändern, manche »frühe« Lesestragien dem Leser aber auch später prinzipiell noch zur Verfügung stehen.
Doch bleiben wir beim »Positiven« des Kongreßberichts: Er bietet zu den einzelnen Themen nicht nur spannende neue Forschungsergebnisse, sondern auch jeweils ein Überblickskapitel, ein »tutorial review«, in dem die wichtigsten Fragestellungen, theoretischen Ansätze und empirische Befunde dargestellt werden. Diese »tutorial reviews« (seit einigen Jahren feste Bestandteile der *Attention & Performance*- Tagungen) sind schon allein für sich eine Goldgrube; sie erleichtern aber auch das Verständnis der nachfolgenden empirischen Beiträge. Daß »tutorial reviews« auf einer Expertentagung eingeplant werden, zeigt aber auch etwas über »the state of the art« ganz allgemein: Die Spezialisierung hat die psychologische Grundlagenforschung schon so weit erfaßt, daß ein(e) Wissenschaftler(in) nicht mehr unbedingt über den neusten Stand der Forschung im unmittelbaren Nachbargebiet informiert ist. Es ist schon etwas dran an der boshaften Bemerkung über die heutige empirische Forschung: *»Researchers know more and more about less and less...«*. Ich setze mich sicher dem gleichen Verdacht aus, wenn ich mich in meiner folgenden inhaltlichen Darstellung auf Teil III »Word recognition« und insbesondere die Frage der »Bausteine« zwischen Buchstabe und Wort beschränke; Platzprobleme mögen es entschuldigen...

Thema Worterkennen: Modelle, Fragestellungen und Befunde

Mein Haupteindruck nach der Lektüre des »tutorial review« von *Leslie Henderson* und der sechs empirischen Beiträge zum Thema »word recognition«, läßt sich recht gut wiedergeben: Die Fragestellungen haben sich in den letzten Jahren nicht sehr verändert; es gibt aber einen neuen Erklärungsansatz, den der »Konnektivisten«. Mit deren Ausnahme läßt sich – trotz aller Unterschiede im Detail – ein gemeinsames Rahmenmodell feststellen, innerhalb dessen Erklärungen versucht werden: Es ist dies das Zwei-Prozesse-Modell von *Coltheart* (vgl. *Scheerer-Neumann 1987a*), das einen »direkten« Weg des Worterkennens ohne Übersetzung von Buchstaben oder

Buchstabengruppen in Laute vorsieht und einen »indirekten Weg«, bei dem das Worterkennen durch die lautliche Umcodierung vermittelt wird. Zentral für den »direkten Weg« ist das »innere orthographische Lexikon«, ein Speicher, in dem die Informationen enthalten sind, mit deren Hilfe Wörter in einem Vergleichsprozeß erkannt werden können. Drei wichtige Fragenkomplexe knüpfen hier an:

- Welches ist die innere Struktur dieses Lexikons? Sind die visuellen Merkmale von Wörtern oder Buchstaben gespeichert oder gibt es Einheiten mittlerer Größe, die den Erkennensprozeß vermitteln? Dies ist die ehrwürdige Frage nach der *Größe der Verarbeitungseinheiten*, die seit den Anfängen der Leseforschung immer wieder gestellt wurde (vgl. *Scheerer 1988a)*; sie ist auch für den »indirekten Weg« relevant.
- Der zweige Fragenkomplex ist auf die *Prozesse* beim Worterkennen gerichtet: Werden die Wörter durch die Anwendung von Regeln in kleinere Einheiten segmentiert? Wie könnte man sich den Erkennungsprozeß ohne Einheiten zwischen Buchstabe und Wort vorstellen? Gibt es dabei getrennte Aktivierungs- und Überprüfungsprozesse?
- Schließlich stellt sich auch noch die Frage, ob es für Lesen und Schreiben (sowie für unterschiedliche Lese- und Schreibaktivitäten) *mehrere* orthographische Lexika (evtl. mit Verbindungen untereinander) oder nur *ein* Lexikon gibt.

In den Beiträgen von *Besner/McCann* sowie von *Paap u.a.* wird die Frage nach Verarbeitungsstufen im Sinne einer »Metaforschung« sehr stark paradigmabezogen diskutiert; d.h. im Vordergrund stehen Verarbeitungsstufen unter den experimentellen Bedingungen des »Benennens« bzw. der »lexikalischen Entscheidungsaufgabe«. Da dies anwendungsorientierte Leser sicher nicht so sehr interessieren wird, möchte ich meinen Bericht auf die Frage nach den *Verarbeitungseinheiten* zentrieren, die mir besonders am Herzen liegt (vgl. *Scheerer-Neumann u.a. 1978; Scheerer-Neumann 1981a, b)*. Die Beiträge von *Seidenberg, Taft* und *Treiman/Chafetz* sind unmittelbar auf diese Frage gerichtet. In der Diskussion sind dabei *Silben, morphemähnliche Einheiten (BOSS;* s. unten) und – besonders interessant – Einheiten unter- halb der Silbenebene, nämlich der *konsonantische Silbenbeginn* und der *»Silbenreim«* (z.B. Br/ett).

Die *Methoden* zur experimentellen Erfassung möglicher Verarbeitungseinheiten sind alle recht durchsichtig. Es geht immer darum, die Leistung beim Erkennen eines Wortes (operationalisiert als Geschwindigkeit oder Genauigkeit) durch eine Vorstrukturierung im Sinne der relevanten Einheiten zu beeinflussen. Konkretisiert wird diese Idee häufig durch die perzeptive Gliederung der Wörter durch Zwischenräume »*Zei tung*« vs. »*Zeit ung*«); alternativ wird mit der Technik der *Vorinformation* gearbeitet, d.h. kurze Zeit vor Darbietung des kritischen Wortes wird eine mögliche Verarbeitungseinheit projiziert (z.B. »ZEI« oder »ZEIT« vor »ZEITUNG«); dieses Verfahren wird als »priming« bezeichnet.

Als *Aufgabentypen* werden vor allem das *Lesen von Wörtern* (oder einzelner Buchstaben dieser Wörter) und die schon erwähnte *»lexikalische Entscheidungsaufgabe«* verwendet, die ich kurz skizzieren möchte: Die Versuchsperson hat die Aufgabe zu entscheiden, ob eine vorgegebene Buchstabenfolge (z.B. *»Glück«* oder *»Renk«*) ein Wort ist oder nicht. Die Reaktion wird durch Tastendruck oder die verbale Reaktion »JA« bzw. »NEIN« abgegeben, d.h. die Buchstabenfolge wird nicht laut gelesen. Damit soll das Worterkennen unabhängig von der artikulatorischen Reaktion erfaßt werden. Andere Aufgaben gehören dem Typ *Raten* oder *Problemlösen* an: Es werden kritische Segmente eines Wortes (Silben, Silbenanfänge oder Morpheme) vorgegeben; die Versuchsperson muß dann entweder aus diesen Segmenten ein Wort bilden (»Lösen von Anagrammen«) oder aus einem Segment ein ganzes Wort erraten.

Silbenbeginn und Silbenreim. *Treiman/Chafetz* befassen sich mit der inneren (hierarchischen) Struktur von Silben und mit der Frage, ob diese Struktur beim Lesen genutzt wird. Sie gehen dabei von Beobachtungen und Untersuchungen zur gesprochenen Sprache aus, die gezeigt haben, daß bei Versprechern und experimentell provozierten Fehlern der Silbenbeginn intakt bleibt (z.B. » Fladenbrot« zu »Bradenflot« und nicht »Bladenfrot«). Der Silbenbeginn (Konsonant bzw. Konsonantencluster) und der »Reim« (folgender Vokal mit Konsonant: »Br/ot«) sind entsprechend die Einheiten, die möglicherweise zwischen der Silbe und den Phonemen vermitteln. *Treiman/Chafetz* überprüften den Einfluß der Silbenstruktur zunächst mit Hilfe der Anagramm-Aufgabe: Die Versuchspersonen mußten aus Wortteilen, unter die irrelevante Buchstabenfolgen gemischt waren, richtige Wörter zusammensetzen. Die Wortteile wurden entweder in den Segmenten »Silbenbeginn« und »Silbenreim« oder über diese Segmente hinweg vorgegeben:
Das Wort »FLANK« z.B. als FL OST ANK TR vs. FLA ST NK TRO.
Das Ergebnis war eindeutig: Die Versuchspersonen fanden die Wörter schneller, wenn sie in der von *Treiman/Chafetz* angenommenen Silbenstruktur vorgegeben wurden. Dieses Ergebnis ist unabhängig von der Anzahl der Buchstaben: In einem Wort wie »SPILL« führt die Gliederung »SP/ILL« zu kürzeren Reaktionszeiten, bei »SPREE« ist »SPR/EE« günstiger.
Nun muß die Anagramm-Aufgabe nicht unbedingt etwas über die Prozesse beim *Lesen* aussagen; deshalb war es wichtig, die Silbenstruktur auch in einer Leseaufgabe zu überprüfen. *Treiman/Chafetz* wählten die oben beschriebene »lexikalische Entscheidungsaufgabe«: Die 5-buchstabigen Wörter und Buchstabenfolgen wurden entweder nach dem konsonantischen Beginn oder nach dem folgenden Vokal durch Schrägstriche abgeteilt: als Wort z.B. »CR//ISP« bzw. »CRI//SP« und als Nichtwort »FL//UNT« und »FLU//NT«. Die Befunde bestätigten die Erwartungen der Autorinnen: Die Reaktionszeiten für die Entscheidung »Wort« sind bei der Abtrennung des

konsonantischen Wortbeginns schneller als bei der alternativen Gruppierung.

Es ist wichtig zu betonen, daß *Treiman/Chafetz* die von ihnen gefundenen Einheiten nicht als Alternativen zur Silbe oder zum Phonem sehen, sondern als Einheiten *einer* Ebene in einem hierarchisch gegliederten System (Silben, Silbenbeginn + Reim, Phoneme). Mir kommt diese Konzeption sehr entgegen, weil für mein »Silbenmodell« (vgl. *Scheerer-Neumann 1981b)* gerade für die Phase des Lesenlernens Verarbeitungseinheiten oberhalb der Phonem-, aber unterhalb der Silbenebene eine plausible Ergänzung wären.

Silben und Morpheme. Es darf aber nicht verschwiegen werden, daß die Bedeutung von Silben als mögliche funktionale Einheiten beim Worterkennen nach wie vor nicht eindeutig geklärt ist. Bisherige Untersuchungen haben auf die Frage: »Silben oder Morpheme als wichtigste Einheiten?« keine schlüssigen Ergebnisse erbracht; für beide Annahmen gibt es positive und negative Befunde. In den vorliegenden Untersuchungen haben sowohl *Seidenberg* als auch *Taft* den Versuch unternommen, durch den *direkten Vergleich* beider Einheiten Licht in die Struktur des Lexikons zu bringen. Dabei – dies soll gleich vorweg gesagt werden – kommen sie aber nicht zu den gleichen Befunden. Bevor ich auf die Methoden der Untersuchungen eingehe, die möglicherweise für die divergenten Ergebnisse verantwortlich sind, zunächst etwas zur Definition der morphemähnlichen Einheit, um die es geht, die *BOSS*.

Der Begriff BOSS wurde von *Taft (1979a)* geprägt und steht für *Basic Orthographic Syllable Structure*. BOSS ist definiert als der erste Teil des Stammmorphems eines Wortes einschließlich der Konsonanten, die auf den ersten Vokal folgen, jedoch nur dann, wenn so am Segmentende keine illegalen Buchstabenfolgen entstehen. So ist die BOSS von »LANTERN« »LANT«, die BOSS von »TABLE« aber »TAB«, weil »BL« im Englischen in einer Endposition illegal ist. Übertragen auf das Deutsche ergäbe sich z.B. »WERT« zu »WERTUNG« und »KOHL« zu »KOHLRABI«. In vielen, aber nicht in allen Fällen, ist die so definierte Einheit identisch mit einem Morphem. *Taft* bezeichnet sie auch als »Volksmorphem«, d.h. als jenen Teil eines Wortes, der dem linguistischen Laien als bedeutungstragende Einheit erscheint. Die englische *Silben*gliederung entspricht meistens, aber nicht immer, den Regeln des Deutschen; so würde »LANTERN« silbisch in »LAN/TERN« gegliedert und »LAPEL« in »LA/PEL«, aber »CAMEL« von manchen Linguisten auch in »CAM/EL«; im letzteren Fall wird der nachfolgende Konsonant dem betonten Vokal zugeordnet.

Mit der Technik der Vorinformation in einer lexikalischen Entscheidungsaufgabe verglich *Taft* die Wirksamkeit von Silben und BOSS-Einheiten: BOSS als Vorinformationen führten zu kürzeren Reaktionszeiten als Silben; die als Kontrolle eingeführte Bedingung »BOSS + 1 weiterer Buchstabe« lag zwischen den beiden anderen Bedingungen. Dieses Ergebnis ist besonders bedeutungsvoll, weil es zeigt, daß nicht die Anzahl der Buchstaben in der Vorinformation entscheidend war.

Taft konnte die Wirksamkeit der BOSS auch in einer Leseaufgabe bestätigen, in der die Wortteile im Wechsel gezeigt wurden. Bemerkenswert ist auch ein weiteres Experiment, in dem *Taft* Wörter benutzte, deren Buchstaben am BOSS-Ende eine *besonders geringe Übergangswahrscheinlichkeit* haben (z.B. »PEWT/ER«). Hier war der BOSS-Effekt sogar stärker als bei Wörtern, deren BOSS am Ende Buchstaben mit hohen Übergangswahrscheinlichkeiten aufweisen. Demnach wären BOSS-Einheiten tatsächlich *lexikalische Einheiten* und keine Segmente, die aufgrund von statistischen Häufigkeiten in einem regelgeleiteten Prozeß abgeteilt würden.

Im unmittelbar benachbarten Kapitel kommt *Seidenberg* zu anderen Ergebnissen, allerdings unter Benutzung einer anderen Methode: Seine Methode ist die der »Merkmalsintegration«, die von *Prinzmetal/Millis-Wright (1984a)* entwickelt wurde. Die in der Untersuchung verwendeten fünfbuchstabigen Wörter wurden durch unterschiedliche Einfärbung in Silben bzw. BOSS-Einheiten gegliedert; die Versuchsperson sollte immer die Farbe des mittleren Buchstabens berichten, der farblich manchmal zur Silbe und manchmal zur BOSS gehörte. Von Interesse sind die Fehler: Sind Silben perzeptive Einheiten, so argumentiert *Seidenberg*, dann müßten die Versuchspersonen bei der Vorgabe von BOSS-Einheiten Fehler machen, die die perzeptive Silbenstruktur wiederherstellen. Hierzu ein Beispiel, in dem Groß- und Kleinbuchstaben verschiedene Farben bezeichnen sollen: Würde eine Versuchsperson nach Darbietung des Wortes »BURDen« ein <d> in der Farbe von <e> und <n> berichten, so wäre dies als Versuch zu interpretieren, die Silbe »zu erhalten«. Umgekehrt würde der Farbfehler beim Bericht eines <D> in »BURDen« für die BOSS als perzeptive Einheit sprechen. Die Ergebnisse zeigen eine eindeutige Fehlertendenz: Die Versuchspersonen tendieren vor allem dazu, die *Silbenstruktur* zu erhalten.

Dieses Ergebnis scheint denen *Tafts* zu widersprechen; ich meine aber, daß die unterschiedlichen Methoden den Widerspruch erklären könnten: Bei *Seidenberg* geht es um die *Wahrnehmungseinheit*, die die Versuchsperson von sich aus wählt, bei *Taft* um die *effektivere* Einheit. Es ist durchaus denkbar, daß auch gute Leser oft die Silbe als Einheit bevorzugen, obwohl die BOSS effektiver ist. Der Befund, daß die *Vorgabe der BOSS* gerade bei *seltenen* Endkonsonanten wirksam ist, spricht für diese Interpretation; »PEWTER« würde dann aufgrund der geringen Übergangswahrscheinlichkeiten zwischen <W> und <T> spontan silbisch gegliedert; ein Hinweis auf die Morpheme würde aber das Leseverständnis erleichtern.

Nun hält *Seidenberg* aber für den Leser noch eine Überraschung bereit: Er interpretiert den von ihm gefundenen Silbeneffekt nämlich keineswegs im Sinne von funktionalen Einheiten, die beim Lesen als Segmente verarbeitet werden, sondern führt ihn auf die Wirksamkeit der *orthographischen Redundanz* zurück. Darunter versteht er Regelmäßigkeiten in der statistischen

Verteilung von Buchstaben in bestimmten Positionen. Tatsächlich zeigt sich zwischen Silben fast immer ein bestimmtes graphemisches Muster, das *Seidenberg* als »Trog- Muster« *(»trough pattern«)* bezeichnet: Die Übergangswahrscheinlichkeiten der Buchstaben *zwischen Silben* sind in der Regel geringer als die Übergangswahrscheinlichkeiten der Buchstaben *innerhalb* der Silben. Der Silbeneffekt könnte also auch durch ein Modell erklärt werden, das konkrete Silben weder kennt noch abtrennt, sondern die orthographische Redundanz auf dem Niveau einzelner Buchstaben ausnutzt. Genau dies ist die Annahme der »Konnektivisten«. Sie nehmen einen auf Buchstabenebene parallelen Prozeß an, bei dem Buchstaben, die in der Vergangenheit häufig zusammen aufgetreten sind, sich gegenseitig aktivieren; durch diese Aktivierung können sie schneller und besser erkannt werden.

Silben- oder auch Morphemeffekte würden demnach nur auftreten, weil Silben und Morpheme orthographisch redundant sind; tatsächlich weist *Seidenberg* in einem sehr interessanten Experiment nach, daß die orthographische Redundanz auch unabhängig von der Silbenstruktur wirksam sein kann: Er wählte als Reizmaterial Wörter mit gleicher orthographischer Struktur, von denen manche Einsilber, andere aber Zweisilber waren (z.B. »na-ive« vs. »waive«). Effekte der orthographischen Redundanz sollten sich gleichermaßen bei beiden Worttypen zeigen, Silbeneffekte nur bei Wörtern vom Typ »naive«.

Bei Anwendung der »Merkmals-Integrations-Technik« verhielten sich beide Worttypen tatsächlich gleich: Die perzeptive Gliederung entspricht sowohl den Einheiten »na/ive« als auch »wa/ive«. Für »waive« gibt es also einen »Silbeneffekt ohne Silben« – ein gutes Argument für *Seidenbergs* Annahme, daß der Silbeneffekt »eigentlich« nur ein Effekt der orthographischen Redundanz ist.

Die Überlegungen der »Konnektivisten« (vgl. auch *McClelland/Rumelhart 1981a)* sind bemerkenswert und werden uns in der Zukunft sicher noch weiter beschäftigen. Ich möchte aber davor warnen, andere Modellvorstellungen vorschnell aufzugeben; dies gilt insbesondere für das Lesen*lernen:* Ich glaube nicht, daß *Seidenberg* den Lesefehler »Oste/rei« erklären könnte; ich halte die hier von den Kindern vorgenommene Gliederung für rein silbisch ohne Berücksichtigung der Übergangswahrscheinlichkeiten (<er> häufiger als <rei>).

Sind diese Untersuchungen nun auch für die pädagogische Praxis relevant? Mit Einschränkungen: JA. Trotz unterschiedlicher Erklärungsansätze stimmen Leseforscher darin überein, daß die *orthographische Struktur von Wörtern beim Lesen genutzt wird.* Solange wir den Mechanismus dieser Nutzung zu verschiedenen Zeitpunkten der Aneignung aber noch nicht genau kennen, sollten wir den Kindern *verschiedene Möglichkeiten* der Redundanzausnutzung anbieten: d.h. sowohl die Morphem- als auch die Silbengliederung (evtl. unter Berücksichtigung der inneren Silbenstruktur) als auch Hinweise auf andere orthographische Regelmäßigkeiten.

Wortbilder auf dem Prüfstand

(Auflösung zum seh-test von S. 194)

So sehen die 8 schriftzüge aus:

stern KAUFHOF Melitta®

Peter Stuyvesant mazda HÖRZU

Ford HiPP

Für den fall, daß Sie diese aufgabe nicht zu Ihrer zufriedenheit gelöst haben: Das macht nichts. Die fähigkeit, ortografisch belanglose wörter nicht im originalschriftzug schreiben zu können, sagt nichts über irgendwelche intellektuellen fähigkeiten des schreibers aus. Warum sollte sich auch jemand schreibweisen, die ihn als äußere grafische form nicht interessieren, merken? Aber dennoch ist die tatsache, daß wir die uns hochvertrauten schreibweisen schreibend nicht dem vor-bild entsprechend wiedergeben können, nicht belanglos. Diese unfähigkeit erhellt die weise, wie wir uns ortografisches aneignen, genauer:

wie wir es *nicht* tun.

Zweifellos verändert die wahl von buchstabenformen die 'gestalt' eines wortes sehr*: ERFAHRUNG – erfahrung – Erfahrung*

Im vergleich zeigen sich unterschiede in der gliederung:

markante ober- und unterlängen gegenüber der rechteckigen gestalt der BLOCKSCHRIFT. Und dennoch stehen uns dieserart von unterschieden nicht »vor augen«, wenn wir vertraute wörter, etwa die sattsam bekannten firmennamen, schreiben wollen.

Der ertrag: Das vertrautsein mit schriftzügen ist keine hinreichende bedingung, das vertraute auch *schreiben* zu können.

Die visuelle vorstellung einer schreibweise ist nicht so gespeichert, daß sie abrufbar wäre und als ein vor-bild für die schreibung nützen könnte.

Positiv: Um über schreibweisen zu verfügen, müssen wir unsere aufmerksamkeit auf diese gerichtet haben. (In zukunft werden wir *mazDa* schreiben können.) Wir müssen schreibweisen zum gegenstand unseres interesses machen, um das besondere als das 'geregelte' zu erfassen.

Wir müssen etwas bemerken, um es uns zu merken.

DIESE EINSICHT FÜHRT ZU KONSEQUENZEN FÜR UNTERRICHT:
Wir brauchen keine angst zu haben, daß schüler sich ihre fehler einprägen. Wir müssen nicht immer und alles korrigieren. Wir müssen schülern nicht alles vorschreiben, so daß sie es richtig (ab)schreiben. Wir können schüler und uns konzentrieren auf das, was ihnen und uns eigentlich wichtig ist am schreiben: der gemeinte sinn der texte.
Wir können auf das aufmerksam machen, was wir besser wissen: auf die bildung, auf die bedeutung von wörtern und so versuchen, ein interesse auch an ortografie zu stützen.

*

Zum Stichwort »Wortbild« finden sich interessante experimente und didaktisch bedeutsame forschungsergebnisse in den zusammenfassungen von

Brügelmann, H. (1983): LIES: Buchstabensammler oder Wortbildjäger? Über den Weg der Schrift vom Papier ins Gehirn. In: betrifft: erziehung, 16. Jg., 12/1983, 22-29.

Scheerer-Neumann, G. (1986): Wortspezifisch: JA – Wortbild: NEIN. Teil 1: Rechtschreiben. In: *Brügelmann (1986a,* 171-185).

Scheerer-Neumann, G. (1987): Wortspezifisch: JA – Wortbild: Nein. Teil 2: Lesen. In: *Balhorn u.a. (1987a*, 219-243).

*

Teil IV:

Stumpft der Mensch vom Gaffen ab? Schriftspracherwerb mit neuen und alten Medien

Peter Winterhoff-Spurk
Fernsehen und Kinder – ein Resümee der Forschung

Die folgenden Zusammenfassungen sind mit freundlicher Genehmigung des Autors entnommen aus: Peter Winterhoff-Spurk: Fernsehen. Psychologische Befunde zur Medienwirkung. Hans Huber Bern u.a. 1986a, S. 70f., 77, 85, 86f.

Fassen wir zusammen: Obwohl es Hinweise dafür gibt, daß das Fernsehen starke emotionale Wirkungen bei Kindern hat, sind diese bisher – mit Ausnahme von Aggressivität und (in Grenzen) der Angst – kaum untersucht worden. Trotz der außerordentlich großen Zahl von Untersuchungen zur Aggressivität gibt es noch keine einheitliche Meinung darüber, ob das Betrachten von Gewalt im Fernsehen Kinder aggressiv macht. Die Mehrzahl der beteiligten Forscher neigt zu der Meinung, daß spezifische Fernsehsendungen eine aggressivitätsfördernde Wirkung haben können, die allerdings stark von anderen Einflüssen abhängt: Genannt werden der kulturelle Hintergrund, das soziale und familiäre Umfeld, Persönlichkeitseigenschaften des Zuschauers und die Situation während des Betrachtens der Sendung. Ganz allgemein muß man wohl sagen, daß bestimmte Formen von Gewaltdarstellungen im Fernsehen aggressives Verhalten beim Zuschauer dann fördern, wenn seine Aggressivitätshemmungen durch die oben angeführten Faktoren von sich aus nicht sehr hoch sind. Es kann der Tropfen sein, der den Krug zum Überlaufen bringt. Es ist wahrscheinlich, daß außer aggressivem Verhalten bestimmte Fernsehsendungen auch Angst beim kindlichen und jugendlichen Zuschauer auslösen können; auch hier aber sind weitere Untersuchungen nötig.
Allerdings gelten diese Befunde ausschließlich für die – sozusagen – »normale« Darstellung von Gewalt. Welche Folgen die neuerdings in Mode gekommenen, außerordentlich brutalen »Gewaltvideos« haben, ist gegenwärtig noch nicht abzuschätzen.

*

Fassen wir die Befunde zu *sprachlichen, schulischen* und *außerschulischen Leistungen* und Aktivitäten kindlicher Fernsehzuschauer zusammen: Es zeigt sich, daß im Durchschnitt kaum bemerkenswerte negative Effekte des Fernsehens feststellbar sind. Wenn diese in der Literatur berichtet werden, so hängen sie oft genug von einer dritten Einflußgröße ab: Zurückweisung durch die Eltern oder auch geringe Intelligenz führen das Kind vor den Fernsehapparat statt vor seine Schulbücher. Auf den Wortschatz und die Lesehäufigkeit bezogen, scheint es im Gegenteil eher leicht förderliche Effekte zu geben, die durch spezifische Sendungen wie »Sesam-Straße« oder »The Electric Company« noch verstärkt werden können.

*

Fassen wir die Ergebnisse zum *sozialen Verhalten* und zu den *sozialen Einstellungen* zusammen, so zeigt sich zumindest für die *Werbung* ein erhebliches *Forschungsdefizit*. Viele vermutete Werbewirkungen sind bisher noch nicht untersucht oder aber nicht nachgewiesen worden. Werbung hat zwar einen Einfluß auf die Kaufwünsche von Kindern, dieser wird jedoch von zahlreichen anderen Einflüssen entweder gefördert oder gebremst. An erster Stelle ist hier das Verhalten der Mutter gegenüber dem Werbefernsehen und der Kaufentscheidung des Kindes zu nennen. Das Problem des Lernens von *traditionellen Geschlechterrollen* durch Werbefernsehen und sonstige Programme scheint langsam an Bedeutung zu verlieren, da sich zum einen das Bild der Frau auch in den Medien langsam wandelt und zum anderen spezifische Kindersendungen zu diesem Problem verändernde Wirkungen haben. Dies gilt gleichermaßen im Rahmen der politischen Erziehung für die Veränderung von Vorurteilen gegenüber Minderheiten.

*

Will man nun trotz aller vorgebrachten Einschränkungen Bilanz ziehen, so erscheint das deutsche Fernsehen in seiner bisherigen Form (also vor der flächendeckenden Einführung des Kabelfernsehens mit privaten Anbietern) für die durchschnittliche Fernsehfamilie weder als Hauslehrer noch als Verführer sonderlich effektiv. Die kindlichen Nutzungszeiten von einer bis eineinhalb Stunden täglich sind nicht durch voll konzentrierte Zuwendung zum Gerät gekennzeichnet, vielmehr spielt das Kind und/oder es ist mit anderen Kommunikationspartnern in Kontakt. Wenn es nicht gerade kinderspezifische Sendungen sieht, so lernt es vermutlich auch nicht eben viel durch das Fernsehen; aber auch die befürchteten negativen Effekte, wie Abfall der schulischen Leistungen und der Lesefähigkeiten, Ausbildung aggressiver Verhaltensweisen u.a.m., werden in der Regel nicht zu befürchten sein. Fernsehen kann jedoch dann zur Erweiterung des Wissens und des Wortschatzes, zur Förderung der sozialen Intelligenz, zum Abbau von Vorurteilen, zur Anregung außerhäuslicher Aktivitäten, zur Anregung der Lesetätigkeit usw. beitragen, wenn Kinder sich die für sie gemachten Sendungen zusammen mit den Eltern ansehen und mit diesen anschließend darüber sprechen können. Überläßt man das Kind jedoch sich selbst vor dem Gerät, nimmt man keinen Einfluß auf die Dauer der Sehzeit und die Auswahl von Sendungen, bespricht man das Gesehene nicht mit dem Kind, so kann es bei einem

entsprechenden sozialen und/oder familiären Kontext auch zu den genannten negativen Effekten einer verzögerten sprachlichen und kognitiven Entwicklung, zur Auslösung von Angst und Aggressivität, zur unkritischen Konsumhaltung u.a.m. kommen.
Wie das Fernsehen wirkt, liegt also zum nicht geringen Teil daran, wie man mit ihm umgeht. Es scheint so, als hätten Mittel- und Oberschichten dies eher erkannt, da sich bei ihnen das oben beschriebene Nutzungsverhalten häufiger als in der Unterschicht findet. Als Alternative zu einer unspezifischen Fernsehkritik, wie sie sich in Titeln wie »Schafft das Fernsehen ab!« oder »Die Droge im Wohnzimmer« ausdrückt, ließe sich daher insbesondere für Pädagogen die Aufgabe formulieren, zukünftig verstärkt zum Abbau dieser Fernsehbildungsschranken beizutragen.

¶ *Niedergang der Kinderliteratur?*

Robinson tot? Die armen Verleger! Er existiert in der Bundesrepublik noch in 29 verschiedenen Ausgaben für Kinder und Erwachsene. (...)
Wenn der Börsenverein des Deutschen Buchhandels für das Jahr 1956, als die Verhältnisse sich konsolidiert hatten, 348 Neuerscheinungen meldete und für das Jahr 1986 mit 2641 Titeln in zum Teil hohen Auflagen mehr als das Siebenfache (bei abnehmenden Geburtenquoten), dann müssen diese Bücher doch gekauft und auch gelesen werden, denn Kinderbücher sind weder Wandschmuck noch Statussymbol.

Aus: Ingeborg Ramseger: Das »Vorwissen« der Kinder hat zugenommen. In: Börsenblatt des Deutschen Buchhandels, Nr. 98, 8.12.87, S. 3299).

Bettina Hurrelmann
Verkabelung: eine neue Qualität des Fernsehens?

Auszug aus: Bettina Hurrelmann u.a. (1988a): Familie und erweitertes Medienangebot im Kabelprojekt Dortmund. Abschlußbericht. Bd. 6 der »Begleitforschung des Landes NW zum Kabelprojekt Dortmund« (1988, S. 21f.), erschienen in der Reihe »Die Landesregierung informiert« kostenlos zu beziehen vom Landespresseamt Düsseldorf.

Wir haben bedeutsame Unterschiede zwischen zwei Familiengruppen gefunden, die in bezug auf die Voraussetzungen vergleichbar sind, die sich in bisherigen Untersuchungen immer wieder als entscheidend für das Ausmaß des Fernsehkonsums dargestellt haben: Statusvoraussetzungen der Familien und Voraussetzungen des Alters der Kinder. Unterschiedlich ist die Medien-Umwelt der Familien: Die eine Gruppe der Familien verfügt über ein Angebot von über 20 Fernsehprogrammen – darunter vor allem über die kommerziellen Satellitenprogramme – die andere Gruppe hat das bisherige Fernsehangebot.
In den nächsten Jahren wird sich das Angebot des Fernsehens in vielen Familien vermehren, die, was die Voraussetzungen des Familienlebens angeht, ähnliche Bedingungen aufweisen wie unsere Stichprobe von Teilnehmer-Familien im Kabelpilotprojekt Dortmund. Deshalb sei noch einmal herausgestellt, welche Veränderungstendenzen zu erkennen sind:
In den Familien steigt der Fernsehkonsum: Besonders drastisch ist er bei den jüngeren Kindern erhöht. Schichtdifferenzen werden in der Fernsehteilnahme deutlicher. Vor allem die Medienerfahrungen von Kindern verschiedener sozialer Herkunft werden dadurch stärker auseinanderklaffen, als dies schon bisher der Fall war.
Fernsehen wird wichtiger im Familienleben. Andere Formen der Gemeinsamkeit, wie gemeinsame Freizeitaktivitäten der ganzen Familie, werden seltener. Über das Fernsehverhalten werden traditionelle, hierarchische Familienstrukturen bekräftigt. Zugleich kann es dazu dienen, Anpassungsprobleme der Familienmitglieder aneinander zu verdecken. Das Fernsehen rückt stärker in den Mittelpunkt der Familienkommunikation. Es erfährt eine höhere pädagogische Wertschätzung durch die Eltern, und es wird in Erziehungsprozessen unbefangener funktionalisiert.
In diesen Ergebnissen läßt sich das Image des innovationsfreudigen, kommunikativ aufgeschlossenen, überdurchschnittlich gebildeten Kabelteilnehmers nur mit Mühe wiedererkennen, das allenthalben verbreitet wird. Weder im Münchner noch im Ludwigshafener Kabelpilotprojekt hat es offenbar

eine theoretisch selbständige Familien-Untersuchung gegeben. Im Hinblick auf die Familien scheinen die dort mitgeteilten Befunde ergänzungsbedürftig. In den Projektberichten wird festgestellt, daß sich keine unmittelbaren Auswirkungen des Kabelfernsehens auf die Familieninteraktion nachweisen lassen. Unsere Untersuchung ging schon im Ansatz davon aus, daß die Auswirkungen auf die Familienstruktur nur langfristiger und latenter Art sein können, daß man Veränderungen also zunächst in der Mediennutzung der Familien aufsuchen müsse, um von da aus auf Einflüsse schließen zu können, die die Familieninteraktion langfristig verändern. Wenn man akzeptiert, daß die Unterschiede in den Familiengruppen, die wir gefunden haben, Veränderungstendenzen markieren, so verbindet sich mit der Erweiterung des Medienangebotes ein Entwicklungstrend zu weniger Freizeitaktivitäten in den Familien, zu weniger Rollenflexibilität in familialen Gruppenprozessen, zu weniger Interesse an abstrakteren Kommunikationsinhalten, zu stärker reglementierendem Erziehungsverhalten bei größerer Indifferenz medienpädagogischen Aufgaben gegenüber.
Natürlich gehen nicht alle Familien mit der Erweiterung ihrer Fernsehmöglichkeiten gleich um. Unterschiedliche Familienvoraussetzungen bilden sich in Unterschieden der Fernsehnutzung sogar deutlicher ab, als dies in der Vergleichsgruppe ohne Kabelfernsehen der Fall ist. So wird es in Zukunft noch entscheidender sein, welcher sozialen Schicht eine Familie angehört, wie entwickelt das Gesprächsverhalten unter den Familienmitgliedern ist und wieviele Verhaltensspielräume der Erziehungsstil der Eltern den Kindern läßt. Gerade unter nachteiligen Bedingungen in allen diesen Punkten schlägt die Medienexpansion noch deutlicher auf das Familienleben durch.
Die Chancen und die Risiken der Veränderung sind also ungleich verteilt. Das Medienangebot maßvoll zu nutzen und das Fernsehen dem Familienleben unterzuordnen – statt umgekehrt – wird schwieriger. Für diese Aufgabe sind die Familien unterschiedlich gut gerüstet. Je nach familialen Ausgangsbedingungen sind hier langfristig kumulative Effekte zu erwarten, die noch stärker sein werden, als sie schon bei dem herkömmlichen Medienangebot sind.

Heide Niemann
»Es war einmal ein Löwe«

Constanze schreibt am Computer

```
        Es war einmal ein Löwe.

Der im Urwalt lebte . Er hatte einen Freunt.
Den Affen  Chingchon .Der sich im Urwald
Fon Ast zu Ast schwang und eine Freundin.
die Schlange Schleichi.Sein aller bester
Freunt der Elefant Bimbo wurde von einem
Menschen gefangen unt bekam den Auftrag
Baumstäme auf einander Zu stapeln.Der
Löwe wah so traurig das er gahnigs
mehr essen mochte.Und er wollte
auch nicht mehr mit Chingchon
und Schleichi spielen die bei-
den fersuchten ihn auf Zu Muntern.
Aber er ließ sich durch nichs
aufmuntern.Entlichnach vast 3
jahren kamm er fider der Löwe
war so glücklich.ENDE!!!
```

Diese Geschichte hat Constanze im ersten Halbjahr der zweiten Klasse geschrieben. Sie hat an mehreren Tagen fortlaufend daran gearbeitet, als sie bei mir zu Besuch war und hier zum ersten Mal einen Computer in Gebrauch sah.

Der erste Zugang zum Computer ging so vor sich, daß sie wahllos auf den Tasten herumspielte, nachdem sie mich beim Schreiben beobachtet hatte. Durch Zufall stellte sie fest, wie große und kleine Buchstaben eingetippt werden konnten und daß man auch das Alphabet damit schreiben könne, obwohl die Buchstaben alle durcheinander seien. Zu ihrer Verwunderung sprangen die Wörter am Ende der Reihe auf dem Bildschirm immer auf eine neue Zeile, ohne daß dort ein Rand sichtbar war, oder daß sie etwas dazu tun mußte. Nachdem sie die ersten Wörter eingetippt hatte – sie wollte ganz viele Vornamen von Kindern, die sie kennt, aufschreiben – kamen solche Fragen:

»Wie mache ich einen Abstand dazwischen? Wie kriege ich das wieder weg?« Mit dem Cursor hatte sie zunächst Schwierigkeiten, genau die richtige Stelle zu kennzeichnen, wenn sie etwas löschen wollte.
Nachdem sie zwei Tage lang in dieser Weise den Computer ausprobiert hatte, verkündete sie stolz ihre Absicht, eine Geschichte schreiben zu wollen, und die einzige Frage, die sie noch an mich richtete, war die, wie sie denn die Überschrift in die Mitte setzen könne. Mit sehr viel Ausdauer und Konzentration schrieb sie dann an ihrer Geschichte, wobei sie sich zwischendurch mehrfach vergewisserte, daß alles gespeichert werden könne. Das schien überhaupt das Faszinierendste für sie zu sein, daß das Gerät ausgeschaltet werden konnte und daß dann beim Wiedereinschalten die Geschichte auf dem Bildschirm zu sehen war, nachdem aus der Datei das Kennwort herausgesucht wurde. *(Hans Brügelmann* berichtet ähnliche Erfahrungen aus der Lernwerkstatt »Büffel-Stübchen«).
Sie schrieb an zwei Tagen, jeweils während einer Zeitspanne von ca. 30 Minuten. Sie legte keinen Wert darauf, zwischendurch die Geschichte ausgedruckt zu sehen. Wichtig war allerdings für sie, die durch Zufall am Anfang entstandene äußere Form beizubehalten, und wenn sie aus Versehen bis zum Ende der Zeile getippt hatte, bat sie sofort um Hilfe. Schrieb sie ein Wort ihrem Empfinden nach falsch, verbesserte sie es sofort. Sie las den geschriebenen Text weder auf dem Bildschirm noch auf dem späteren Ausdruck auf Fehler hin durch. Als sie die Geschichte beendet hatte, wollte sie sie ausgedruckt sehen, um darunter ein passendes Bild zu malen.
Constanze hat immer sehr genau zugehört, wenn Geschichten vorgelesen wurden, sie selbst erzählt auch gerne. Bis zu diesem Zeitpunkt hatte sie fast ausschließlich Geschichten in der Art aufgeschrieben, daß sie Bilder malte, und diese dann durch einen Satz oder einen sehr kurzen Text ergänzte. Zum Schreiben dieser langen Geschichte waren mehrere Gründe ausschlaggebend gewesen: Freude am Tippen auf der Tastatur, das sehr ordentliche Schriftbild auf dem Bildschirm und die Gewißheit, daß ihre Geschichte gespeichert werden konnte. *»Einfach so weiterschreiben – aber was ist, wenn die Schrift oben ankommt?«* Im Gegensatz zur zweiten, viel längeren Geschichte, hatte sie hier zunächst Schwierigkeiten sich vorzustellen, daß auf dem Ausdruck mehr zu sehen sein würde als auf dem Bildschirm.

*

Die zweite Geschichte ist anders entstanden. Über eine lange Zeitspanne hat Constanze immer, wenn sie zu Besuch kam, daran weitergeschrieben. Als sie damit begann, war sie im zweiten Halbjahr des zweiten Schuljahres, sie ist jetzt in der dritten Klasse und hat kein Interesse dafür gezeigt, die Geschichte zu beenden.

DIE FPAULE FPAMIELIE
DIE EINEN AUSFLUG MACHEN WOLLTE

ES war ein mal eine Famielie
Die einen Asflug machen wollten
piknik ein die beiden Kinder Tomas und
Lucei.Der Vater Bernhat und Mutter Babera
sind Los gefahren Lucei und Tomas haben
gefragt Mutti Woh hin fahren wir die Mutter
hat gesagt wir fahren in den Walt auf eine
schöne Liechtungwoh Blumen sind und eine
schöne grosse Eiche auf der man wunder bar
klettern kann.Als sie da an geh kommen sind
sagte Lucei oh die vielen schönen Blume
keiner wuste das es der Gaten von Herrn
queen ist .Tomas und Lucei beckamen Durst und Hunger .Die Mutter
packte das Piknick aus es waren Brote Äpfel Bannanen Birnen Kiwi
Katoffelsalat Weintrauben Apfelsinen Vrikadelen 3
Fplaschenlimonade und 5 Bier als sie die Flaschen
aus getrunken haten hate Tomas eine Ide er sagte zu Lucie
kOmm Mutti und Vatti schlafen wir zerschlagen alle lehren
Flaschen an der grossen Eiche.Sie mussten ein stück gehen als die
beiden die Flaschen

Zu Beginn war für sie diesmal ganz wichtig, die Überschrift zu gestalten: die Verwendung der Großbuchstaben, die Zentrierung in der Mitte und der Abstand zum nachfolgenden Text. Die Länge der Geschichte zeigt, daß sie jetzt versteht, daß die Sätze, die oben auf dem Bildschirm verschwinden, trotzdem nachher im Ausdruck zu sehen sind.

Die Erfahrungen, die Constanze beim Schreiben beider Geschichten macht, lassen sich durch vielfältige Untersuchungen, die aus englischen Grundschulen berichtet werden, bestätigen (vgl. auch *Kochan* und *Bohnenkamp/Brügelmann* in diesem Band). Wie sie hatten viele Kinder zunächst Schwierigkeiten, mit dem Cursor umzugehen. Vielerorts wird deshalb empfohlen, Kindern in der Klasse nur Textsysteme anzubieten, die über Zusatzgeräte wie z.B. eine 'Maus' verfügen, mit der ikonisch dargestellte Befehle aus den sog. Menüs abgerufen werden können. Die nur anfangs vorhandene Schwierigkeit, daß nicht alle Textmerkmale, die nachher ausgedruckt werden, auf dem Bildschirm zu sehen sind, führt dazu, vorrangig WYSIWYG-Systeme *(What You See Is What You Get)* zu verwenden. Darunter gibt es inzwischen schon Programme, die zusätzlich die Möglichkeit anbieten, nur das eine Wort, das gerade geschrieben wird, auf dem Bildschirm zu zeigen, um es danach, wenn es beendet ist, wieder in das Textganze einzugliedern. In mehreren Klassen konnte festgestellt werden, daß das Vertrautwerden mit dem Gerät überraschend schnell vor sich ging und daß die Kinder, wenn sie allein vor dem Gerät saßen, mit dem langsamen Eintippen keine Schwierigkeiten hatten. Das Problem wurde erst aktuell, wenn die Kinder in Gruppen arbeiteten und sich an dem langsamen Tempo der anderen störten.

Daß der Einsatz eines Textverarbeitungssystems Kinder stark zum Schreiben motiviert, weil die Schriftqualität den Texten, die Erwachsene schreiben, entspricht, war ja bei Constanze durch die Freude an den 'schönen gleichmäßigen' Buchstaben zu sehen, und *Papert* weist schon 1980 in seinem grundlegenden Buch »Mindstorms« darauf hin.

Constanzes Erfahrung mit der zweiten Geschichte, daß es einfach ist, eine lange Geschichte zu schreiben, gewissermaßen *endlos* zu schreiben, wird in einer Untersuchung von *Pearson* und *Wilkinson (1986a)* bestätigt. Die 13-jährige Andrea, die auch sonst flüssig schreibt, verwendet aus diesem Grund das Textverarbeitungssystem: *»She wanted to see how long a piece she could build up, and the storage facility of the computer made this so simple.«*

Aus den Berichten der englischen Schulen wird eines deutlich: Da der Computer immer nur begrenzt zur Verfügung steht, wird häufig in Gruppen zu zweit oder zu dritt daran gearbeitet. Es wird stets Wert darauf gelegt, daß es sich um Gruppen handelt, in denen Mädchen und Jungen gemeinsam arbeiten. Der Aspekt des sozialen Lernens wird in vielen Untersuchungen als sehr positiv herausgestellt, außerdem erhält die mündliche Kommunikation, die häufig im Unterricht vernachlässigt wird, einen neuen Stellenwert. Ein Beispiel aus der 'Humberside-Untersuchung' macht das anschaulich: Eine Gruppe von 10jährigen (2 Jungen, 3 Mädchen) hatte die Aufgabe, anderen, die nicht daran teilgenommen hatten, von einem gemeinsamen Erlebnis zu berichten. Sie wählten einen Ausflug nach York. Die Beobachter stellten heraus, daß das langsame Eintippen zwar etwas hinderlich war, letztlich aber doch nicht zu Problemen geführt hatte. Wichtiger war das Gespräch innerhalb der Gruppe: *»They rapidly became involved in discussion and it became obvious that this was directed not solely at the content but also at syntactical and grammatical structure also.... It was apparent during the session that they were not always in agreement about what had happened on the visit, and this led to some debate leading towards an agreed version which was then included.« (Baskerville 1987a).*

Entgegen der Hoffnung, daß durch den Einsatz eines Textverarbeitungssystems die stilistische Qualität der Texte angehoben wird, zeigt sich, daß fast ausschließlich Grammatik-, Zeichen- und Rechtschreibfehler verbessert werden, weitere Überarbeitungen finden kaum statt. Bietet sich hier ein Anreiz für den Lehrer, um durch intensivere sprachliche Arbeit das Medium stärker zu nutzen? Von ersten Versuchen in dieser Hinsicht berichtet *Campell (1986a)*, der sich nicht damit zufrieden gab, daß das System ausschließlich benutzt wurde *»as an editing tool for the correction of errors in typing, spelling or grammar«* und der deshalb in einer Schule ein Zeitungsprojekt startete. Nachdem die Schüler zunächst an sogenannten 'Computertagen' mit dem Gerät vertraut gemacht wurden, tippten sie 'Zeitungsberichte' zu diesen Themen ein: eine Schulrallye, das Sportfest, ein Volksfest und ein Picknick. Besonders viel Wert wurde darauf gelegt, daß die Schüler vor dem Eingeben ihre Geschichte diskutierten und sich bezüglich der Wortwahl und des Satzbaus in ihren jeweiligen Dreiergruppen einigten. Kann die vorab geleistete sprachliche Arbeit ein Grund dafür sein, daß anschließend bei der Überarbeitung nur wenig geändert wurde? Das Schwergewicht lag bei den

Überarbeitungen im Hin- und Herschieben einzelner Textpassagen, in der Änderung des Formats und im Hinzufügen neuer Textteile.
Vielfach wird berichtet, daß Kinder mit Lernschwierigkeiten durch den Einsatz eines Textverarbeitungssystems bessere Ergebnisse erzielen und stärker zum Mitarbeiten motiviert werden. Aus der oben zitierten Untersuchung läßt sich auch dafür ein Beispiel heranziehen. Der achtjährige Michael nimmt seit längerer Zeit an besonderen Fördermaßnahmen im Schreiben und Lesen teil. Er arbeitet mit in einer Gruppe von fünf Kindern, die die Aufgabe erhalten haben, über ein Buch, das in der Klasse gelesen worden war, zu schreiben. Michael war verbal sehr aktiv, nach kurzer Zeit war er das führende Glied in der Gruppe. Er tippte den Text ein, und als nach einer Woche eine Überarbeitung vorgenommen werden sollte, machte er als erster Vorschläge. Für Michael stellte das Textverarbeitungssystem eine große Hilfe dar. Da es so einfach war, Verbesserungen vorzunehmen, war er stärker als sonst motiviert, Fehler zu suchen und den Text zu überarbeiten.

Worin liegt nun der Wert für den Einsatz von Textverarbeitungssystemen in der Grundschule?

Unbestritten ist der Aspekt des sozialen Lernens.

Die Texte weisen auch weniger Grammatik-, Rechtschreib- und Zeichenfehler auf.

Die Motivation zum freien Schreiben wird häufig verstärkt (über den Wert des freien Schreibens an sich soll an dieser Stelle nichts gesagt werden, vgl. dazu u.a. Graves 1986a; Spitta 1985a und in diesem Band).

Der hohe Öffentlichkeitsgrad des Mediums rückt die mündliche Kommunikation in den Mittelpunkt.

Der enge Zusammenhang von Sprechen-Hören-Schreiben-Lesen ist offensichtlich.

Der Umgang mit einem nicht wegzudenkenden Bestandteil unserer Berufs- und Arbeitswelt wird frühzeitig selbstverständlich, und gerade die bei Mädchen häufig anzutreffende technikfeindliche Einstellung kann überwunden werden.

Der Gnom mit dem weichen Herzen

Es war einmal irgendwo zwischen China und Indien ein schöner, grüner Wald, indem ein kleines Dorf lag, dessen Einwohner freundliche, hilfsbereite, gerechte, kleine Gnome und Gnomeninnen waren. Es gab kein Geld, denn in dem großen Wald war genug von allem für alle da. Abends saßen sie am Feuer und sangen.Dies taten sie zur Entspannung, denn sie hatten die meist schöne Aufgabe übernommen, kranken Tieren zu helfen und deswegen gab es viel zu tun. Alles hätte so bleiben können, doch jedes intelligente Kind weiß, daß man manchen Tieren, die schon zu krank zum Heilen sind, am besten hilft, indem man ihnen den Gnadenstoß gibt. Jeder Gnom und jede Gnomin waren damit einverstanden und jeder war gleich oft mit dieser schwierigen Tat drann. Doch einer verstand nicht, wie man Tiere töten konnte.
Er hatte die Tiere zu lieb. Man hatte es ihm nicht erklären können. Trotz dieser falschen Einstellung tat er dann das, was schon seine Ururgroßväter getan hatten, nämlich, kranken Tieren helfen. Doch sein weiches Herz litt so sehr, wenn er sah, wie seine Freunde manche Tiere töteten, daß er Angst hatte, sich mit den Tieren zu befreunden. Er dachte nämlich, daß seine Mitbürger vielleicht gerade diese Tiere umbringen könnten.
Er fing an, seine Mitbürger zu hassen. Sein Herz wurde mit der Zeit kalt, hart und eisern. Irgendwann hielt er nicht mehr aus, mit diesen Leuten zusammenzuleben. Inzwischen war nicht nur sein Herz kalt, hart und eisern, sondern auch sein Körper und der Teil des Waldes, indem er jetzt lebte. Er verbarrikadierte sich immer mehr und interessierte sich für Sachen, wie Gold und Geld.
Doch in dieser Zeit hatte sich ein Pferd verletzt. Es mußte durch den eisernen Wald wandern. Es sah den eisernen Gnom und er sah es. Er wollte weglaufen, doch er sah, daß die Wunde des Tieres schon eiterte. Er ahnte, daß das Tier zu der einzigen Gnomstadt im Wald wollte. Er dachte, daß das Tier es wohl kaum schaffen könnte, und wenn ... Davor war er doch gerade weggelaufen. Er entschloß, über seinen eigenen Schatten zu springen und dem Pferd zu helfen. Es fiel ihm wegen des Eisens zwar schwer, doch er schaffte es doch, da sein Eisen zu schmelzen begann. Er pflegte das kranke Pferd mit all seiner Liebe. Doch die Wunde des Pferdes wuchs. Er tat, was er konnte, doch es war nicht genug. Das Eisen schmolz, so schnell, wie die Wunde wuchs. Doch noch etwas wuchs: ein Gedanke, der sich immer häufiger in sein Bewußtsein drängte, nämlich, der Grund, warum seine Mitgnome manche Tiere töteten.
Doch er wollte ihn nicht wahrhaben, er verdrängte ihn immer wieder. Er tat vor sich selber so, als verstünde er noch nicht.
Er konnte das Pferd nicht alleine töten. Er brauchte Hilfe. Er entschloß sich, das totkranke Pferd zu dem Dorfe zu tragen.
Da zu diesem Zeitpunkt sein Eisen noch nicht ganz fortgeschmolzen war, nahm er ganz aus Gewohnheit seine Schatztruhe mit. Es war ein schwerer Weg voller Zweifel. Als er ankam, verstanden die anderen sofort. Liebevoll nahmen sie ihm das Tier ab und legten es auf den Waldboden. Alle waren da. Ein Gnom kam auf ihn zu, nahm seine beiden Hände und nickte. Er nahm seinen Dolch und stach ihn in das Herz des Tieres. Es herrschte eine bedrückende Stille. Doch da war ein Geräusch: Das Schloß der Truhe sprang auf, der Deckel öffnete sich und fröhlich wiehernd sprang dem Gnom ein Fohlen entgegen. Bei dem Anblick des Fohlens schmolz das letzte Stück Eisen im Herzen des Gnomes.Das Fohlen war wie das Pferd. Es muß ein Zauberpferd gewesen sein. Nun kehrte alles wieder in den Alltag zurück, auch der Gnom. Nur, daß er nebenbei ein Pferd aufzog und ihm all seine Liebe gab.
Und wenn er nicht gestorben ist, dann pflegt er die Tiere noch heute.

SWANTJE, 28.1.1988

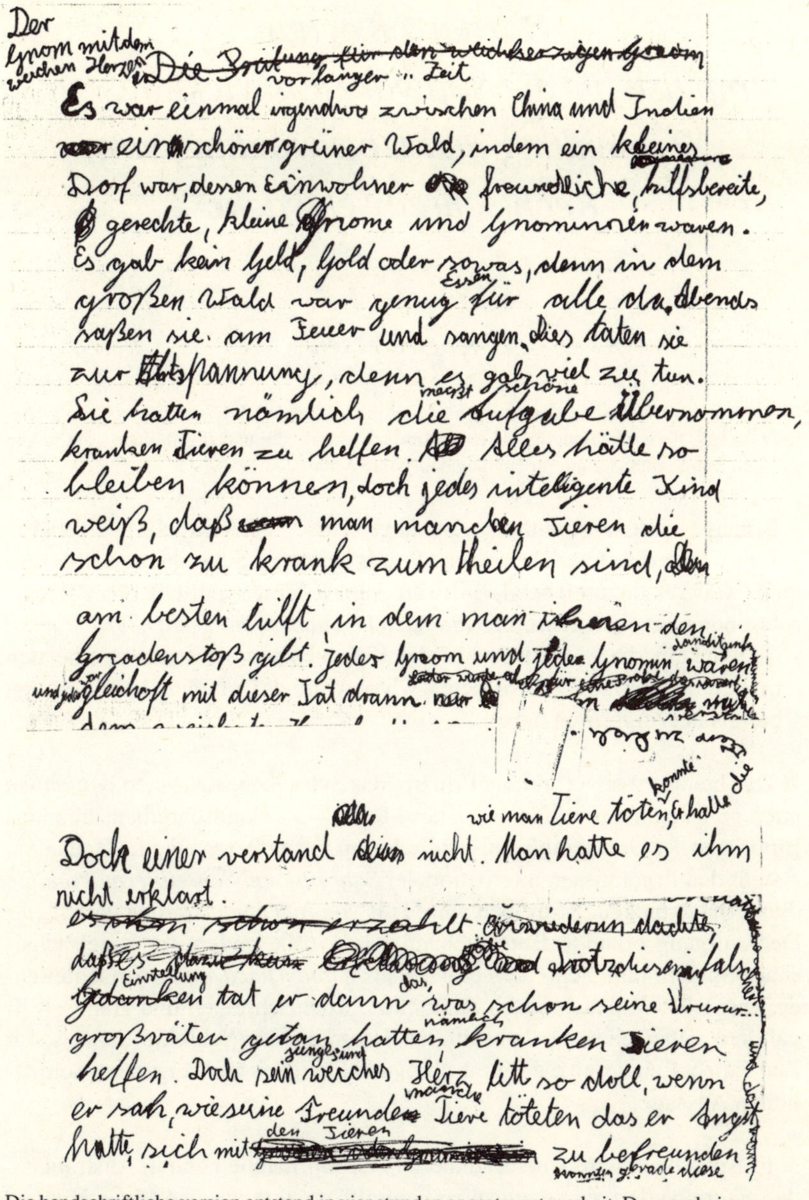
Der Gnom mit dem weichen Herzen

vor langer Zeit

Es war einmal irgendwo zwischen China und Indien ein schöner grüner Wald, in dem ein kleines Dorf war, dessen Einwohner freundliche, hilfsbereite, gerechte, kleine Gnome und Gnominnen waren. Es gab kein Geld, Gold oder sowas, denn in dem großen Wald war genug Essen für alle da. Abends saßen sie am Feuer und sangen, dies taten sie zur Entspannung, denn es gab viel zu tun. Sie hatten nämlich die meist schöne Aufgabe übernommen, kranken Tieren zu helfen. Alles hätte so bleiben können, doch jedes inteligente Kind weiß, daß man manchen Tieren die schon zu krank zum heilen sind, am besten hilft in dem man den Gnadenstoß gibt. Jeder Gnom und jede Gnomin waren gleichgültig mit dieser Tat dran.

wie man Tiere töten konnte

Doch einer verstand nicht. Man hatte es ihm nicht erklärt. … dachte, daß es … falsch … Einstellung … tat er dann das, was schon seine Ururgroßväter getan hatten, nämlich kranken Tieren helfen. Doch sein weiches Herz litt so doll, wenn er sah, wie seine Freunde manche Tiere töteten, das er Angst hatte, sich mit den Tieren zu befreunden

Die handschriftliche version entstand in vier stunden angestrengter arbeit. Das ergebnis war unbefriedigend für Swantje (gerade 11 geworden). Das lesen und vorlesen ist mühsam, bringt den sinn nicht zur geltung. »Darf ich auch mal an deinem neuen computer schreiben?« – »Ja, was willst du denn schreiben?« – »Vielleicht meinen gnom-aufsatz.« Das abschreiben gerät zur überarbeitung. Veränderungen auf allen ebenen: ortografie, wortwahl, satzbau, textstruktur, logik. Nach 80 minuten läßt sie sich stolz vier exemplare ausdrucken. Übrigens: Auch den automatischen zeilensprung hat sie selbst herausgefunden, in der 16. zeile.

Heiko Balhorn

Barbara Kochan

Impulse für die Software-Entwicklung zur Vermeidung und Überwindung von Rechtschreibschwäche

Sieben Thesen

(Statement zum Workshop »Computer als Lernhilfe? – Stand und Perspektiven der Software-Entwicklung für lernbehinderte und lernbeeinträchtigte Kinder und Jugendliche« am 5. Mai 1988 im Bundesministerium für Bildung und Wissenschaft)

1. Solange nicht auszuschließen ist, daß Rechtschreibschwäche auch ein Ergebnis weitverbreiteter Theorie und Praxis des ersten Schreibunterrichts sein kann, wäre es unzureichend, Software zum Erlernen und Üben der Rechtschreibung auf eben denselben *didaktischen und methodischen Grundlagen* zu entwickeln, die möglicherweise das Versagen hervorrufen bzw. – bei den lernbeeinträchtigten Kindern, denen wir nun mittels Computer helfen wollen – bereits hervorgerufen haben.

2. Das bei uns weitverbreitete Prinzip, das Schreiben sozusagen *von außen nach innen* zu unterrichten – von der Motorik des Handschreibens über das Einprägen der Orthographie bis endlich zum Formulieren eigener Gedanken – steht den Ergebnissen internationaler *Schreib- und Schreiblernforschung* diametral entgegen. Schreiben wurde als *von innen nach außen* gerichteter Denkvorgang erkannt. Entsprechend wird, insbesondere im angelsächsischen Sprachraum, Schreibenlernen als *von innen nach außen* fortschreitende Entwicklung pädagogisch unterstützt. Rechtschreiben und Handschrift gehören dabei eher zu den äußeren Bezirken des Schreibprozesses, im Zentrum befindet sich die Bereitschaft und Fähigkeit zur – eigenen – schriftlichen Aussage.

3. Entsprechend wird – insbesondere in Großbritannien und in Australien – das Schreibenlernen vorzugsweise durch *offene Schreib-Software* unterstützt, nicht (mehr) durch »drill-and-practice programs« zum Training isolierter Teilfertigkeiten (wie z.B. des Rechtschreibens). Das Schreiben mit Textverarbeitungsprogrammen einschließlich Rechtschreibkorrektur- und anderen Hilfsprogrammen (zunehmend auch in Verbindung mit »electronic mail«) gehört dort vom ersten Schuljahr an zum Unterrichtsalltag. Von Canada bis Australien, von Portugal bis Island besteht internationale Über-

einstimmung darin, daß das *schreibpädagogische Potential des Computers* am besten zur Geltung kommt, wenn er von den Lernenden als *Schreibwerkzeug* statt als elektronischer Arbeitsbogen benutzt wird, und zwar im Rahmen eines Unterrichts, der das Schreibenlernen von den individuellen Spracherfahrungen und Mitteilungsbedürfnissen der Kinder her entwickelt, nicht von einem Lehrgang aus steuert. Es wird in diesem Zusammenhang auch von *positiven Auswirkungen auf das Rechtschreiblernen* berichtet.

4. Ausländische und erste eigene *Erfahrungen* in der »Schreibwerkstatt für Kinder« an der Technischen Universität Berlin zeigen:
a) Kinder, die am Computer eigene Texte mit einem Textverarbeitungsprogramm verfassen, sind besonders motiviert, ein auch orthographisch möglichst einwandfreies Produkt zu schaffen.
b) Wenn Kinder am Computer einen Text in Partner- oder Gruppenarbeit verfassen, sprechen sie über ihre Vorschläge und Entscheidungen. Dabei setzen sie sich mit verschiedenen Komponenten des Schreibens (z.B. Wortwahl, Satzbau, Gliederung und auch Rechtschreibung) auseinander und erwerben eine Sprache für Aspekte und Probleme des Schreibens, auch des Rechtschreibens. Es liegt auf der Hand, daß das den Lernprozeß fördert.

5. Als *Schreibwerkzeug* bietet der Computer Lernenden vor allem folgende *Vorzüge:*
a) Die Eingabe der Buchstaben über eine *Tastatur* ist *physisch und kognitiv leichter zu bewältigen* als das manuelle Vollziehen der Buchstabenformen. (Positive Auswirkungen des Schreibens mit der Schreibmaschine oder der Druckerei auf die Rechtschreibfertigkeit sind seit langem bekannt.)
b) Besondere Eingabegeräte (z.B. »Concept Keyboard«, »Quinkey«) ermöglichen Schreibanfängern selbständiges schriftliches Formulieren auch ohne Beherrschung der üblichen Buchstabentastatur.
c) Der *Monitor* präsentiert den selbst verfaßten Text in einem vorläufigen *Zwischenstadium*, das dem Schreiber noch allerlei – experimentierende oder korrigierende – Veränderungen vorzunehmen erlaubt, bevor er das Ergebnis für gut genug hält, um es über den Drucker endgültig auf Papier festzuhalten und dem Leser zu präsentieren.
d) Wichtig für die verändernde Arbeit am Entwurf ist auch, daß der Monitor den Text stets *in leserlicher Schrift und Anordnung* zeigt. So findet man auch Rechtschreibfehler leichter als in einem schwer leserlichen handschriftlichen Manuskript.
e) Der Monitor *erleichtert Partner- und Gruppenarbeit* bei der Produktion und Überarbeitung eines Textes.
f) Der *Drucker* ermöglicht schon Kindern, Schreiben als Publizieren zu begreifen und zu praktizieren. Das ist ein *Anreiz, sich alle erdenkliche Mühe zu geben*, das Produkt so gut, so schön und so richtig wie nur möglich zu machen.

g) Rechtschreibschwache profitieren von der Möglichkeit, daß sie beim Schreiben am Computer *nicht alle Komponenten des Schreibens zugleich beachten* müssen, sondern sich der Rechtschreibung in einem späteren Durchgang durch ihren Text gesondert zuwenden können.

6. Anders als in anderen Ländern fehlt es in der Bundesrepublik bislang gänzlich an *kindgerechten Textverarbeitungs- und sonstigen Werkzeug-Programmen* zur Unterstützung des selbstbestimmten, funktionalen Schreibens. Für Schüler vom ersten Schuljahr an, für im Schreibenlernen behinderte, beeinträchtigte und nicht beeinträchtigte brauchen wir dringender als isolierte Rechtschreibtrainingsprogramme solche deutschsprachige Software, die den Computer zum Werkzeug innerhalb einer revidierten Schreibdidaktik macht, die das Schreibenlernen der Kinder nicht behindert. Die benötigte Software hat ebensowenig wie der Lehrer die Aufgabe, den Kindern das Schreiben *beizubringen*, sondern soll ihnen – wie der Lehrer – *ermöglichen,* das Schreiben (selbstgesteuert und entdeckend) zu lernen.

7. Angelsächsische Forschung hat erkennen lassen, daß bei *im Schreiben- und Lesenlernen Beeinträchtigten oder Behinderten* das gleiche Unterrichtsprinzip zum Erfolg führt wie bei nicht Beeinträchtigten, nämlich: Schreiben und Lesen als selbstbestimmte kognitive, kommunikative und kreative Handlungen praktizieren zu lassen und die Lernenden in all jenen Teilfertigkeiten, die sie noch nicht oder erst unvollkommen beherrschen, im Zuge komplexer Schreib- oder Leseprozesse zu unterstützen, anstatt solche Teilfertigkeiten – wie z.B. Rechtschreiben – ohne Zusammenhang mit der eigentlichen Schreib- oder Lesehandlung zu trainieren. Das schließt besondere Übungen, die sich auf Teile einer konkreten schriftsprachlichen Handlung des Lernenden beziehen, nicht aus.

"Today we will be studying with what some people call 'the original software.' We're going to read a book."

In: »The Reading Teacher«. A Journal oft the International Reading Association, March 1988

Rachel Cohen, Frédéric Denizet u.a.
Kinder entdecken die Schriftsprache am Computer

Übersetzt und zusammengefaßt von
Anja Blässer und Marion Engel

Mit freundlicher Erlaubnis der Presses Universitaires de France in Auszügen aus: »Les jeunes enfants, la découverte de l'écrit et l'ordinateur«, publié sous la direction de Rachel Cohen. (1987), S. 55ff. und S.87ff.)

»Soll man kleinen Kindern Computer zur Verfügung stellen? Kann geeignete Software die Entdeckung und den Erwerb der Schriftsprache bei 3- bis 8jährigen fördern? Unter welchen Bedingungen?« Mit dem Ziel, Antwort auf diese Fragen zu finden, besteht seit 1983 das Projekt *Groupe Apprentissage* des *Centre Mondial Informatique* in Paris. Die Gruppe, die sich aus Informatikern, Pädagogen und Psychologen zusammensetzt, hat eine Reihe von Programmen entwickelt und diese während drei Jahren erprobt.

Im folgenden soll eine dieser Erprobungsklassen vorgestellt werden. Sie wird von einem der Pädagogen, *Frédéric Denizet,* betreut.

Die Klasse

Es handelt sich um eine Schule in Tillières in der Nähe von Nantes, in der *F. Denizet* eine Klasse mit 20 Kindern führt. Das Alter dieser Kinder variiert zwischen 3 und 8 Jahren, wobei Beobachtungen ergeben haben, daß die jüngeren Kinder in ihrem Denken und Handeln noch spürbar freier sind, dem schulischen Druck noch nicht unterworfen. Zusammen mit ihrem Lehrer haben die Kinder einen Klassenraum eingerichtet, der viele sogenannte 'Aktivitätsecken' aufweist. Die meisten dieser Bereiche sind mit Möglichkeiten zum Schreiben ausgestattet. Der Lehrer hat bei der räumlichen Aufteilung einen guten Überblick über alle Tätigkeitsbereiche der Kinder. Über das Schreiben hinaus werden noch Möglichkeiten zum Kassettenhören oder Spiele aller Art geboten. Zu Beginn des Tages, wenn die Kinder sich treffen, haben sie eine Zeit der freien Beschäftigung vor sich, in der sie alle Geräte zu ihrer Verfügung haben. Nach einer Pause geht es am Nachmittag weiter. Diesmal gehen die Kinder in die verschiedenen 'Ateliers', die in der Schule existieren, nachdem sie sich mit Hilfe von Schildern, die an die Türe geheftet werden können, dort eingetragen haben. Diese Ateliers sind: Druckerei, Schreibmaschinen, »Tonbibliothek«, Spiele und drei verschiedene Computer.

Der Aufenthalt in den Ateliers wird von allen als eine schöne und sinnvolle Zeit empfunden. Durch das Zusammentreffen der Kinder verschiedener Al-

tersstufen hat sich ein System der gegenseitigen Hilfe entwickelt. Die Kleinen wenden sich an die Großen, wenn sie Hilfe brauchen und die Großen sind dadurch angehalten, ihre Kenntnisse so zu strukturieren, daß sie sie den Kleineren vermitteln können. In dieser Zeit herrscht kein schulischer Leistungsdruck, die Kinder haben die Möglichkeit, sich frei zu entfalten. Mit Stolz spricht *Denizet* von *»einer Aktivitätsvielfalt, die sich nicht beschreiben läßt.«*
Die Kinder dieser Klasse haben die Möglichkeit, mit den verschiedenen Computerprogrammen, die das Projekt entwickelt hat, zu arbeiten.

Die Programme

Um die Funktion einer Schreibwerkstatt als integrierten Bestandteil der Klasse zu gewährleisten, erschien es den Autoren wichtig, den Zugang zu den Computern möglichst unabhängig vom Eingriff der Lehrer zu gestalten. Gleichzeitig war es wichtig festzuhalten, welche Programme wie oft von den Kindern benutzt wurden. Zu diesem Zwecke wurde ein Lochkartenleser an den Computer angeschlossen. Für jedes Kind gibt es eine rote Namenskarte, für jedes Programm eine grüne.
Innerhalb des Programms kann sich das Kind nach Belieben zwischen den einzelnen Niveaus hin und her bewegen. Die Texte erscheinen kleingedruckt, wobei die Größe der Buchstaben etwa 1 x 1 cm beträgt. Bei Verlassen des Programms erhält das Kind durch Einschieben einer weißen Karte in den Lochkartenleser einen Farbausdruck seiner Arbeit.

Paysage (Landschaft)
Mit diesem Programm können, ausgehend von einer vorgegebenen Anzahl von Motiven, verschiedenste Bilder erstellt werden. Die Motive erscheinen nach Eingabe ihrer Namen auf dem Bildschirm und können dort bewegt werden (s. zu dieser Idee ausführlicher: *Lawler 1986a)*. Es gibt drei Versionen des Programms, die nacheinander entwickelt wurden.
Bei der ersten Version erscheint am Rande des Bildschirms eine Liste mit sechs Wörtern. Berührt das Kind eines der Wörter mit dem Lichtstift, so erscheint das entsprechende Motiv, das nun mit Hilfe der Richtungspfeile in die gewünschte Position gebracht werden kann.

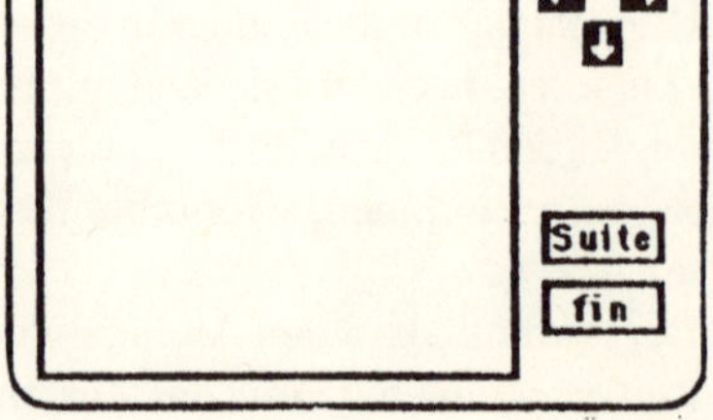

Gelöscht werden kann ein Motiv dadurch, daß ihm ein zweites überlagert wird. Durch eine entsprechende Taste oder den Befehl »löschen« kann auch der ganze Bildschirm gelöscht werden.
Das Programm wurde von den Kindern sehr häufig benutzt, so daß sich die Liste der sechs Begriffe sehr bald als zu begrenzt erwies. Außerdem zeigten die Kinder großes Interesse am Umgang mit der Tastatur. Das Programm wurde deshalb dahingehend geändert, daß beides, sowohl Lichtstift als auch Tastatur, verwendet werden konnte. Der gemischte Charakter dieser zweiten Version rief jedoch bei den Kindern einiges an Verwirrung hervor, so daß bei der dritten Version nur noch die Tastatur verwendet wird. Über diese muß das Kind nun die Wörter eingeben, um seine Motive zu erhalten.

Die Anzahl der verfügbaren Motive wurde hier auf etwa 20 erweitert. Bewegt werden die Motive jetzt mit den Pfeilen der Tastatur. Die Liste der Wörter besitzt das Kind meist in Form eines *imagier*, eines kleinen Bilderbuches, in dem auf jeder Seite ein Wort und das entsprechende Bild dazu abgebildet sind.
Der Erfolg von PAYSAGE und die daraus resultierende häufige Benutzung bewirkten bei den Kindern mit der Zeit eine gewisse Übersättigung. Die Struktur des Programms wurde deshalb auf vier weitere Themen übertragen: Der Strand; Der Zoo; Der Bauernhof; Die Stadt.
Ebenso wie die Programme selbst wurde auch die Art der Fehleranalyse mehrmals verändert. Bei der ersten Variante schrieb das Kind sein Wort erst ab und mußte es dann mit der »return«-Taste bestätigen. Hatte es einen Fehler gemacht, wurde das ganze Wort gelöscht und mußte erneut eingegeben werden.
Bei der zweiten Variante entfiel die Bestätigung, das Wort wurde sofort bei Auftreten eines Fehlers gelöscht. Beide Methoden erwiesen sich als sehr entmutigend für die Kinder. Bei der dritten Methode, die schließlich gewählt wurde, wird Buchstabe für Buchstabe kontrolliert, ob es sich um einen Namen aus der Liste handelt. Ein falscher Buchstabe wird nach einem kurzen akustischen Signal sofort gelöscht. Diese Form der Kontrolle hat na-

türlich gewisse Einschränkungen bei der Wortwahl zur Folge, z.B. könnten »Garten« und »Gartenzaun« nicht beide enthalten sein, da letzteres nicht aufgerufen werden könnte.

Ecrire (Schreiben)
Eher als Werkzeug denn als didaktisches Programm konzipiert, bietet ECRIRE, für Kinder adaptiert, die Grundfunktionen eines Texteditors: eine Seite mit fünf Zeilen zu je 20 Zeichen, drei Farben, Löschmöglichkeit, einen beweglichen Cursor etc. Es wurde als Ergänzung zu PAYSAGE entwickelt, da die Kinder so große Lust am Umgang mit der Tastatur zeigten und immer wieder begierig waren, eigene Texte zu schreiben.

Imagier (»Bilderbuch«)
Die Aufgabe bei diesem Programm besteht darin, ein vom Computer vorgegebenes Wort im *imagier* wiederzufinden. Auf dem Bildschirm erscheint außer dem Wort auch eine Tabelle mit den Seitenzahlen des *imagier*. Das Kind sucht also das Wort im *imagier* und zeigt dann mit dem Lichtstift auf die entsprechende Seitenzahl. Ist die Antwort richtig, erklingt eine kleine Melodie und das Wort gleitet vom Bildschirm. Ist die Antwort falsch, blinkt das Wort kurz auf mit einem dumpfen Ton und das Kind kann weiter versuchen, bis es die richtige Antwort hat (oder auf »fin« zeigt und das Programm beendet).
Der Lehrer hat bei diesem Programm die Möglichkeit, auch eigene – z.B. von der Klasse erstellte – Bücher zu speichern. Er muß lediglich den Namen des Buches, die Anzahl der Seiten sowie für jede Seite den entsprechenden Text (bis 20 Zeichen) eingeben.

Composition (Mischung, auch: Aufsatz)
Aus der Erprobung der eben vorgestellten Programme ging die Entwicklung von COMPOSTION hervor. Das Programm basiert auf drei Grundfunktionen: dem Erstellen von Texten, der graphischen Komposition und der akustischen Ausgabe. Die Aufnahme der ersten beiden entspricht dem häufig geäußerten Wunsch der Kinder und Lehrer, Bild und Text auf dem Bildschirm vereinigen zu können, um so illustrierte Geschichten erstellen zu können.
Unter diesem Aspekt wurde auch die Liste der verfügbaren Motive erweitert, z.B. um Phantasiegestalten wie Fee, Teufel etc. Der Sprachsynthesizer (der eine große Faszination auf die Kinder ausübt) dient als zusätzliche Hilfe für das Lesen und Schreiben.
Der Zugang zum Programm erfolgt über die Namenskarte des Kindes, wobei jeweils die Stelle erscheint, an der das Kind zuletzt gearbeitet hat. Es kann sich dann entscheiden, ob es einen Text schreiben, ein Bild erstellen, sich einen fertigen Text vom Sprachsynthesizer vorlesen lassen oder seine Komposition ausdrucken will. Alle diese Funktionen sind jederzeit zugänglich.

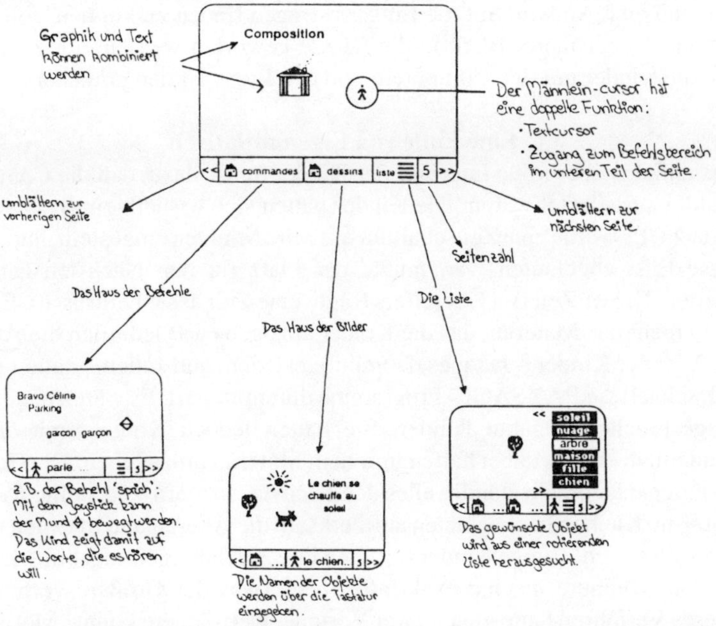

– Die Textbearbeitung entspricht im Wesentlichen dem Programm ECRIRE, besitzt jedoch einige Zusatzfunktionen wie automatischen Zeilenumbruch, Wahl der Zeichengröße, horizontaler Zeichenversatz etc.
– Für die Bildgestaltung sind etwa 100 Motive vorhanden, die wie bei PAYSAGE über ihre Namen aufgerufen werden. Das Kind sucht den Begriff entweder aus einer rotierenden Liste heraus oder gibt ihn über die Tastatur buchstabenweise ein.
– Der Sprachsynthesizer liest den getippten Text laut vor, wobei das Kind entscheidet, ob es einzelne Buchstaben hören will, einzelne Wörter (die es auf dem Bildschirm anzeigt) oder den ganzen Text, der auf dem Bildschirm steht.
– Mit dem Farbdrucker können die fertigen Seiten ausgedruckt werden, wobei zwischen verschiedenen Farben und Formaten ausgewählt werden kann. Die fertigen Seiten können auch gruppiert werden, um dann außerhalb der Benutzungszeit des Computers (z.B. in der Pause) ausgedruckt zu werden.
– Die Speicherung der fertigen Seiten erfolgt automatisch, wobei jedem Kind ein Büchlein mit 10 Seiten zur Verfügung steht. Die gespeicherten Seiten können jederzeit wieder aufgerufen werden, wenn das Kind sie z.B. verändern oder erweitern will. Daneben kann es auch jede beliebige Seite von sich an ein anderes Kind schicken, der Adressat findet dann beim Benutzen dieses Programms diese Seite in seinem Büchlein. Es können so auch Gemeinschaftsbücher entstehen, zu einem bestimmten Thema beispielsweise.
– Das Programm bietet außerdem eine für die Kinder sehr motivierende Korrespondenzmöglichkeit. Es beinhaltet ein selbstverwaltetes Adressenheft, und mit Hilfe einer Nummer und eines Fotos des Adressaten kann das Kind – ohne, daß es gezwungen ist, lesen zu können – die entsprechende Adresse herausfinden. Der Schnelldrucker liefert per Knopfdruck den Adressenabschnitt des Empfängers, und das Kind muß ihn nur noch zusammen mit einer Briefmarke auf einen Umschlag kleben. So kann es seine Schreibprodukte weiterleiten.

Um nun eine Antwort auf die Eingangsfragen finden zu können, soll noch einmal ein genauerer Blick in die Klasse geworfen werden, um zu sehen, wie die Kinder mit den Computern und den Programmen umgehen.

Eine Fülle von Eigeninitiativen

Das anfangs übergroße Interesse der Kinder führte dazu, daß die Computer ständig ausgelastet waren. Die Kinder hatten sich deshalb ein System ausgedacht: Es wurde eine Zeitschaltuhr auf zehn Minuten eingestellt, und wenn diese Frist abgelaufen war, mußte der Platz für den Nächsten geräumt werden. Dieser Zeit des Übereifers folgte eine Zeit des Überdrusses. Es war nicht mehr das Material, das die Kinder anzog, es war lediglich die Aktivität. Vier der Kinder – Jacques, Dominique, Robin und Julien – hatten ziemlich schnell die PAYSAGE- Programme durchprobiert. Es waren nicht etwa ausgesprochen begabte Kinder. Sie hatten jedoch Kontakt mit älteren Kindern, die ihnen dabei halfen, mit dem Material umzugehen. Die Großen erklärten dabei nicht ständig alles den Kleinen, sondern – so stellte *Denizet* fest – die Kleinen beobachteten aufmerksam die Älteren und machten ihnen dann alles nach! Einige Kinder fertigten ihre Zeichnungen sogar im »Duett« an: Der Kleinere machte exakt alles nach, was der Größere vormachte. Dieses Verfahren hatte gleich zwei Vorteile: Der Jüngere konnte Motive erhalten, deren Namen er noch nicht eingeben konnte, und darüber hinaus konnte er seine Zeichnungen mit Hilfe des anderen auch ausdrucken lassen. Die vier Kinder arbeiteten schnell selbständig. Bald kannten sie die gebräuchlichsten Namen für die Zeichnungen auswendig. Nachdem sie für sich alle Möglichkeiten erschöpft hatten, fingen sie an, sich zu langweilen. Allerdings hatten sie noch eine andere Aufgabe: Sie waren für François zuständig, der jünger als sie und neu in die Gruppe gekommen war. Sie sollten ihm die Möglichkeiten des Zeichnens mit dem Computer erklären, und sie taten es gern. François bewunderte die Älteren und fühlte sich zu ihnen hingezogen. Er entwickelte sich ungeheuer schnell, lernte aber ebenso wie die anderen bald den Überdruß kennen.

Inzwischen hatte jedoch noch ein anderes Kind Kontakt zu der Gruppe aufgenommen. Céline war ein kleines, aufgewecktes Mädchen von drei Jahren, das zunächst jedoch keinerlei Interesse an den Computern zeigte. Sie war die Kleinste aus der Gruppe und anfangs noch etwas schüchtern. Doch nach einer kurzen Eingewöhnungszeit fing sie an, die einfachsten Programme zu benutzen. Sie entdeckte PAYSAGE und wurde neugierig. Céline lernte aber merkwürdigerweise nicht wie die älteren Kinder, Motive aus dem *imagier* zu kopieren, sondern sie wandte sich systematisch an die anderen mit der Bitte, ihr die Tasten zu zeigen, mit denen sie das eine oder andere Motiv erhalten konnte. Sie probierte nicht lange am Computer herum, sie erfragte sich alles. Es gab manches Mal Schwierigkeiten mit ihr, denn die Großen hatten nicht immer Lust, sich mit ihr zu beschäftigen. Aber sie setzte sich durch, und nach einiger Zeit konnte sie eine gewisse Anzahl von Wörtern auswendig eingeben, so daß sie mit dem Computer oft stundenlang »arbeitete«.

Im darauffolgenden Jahr kam ein gleichaltriges Mädchen in die Gruppe. Lola hatte sofort größtes Interesse an den Computern, sie war begeistert von den Kindern, die fähig waren, so tolle Zeichnungen zu erstellen. Aber sie verstand lange nicht, daß diese Zeichnungen mit den Computern zu tun hatten, und sie tippte oft ewig auf der Tastatur herum, ohne daß dies je ein Wort ergeben hätte, das zu einer Zeichnung paßte. Lola wandte sich dann an Céline, die sich bereitwillig ihrer annahm. Interessant war, daß Céline ihr nicht etwa erklärte, wie sie die Motive aus dem *imagier* erhalten könnte, sondern Lola wünschte sich eine Zeichnung, und Céline gab den entsprechenden Namen über die Tastatur ein. Lola erhielt keinerlei Erklärungen zu dem, was Céline tat, und so lernte sie verschiedene Namen auswendig. Am Anfang machte sie noch viele Fehler und erhielt oft nicht das gewünschte Motiv, aber sie war sehr fleißig und verbrachte mehrere Stunden am Computer. Aber ziemlich plötzlich ließ auch ihr Interesse nach, und sie kam nur noch sporadisch.

Die vier Kinder – Jacques, Dominique, Robin und Julien – hatten im Laufe eines Jahres große Lust entwickelt, lesen zu lernen. Sie hatten sich vieles mit Hilfe des Computers beigebracht. So hatten sie zum Beispiel von allein gelernt, daß die Schrift ein Sinnträger ist und daß sie diesen Sinn bestimmen und selbst kreiern können. Sie hatten Gefallen an Büchern gefunden. Sie hatten ferner herausgefunden, daß die Schrift aus Sätzen, Wörtern und Buchstaben zusammengesetzt ist; daß man von links nach rechts und von oben nach unten liest und schreibt. Sie kannten die Namen der Buchstaben und konnten sie perfekt auseinanderhalten. Diese elementaren Kenntnisse besaßen sie beim Eintritt in die erste Klasse.

Um seinen Schülern das Lesen beizubringen, verwendet *F. Denizet* keine herkömmliche Methode. Die Texte werden selbst ausgewählt und Fragen dazu beantwortet. Lautieren hält er für nicht zweckmäßig. Die Kinder können statt der gemeinsamen Leseübungen auch selbständig mit einem Computerprogramm üben. Bei diesem Programm sind bebilderte Sätze auf Karteikarten gemalt, der Text ist im Computer gespeichert. Das Kind soll nun zum Beispiel die Nummer des Blattes eingeben, auf dem der folgende Satz steht: »Porculus ist ein schönes kleines Ferkel.« Das Kind muß zunächst den Satz lesen, die entsprechende Karteikarte herausfinden und dann die Nummer eingeben. Es gibt hiervon 16 verschiedene Übungen, von denen das Kind pro Tag vier macht. Der Karteikasten ist durch Sätze von den Kindern ergänzt, die meisten stammen aus dem jeweiligen Buch, das gerade in der Klasse gelesen wird. Es wird mit sehr wenigen Sätzen angefangen, am Ende eines Jahres sind es mehr als hundert. Zu Beginn ist es sehr einfach für die Kinder, sich die Sätze zu merken, sie verlassen sich auf ihr visuelles Gedächtnis. Diese Grobstrategie verliert aber ihre Effektivität, wenn die Zahl der Sätze die 30 überschritten hat.

Die Aktivitäten des Programms COMPOSITION sind, laut *F. Denizet*, nicht ausreichend, um allein damit den Kindern das Lesen beizubringen. Die Zahl der Wörter ist zu gering, und die Arbeitsweise des Kindes zu synthetisch. Ein eher analytischer Zugang sollte das Ganze ausgleichen, dessen ist sich *Denizet* bewußt.

Während seiner Arbeit mit den Kindern am Computer überdenkt er laufend seine pädagogischen Methoden. Er kommt zu dem Ergebnis, daß er eigentlich gar nicht weiß, wie Kinder lesen und schreiben lernen. Seiner Meinung nach ist es am wichtigsten, günstige Bedingungen für die Kinder zu schaffen, darin sieht er auch seine Aufgabe. Die Computer spielen dabei eine große Rolle: Sie ermöglichen den Kindern, selbständig zu lernen und vermitteln ihnen eine große Autonomie bei der Arbeit. Traditionell kommt das Kind nur vorwärts, wenn der Lehrer ihm etwas beibringt, was es später reproduzieren kann. Mit den Computerprogrammen eignen sich die Kinder viele Dinge an, die der Lehrer ihnen nicht beibringt und die oft viel wertvoller sind. *Denizet* hält es nach seinen Erfahrungen für wünschenswert, daß sich diese unabhängige Lernform nicht auf den Computer beschränkt. Es soll in jedem Bereich möglich sein, die Kinder nach ihrem eigenen Rhythmus lernen zu lassen. *»Ich habe das Gefühl, nicht unterrichten zu können, aber ich bin überzeugt, daß Kinder zu lernen wissen. Daher scheint es mir wichtig, ihnen dafür die Mittel zur Verfügung zu stellen!«*

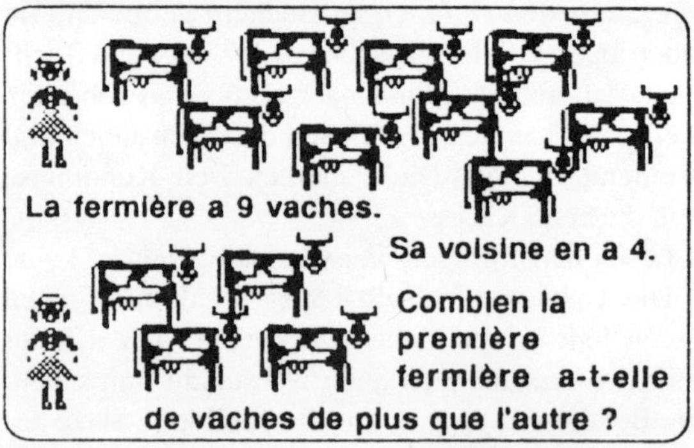

Der Text eines Kindes wird zur Aufgabe für die Klasse

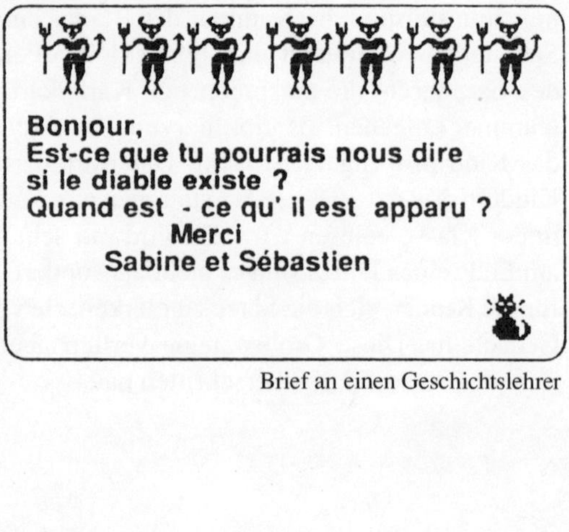

Brief an einen Geschichtslehrer

Albrecht Bohnenkamp / Hans Brügelmann
Computer in der Lernwerkstatt

Die Lernwerkstatt »Büffel-Stübchen« ist eine Nachmittagseinrichtung für Grundschulkinder. Sie orientiert ihr Angebot an den Prinzipien offenen Unterrichts: Nicht nur der Zugang und die Dauer der Anwesenheit sind frei, sondern auch die Auswahl von Aktivitäten (Rollenspiele, Gesellschaftsspiele, Lesen usw.) und von Materialien/Geräten (z.B. Schreibmaschinen, Freinet-Druckerei, Stempelkästen). Darüber hinaus bietet die Lernwerkstatt aber auch eine gezielte Förderung für SchülerInnen der 1. bis 6. Klasse mit besonderen Lernschwierigkeiten. Hier werden zusätzlich Aufgaben unter Anleitung und spezifische Übungen durchgeführt. Aber generell ist es Philosophie der Einrichtung, die zugleich als regionales Lehrerzentrum fungiert, daß Lernen Selbsttätigkeit und Erfahrung mit allen Sinnen voraussetzt.

Im »Büffel-Stübchen« gibt es also sehr unterschiedliche Lernsituationen: offene Angebote vs. strukturierte Programme; Einzelarbeit vs. Gruppenarbeit; Papier-/Bleistift-Aufgaben vs. handelndes Lernen. Seit dem Sommer 1988 standen zwei, ab Herbst dann vier Computer zur Verfügung (zwei Commodore C-64, ein Toshiba T-2100-XT und ein CP/M-Bondwell mit WORDSTAR-Textverarbeitungsprogramm).
Die Deutsche Forschungsgemeinschaft fördert eine Pilotstudie, die in Form von zehn Fallstudien vier Fragen nachgeht (wir danken *Barbara Kochan* und ihrer »Schreibwerkstatt« für viele Anregungen):

1. Welche Unterschiede werden beim freien Zugang zum Computer (neben anderen Medien) im Gegensatz zum verbindlichen Einsatz in der Fördergruppe sichtbar (Attraktivität; Konzentration/Durchhaltevermögen; verblassender Neuheitseffekt/wachsende Sicherheit) ?

2. Welche Unterschiede werden sichtbar im Umgang mit inhaltlich und methodisch vorstrukurierten Lernprogrammen einerseits und Textverarbeitung als offenem System und lediglich technischer Hilfe (»Schreibwerkzeug«) andererseits (Motivation; Intensität/ Dauer der Arbeit; Lerneffekte) ?

3. Welche Sozial- und Kommunikationsformen entwickeln sich bei der Arbeit am Gerät (Vereinzelung; Arbeitsteilung; Kooperation; Verdrängung von Mädchen; Hierarchien von Computer-»Experten«)?

4. Zusammenfassend: Welche Hypothesen über Einsatz und Wirkungen der Computerprogramme im Vergleich mit herkömmlichen Arbeitsformen und Medien sollten in Zukunft vorrangig untersucht werden?
Bei dieser Untersuchung ist jedes Kind sozusagen seine eigene Kontrollgruppe. Über drei bis sechs Monate werden dieselben Kinder in den verschiedenen Situationen und Arbeitsformen beobachtet. Die frühere Forschung hat oft – im Anschluß an die *McLuhansche* These »The Medium is the message« – die Wirkung von »Medien an sich« zu ergründen versucht. Wir vertreten demgegenüber ein Feldmodell des Lernens (vgl. auch den Beitrag von *Brügelmann* in diesem Band, S. ???), das eine Wechselwirkung von vier »Kräften« annimmt:

* didaktisch-methodischer Ansatz;
* technisch-mediale Präsentation, z.B. über ein Computerprogramm, über Arbeitsblätter, mit Stempelkästen oder einer Druckerei;
* sozial-organisatorische Einbettung, also die Normen der jeweiligen Subkultur (Lerngruppe o.ä) und ihre spezifischen Umgangs- und Arbeitsformen;
* individuelle Wahrnehmungs- und Verhaltensmuster aufgrund der persönlichen Lebens- und Lerngeschichte.

Dieses Feld einigermaßen dicht zu beschreiben und zutreffend zu verstehen, kann am ehesten in Fallstudien einzelner Kinder gelingen. Aus diesen Beobachtungen hoffen wir zu einer Präzisierung einer Reihe von Behauptungen zu gelangen, die wir aus informellen Erfahrungsberichten und systematischeren Studien gewonnen haben

Hypothesen zu Übungsprogrammen

Diejenigen, die dafür plädieren, Übungen über Computerprogramme anzubieten, argumentieren vor allem damit, Kinder würden über dieses Medium lieber und effektiver lernen. Folgende Behauptungen sind im einzelnen zu überprüfen:
Kinder arbeiten/ üben vergleichbare Aufgaben lieber am Computer, weil bzw. sofern
... andere ihre Fehler nicht sehen;
... sie gleich erfahren, ob ihre Lösung stimmt;
... sie ihr Arbeitstempo selbst bestimmen können;
... sie nicht bewältigte Aufgaben beliebig oft wiederholen können;
... die Gestaltung der Aufgabe besonders attraktiv ist (Video; Akustik; Motion);
... das (neue) Medium Neugier weckt;
... sie zu mehreren gemeinsam üben können;
... sie aktiv werden können.

Für manche Programme lassen sich einzelne Behauptungen empirisch garicht überprüfen, weil sie die behaupteten Merkmale (noch) nicht aufweisen. Auch für die folgenden Fragen gilt, daß eine sorgfältige Inspektion des Programms viel Erprobungsaufwand ersparen kann:

Kinder lernen effektiver am Computer, weil bzw. sofern

... die Lernschritte systematischer aufgebaut sind;
... die Aufgaben häufiger wiederholt werden;
... die Verstärkung/ Korrektur unmittelbar erfolgt;
... die Aufgaben gezielter zugerichtet sind;
... die Aufgaben in diesem Rahmen vielfältig variiert werden können;
... das Lernfeld (Teilleistungen; Gegenstandsbereich) und der Schwierigkeitsgrad individuell bestimmt werden kann;
... es keine Sanktionen bei Fehlern gibt (Angstfreiheit);
... eine Auswertung nach Fehlerkategorien die weiteren Programmschritte bestimmt;
... das Tempo stufenweise gesteigert werden kann (Automatisierung);
... die Kinder selbst tätig werden.

Schreiben am Computer: erste Befunde

Schreiben Kinder mehr, lieber und besser, wenn sie am Computer arbeiten? Solche Allgemeinaussagen sind sicher nicht möglich (s. Einleitung). Vor allem die kritische Rolle der LehrerInnen für den Erfolg von Computerprogrammen hat sich bereits in mehreren Untersuchungen bestätigt *(Michaels 1985a; Michaels u.a. 1985a; Rubin/Bruce 1986a).*

Interessant ist es aber, wenn bei unterschiedlichen Geräten, Programmen, Kontexten und Benutzern ähnliche Beobachtungen gemacht werden. Mit diesem Interesse haben wir im folgenden einige Befunde aus jüngeren Untersuchungen zusammengestellt (Quellen sind der OECD-Sammelband über neue Technologien in der Grundschule *(CERI 1987a),* das Übersichtsreferat von *Frank Potter (1987a)* und die kommentierte Bibliographie »Word processing and literacy skills«, die *Beverley Adams (1988a)* für die EG-Kommission erstellt hat) [1)]

Bedacht werden sollte allerdings, daß es sich oft um sehr kleine Stichproben, zum Teil auch nur um informelle Dokumentationen handelt (wenn die Personengruppe nicht benannt ist, liegen gar keine Angaben über eine spezifische Stichprobe vor). Zur Zeit kann der Status der Forschungsergebnisse also nur als »gut begründete Hypothesen« beschrieben werden. Das aber sollte ausreichen, um breitere Versuche im und neben dem Unterricht anzuregen (vgl. das Projekt »Schreibwerkstatt« von *Barbara Kochan, Norbert Kühn u.a.* an der TU Berlin). Nur so läßt sich überprüfen, wie weit und unter welchen Bedingungen die folgenden Erfahrungen zutreffen:

Textverarbeitungssysteme auf dem Computer fördern/ unterstützen das Schreiben,

... allgemein: *Rogers (1987a)* für zwei 7- bis 8jährige;

... weil der Schreibprozeß insgesamt in bewältigbare Teile gegliedert wird, psychische und physische Hemmnisse beseitigt werden: *Crozier (1986a); Daiute/Taylor (1981a); Hunter (1985a)* für Grundschüler;

... weil die Anforderungen an die Schreibmotorik geringer sind: *Emerson* u.a. (1987a) über das »Concept Keyboard« für Schulanfänger; *Johnson (1985a)* für 5- bis 6jährige;

... weil der fertige Text »wie gedruckt« aussieht: *Maxted (1987a); Watt (1983a)* für einen 6.-Klässler mit Schreibproblemen;

... weil die Kinder mehr schreiben: *Robson (1986a)* für 6- bis 7jährige; *Bruce/ Rubin (1984a)* für fünf 3. bis 5. Klassen (Programm QUILL); *Levin u.a. (1982a)* für eine 2. Klasse (»Writer's Assistant«);

... weil mehr Rechtschreibfehler korrigiert werden: *Branan (1984a); Daiute (1986a); Fisher (1983a); Kochan (1987a)* für einen 10jährigen mit Rechtschreibschwierigkeiten; *Ross (1984a)* für 11jährige; *Watt (1983a)* für einen 6Klässler mit Schreibproblemen;

... weil die Entwürfe inhaltlich stärker überarbeitet werden: *Branan (1984a); Bruce/Rubin (1984a)* für fünf 3. bis 5. Klassen; *Daiute (1983a; 1986a); Daiute/Kruidenier (1985a)* für 11- bis 16jährige; *Gould (1981a)* für zehn professionelle AutorInnen; *Hunter (1986a)* für 11jährige; *Pearson/ Wilkinson (1986a)* über fünfzehn 12- bis 13jährige; *Sudol (1985a); Trushell (1987b)* für einundzwanzig 12jährige; *Watt (1983a)* für einen 6Klässler mit Schreibproblemen; *Womble (1984a)* für drei SchülerInnen;

... weil Nachschlagmöglichkeiten (= inhaltsbezogene »databases«) die Sachinformation verbessern: *Martin (1980a); Stone u.a. (1983a)* über das TICCIT »Hypertext« System; *Teague u.a. (1987a)* für SekundarschülerInnen;

... weil das Medium allgemein Motivation/ Selbstvertrauen steigert und die Kinder mehr schreiben: *Arnold (1987a)* für einen 9jährigen Schreibverweigerer; *Aumack (1985a)* für 16- bis 18jährige mit Lese-/ Schreibschwierigkeiten; *Bryan (1983a)* für Schulanfänger; *Coller (1987a)* für drei 10jährige mit Schreibschwierigkeiten; *Kleiman/Humphrey (1982a)* für verschiedene Schulstufen; *McGarvey (1986a);*

... weil Selbständigkeit und Experimentierbereitschaft wachsen: *Barber (1982a)* Beispiele für den Spracherfahrungsansatz; *Baskerville (1986a)* für 5-Jährige; *Bradley (1982b)* für 5- bis 11jährige; *Emerson u.a. (1987a)* über das »Concept Keyboard«; *Potter (1987a; 1987b)* über ein Rechtschreibhilfsprogramm;

... weil die Schriftsprache als wichtig und bedeutsam entdeckt werden kann und sinnvolle Produkte entstehen: *Crowley (1987a)* über »Teleconferencing« in der Mittelstufe; *Dudley-Marling (1985a); Earl (1987a)* über Bücher, die 5- bis 7jährige herstellen; *Heath (1987a)* für ein 5jähriges Mädchen; *Lawler (1985a)* für ein Vorschulkind; *Mehan u.a. (1984a)* über ein »Netzwerk« (ohne Altersangabe); *O'Neill (1987a); Pixton (1983a)* über eine Zeitschrift, die 11jährige hergestellt haben; *Raleigh (1986a)* für 13- bis 15jährige in einem »Netzwerk«;

... weil die Zusammenarbeit am Bildschirm leichter und selbstverständlicher ist und auch voneinander gelernt wird: *Arms (1985a)* für StudentInnen; *Baskerville (1986b)* für 5- bis 11jährige; *Bruce u.a. 1985a* für 3.- bis 5klässler (Programm QUILL); *Clark (1986a)* bezogen auf das Eingabegerät »Quinkey« für Schulanfänger und speziell für Körperbehinderte; *Coller (1987a)* für drei 10jährige mit Schreibschwierigkeiten; *Johnson (1985a)* für 5- bis 6jährige; *Somekh (1987a)* für 5- und 6jährige;

... weil die Vorstellung vom »Schreiben« sich im Laufe der Zeit auf »Verfassen von Texten« erweitern kann: *Broderick/Trushell (1984a; 1985a)* für 10- bis 11jährige; *Burdman (1986a)* für Lernbehinderte; *Coller (1987a)* für drei 10jährige mit Schreibschwierigkeiten; *Hammond (1985a)* für Kinder; *Kane (1983a)* für 18jährige StudentInnen;

... weil indirekt auch die Lesefähigkeit verbessert wird: *Daiute/Kruidenier (1985a); Jandreau u.a. (1986a)* über lesbarer gegliederten Text;

... weil spezielle Handicaps »prothetisch« ausgeglichen werden können: *Hedley (1985a)* für Lernbehinderte; *Hind (1987a)* für »Bliss«; *Jacobi (1986a)* für vier 16jährige Lernbehinderte; *Maxted (1987a)* für langsame Lerner;

Es werden aber auch Bedenken/Schwierigkeiten berichtet,

... weil der Umgang mit der Tastatur für AnfängerInnen zu umständlich ist: *Keane (1984a);*

... weil Kinder das neue Medium anfangs im Rahmen ihrer gewohnten

Schreibvorstellung benutzen: *Broderick/Trushell (1984a)* für 10- bis 11jährige;

... weil Kinder sich zu sehr an das Medium anpassen: *Chandler (1986a);*

... weil der Zugang zu den Geräten (zumindest für eine individuelle Nutzung) meist zu eng begrenzt ist: *Fisher (1983a); Keane (1985a);*

... weil Korrigieren zum (endlosen) Selbstzweck wird: *Hammond (1985a)* für Kinder;

... weil sich die Korrekturen auf Oberflächenänderungen (wie Rechtschreibung) beschränken: *Robson (1986a)* für 6- bis 7jährige; *Ross (1984a)* für 11jährige;

... weil die räumlich-visuelle Anordnung die Orientierung im Text erschwert: *Haas/Hayes (1986a)* für 16 erwachsene SchreiberInnen.

Anmerkung

1) Eine Liste mit den vollständigen bibliographischen Angaben zu den zitierten Untersuchungen ist gegen eine Schutzgebühr von 3 DM erhältlich über unser Projekt »Kinder auf dem Weg zur Schrift«, FB 12 der Universität, PF 330 440, D-2800 Bremen. Einen abwägenden Überblick über die Forschung bzw. einzelne Aspekte geben – zusätzlich zu den drei Quellen dieser Übersicht – : *Brügelmann (1985s); Daiute (1985a); Hennings (1981a); Kochan (1988a; b); Lawler (1985a); Littlefield (1983a) Rosenbaum (1985a); Solomon (1985a); Trushell (1987a); Wilkinson (1982a).*

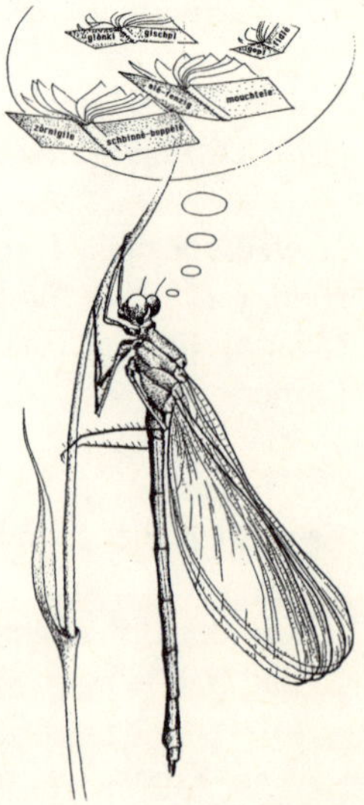

Emil Zopfi
Die elektronische Schiefertafel

Eine historische Reminiszenz aus: Emil Zopfi »Die elektronische Schiefertafel«. Limmat Verlag: Zürich 1988, S. 97 99 (vgl. dort zu unserem Thema u.a. auch die Kapitel »Prophetisches« und »Programme lesen«).

Im Buch »Ein Kind des Volkes« des Zürcher Oberländer Dichters *Jakob Senn* las ich kürzlich, wie er in der Schule, die er so ums Jahr 1830 besuchte, die Einführung der Schiefertafeln erlebte. Papier war damals teuer, die Übungsmöglichkeiten für die Kinder dementsprechend begrenzt. Der Bogen musste für einen Monat ausreichen. »Dem alten Schulmeister kamen diese Neuerungen sehr ungelegen und er brachte seine alten Lehrmethoden ... trutzig noch einige Zeit in Anwendung«, schreibt Senn. Auch vor 150 Jahren hatten also Lehrer bereits mit technologischen Neuerungen zu kämpfen.

Die Schiefertafel brachte damals eine neue Dimension in die Schulstube. Plötzlich wurde der Raum, der zum Rechnen, Schreiben und Zeichnen zur Verfügung stand, unendlich gross, denn mit einem Schwämmchen konnte die schwarze Fläche geputzt und beliebig oft neu beschrieben werden. Das klingt banal, war aber damals wahrscheinlich revolutionär. Ich kann mir vorstellen, dass die Schiefertafel bei der Alphabetisierung der Bevölkerung eine wesentliche Rolle gespielt hat. Wahrscheinlich hat sich durch das neue Gerät das Verhältnis zum Schriftlichen überhaupt verändert. Ein Fehler war – schwupp – wieder ausgewischt und korrigiert, bevor ihn der Lehrer entdeckt hatte, während er auf Papier in alle Ewigkeit sichtbar blieb.

Fängt man einmal an, über die Schiefertafel nachzudenken, so fallen einem immer überraschendere Parallelen zum Computer ein. Rein physisch: Schwarz, rechteckig, mit weissem Rahmen, ähnelt mein Bildschirm der Schiefertafel meiner Primarschulzeit. Ich benutze zwar nicht den Lichtgriffel, doch wäre solch ein Ding durchaus anschliessbar. Ein Schwämmchen benutze ich auch, brauche es nicht einmal nass zu machen, denn es besteht aus ein paar trockenen Tastendrucken wie *CLS* oder so ähnlich.

Das Schiefer-Silizium brachte, wie die modernen Chips, eine Industrie in einem weit entfernten Tal zum Blühen. Im Glarner Silicon Valley bei Elm wurde der schwarze Rohstoff derart rigoros abgebaut, dass der Berg eines Tages den Menschen auf den Kopf fiel. Die Umweltvergiftung durch die heutige Chip-Fabrikation weckt ähnliche Visionen.

Wie die Schiefertafel, so bringt auch der Microcomputer eine neue Qualität in die Schulstube: das Automatische. Hat man zum Beispiel auf der Tafel noch mühselig Schritt für Schritt schriftlich dividiert, so läuft dieser Algorithmus hinter der Mattscheibe automatisch, unsichtbar, atemberaubend schnell und perfekt ab. Diese Prozesse durchschaut der Lehrer nicht mehr so klar wie das schriftliche Teilen oder das Berechnen der Primzahlen bis 1000. Die automatische Schiefertafel ist für den Pädagogen etwas Bedrohliches, weil Dinge passieren, die er nicht mehr so genau unter Kontrolle hat, wie wenn alles fein säuberlich im Reinheft steht. Es gilt auch nicht mehr das absolute »gut« oder «falsch« des Lehrers, sondern die Instanz sitzt hinter dem Schirm und entscheidet: »Es läuft!« Der Automat hat das Wort.

Die Schiefertafel, auf der ich rechnen und schreiben lernte, hatte zwei Seiten: Die vordere war mit Linien versehen, die das Schriftfeld strukturierten, also wieder Kontrolle ermöglichten. Die Hinterseite war leer und diente zum Zeichnen. Meistens benützten wir die Seite mit den Linien. Ebenfalls zwei Seiten stelle ich bei der gegenwärtigen Diskussion um die Einführung des Computers in der Schule fest. Die eine betrachtet ihn als neuen Lehrgegenstand, als Drillmaschine, als Disziplinierungskiste. Die andere beschäftigt sich mit den neuen Qualitäten des Mediums und fragt sich, wie sie für Lernen im allgemeinen nutzbar gemacht werden können. Aus einer statischen Zahlenwelt wird plötzliche eine dynamische, lebendige, ein Labor. Aus Fehlern werden Hinweise, die jeden auf seinem Weg zur Lösung einer Aufgabe leiten. Radikale Vertreter dieser Richtung wie *Seymour Papert* postulieren, »dass Schulen, wie wir sie heute kennen, keinen Platz in der Zukunft haben«. In dieser Hinsicht ist für Lehrer der historische Vergleich mit der Schiefertafel eher beruhigend. Eine pädagogische Revolution hat sie in den vergangenen 150 Jahren nicht ausgelöst.

Das QWERTZ-Phänomen

Der folgende Ausschnitt ist ein Lesehinweis auf das auch pädagogisch grundlegende Buch von Seymour Papert: Mindstorms. Kinder, Computer und Neues Lernen. Birkhäuser: Basel (1982, S. 58 f.; unter dem Titel »Gedankenblitze« ist der Band auch als Taschenbuch erhältlich).

Das erste brauchbare, wenn auch noch primitive Produkt einer neuen Technologie hat die Tendenz, sich festzusetzen. Ich habe dieses Phänomen das QWERTZ-Phänomen genannt.

Die oberste Reihe einer Standardschreibmaschine zeigt die Buchstabenfolge QWERTZ. Für mich ist dies ein Symbol dafür, daß die Technik allzuoft nicht dem Fortschritt dient, sondern dafür sorgt, daß an Altem festgehalten wird. Für die QWERTZ-Anordnung gibt es keine rationale Erklärung, lediglich eine historische. Sie wurde als Lösung eines Problems aus der ersten Zeit der Schreibmaschine eingeführt: Die Tasten verklemmten sich des öfteren. Dieses Problem sollte dadurch minimalisiert werden, daß die Tasten, die häufig nacheinander gebraucht werden, getrennt wurden. Ein paar Jahre später beseitigte der allgemeine Fortschritt in der Technik das Problem des Verklemmens, aber QWERTZ blieb. Einmal angenommen, zog die Anordnung Millionen von Schreibmaschinen und eine Methode (sogar ein Curriculum) des Tippenlernens nach sich. Die sozialen Kosten einer Veränderung (zum Beispiel eine Anordnung, bei der die meistbenutzten Tasten auf der Tastatur *zusammen* liegen) stiegen mit dem persönlichen Interesse an der alten Anordnung, das entstand, weil immer mehr Finger gelernt hatten, der QWERTZ-Tastatur zu folgen. QWERTZ ist geblieben, obwohl es andere, »vernünftigere« Systeme gibt. Wenn man andererseits mit Leuten über die QWERTZ-Anordnung spricht, rechtfertigen sie diese mit »objektiven« Kriterien. Sie erzählen einem, daß sie »dieses optimalisiert« und »jenes minimalisiert«. Obwohl diese Rechtfertigungen keine rationale Grundlage haben, veranschaulichen sie einen Prozeß, einen sozialen Prozeß der Myth-enbildung, der es uns ermöglicht, bei jedem System eine Rechtfertigung für Primitivität zu finden. Und ich glaube, wir sind auf gutem Wege, dasselbe beim Computer zu machen. Wir sind dabei, uns an einem Anachronismus festzubeißen, indem wir Praktiken beibehalten, die jeder rationalen Grundlage entbehren und aus einer früheren Periode der technischen und theoretischen Entwicklung stammen.

Der Einsatz von Computern bei Drills und Übungen ist nur ein Beispiel für das QWERTZ-Phänomen im Computerbereich. Selbst bei Versuchen, Schüler das Programmieren lernen zu lassen, tritt es auf.

Dieter Adrion
Schuldruckerei ist mehr als »Drucken in der Schule«

Es ist genau sechzig Jahre her, daß deutsche Lehrer ihrem französischen Kollegen *Célestin Freinet* auf dem Kongreß des Leipziger Lehrervereins (1928) die Klappflügelpressen aus der Hand gerissen haben. Seither verlor sich das Drucken auch in deutschen Schulen nie mehr ganz und spielte zum Beispiel – mit regionalen Schwerpunkten – im Rahmen der Bemühungen um »innere Schulreform« in der frühen Nachkriegszeit durchaus wieder eine auffälligere Rolle. Dennoch wurde die Gruppe der Gutenberg-Jünger unter den Lehrern lange Zeit eher dem pädagogischen Sektenwesen zugerechnet, blieb ziemlich unter sich, hat jedenfalls keine spektakuläre Bewegung ausgelöst – auch weil sie sich ganz und gar nicht missionarisch gab.

Es läßt sich einigermaßen verläßlich nachzeichnen, was der Idee der Schuldruckerei dann seit etwa zehn Jahren und bis heute so erkennbaren Auftrieb gegeben hat. Den Unbefangenen mag diese Konjunktur überraschen. Ihm wird aufs erste durchaus nicht ohne weiteres einleuchten, daß Handsetzen und -drucken für die Schule unserer Tage noch ebenso attraktiv sein könnte wie für jene der zwanziger Jahre.

Im professionellen Druckgewerbe haben sich die Dinge doch inzwischen so weiterentwickelt, daß diese alte Technik gerade noch in letzten Spuren vorzufinden ist, und daß nur noch ein Fähnlein von letzten Aufrechten unter dem trotzigen Schlagwort »Blei bleibt« einige hoffnungslose und vielbelächelte Rückzugsgefechte austrägt. Im übrigen beherrschen die elektronische Schriftproduktion, der Fotosatz, der Laserdruck, die Ganzseitenbelichtung die Szene. Auch in den Schulen ist das »Vervielfältigungswesen« doch weit über die mühsame und zeitaufwendige manuelle Buchstabenreihung und Blatt-für-Blatt-Herstellung hinausgediehen.

Zur Freinet-Praxis gehört mehr als die Schuldruckerei: daß das Lernen vom Leben, von den Eigenerfahrungen der Kinder ausgeht; daß selbstbestimmtes Lernen im Sinne von Frei- oder Wochenplanarbeit möglich ist; daß eine anregende Lernumwelt zum »tâtonnement expérimental«, zum »tastenden Versuchen« einlädt; daß das Klassenzimmer in eine ganze Reihe von »Ateliers« – etwa zum Malen, Lesen, Basteln, Drucken – aufgeteilt ist; daß manuell-handwerkliches Tun gebührend zum Zug kommt; daß man mit anderen Klassen korrespondiert; daß man »freie Texte« darüber schreibt, was einen augenblicklich interessiert, bewegt, bedrückt; und eben auch, daß man solche Texte setzt, druckt und in einer Klassenzeitung zusammenfaßt. Wir fangen bei unseren Teilnehmern in der Druck-AG[1)] meist die verschiedensten Aktivitäten rund um den Setzkasten und die Druckpresse ein und erleben im allgemeinen alle Stadien parallel: den Beginn der Setzarbeit am handschriftlichen Textentwurf entlang, den die Lehrerin dafür orthographisch nachgeschrieben hat; die Herstellung von Bilddruckstöcken in Linol, Milchtütenkarton oder Styropor usw.; die Korrektur eines Textes nach Vergleich des Probeabzugs mit der Satzvorlage; an der Presse den Auflagendruck von jeweils 25 Exemplaren und auch den »letzten Akt«, das etwas mühsamere Geschäft des Ablegens, also das Zurückordnen der Lettern und des Blindmaterials in die Schriftkästen.

Im Anschluß an eine solche »originale Begegnung«[2)] vollziehen die Teilnehmer nach unseren Erfahrungen dann so ziemlich alles nach, was in pädagogischer und fachdidaktischer Hinsicht fürs Schuldrucken ins Feld zu führen ist. In einer meiner Aufzeichnungen, die einen geradezu typischen Gesprächsverlauf festhält, nimmt sich das so aus:

Zunächst gab es Feststellungen zum *Arbeitsverhalten*. Beeindruckt hatte die Kollegen, die ja mit viel Interesse, aber ohne Vorkenntnisse ankamen, wie geschickt, wie handfertig und genau die Kinder – zu Beginn des zweiten Schuljahres – arbeiteten und wie fachmännisch sie Auskunft gaben. Es bedurfte keiner Überzeugungsarbeit mehr: Es lag auf der Hand, daß Kinder vom Schulanfang an mit der Druckerei umgehen können und daß etwa das Setzen in Spiegelschrift längst nicht so hinderlich ist, wie Erwachsene sich das gemeinhin ausmalen.

Das sichtbare Hingegebensein an die Arbeit, das Aufgehen im Tun, das einen geistig und körperlich zugleich forderte, war aufgefallen, der Eifer, das Beider-Sache-sein über einen langen Zeitabschnitt hin, in dem man »im Schulalltag« den berühmten »Wechsel der Arbeitsform« soundsovielmal hätte vollziehen müssen, um Ermüdungserscheinungen zuvorzukommen.

Das alles waren Kostproben davon, was die Fürsprecher an der Schuldrukkerei schon immer rühmten: daß bei diesem Geschäft die Sache selbst – nicht der erhobene Zeigefinger, nicht der kurzatmige pädagogische Appell – zur Genauigkeit und Sorgfalt erzieht, daß sie, die Sache, Konzentration zwingend verlangt, die Ausdauer schult und den Sinn von Ordnung einsichtig macht. Selbst wenn beim weniger attraktiven Teil, dem Ablegen, also dem Zurücksetzen der Lettern in den Schriftkasten – auch das hatten die Kollegen registriert – vereinzelt Seufzer gehört wurden, so blieb den Schülern dennoch klar, daß hier Vollendung geboten war, und daß man diesen einmal begonnenen Arbeitsdurchgang unmöglich halberledigt liegen lassen konnte, also durchhalten mußte.

Zwei der angesprochenen Situationen stehen auch für vielfältige Formen *sozialen Lernens* und notwendiger Zusammenarbeit beim Schuldrucken: Vier Kinder arbeiteten jeweils rund um die Druckpresse im sachgerechten Rhythmus: Satz einfärben / Blatt auflegen / den Druckzylinder führen / Blatt ab-

nehmen und zum Trockenregal bringen. Beeindruckt hatte weiter, wie selbstverständlich Nicoletta, eine Schülerin, die neu in der Klasse und das erstemal beim Drucken dabei war, von Philipp, der bei ihr am Tisch saß, in die Setztechnik eingewiesen und beim Setzen der ersten Zeilen betreut wurde. Hier war bestätigt, was erfahrene Schuldrucker immer wieder zur Weitergabe des »Know-how« an Anfänger empfehlen: Hat man einmal drei, vier Schüler mit dem Technischen vertraut gemacht, breiten sich diese Kenntnisse im Schneeballverfahren aus, und der Lehrer uß sich keineswegs von der Anleitung jedes einzelnen in Anspruch nehmen lassen.
Weiter wird rein *Atmosphärisches* angeführt: die gelöste, heitere Grundstimmung, das fast spürbare Behagen bei der Druckarbeit. »So macht Schule Freude« lautet der Titel eines neueren Buches von *Hans Jörg (1985a)*, in dem es allgemein um Freinet-Pädagogik, im besonderen auch um Schuldruckerei geht – das Resümee unserer Nachbetrachtung wäre etwa auf diesen Nenner zu bringen, und man trägt die motivierenden, aktivierenden Momente zusammen, die hier wirksam sein könnten: die rare Gelegenheit, sich in der Schule im eigentlichen Sinn zu betätigen; das Hochgefühl, »sich« gedruckt zu sehen, das alle Schriftsteller kennen; das Bewußtsein, etwas Schönes fertiggebracht zu haben; die Aussicht auf Bestätigung durch spätere Leser und Betrachter; die Überzeugung, mit seinem Beitrag an einem geplanten Ganzen beteiligt zu sein.[3)]
Vor einem Mißverständnis ist dann allerdings zu warnen: Einen zwingenden Mechnismus der gesteigerten und fortdauernden Freude durch bloßes Vorhandensein einer Schuldruckerei gibt es nicht. Auch dieser Beitrag verheißt nicht, daß sie, lediglich als zusätzliche Medienattraktion eingebracht, zwangsläufig und augenblicklich das Schulleben saniere, weil Schüler sozusagen todsicher auf sie »abfahren«. Zu platt wäre die Annahme, allein ihre Aufstellung rufe schon grenzenlose und anhaltende Lernlust hervor. Falsch verstanden und unreflektiert eingesetzt, verfliegt der Zauber des Anfangs schnell. Sie pädagogisch unreflektiert einsetzen hieße zum Beispiel das praktizieren, was Freinet den »toten Gebrauch« der Schuldruckerei genannt habt: das stupide Nachdrucken vorgegebener Vorlagen, von Merk- und Fertigtexten, die den Kindern als stilistische oder literarische Muster vorgesetzt werden. Auch die pragmatischen Texte des Schulalltags von der Klassenordnung bis zum Aufsichtsplan – mögen diese dabei ästhetisch noch soviel gewinnen – reichen als Druckvorhaben natürlich nicht aus.
Nein: Schuldruckerei ist mehr als Drucken in der Schule. Mit den Vorhaben müssen sich Schüler identifizieren können; es müssen, so oder so, *ihre* Texte sein, an denen gearbeitet wird. Nur dann erfüllt sich, was viele Schuldrukker-Kollegen schon fast auf ihren Eid nehmen wollen – nämlich, daß sie sich keineswegs wie vieles andere in der Schule gewissermaßen von selbst totläuft. Allerdings: Wer mit seiner Schuldruck-Werkstatt solcher Abnutzung entgeht, der hat sie nicht zum gehobenen Amüsement »bereitgestellt«, der bietet sie nicht an, damit die Schüler zeitweilig »ihren Spaß« daran haben.

Solche beständige Neigung kann nur aus ernsthaften, immer wieder neu aus dem Unterricht erwachsenden Schreib-/Druckvorhaben entstehen.
Schließlich spitzen sich die Überlegungen auf den *fachdidaktischen Nutzen* der Schuldruckerei zu und setzen sich in einem Lernbereich fest, der eigentlich nie ausgelassen wird: das Schreiben-, besonders das Rechtschreibenlernen. Die Schreibfreudigkeit der Zweitkläßler und ein – für die Altersstufe – ansehnliches Rechtschreibwissen, das sich in den Textproduktionen spiegelte, waren Anlaß genug für die Frage: Spielen da positive Wirkungen der einjährigen Druckpraxis mit? Die Klassenlehrerin, die das mit früheren Schülerjahrgängen derselben Altersstufe vergleichen kann, steht nicht an zu sagen: ganz ohne Zweifel. Das unbekümmerte Verhältnis zum Schreiben, frühe Rechtschreibkenntnisse, das gänzliche Fehlen legasthenischer Erscheinungen in der Klasse führt sie entschieden auf mitlaufende Lernprozesse beim Setzen und Drucken zurück. Sie hat die Kinder von den ersten Schulwochen an zu Schreibversuchen ermuntert, hat die scheinbar so unzulänglichen Bruchstücke, die dabei produziert wurden, angenommen, bestätigt und als Vorlage für das Schriftsetzen in die »Schreibweise der Erwachsenen« übertragen (vgl. die folgenden Abbildungen).

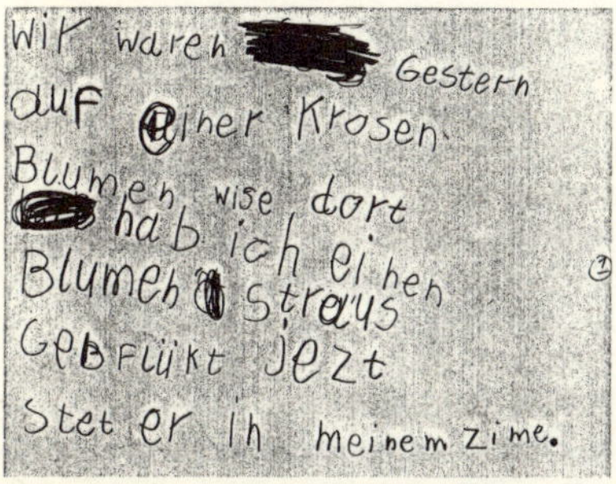
Wir waren Gestern
auf einer Krosen.
Blumen wise dort
hab ich eihen
Blumen straus
Gepflükt Jezt
Stet er ih meinem Zime.

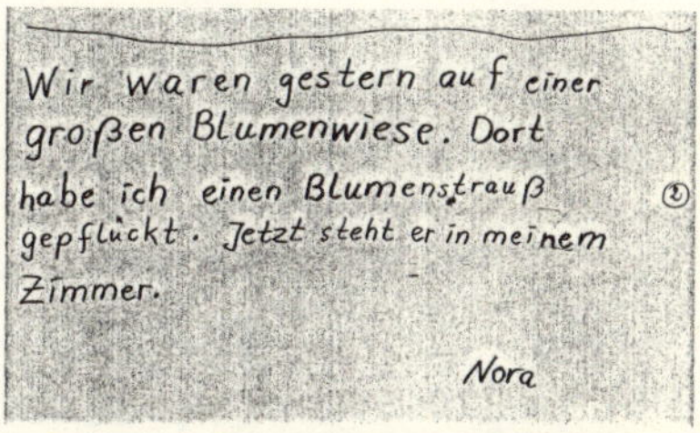
Wir waren gestern auf einer
großen Blumenwiese. Dort
habe ich einen Blumenstrauß
gepflückt. Jetzt steht er in meinem
Zimmer.
Nora

Die Normschreibung sozusagen als »orthographisches Lehrerecho« auf die kindlichen Schreibhypothesen in den Lernprozeß einzubringen, entspricht einem Vorschlag, den die Rechtschreibdidaktik inzwischen immer häufiger unterbreitet, seit ihre frühere Hauptsorge entkräftet ist, bei solchen zwangsläufig »fehlerhaften« Erstfassungen prägten sich Falschschreibungen fürs Leben ein (vgl. die ersten beiden Jahrbücher).

Wir waren gestern
auf einer großen
Blumenwiese. Dort
habe ich einen
Blumenstrauß
gepflückt. Jetzt steht
er in meinem Zimmer.
Nora

Die gedruckte Endfassung, auf die das hinzielt, macht dieses Konzept kontrastiven Lernens erst eigentlich schlüssig: In diesen Dreischritt *Schülerentwurf – Lehrerversion – Satz und Druck* wird die Korrektur durch den Lehrer nicht einfach als Richtigstellung eingebracht, von der man ja nicht ohne weiteres unterstellen darf, daß sie für sich den Schüler schon sonderlich interessiert. Als funktional und konstruktiv wird sie aber erlebt, wenn sie zugleich Setzvorlage ist. Dann darf man auf den Lerneffekt im Sinne einer wahrgenommenen Differenz zwischen der eigenen Schreibhypothese und der Fassung des Könners rechnen.

In den Arbeitsdurchgängen des Setzens und Druckens selbst werden dann genug förderliche Momente für das Rechtschreibenlernen gefunden, weil sie dies alles zwingend abverlangen: das Konzentriertsein auf das Wort; das visuelle Abtasten dieses Worts, wobei seine Einzelelemente nicht nur Haltepunkte fürs Auge sind, sondern jeweils einen Handgriff auslösen; die auditive Begleitung des Setzfortschritts im inneren Sprechen; die Kontrolle des Gesetzten – anfangs vor dem Spiegel; das Korrekturlesen, angespornt vom Bestreben, das später Gedruckte, also irgendwie Endgültige, fehlerfrei zu halten (ein seltenes Beispiel für die vielbeschworene Rechtschreibhaltung!); die eigentliche Fehlerkorrektur nicht als nachhinkende rituelle Pflichtübung, sondern als praktische Reparatur, die zum makellosen Ergebnis führt; endlich: das Ablegen als »Wortabbau«.

In diesen Arbeitsschritten steckt eine eigene Rechtschreibdidaktik, die uns den für alle Beteiligten strapaziösen und oft dennoch erfolglosen Weg über viele Lektionen von der Mitlautverdopplung bis zum Dehnungs-h samt einem äußerst zweifelhaften Diktatbetrieb weitgehend ersparen könnte.

Günstige Effekte der Schuldruckerei für das Rechtschreibenlernen müssen nicht bloß vermutet werden. Sie sind zumindest nach der Erhebung von *Jörg/Treitz (1985a, 77f.)* auch nachgewiesen. Selbst wenn der Rechtschreibvorteil für die Drucker gegenüber Normallernern nicht immer so eindrucksvoll ausfielen, wie er dort ermittelt wurde: Schon die Aussicht, daß in diesem *»last- und leidvollen Bereich« (E. Schwartz)* überhaupt entspannter und dabei besser gelernt werden könnte, macht Lehrer hellhörig. (Der Nutzen fürs Rechtschreibenlernen erweist sich übrigens gegenüber Schulträgern, Elterngremien usw., wenn es um die Anschaffung von Schuldruckereien geht, häufig als durchschlagendes Argument.) Allerdings sollte immer bewußt bleiben, daß die Schuldruckerei zur Rechtschreibförderung nicht einfach als neues Medium in den Dienst der alten Übungsrituale gestellt werden sollte und daß demnach Aufgabenstellungen wie *»Jedes setzt zehn Wörter mit Doppel-p«* oder *»Heute drucken wir Sätze mit das und daß«* bedenkliche Mißgriffe wären. Die günstigen Rechtschreibeffekte stellen sich eher im Wege der »immanenten Übung« ein und lassen sich nicht momentan »herbeiführen«.

Diese Beschreibung einiger schöner Wirkungen des Schuldruckens, wie sie in der teilnehmenden Beobachtung auffielen und beim Nach-Denken in den Sinn kamen, wird am besten illustriert und ergänzt durch Arbeitsproben aus den Schreib-/Druckvorhaben der besuchten Klasse bis zum Zeitpunkt unserer Erkundung (s. Abb. unten).

Runden wir die Einführungen für unsere Schuldruck-Interessenten nach Hospitation und Reflexion dann noch mit dem praktischen Teil, mit der eigenen Einübung ins Setzen und Drucken, ab und zeigen, wie leicht Material und Geräte in einer vereinfachten »Technik für Kinder« zu handhaben sind, wie rasch man auch einige Bilddrucktechniken beherrscht, so haben wir dem Schuldrucken in der Regel wieder einige Anhänger gewonnen, die es nicht lange mit der persönlichen Weiterbildung bewenden lassen, sondern die Hürden – vom Schuldruck-Zentrum Ludwigsburg dabei unterstützt und beraten – überspringen und in ihren Klassen die Unterrichtspraxis und das Schulleben durch den Schuldruck bereichern und verbessern.

Anmerkungen

1) Seit 1987 ist bei der Pädagogischen Hochschule Ludwigsburg ein Schuldruck-Zentrum eingerichtet mit den Hauptaufgaben Lehrerfortbildung und Schulberatung in Sachen Schuldrukkerei. Genauere Informationen und die je Schulhalbjahr ausgeschriebenen Veranstaltungsprogramme erhalten Interessenten über die Anschrift: Pädagogische Hochschule Ludwigsburg, Schuldruck-Zentrum, Reuteallee 46, 7140 Ludwigsburg, Tel. 07141/140-511.

2) Das Schuldruck-Zentrum Ludwigsburg führt solche Hospitationen bei den Lehrern *Heidrun Kurz* und *Ernst-Georg Schoch* in der Hillerschule Bietigheim durch und begleitet dort die Entwicklung des Schriftspracherwerbs einer Grundschulklasse vom Schuleintritt an unter dem Aspekt der besonderen Förderung durch die Schuldruckerei. Den Schülern werden dabei die beiden organisatorischen Grundformen der Schuldruckerei zugleich angeboten: die für abwechselnd arbeitende Kleingruppen im Klassenraum stets verfügbare »Druckecke« und die Arbeitsgemeinschaft in einem zentralen Druckraum.

3) Das »geplante Ganze« war am Tag dieses Besuchs ein Schülerbuch mit gesammelten Meinungen der Zweitkläßler zu einer hitzigen örtlichen Debatte um eine Kuh-Skulptur, dem Bietigheimer »Ku(h)riosum«.

Die Kuh
Der Künstler findet die Kuh natürlich wunderbar. Er hat es sicher gewollt, daß die Kuh den Po zum Rathaus streckt. Ich finde die Kuh nicht gerade schön. Bei Nacht sieht die Kuh wunderbar aus, bei Tag nicht. Die Kuh ist nicht schön. Tanja

4) Heute, im August 1988, schreibt Nora ihren Text vom April 1987 so:

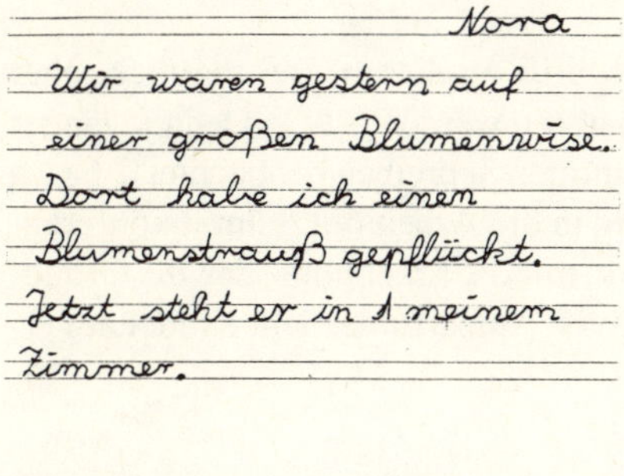

Nora
Wir waren gestern auf
einer großen Blumenwise.
Dort habe ich einen
Blumenstrauß gepflückt.
Jetzt steht er in 1 meinem
Zimmer.

Gudrun Spitta
Wenn Kinder zu Autoren werden

Erfahrungen aus der Arbeit mit Schreibkonferenzen

19.6.87

Mein Hamster

Eines Tages kamen mein Vater und mein Bruder
mit einem Hamster nach Hause. Ich habe mich
sehr gefreut über ihn Mein Hamster sieht anders aus als and
Er ist grau und das ist selten. Ich habe mich mit
ihm gleich angefreundet. Er war noch sehr klein
und weich und ganz knuddelig. Ich gab ihm ein
Stück Mohrrübe, und er aß es auf. Ich habe mich sehr
über sein Verhalten gewundert, denn ich dachte, daß
er seine Hamsterbacken benutzen würde. Es
kam mir so vor, als wenn er es nicht wußte. Nach ein
paar Tagen hatte er es gelernt. Wie ich auch alles lernen
muß.

Daniel Kohlschmidt

Daniels Text entstand gegen Ende des dritten Schuljahres. Viele Kinder bevorzugen es in diesem Alter, Texte über ihre Erfahrungen mit ihren Haustieren zu verfassen. Dabei entsteht häufig eine interessante Textsorte, in der Sachwissen gepaart mit persönlichen Erlebnissen vermittelt wird. Diese Mischung – sachliche Aussagen und persönliche Betroffenheit – findet sich auch in diesem Text, wobei Daniel (ein Junge, der sich besonders im sprachlichen Bereich sehr schwer tut) darüber hinaus das Verhalten des Hamsters zu seinen eigenen – oft sehr anstrengenden – Schulerfahrungen in Beziehung setzt: »Wie ich auch alles lernen muß.«

Ich habe lange überlegt, ob die Überschrift zu diesem Beitrag nicht eher lauten müßte: Wenn man Kinder zu Autoren werden *läßt* ... Denn je länger ich Grundschulkinder beim selbstbestimmten Schreiben beobachtet habe (in Klassen, deren Lehrerinnen den Sprung in die Arbeit mit Schreibkonferenzen gewagt haben), desto klarer wurde in mir die Erkenntnis, daß die Grundschule mit ihrem traditionellen normativen Aufsatzunterricht Kinder auf erschreckende Weise *unterfordert*.

Ja, ich gehe inzwischen soweit, zu behaupten, daß der weithin übliche Aufsatzunterricht (der in vielen Klassen in der Hauptsache aus der zwangsweisen Verschriftung kleiner Bildgeschichten besteht) so armselig an sprachlichen Anregungen und inhaltlichen Herausforderungen ist, daß er den Erwerb bzw. die Förderung schriftlicher Sprachfähigkeit eher blockiert als ermöglicht.
Diese aus der Praxisbeobachtung gewonnene Einsicht findet ihre Bestätigung auch durch die vorliegenden Erkenntnisse aus der Schreibprozeßforschung (vgl. *Eigler 1985a; Hayes/Flower 1980a; Bereiter 1980a).*
Danach kann der »verordnete Aufsatzunterricht«

- alle Kinder schreiben zur selben Zeit
- zum selben (bereits bekannten) Thema
- nach derselben Vorbereitung
- für denselben Adressaten (den Lehrer/die Lehrerin)
- aus demselben Grund (eine passable Zensur zu erhalten, nicht etwa, weil einem etwas mitzuteilen wichtig wäre)
- einen ähnlichen Aufsatz, eine Niederschrift,

kaum zu der von allen bundesdeutschen Lehrplänen geforderten Entwicklung der schriftlichen Sprachfähigkeit führen.
Denn dieses – für Kinder und LehrerInnen häufig gleichermaßen frustrierende – Vorgehen verläuft diametral entgegengesetzt zu dem, was für kreative Schreibprozesse Vorbedingung ist, nämlich dem Arbeiten an und mit individuellen Themen, Herausforderungen, Zeiteinteilungen, Ruhe- und Aktivitätsphasen, Überarbeitungen und Neukonzeptionen im Sinne eines rekursiven Problemlösungsprozesses *(Eigler 1980a, 304 ff.).*
Als Gegenbewegung zu den verkrusteten Formen des traditionellen Aufsatzunterrichts hat sich unter PädagogenInnen, die sich der freien Entwicklung der schöpferischen Kräfte im Kinde verpflichtet fühlen, eine Praxis verbreitet, die unter dem Stichwort »freies Schreiben« versucht, den Kindern primär Raum und Zeit für spontane, individuelle Schreibaktivitäten zu geben (vgl. die Beiträge in *Valtin/Naegele 1986a,* z.B. *S. 168 ff.).* Bei diesem Vorgehen wird jeder selbständig in der Schule entstandene Kindertext als Ausdruck kindlicher Kreativität gewürdigt und (nach orthographischer Korrektur) so, wie er ist, akzeptiert und gegebenenfalls im »Klassenbuch veröffentlicht«.
Dieses Verfahren, eigenhändig verfaßte, freie Kindertexte als persönliche Ausdrucksform zu akzeptieren und durch Stempeln, Drucken oder Kopieren für die übrigen Kinder der Klasse zu vervielfältigen, hat neben anderen Vorzügen folgende wichtige Funktion: Dadurch, daß die Kindertexte vor massiven Rotstifteingriffen durch LehrerInnen bewahrt werden sowie durch Veröffentlichen von der ganzen Klasse eine gebührende Würdigung erfahren, erleben sich die Kinder mit großer Freude als kompetente Schreiber. Das Ergebnis ist: Sie werden schreibmutig! Aus dieser Schreibmotivation heraus entsteht in solchen Klassen eine für LehrerInnen ungewohnte Vielzahl und Vielfalt von Kindertexten.

Der kleine Bär

Es lebte mal ein kleiner Bär mit seiner Mutter und seinem Vater. Einmal hörte er seine Eltern reden. Sie sagten: „Es soll Winter werden." Er überlegte den ganzen Tag, was der Winter sein könnte. Am anderen Tag ging er raus zu seinem einzigen Freund, Flip dem Hasen, und fragte: „Was ist der Winter, Flip?" „Der Winter ist weiß; er kommt aus den Wolken herunter." „Was sind Wolken?" fragte der kleine Bär. „Die Wolken - das da oben sind Wolken!" „Ach das," sagte der kleine Bär. Da kamen der Fuchs Fetz und der Vogel Betz. Sie sagten: „Es soll Winter werden." „Das wissen wir," sagten der Bär und der Hase. „Ach, das wißt ihr schon," sagte Fetz der Fuchs. „Ja", anworteten der Bä und der Hase. „Wißt ihr auch schon, daß es heute schneien soll?" „Nein," und in disem Augenblick — schneite es. „Schnee!" sagte Betz der Vogel. Aber da schlief der kleine Bär, und so brachte Betz der Vogel den kleinen Bären nach Hause, wo die Eltern schon warteten.

Jeannette Rafa

Die Geschichte vom kleinen Bären, der den Winter kennenlernen will und gerade in dem Moment einschläft, als es anfängt zu schneien, steht stellvertretend für eine Textsorte, die durch die Verarbeitung märchenhafter Elemente gekennzeichnet ist. In einer Vielzahl von Texten im 3./4. Schuljahr spielten die Kinder mit aus Märchen, Mythen oder Fabeln entlehnten Bestandteilen. Häufig war ein vorgetragener Text einer bestimmten Gattung Auslöser für eine ganze Folge von Texten dieser Art, geschrieben von anderen Kindern der Klasse, die durch das Vorlesen dazu angeregt worden waren. So wirkte auch dieser Text von Jeannette, geschrieben im 3. Schuljahr, als Schreibimpuls für andere Kinder. Trotz der einhelligen Bewunderung, die Jeannette für diesen Text erntete, kritisierten die Kinder doch, daß »in der Geschichte zu oft das Wort <sagte> auftauche« und rieten Jeannette, mehr auf Wortwiederholungen zu achten.

Gleichzeitig löst diese Art des »freien Schreibens« gerade bei den KollegInnen, die sie einerseits mit Freude und Genugtuung praktizieren, auf der anderen Seite Unbehagen aus. Es ist das Gefühl, den Kindern unbedingt die Freiheit der eigenen kreativen Entwicklung, des individuellen Weges lassen zu wollen, ohne ihnen jedoch die Chance schuldig zu bleiben, auch durch Anregungen, Herausforderungen und Aufgaben die eigene Schreibfähigkeit weiter ausbilden zu können.

Und gerade diese Verbindung von »freiem Schreiben« und »angeleitetem Schreiben« herzustellen, ohne in die Zwänge des traditionellen Aufsatzunterrichts abzugleiten, ist für viele KollegenInnen der kritische Punkt, an dem sie nach Anregungen suchen und keine finden.

Dabei trifft ihr Unbehagen genau den entscheidenden Punkt – die Achillesferse der Schreibdidaktik. Ihr Wunsch nach Integration beider Ansätze – des »freien« und des »angeleiteten« in einer zum Schreiben ermutigenden Um-

gebung – wird nachdrücklich durch die neueren Erkenntnisse aus der Schreibprozeßforschung bestätigt.
Danach ist die Möglichkeit zum unbeschwerten freien Schreiben als unabdingbare Voraussetzung anzusehen für die Entwicklung der Fähigkeit, gezielt produktiv von der schriftlichen Sprache Gebrauch zu machen. Freies Schreiben stellt die Grundlage dar, die es bei Einbettung in eine anregende, herausfordernde Schreibumgebung ermöglicht, daß das Schreiben selbst zum Thema gemeinsamen Nachdenkens und bewußten Erprobens, Veränderns, Überarbeitens und Experimentierens gemacht werden kann. [1)]
In den Büchern »Kinder schreiben eigene Texte in Klasse 1 und 2« und »Von der Druckschrift zur Schreibschrift« habe ich im Detail beschrieben, wie in der Phase des frühen Schriftspracherwerbs freies Schreiben im Unterricht so mit Anregungen verbunden werden kann, ohne daß dabei in die Texte der Kinder eingegriffen oder hineinkorrigiert wird (vgl. *Spitta 1985a; 1988a).*
In diesem Beitrag berichte ich von Erfahrungen aus zwei 3. und 4. Klassen aus Berlin, in denen mit einem »Scenario« gearbeitet wurde, das sowohl eine das individuelle, kreative Schreiben anregende Klassenraumgestaltung und Unterrichtsorganisation umfaßt, als auch bestimmte von und mit den Kindern erarbeitete »Schreibrituale« beinhaltet, in denen die Kinder zum Nachdenken über ihre Art zu schreiben sowie zum Überdenken und Überarbeiten ihrer Texte angeregt wurden.[2)]

Hauptelemente dieses Scenarios waren

- ¶ wöchentlich mindestens drei- bis viermal freie »Schreibzeiten« im Rahmen eines Wochenplanunterrichts, in denen die Kinder nach Belieben an individuellen Themen arbeiten konnten;
- ¶ individuelle Überarbeitung der »Schreibentwürfe« in sogenannten »Schreibkonferenzen« mit anderen Kindern und/oder der Lehrerin;
- ¶ Übertragung des jeweils bearbeiteten Schreibentwurfes zur »Veröffentlichung« in speziellen Klassenbüchern auf hierfür besonders geeignete Bögen;
- ¶ Darbietung des Endproduktes in der »Veröffentlichungsstunde« vor der ganzen Klasse mit anschließender Würdigung durch die übrigen Kinder und die Lehrerin;
- ¶ zwei Überblickstabellen, eine mit dem Titel: »Daran schreibe ich gerade/Darüber will ich noch schreiben«, die andere mit der Überschrift »Diese Texte habe ich geschrieben«, zur gegenseitigen Information und Anregung.

Herzstücke dieser Art von Schreibscenario waren die »Schreibkonferenzen«[3)] sowie die »Veröffentlichungsstunden«. Über beides berichte ich im Anschluß ausführlich.
Der Ausdruck »Schreibkonferenz« hört sich zunächst recht anspruchsvoll an. Die Kinder selbst waren übrigens auch sehr beeindruckt davon. Und ein

gewisser Anspruch an die Qualität der Kindertexte war damit ja durchaus verbunden.
Von der ersten und zweiten Klasse her waren es die Kinder gewohnt, daß ihre Texte gesammelt, ausgestellt oder in Büchern veröffentlicht wurden (vgl. *Spitta 1985a)*. Bis zum Ende dieser beiden Schuljahre hatten alle Kinder durch das unbeschwerte freie Schreiben und die Wertschätzung, die ihre Produkte erfuhren, eine stabile Schreibmotivation erworben.
Jetzt, Anfang des dritten Schuljahres, schien für viele Kinder eine gute Zeit für weitere Anregungen zu sein, um den eigenen Schreibprozeß bewußter und gezielter gestalten zu lernen.
Anläßlich eines »gemeinsamen Nachdenkens« darüber, wie Erwachsene, insbesondere von den Kindern geschätzte Kinderbuchautoren, ihre Texte zu Stande brächten, berichteten die beiden Lehrerinnen davon, daß Schriftsteller die erste Fassung ihrer »Geschichten« meistens nicht als »fertig« betrachteten, sondern nach dem ersten Schreiben Freunde aufsuchten, denen sie ihre neue »Geschichte« vorlesen könnten, um dadurch sowie durch die Gespräche darüber, Ideen und Hinweise zu bekommen, wie sie ihre »Geschichte« noch klarer oder spannender oder noch lustiger schreiben könnten.
Die Vorstellung, daß Schriftsteller ihre Texte häufig überarbeiten und verändern, erschien vielen Kindern zunächst etwas fremd, zumal Erwachsene – in ihrer Wahrnehmung – doch stets alles können und richtig machen.
Durch den Hinweis darauf, daß viele Kinderbuchautoren bevorzugt Kindern ihre neuen Texte vorläsen, um aus deren Fragen und Meinungen wichtige Anregungen für die Überarbeitung zu erhalten, sahen sich die Kinder in ihrer Urteils- und Schreibfähigkeit gebührend bestätigt. Und der nächste Schritt – in Zukunft die neuen Texte der Kinder aus der Klasse auch zunächst als Entwurf anzusehen, der durch Vorlesen und Besprechen in einer kleinen Freundesgruppe zur Überarbeitung kommen würde – erschien den Kindern ganz selbstverständlich.
Von nun an würde also jeder Text – vor der Veröffentlichung in einem Klassenbuch – von dem Autorenkind in einer »Schreibkonferenz« vorgelesen und besprochen werden, um Anregungen und Meinungen für eine Überarbeitung zu bekommen.
Welche Vorschläge davon tatsächlich von dem jeweiligen Kind bei der anschließenden Überarbeitung aufgegriffen werden würden, blieb einzig und allein dem Autorenkind selbst überlassen. Daß es immer Stellen geben würde, an denen ein Text verbessert werden könnte, war den Kindern aus eigener Erfahrung insofern bereits klar, als sie es schon häufiger erlebt hatten, daß nach dem Vorlesen von unbearbeiteten Kindertexten vor der ganzen Klasse Kommentare aufgetaucht waren wie *»Das hab ich nicht kapiert«*, oder *»Was hast du da gemeint?«*.

Ganz nebenbei war in dem Gespräch darüber, wie Erwachsene Texte verfassen, immer wieder einmal der Begriff »Entwurf« aufgetaucht, so daß es

von diesem Zeitpunkt an in den beiden Klassen für die »freien Arbeitsstunden« (Spezialbegriff in diesen Klassen für die Arbeit nach individuellen Wochenplänen) kein »normales« Schreibpapier mehr gab, sondern »Entwurfspapier«. Die frisch entstandenen Kindertexte hießen jetzt folgerichtig »Entwürfe«.
Es mußte übrigens nicht jeder Entwurf einer Schreibkonferenz vorgestellt und danach überarbeitet werden; das machen Schriftsteller ja auch nicht. Nur jeder Textentwurf, den das Kind veröffentlichen wollte, mußte diesen Weg gehen.
Die Schreibkonferenzen selbst fanden während der »freien Arbeitsstunden« mit zwei oder drei Kindern statt, die erste Entwürfe fertig hatten. Zunächst waren die Lehrerinnen stets dabei, um den Kindern bei diesem Vorgehen helfend Anregungen zu geben. Später suchten sich die Kinder auch selbständig Partnerkinder, mit denen sie ihre Texte ohne Lehrerhilfe durchgingen. Als Ort wurde häufig der Flur neben der Klasse oder die Schreib-Lese-Ecke im Klassenraum gewählt.
Für diese Textbesprechungen gab es bald einen typischen Ablauf. Zu Beginn jeder Schreibkonferenz las das Autorenkind grundsätzlich erst einmal seinen Text den anderen Beteiligten vor. Daran schlossen sich in der Regel Fragen zum Verständnis des Textes an, die meistens spontan von den anderen Kindern gestellt wurden.
Auf die entsprechenden Erklärungen des Autorenkindes dazu bürgerte sich sehr schnell der Hinweis von den Mitschülern ein: *»Dann schreib es doch so auf, wie du es mir jetzt erklärt hast. Jetzt habe ich es nämlich kapiert.«*[4)]
Die Kinder erwarben dabei beiläufig die Technik, sich durch Sternchen oder Nummern im Text bzw. am Ende der Seite die Stellen zu markieren, an denen inhaltliche Veränderungen vorgenommen werden sollten.

Der nächste Schritt war das gemeinsame satzweise Durchgehen des Textes, wobei besonders auf sprachliche Aspekte geachtet wurde. Hierbei hatten die Hinweise der jeweiligen Lehrerin zunächst eine Art Vorbildfunktion für die beteiligten Kinder, die sich später bei anderen Schreibkonferenzen an diesen Hinweisen orientierten. Während der ersten Konferenzen standen zum Beispiel die Satzanfänge bzw. Satzanschlüsse stark im Vordergrund solcher Gespräche. Die stereotypen Wendungen *»Und da«*, *»Da«*, *»Dann«*, *»Und dann«* wurden als »sichtbarer Ausdruck des Nachdenkens« beim Schreiben gewertet. Sie konnten beim Überarbeiten des Textes entweder weggelassen werden (da sie keinen Informationswert besaßen) oder aber durch Wendungen, die zum Beispiel eine zeitliche Relation oder eine Begründung ausdrücken, ersetzt werden.

Nach und nach wurden Erkenntnisse aus solchen Schreibkonferenzen gemeinsam mit den Kindern zu »allgemeinen Schreibhinweisen« zusammengefaßt und als Plakate an die Klassenwand gehängt.

DENKWÖRTER (und dann, da...) kannst Du meistens weglassen oder durch treffende Ausdrücke ersetzen!
Zum Beispiel:
danach, anschließend, später, schließlich, endlich, nach einiger Zeit, ...
deshalb, darum, deswegen, ...

....

In einem dritten Durchgang, den das Autorenkind entweder allein – mit Hilfe des Wörterbuches – bewältigte oder aber auf Wunsch mit einem Partner zusammen vornahm, wurden die Rechtsschreibprobleme in Angriff genommen.
Der so bearbeitete Entwurf wurde anschließend der jeweiligen Lehrerin zur »Endredaktion« ins Fach gelegt, wobei vor allem nicht entdeckte Rechtschreibabweichungen besprochen und korrigiert wurden.
Erst danach war der Text – wie die Kinder es nannten – »veröffentlichungsreif«, d.h., er konnte auf die speziellen »Veröffentlichungsbogen« übertragen und in der nächsten allgemeinen »Veröffentlichungsstunde« dem kritischen Klassenpublikum dargeboten werden.
Diese Darbietung vor der ganzen Klasse (auf Elternnachmittagen auch vor den versammelten Eltern) empfanden die Kinder als den begehrten Lohn für die zweifellos anstrengende Zeit der Textüberarbeitung. Ohne die Präsentation in den Veröffentlichungsstunden als Ziel, hätten die Kinder die Mühe der manchmal langwierigen Überarbeitungen wohl kaum so bereitwillig in Kauf genommen. Wehe, es fiel einmal eine solche Stunde aus – das war ein halber Weltuntergang! Jedes Kind legte äußersten Wert darauf, der Klasse als Autor sein neuestes Produkt vorstellen zu können. Dabei gingen die übrigen Kinder mit den dargebotenen Texten durchaus nicht gerade zimperlich um, sondern waren – angeregt durch die Gespräche in den Schreibkonferenzen – ausgesprochen kritisch.
Da hieß es dann schon mal: *»Ich habe mitgezählt: Du hast in deiner Geschichte neunmal <und dann> geschrieben. Warum nimmst du dafür eigentlich nicht unsere Wörter aus der Liste?« Oder »Ich finde, deine Geschichte paßt gar nicht zu deiner Überschrift, und dann sind es eigentlich zwei Geschichten, die du geschrieben hast. Man kommt beim Zuhören ganz durcheinander«.*

Grundsätzlich aber wurde jede vorgetragene Geschichte nach der Darbietung erst einmal gebührend beklatscht. Diese Sitte hatte sich wie von selbst eingebürgert. Auch endete jede öffentliche Besprechung mit einem Lob sowie Anregungen »für das nächste Mal«.
So fragten Kinder das Autorenkind am Ende eines solchen Gespräches zum Beispiel, worüber es denn beim nächsten Mal schreiben würde. Auf die zögernde Antwort von Daniela *»Über unsere Fahrt nach Westdeutschland, wenn wir unser neues Auto abholen, aber ich weiß noch nicht, wie ich das*

machen soll«, bekam sie von Robert, der von der Idee ganz begeistert war, die Anregung: »*Also, du nimmst dir Stifte und einen Schreibblock mit auf die Fahrt. Und immer, wenn unterwegs etwas Wichtiges passiert, schreibst du es gleich auf. Dann hast du hinterher schon ganz viele Ideen fürs Schreiben.*«
Auf Danielas Einwand hin, daß sie während langer Fahrten häufig schlafe, erhielt sie die knappe Antwort: »Dann schreibst du eben immer, wenn du wach bist.«

11.11.87

Großvaters schönstes Eigentor

Eines Tages bin ich zu Großvater gegangen. Als ich da war, hatte er mich schon gesehen und machte die Tür auf. Ich fiel ihm gleich in die Arme. Wir gingen rein. Es roch sehr stark nach Gemüsesuppe, die ich gar nicht mag. Dann gab es essen, mein Großvater aß wie ein Vielfraß im Gegensatz zu mir. Das Telefon klingelte, Großvater ging ran und murmelte etwas von Altherrenmannschaft oder so was. Nach dem Essen sah er auf die Uhr und sprang auf. Er sagte: „Ich muß weg, wir haben ein Fußballspiel.“ Wir rannten sofort los. Nachdem wir da waren und Großvater sich umgezogen hatte, suchte ich erst einmal nach einen Platz zum Sitzen Als ich eine Weile gesucht hatte und immer noch keinen Platz gefunden hatte, rief der Trainer zu mir: „Komm doch runter, und setze dich auf die Auswechselbank!“ Da saß ich nun und wartete ungeduldig auf die Mannschaft und Großvater. Solltet ihr noch nicht wissen wie sie heißt, Lokomotive heißt sie. Dann kamen sie raus und das Spiel ging los. Die Gegner Schweinfurt waren am Angriff. Großvater war in der Verteidigung, aber Schweinfurt hatte ihn lässig umspielt. Aber Manni von Lokomotive hatte noch einmal zur Ecke geklärt. Als die Ecke herein kam und der Ball schon aus dem Strafraum war, kam er wieder rein. Großvater war inzwischen so verwirrt von dem Hin- und Hergeschieße, daß er nicht mehr wußte, wo er hinschießen sollte. Plötzlich bekam er den Ball, dann rannte er auf's eigene Tor zu und schoß. Der Torwart rief noch: „Nein bitte nicht.“ Da war es schon zu spät. Nach dem Spiel im Vereinsheim wurde er zum besten Eigentorschützen der Welt gekrönt.

Stephan

Im 4. Schuljahr traten neben Sachtexte, Erlebnis- und Nacherzählungen sowie märchenhafte Texte und Reiseberichte vermehrt Phantasiegeschichten, in denen die Kinder realistische Elemente aus ihrer Alltagswelt mit Wünschen, Träumen und Fiktionen so verbanden, daß Texte entstanden, die realistisch wirkten, aber trotzdem frei erfunden waren. So auch die Schilderung von »Großvaters Eigentor«, das Stephan – so jedenfalls die Meinung der Mitschüler nach dem Vorlesen – derart wirklichkeitsgetreu beschrieben hatte, daß die ganze Klasse der Auffassung war, dieser Vorfall sei tatsächlich so passiert. Stolz erklärte Stephan, daß er zwar einen Großvater habe, der aber keinen Ball anrühren würde. »Das habe ich alles erfunden!« Stephan erntete großes Lob von den Mitschülern dafür, daß es ihm gelungen war, durch die genauen Schilderungen vieler Kleinigkeiten und Einzelheiten den Eindruck eines tatsächlichen Ereignisses herzustellen. (Vgl. zu seinen Texten in der 1. Klasse: *Grundschulzeitschrift Nr. 12, 1988, 6-10, 19)* Ich habe in diesem Beitrag versucht, in einer überblicksartigen Darstellung zu beschreiben, wie zwei Lehrerinnen mit ihren Kindern in der Grundschule neue Wege gegangen sind beim »Aufsatzschreiben«; Wege, die einerseits offenen, kindorientierten Charakter tragen und freies, individuelles Schreiben fördern, gleichzeitig aber auch Möglichkeiten bieten, durch Anregungen und Herausforderungen die Kinder zu einem bewußten differenzierten Gebrauch der schriftlichen Sprache zu veranlassen.

Es gäbe noch von sehr vielen Aspekten dieses »Schreibscenarios« zu berichten (Zensierung, Themenwahl durch die Kinder, Anzahl der Texte pro Kind, Veränderungen im Schreibstil der Kinder, Bevorzugung bestimmter literarischer Gattungen durch die Kinder, gemeinsame Schreibanlässe ...).

Diese und weitere Aspekte müssen aus Platzgründen einer anderen Veröffentlichung vorbehalten bleiben.

Unbedingt erwähnen will ich allerdings zum Schluß noch das, was mir eine der beiden Lehrerinnen weiterzuvermitteln dringend ans Herz legte:

»Nicht nur den Kindern macht diese Art des individuellen Schreibens großen Spaß, und nicht nur die Texte der Kinder zeugen von einer beeindruckenden Qualität, sondern auch mir – der Lehrerin – macht plötzlich der Aufsatzunterricht wieder großen Spaß. Ich freue mich auf jeden frisch fertiggestellten Kindertext, da auch ich jedes Mal etwas Neues (Wichtiges oder Span- nendes oder auch nachdenklich Machendes) erfahre. Die Texte der Kinder bedeuten mir sehr viel. Und das merken die Kinder.«

Anmerkungen

1) In einer Analyse von über 2000 experimentellen Untersuchungen zu den Auswirkungen unterschiedlicher Scenarios auf die Schreibproduktivität der Kinder sowie die Qualität der Texte im angelsächsischen Sprachraum hat sich gerade diese Kombination von freiem Schreiben und Anregungen in einer das Schreiben herausfordernden Schreibumgebung als besonders günstig erwiesen (vgl. *Hillocks 1986a)*. Aus dem deutschsprachigen Raum liegen hierzu – wegen fehlender Forschungstradition auf diesem Gebiet – kaum Untersuchungen vor.

2) Ich habe den Begriff »Scenario« gewählt, da er nicht nur die räumlich-materielle Lernumgebung umfaßt, sondern auch eine spezielle Atmosphäre sowie typische Handlungsmuster einschließt.

3) Den Begriff »Schreibkonferenz« habe ich in Anlehnung an das sehr interessante Buch von *Donald H. Graves*: Writing: Teachers & Children at Work (1983a) gewählt, aus dem ich sehr viele Anregungen für das Arbeiten mit Schreibgesprächen bezogen habe. Auszüge aus diesem Buch finden sich im 1. Jahrbuch »Lesen und Schreiben«: *ABC und Schriftsprache (Brügelmann 1986a)*. Vgl. auch *Heide Bambach:* Lese-Versammlung, im 2. Jahrbuch *(Balhorn u.a. 1987a)*

4) Interessanterweise bewegten sich die Fragen der Kinder (intuitiv) genau auf dem konkreten Niveau (base-level), das sich in der Schreibprozeßforschung als besonders produktiv herausgestellt hat, um Schreiber zu einer differenzierteren Entfaltung des Textes zu veranlassen. (vgl. die neueren Untersuchungen dazu von *Benton/Blohm 1988a)*.

Gabriele Krichbaum
Schriftverschlingungen als Seelenbarometer?

An Österreichs Schulen soll versuchsweise eine Schulschrift ohne veraltete Schlingen und Schnörkel erprobt werden. Das Unterrichtsministerium will nichts unversucht lassen, um der allenthalben beklagten Schreib- und Rechtschreibmisere zu begegnen. Österreichs Kinder sollen verbesserte Lernmöglichkeiten erhalten, vergleichbar denen, die viele bundesrepublikanische Kinder mit der Vereinfachten Ausgangsschrift schon lange haben. Die Veränderung des Ausgangsalphabets zum Schreibenlernen – nur darum und um nichts sonst geht es – läßt Skeptiker den Untergang des Abendlandes befürchten.
Aber auch *»tiefgreifende Auswirkungen auf den Charakter der Kinder«* seien zu befürchten. Nach *Prof. Dr. Walter Muckenschnabel,* Psychologe und Graphologie-Experte, wird *»der natürliche Bewegungsdrang der Kinder, der seinen Niederschlag auch in den Unterlängen und Schnörkeln der Schrift findet, drastisch eingeengt.«* Denn, so der Professor, *»gerade in den vielen Verschlingungen der alten Schrift liegt eine Fülle von Möglichkeiten, Gefühle und Stimmungen wie in einem Seelenbarometer auszudrücken und zu Papier zu bringen«* (berichtet in der Zeitschrift »Eltern«, Supplement, Ausgabe Österreich, 9/1987, S.1).

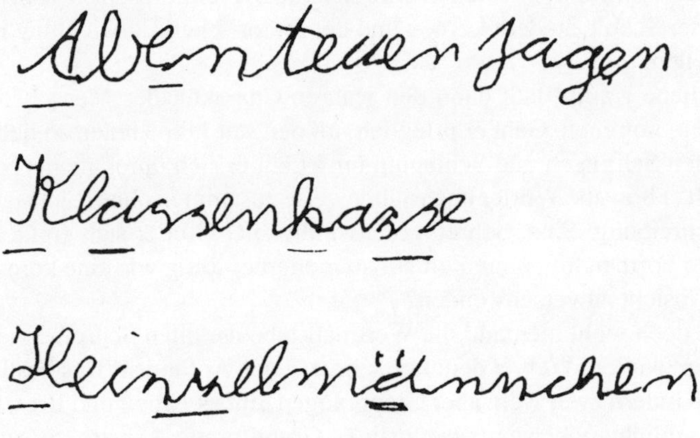

Man sieht die Schreiber vor sich, wie sie mit dem Füller über das Papier gleiten und sich dabei wohlfühlen, wie sie ihrer Stimmung in Schleifen, Schlaufen, Ober- und Unterlängen Ausdruck verleihen. Ihrem natürlichen Bewegungsdrange folgend nehmen sie Schwung, dann stoppen sie unvermittelt, schlagen einen Haken, ändern die Richtung, und weiter geht es. Dieses Verfahren wenden Hasen an, die auf der Flucht sind. Hakenschlagen nennt man das. Sie müssen durch unvorhersehbare Bewegungsabläufe den Verfolger täuschen, damit er sie nicht fangen kann.
Ob sich der Graphologie-Experte von unseren Schreibern täuschen läßt? Bestimmt nicht! Sie sind ganz offensichtlich verkrampft, drücken ihr verkorkstes Seelenleben aus, bringen ihren Ärger über irgendetwas kantig, verhakt zu Papier. Sie selber sehen das allerdings anders. Beim täglichen Nahkampf zwischen ihrem Bewegungsdrang einerseits und den Verschlingungen des Ausgangsalphabetes andererseits bleibt ihr durchaus vorhandenes ästhetisches Empfinden kläglich auf der Strecke.

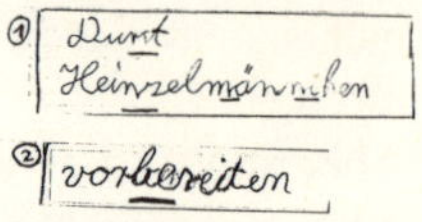

Oder doch nicht?

Sie holpern und stolpern über die Schreibunterlage. Das macht Spaß. Es gibt auch viele Überraschungen. Man wollte eine langgestreckte Kurve ziehen, entstanden ist ein Haken. Man wollte ein richtiges <a> mit einem ordentlichen Deckstrich schreiben, und siehe da, herausgekommen ist ein <u>. Da lacht doch das Herz, daß sich die Hand soviel Selbständigkeit bewahrt. Sie wenigstens ordnet sich uneinsichtigen Befehlen nicht unter. Warum denn richtig oder leserlich schreiben? Hier geht es schließlich um das Seelenleben, und zwar das echte. Es kommt nicht darauf an, daß sich die Hand beim Schreiben wohlfühlt. Deswegen muß sich die Schreiblernschrift vom ersten Tag in der Schule an dem Lernen und der motorischen Entwicklung in den Weg stellen.
Der tägliche Kampf läßt dann den wahren Charakter des Menschen zum Vorschein kommen. Geht er pfleglich mit den seit Jahrzehnten so liebevoll bewahrten Schlingen und Schlaufen um? Läßt er sich durch nichts beirren und malt er brav die Wörter buchstabenweise zusammen ohne Rücksicht auf Rechtschreibung, Sinn, Schreibgeschwindigkeit? Gibt er sich einfach und ganz den Formen hin, ohne Zeit auf so modernes Zeug wie eine kommunikative Absicht zu verschwenden?
Es wird doch wohl niemand die Wertmaßstäbe der alten Schreiberziehung verändern wollen. Wehret dem Fortschritt in den Anfängen! Das Festhalten tut den Kindern zwar weh, aber Graphologen gibt es Arbeit und Brot. Nicht die aus schlichten, bewegungsgünstigen Grundformen konstruktiv entwikkelte individuelle Handschrift ist gefragt. Die Menschen könnten sich ja alle verstellen. Ihr Seelenleben wirkte ja so ausgeglichen. Nein, die Ruinen, die sie beim Abbau und Abbruch der herkömmlichen Ausgangsschrift hinterlassen, die offenbaren das wahre Gesicht.

Was machen nur die Linkshänder, deren harmonisch-bewegungsfreudiges böses Händchen beim Schreibenlernen diszipliniert wurde, teilweise heute noch wird?
Manche Menschen haben auch mehrere Seelenleben: ein ausgeruhtes zu Beginn eines handgeschriebenen Textes und ein müdes am Ende. Das hat natürlich nichts damit zu tun, daß die Schreibhaltung falsch sein könnte, die Bewegungsabläufe ungünstig sind und sich deshalb ermüdend und verkrampfend auswirken, Schreibgerät und Schreibunterlage falsch gewählt sein könnten, – nein, hier ist offensichtlich der natürliche Bewegungsdrang unnatürlich. In Wahrheit, bei seelisch gesunden Menschen, ist das nämlich anders. Kinder z.B., die während des Unterrichts angestrengt gearbeitet und dabei lange still gesessen haben und die sich nun einen Ausgleich durch Bewegung schaffen wollen bzw. dürfen, hört man immer wieder in die Klasse jubeln: *»Au fein, ich will jetzt schreiben!«*
Pädagogen wissen, was Kinder brauchen. Bewegungsdrang hat etwas mit dem ganzen Körper zu tun. Wer sich auf dem Parkett elegant und schwungvoll bewegt, kann beim Schreiben völlig verkrampft sein.
Zum richtigen, lesbaren, schnellen Schreiben gehört ein geeignetes Ausgangsalphabet wie zum Tanzen ein geeigneter Fußboden. Wer aus dem Bewegungserlebnis des Schreibens Rückschlüsse zieht auf das Seelenleben des Schreibers, der müßte logischerweise für eine Schreiblernschrift eintreten, die kreative und motorische Kräfte konstruktiv freisetzt. Ein Ausgangsalphabet zu vertreten, das auf dem Wege zur individuellen Handschrift häufig destruktives Schreibverhalten erzwingt und aus den Ergebnissen des aus Not vorgenommenen Abbaues dann Aussagen über den Menschen zu treffen, das mutet schon zynisch an.

* * *

Nach dem *Center for the Study of Reading* in Urbana/Ill. (vgl. Jahrbuch »Lesen und Schreiben«, Bd. 2, 299f.) ist in den USA nun auch ein *Center for the Study of Writing (CSW)* eingerichtet worden, um das sich ein *National Writing Project* mit vielen lokalen Zentren organisiert. »Emergent Literacy Transition from Home to School« *(Anne Haas Dyson)*, »Oral and Written Language« (*Wallace Chafe)* und »Synthesis of Research in Writing and Reading« *(Jana Mason)* sind besonders interessante Projekte. Aus dieser Forschung und zu verschiedenen fachdidaktischen Problemen publiziert auch das CSW Berichte. Die Bestell-Liste ist erhältlich über *Center for the Study of Writing, School of Education, University of California, Berkeley, CA 94720, USA.*

Literaturverzeichnis

Abrahamson, D.S./ Bell, A.E. (1979a): Assessment of the school readiness section of the Early Detection Inventary: Preschool prediction across situational factors. In: Journal of School Psychology, Vol. 17, 162-171.

Adams, B. (1988a): Word processing and literacy skills. Annotated bibliography. Project »New Information Technologies and Literacy Skills«. Commission of the European Communities (2438-86-11-NIT-UK): Brussels.

Adelung, J.C. (1782a): Grundgesetz der Orthographie. In: Garbe (1978a, 38-47).

Aissen-Crewett, M. (1988a): Das Ästhetische und der Künstler. In: Grundschule, 20. Jg., H. 5, 68-73.

Ammon, U. (1978a): Schulschwierigkeiten von Dialektsprechern. Empirische Untersuchungen sprachabhängiger Schulleistungen und des Schüler- und Lehrerbewußtseins – mit sprachdidaktischen Hinweisen. Beltz: Weinheim/ Basel.

Ammon, U., u.a. (1978a): Grundlagen einer dialektorientierten Sprachdidaktik. Beltz: Weinheim.

Andresen, H. (1987a): Das Wort – ein Kinderspiel? In: Balhorn u.a. (1987a, 83-90).

Angermaier, N. (1974b): Psycholinguistischer Entwicklungstest. Beltz: Weinheim.

Apeltauer, E. (Hrsg.) (1987a): Gesteuerter Zweitspracherwerb. Hueber: München.

Auer, P./ Di Luzio, A. (eds.) (1988a): Variation and convergence. Studies in Social Dialectology. De Gruyter: Berlin.

Ayers, D./ Downing, J. (1982a): Testing children's concepts of reading. In: Educational Research, Vol. 24, No. 4, 277-283.

Augst, G. (1984b): Kinderwort. Der aktive Kinderwortschatz (kurz vor der Einschulung) nach Sachgebieten geordnet mit einem alphabetischen Register. Verlag Lang: Frankfurt u.a.

Augst, G. (Hrsg.) (1985a): Graphematik und Orthographie. Peter Lang: Frankfurt u.a.

Augst, G. (Hrsg.) (1986a): New trends in graphematics and orthography. De Gruyter: Berlin/ New York.

Badian, N.A. (1982a): The prediction of good and poor reading before kindergarten entry: A four-year follow-up. In: Journal of Special Education, Vol. 16,309-318.

Bächtold, J.M./ Hugelshofer, A. (1961a): Ganzheitlicher Leseunterricht. Schweizerischer Lehrerverein: Zürich (2. Aufl.).

Baghban, M. (1987a): Von eins bis drei – die »Lall-Phase« frühen Schreibens. In: Balhorn u.a. (1987a, 122-131).

Balhorn, H. (1983a): Rechtschreiblernen als regelbildung. Wie machen sich schreiber ihr ortografisches wissen bewußt. In: Diskussion Deutsch, Nr. 74, 581-595.

Balhorn, H. (1985a): rechtschreibwissen in kinderköpfen. In: Grundschule, 17. Jg., H. 10, 16-20.

Balhorn, H./ Vieluf, U. (1985a): Fehleranalysen – ortografisch. In: Diskussion Deutsch, H. 81, 52-68.

Balhorn, H., u.a. (1987a): Welten der Schrift in der Erfahrung der Kinder. Jahrbuch »Lesen und Schreiben« Bd. 2. Ekkehard Faude: Konstanz.

Balota, D.A., et al. (1985a): The interaction of contextual constraints and parafoveal visual information in reading. In: Cognitive Psychology, Vol. 17, 364-390.

Bambach, H. (1987a): Lese-Versammlung. Wie Texte Kinder bewegen. In: Balhorn u.a. (1987a, 11-24).

Bambach, H./ Thurn, S. (1984a): Alexander. Zweimal fünf Jahre Laborschule. In: Neue Sammlung, 24. Jg., H. 6, 572-597.

Bambring, M., et al. (eds.) (1988a): Children at risk: Assessment and longitudinal research. De Gruyter: Berlin/ New York 1988 (in print).

Barthel, G (1972a): Konnte Adam schreiben? DuMont Schauberg: Köln.

Baskerville, J. (1986a): Word processing and children's writing. In: Computers in Schools, Vol. 8, 84-88.
Baudusch, R. (1980a): Zu den sprachwissenschaftlichen Grundlagen der Zeichensetzung. In: Nerius/ Scharnhorst (1980a, 193-200).
Beauftragte der Bundesregierung für die Integration der ausländischen Arbeitnehmer und ihrer Familienangehörigen (1987a): Daten und Fakten zur Ausländersituation. Mitteilungen, April. Bonn.
Belka, D.E./ Williams, H.G. (1979a): Prediction of later cognitive behavior from early school perceptual-motor, perceptual, and cognitive performances. In: Perceptual and Motor Skills, Vol. 49, 131-141.
Benning, A., u.a. (Hrsg.) (1987a): Wörterbuch (Blissymbolics). Julius Groos: Heidelberg (dt. Bearb. von: Hehner 1979a).
Benton, A.L./ Pearl, D. (eds.) (1978a): Dyslexia: An appraisal of current knowledge. Oxford University Press: New York.
Benton, S.L./ Blohm, P.J. (1988a): Elaboration of ideas in prose production. In: Journal of Experimental Education, Vol. 56, No. 2, 60-66.
Bereiter, C. (1980a): Development in writing. In: Gregg/ Steinberg (1980a, 73-93).
Bereiter, C./ Scardamalia, M. (1987a): The psychology of written composition. Lawrence Erlbaum: Hove.
Bergk, M. (1980a): Leselernprozeß und Erstlesewerke. Kamp: Bochum.
Bergk, M. (1987a): Rechtschreibenlernen von Anfang an. Diesterweg: Frankfurt.
Bergk, M. (1988a): Erstlesen. In: Erziehung und Unterricht, Nr. 3, 122 ff. Bergk, M. (1988d): Märchen in Lernangeboten. Klasse I - IV. In: Grundschulzeitschrift, 2. Jg., No. 15, 50.
Bertelson, P., et al. (1985a): A study of Braille reading: 2. Patterns of hand activity in one-handed and two-handed reading. In: The Quarterly Journal of Experimental Psychology, Vol. 37A, 235-256.
Berthold, S./ Naumann, C.L. (Hrsg.) (1984a): Mündliche Kommunikation im 5. - 10. Schuljahr. Didaktische Konzepte und Unterrichtsvorschläge. Klinkhardt: Bad Heilbrunn.
Besner, D./ Coltheart, M. (1979a): Ideographic and alphabetic processing in skilled reading of English. In: Neuropsychologia, Vol. 17, 467-472.
Besner, D. / McCann, R.S. (1987a): Word frequency and patterns distortion in visual word identification and production: An examination of four classes of models. In: Coltheart (1987a, 201-219).
Biederman, I./ Tsao, Y. (1979a): On processing Chinese ideographs and English words: Some implications from Stroop-test-results. In: Cognitive Psychology, Vol. 11, 125-132.
Birns, S. (1976a): Review of literature on Braille reading. In: New Outlook for the Blind, Vol. 70, No. 11, 392-397.
Blachmann, B.A. (1984a): Relationship of rapid naming ability and language analysis skills to Kindergarten and first-grade achievement. In: Journal of Educational Psychology, Vol. 76, 610-622.
Blesi, P. (1988a): »Ist das überhaupt Deutsch?« – Eine Übung zur Verwendung von Wörtern und Wendungen beim Schreiben. In: Sieber/ Sitta (1988a, 53-72).
Bliss, C.K. (1965a): Semantography. Semantography Publ.: Sidney (1st ed. 1949).
Bloom, L. (1983a): Tensions in psycholinguistics. In: Science, Vol. 220, No. 4599, 843-844.
Bloome, D. (ed.) (1987a): Literacy and schooling. Ablex: Hove.
Bonfadelli, H. (1988a): Das Leseverhalten von Kindern und Jugendlichen in der Schweiz. In: Schweizerisches Jugendbuchinstitut (1988a, 11-90).
Bosch, B. (1932a): Ganzheitsmethode und Schreibenlernen. In: Schrift und Schreiben, 3. Jg., H. 5, 134-146 (Nachdruck in: IRA/D-Beiträge, 7. Jg., 2/1984, 7-17).
Bosch, B. (1932b): Neues Lesenlernen. Bemerkungen zur Ganzheitsmethode. In: Neue Deutsche Schule, 6. Jg., H. 3, 168-175.
Bosch, B. (1932c): Erfahrungen mit der Ganzheitsmethode im Erstleseunterricht. In: Vierteljahresschrift für wissenschaftliche Pädagogik, 8. Jg., 485-493.

Bosch, B. (1933a): Zur Methodik des analytischen Erstleseunterrichts. In: Neue Deutsche Schule, 7. Jg., H. 6, 345-352.
Bosch, B. (1937a): Grundlagen des Erstleseunterrichts. Zeitschrift für angewandte Psychologie und Charakterkunde, Beiheft 76. Barth: Leipzig (5. Aufl. Henn: Ratingen; Reprint 1. Aufl. Arbeitskreis Grundschule: Frankfurt 1984).
Bosch, B. (1951a): Ganzheitlicher Erstleseunterricht, 1. Teil: Grundsätzliches. In: Die neue Volksschule in Stadt und Land, Bd. 3, H. 3, 98-106.
Bosch, B. (1951b): Über den Leselernprozeß. In: Blätter für Lehrerfortbildung, 3. Jg., 6/1951, 204-207.
Bosch, B. (1952a): Hegel im ersten Schuljahr. In: Pädagogische Rundschau, 6. Jg., H. 7, 321 f.
Bosch, B. (1952a): Hegel im ersten Schuljahr. In: Pädagogische Rundschau, 6. Jg., H. 7, 321 f.
Bosch, B. (1952b): Spiele für den ganzheitlichen Erstleseunterricht. In: Die Neue Volksschule in Stadt und Land, Bd. 3, H. 4/5, 148-153.
Bosch, B. (1952c): Ganzheitlicher Erstleseunterricht, 2. Teil: Gestalt und Verlauf – »Gedichtetes Spielzeug, gesungenes Gerät« ... In: Die Neue Volksschule in Stadt und Land,Bd. 3, H. 10/11, 357-362.
Bosch, B. (1952d): Ganzheitlicher Erstleseunterricht, 2. Teil: Gestalt und Verlauf – Beispiele und Anregungen. In: Die Neue Volksschule in Stadt und Land, Bd. 3, H. 12, 437-447.
Bosch, B. (1952e): Ganzheitlicher Erstleseunterricht, 2. Teil: Gestalt und Verlauf – Der tätige Umgang mit der Schrift. In: Die Neue Volksschule in Stadt und Land, Bd. 4, H. 3, 74-80.
Bosch, B. (1952f): Ganzheitlicher Ersteseunterricht, 2. Teil: Gestalt und Verlauf – Der tätige Umgang mit der Schrift II. In: Die Neue Volksschule in Stadt und Land, Bd. 4, H. 4/5, 122-126.
Bosch, B./ Lammers, P. (1953a): Spielen und Lesen in Schule und Haus (Lotto und Domino). Ellermann/ Schroedel: Hamburg/ Hannover.
Bosch, B. (1955a): Der Anfangsleseunterricht und die innere Sprachbildung. In: Westermanns Pädagogische Beiträge, 7. Jg., H. 1, 9-16.
Bosch, B. (1969a): Zum Problem des frühen Lesenlernens. In: Blätter des Pestalozzi-Fröbel-Verbandes, 20. Jg., H. 4, 107-116.
Bosch, B. (1978a): »Lautverschmelzung« – Zum Gedenken an Karl Kupfmüller. In: GRUNDSCHULE, 10. Jg., H. 7, 313.
Bosch, B. (1984a): Bemerkungen auf unterschiedliche Anfragen ... In: IRA/D-Beiträge, 7. Jg., H. 2, 3-6.
Bosch, B. (1984b): Kritische Erinnerungen: Vom »Grundwortschatz« zu Wittgenstein. In: Osnabrücker Beiträge zur Sprachtheorie Nr. 29, 182-184.
Bosch, B. (1987a): Zum »Schema-Konzept« in Wahrnehmungs- und Denkpsychologie. Aus Anlaß von zwei Neuerscheinungen. In: Osnabrücker Beiträge zur Sprachtheorie Nr. 36.
Boueke, D./ Schülein, F. (1988a): Von der Lehr- und Lernbarkeit des Erzählens. In: Diskussion Deutsch, Heft 102, 386-403.
Boxler, H. (1979a): Krokofant. Sprach- und Sachbuch für das 2. Schuljahr (Lehrerkommentar). Lehrmittelverlag des Kantons Zürich: Zürich.
Braak, I. (1959a): Das Gedicht, Begegnung und Aneignung in der Volksschule. Hirt: Kiel.
Bradley, L./ Bryant, P.E. (1983a): Categorizing sounds and learning to read – a causal connection. In: Nature, No. 301, 419-422.
Bradley, L./ Bryant, P.E. (1985a): Rhyme and reason in reading and spelling. University of Michigan Press: Ann Arbor.
Breuer, H./ Weuffen, M. (1986a): Gut vorbereitet auf das Lesen- und Schreibenlernen. VEB Deutscher Verlag der Wissenschaften: Berlin (6. Aufl.; 1. Aufl. 1977a).
Breuninger, H./ Betz, D. (1982a): Jedes Kind kann schreiben lernen. Beltz: Weinheim.
Britton, B./ Glynn, S.M. (1987a): Executive control processes in reading. Lawrence Erlbaum: Hove.
Bruce, B./ Rubin, A. (1984a): The utilization of technology in the development of basic skills instruction: Written communications. Report No. 5766. Bolt Beranek and Newman Inc.: Cambridge, Mass.

Bruce, B., et al. (1985a): How computers can change the writing process. In: Language Art, Vol. 62, 143-149.
Bruce, D.J. (1964a): The analysis of word sounds by young children. In: British Journal of Educational Psychology, Vol. 34, 158-170.
Brügelmann, H. (1983a): Kinder auf dem Weg zur Schrift – eine Fibel für Lehrer und Laien. Ekkehard Faude: Konstanz (3. erg. Aufl. 1989).
Brügelmann, H. (1984a): Lesen- und Schreibenlernen als Denkentwicklung – Voraussetzungen eines erfolgreichen Schrifterwerbs. In: Zeitschrift für Pädagogik, 30. Jg., H. 1, 69-91.
Brügelmann, H. (1985s): Heimcomputer in der Grundschule: der neue Kinderschreck? In: IRA/D-Beiträge, 8. Jg., H. 1-2.
Brügelmann, H. (Hrsg.) (1986u): ABC und Schriftsprache – Rätsel für Kinder, Lehrer und Forscher. Jahrbuch »Lesen und Schreiben« 1. Ekkehard Faude: Konstanz.
Brügelmann, H. (1987c): Kinder auf dem Weg zur Schrift: PLUS (Projekt Lese- und Schreibfortschritte). Forschungsantrag an die DFG. Bericht No. 38b. Projekt »Kinder auf dem Weg zur Schrift«: Universität Bremen.
Brügelmann, H. (1987f): »Röntgen-Aufnahmen« vom Schriftspracherwerb. In: Balhorn/ Brügelmann (1987a, 132-135).
Brügelmann, H. u.a. (1984a): Die Schrift entdecken – Beobachtungshilfen und methodische Ideen für einen offenen Anfangsunterricht im Lesen und Schreiben. Ekkehard Faude: Konstanz (2. Aufl. 1986).
Brügelmann, H., u.a. (1988a): Lese- und Schreibaufgaben für Schulanfänger. Bericht No. 33e. Projekt »Kinder auf dem Weg zur Schrift«/ FB 12. Universität: Bremen (3. Fassung).
Bullock-Report (1975a): A language for life. Report of the Committee of Inquiry ... Ed. by the Department of Education and Science. Her Majesty's Stationary Office: London.
Burger, H. (1984a): Sprache der Massenmedien. De Gruyter: Berlin.
Butler, S.R. (1979a): Predictive antecedents of reading disability in the early years of schooling. In: British Columbia Journal of Special Education, Vol. 3, 263-274.
Butler, S.R., et al. (1982a): Early prediction of reading achievement with the Sheppard School Entry Screening test: A four-year longitudinal study. In: Journal of Educational Psychology, Vol. 74, 280-290.
Butler, S.R., et al. (1985a): Seven-year longitudinal study of the early prediction of reading achievement. In: Journal of Educational Psychology, Vol. 77, 349-361.
Campbell, B. (1985a): Word-processing in schools. In: Reid/ Rushton (1985a, 28-50).
Case, R., et al. (1982a): Operational efficiency and the growth of short-term memory span. In: Journal of Experimental Child Psychology, Vol. 33, 386-404.
CERI (ed.) (1987a): Information technologies and basic learning. Reading, writing, science, and mathematics. Centre for Educational Research and Innovation. OECD: Paris.
Claiborne, R. (1978a): Die Erfindung der Schrift. Rororo Life 78: Reinbek.
Clark, C.R. (1981a): Learning words using traditional orthography and the symbols of Rebus, Bliss, and Carrier. In: Journal of Speech and Hearing Disorders, Vol. 46, 191-196.
Clay, M.M. (1975a): What did I write ? Heinemann: London u.a. (4. Aufl. 1982).
Clay, M.M. (1979a): Early detection of reading difficulties. Heinemann: London et al. (3rd ed. 1985a).
Clay, M.M. (1982a): Observing young readers. Heinemann: London et al.
Coeffe, C./ O'Regan, J.K. (1987a): Reducing the influence of nontarget stimuli in saccade accuracy: Predictability and latency effects. In: Vision Research, Vol. 27, 227-240.
Coltheart, M. (1985a): Cognitive neuropsychology and the study of reading. In: Attention and Performance, Vol. XI, 3-37.
Coltheart, M. (ed.) (1987a): The psychology of reading. Attention and Performamce Vol. XII. Lawrence Erlbaum: Hove/ London.
Coltheart, M., et al. (eds.) (1987a): THe cognitive neuropsychology of language. Lawrence Erlbaum: Hove.
Conrad, R. (1979a): The deaf child. Harper & Row: London.

Conrad, R. (1981a): Lesen: Sehen, Sprechen, Gebärden. In: Lesen/ Lire/ Reading (1981a, 12 ff.).
Crowder, R.C. (1982a): The psychology of reading. An introduction. Oxford University Press: Oxford/ New York.
Crozier, D.S.R. (1986a): Word processors and the teaching of writing. In: Unicom – Journal of the Australian College of Education, Vol. 12, No. 2, 100-103.
Csanyi, Y. (1982a): Sprachuntersuchungen bei Gehörlosen und ihre pädagogischen Folgerungen. Institut für Heil- und Sonderpädagogik. Universität: Gießen.
Daiute, C. (1985a): Do writers talk to themselves? In: Freedman (1985a, 133-159).
Daiute, C./ Taylor, R. (1981a): Computers and the Improvement of Writing. In: Proceedings of the Association of Computing Machinery, 83-88.
Daneman, M. /Blennerhassett, A. (1984a): How to assess the listening comprehension skills of prereaders. In: Journal of Educational Psychology, Vol. 19, 450-466.
Davison, A./ Green, G. (1988a): Linguistic complexity and text comprehension: Readability issues reconsidered. Lawrence Erlbaum: Hove.
Dehn, M. (1985a): Über die sprachanalytische Tätigkeit des Kindes beim Schreibenlernen. In: Diskussion Deutsch, 16. Jg, H. 81, 25-51.
Dehn, M. (1988a): Zeit für die Schrift. Lesenlernen und Schreibenkönnen. Kamp: Bochum.
Denckla, M.B./ Rudel, R. (1974a): Rapid 'automatized' naming of pictured objects, colors, letters and numbers by normal children. In: Cortex, Vol. 10, 168-202.
Dewdney, A.K. (1985a): Künstlicher Wahnsinn – oder: Was passiert, wenn ein schizophrenes Computer-Programm auf einen simulierten Psychiater trifft. In: Spektrum der Wissenschaft, No. 5, Mai 1985, 8-12.
Dodd, B./ Campbell, R. (eds.) (1987a): Hearing by eye: The psychology of lipreading. Lawrence Erlbaum: Hove.
Dornic, S. (ed.) (1977a): Attention and Performance. Vol. VI. Lawrence Erlbaum: Hillsdale, N
Downing, J. (1979a): Reading and Reasoning. Chambers: Edinburgh.
Downing, J./ Valtin, R. (Hrsg.) (1984a): Language awareness and learning to read. Springer: New York u.a.
Dräger, M. (Hrsg.) (1988a): Am Anfang steht der eigene Text. Agentur Dieck: Heinsberg.
Drecoll, F. (1988a): Freie Schreibversuche und Fehleranalyse. Hilfen zur Beobachtung der Rechtschreibentwicklung. In: Alfa-Rundbrief, No. 8, Sommer 1988, 15-18.
Drecoll, F. (1988b): Rechtschreibfehler vermeiden oder aus Fehlern lernen? Eigene Schreibversuche bei Kindern und erwachsenen Analphabeten. In: Hubertus/ Rabot (1988a, 28-42).
Dummer, L. (Hrsg.)(1987a): Legasthenie. Bericht über den Fachkongreß 1986. Bundesverband Legasthenie: Hannover.
Eco, U. (1987a): Was es bedeutet, zwei Sprachen zu sprechen. In: Begegnung, Nr. 2, 18-19 (abgedruckt in diesem Band).
Edelsky, C. (1986a): Writing in a bilingual program: Habia Una Vez. Ablex: Hove.
EDK/ SRG (1988a): Mundart – Hochsprache in Schule und Medien. Schweizerische Konferenz der kantonalen Erziehungsdirektoren/ Schweizerische Radio- und Fernsehgesellschaft: Bern.
Ehri, L.C. (1980a): The role of orthographic images in learning printed words. In: Kavanagh/ Venezky (1980a, 155-170).
Ehri, L.C./ Wilce, L.S. (1987a): Cipher versus cue reading: An experiment in decoding acquisition. In: Journalof Educational Psychology, Vol. 79, 3-13.
Ehri, L.C./ Wilce, L.S. (1987b): Does leaning to spell help beginners to read words? In: Reading Research Quarterly, Vol. 22, 47-65.
Ehrlich, K./ Rayner, K. (1983a): Pronoun assignment and semantic integration during reading: Eye movements and immediacy of processing. In: Journal of Verbal Learning and Verbal Behavior, Vol. 22, 75-87.
Eichler, W. (1976a): Zur linguistischen Fehleranalyse von Spontanschreibungen. In: Hofer (1976a, 246-264).

Eichler, W. (1985b): Rechtschreiblernen in und mit Regeln und als regelgeleitetes Verhalten. In: Augst (1985a, 244-259).
Eigler, G. (1985a): Schreiben als kognitiver Prozeß: Textverarbeiten und Textproduktion, Entwicklungstendenzen angewandter kognitiver Wissenschaft. In: Unterrichtswissenschaft, H. 4/85, 301-318.
Elkonin, D.B. (1963a): The psychology of mastering the elements of reading. In: Simon/ Simon (1963a, 165-179).
Elliott, J. (1981a): Action research: A framework for self-evaluation in schools. TIQL-Working Paper No. 1. Institute of Education/ University: Cambridge.
Ellis, A./ Beattie, G. (1986a): The psychology of language and communication. Lawrence Erlbaum: London et al.
Emerson, S., u.a. (1987a): Wörter an den Fingerspitzen. In: Balhorn u.a. (1987a, 73-74).
Erichson, C. (1986a): Rechtschreiben: Der Klotz am Bein des Pegasus ? Plädoyer für eine Integration von spontanem Schreiben und Rechtschreibenlernen. In: Valtin/ Naegele (1986a, 3-20).
Erichson, C. (1988a): »Kalt – kalte Füße – Kaltspeise« – Probieren statt Vorbeugen im Rechtschreibunterricht. In: Grudnschulzeitschrift, 2. Jg., Nr. 12, 20-21.
Erichson, C. (1988b): Spontanschreiber entdecken die Rechtschreibung. In: Günther (1988a, im Druck).
Ernst, J. (1982a): Die deutsche Blindenkurzschrift – ein Medium für Experten? In: horus, Nr. 3, 5-6.
Ewoldt, C. (1981a): A psycholinguistic description of selected deaf children reading in Sign Language. In: Reading Research Quarterly, Vol., 17, 58.
Ferreiro, E./ Teberosky, A. (1982a): Literacy before schooling. Heinemann: Portsmouth (1982)/ London (1983).
Ferreiro, E./ Teberosky, A. (1987a): Was ist »gut zum Lesen« für Nicht-Leser? In: Balhorn u.a. (1987a, 78-80).
Fisher, D.F., et al. (eds.) (1981a): Eye movements: Cognition and visual perception. Lawrence Erlbaum: Hillsdale, N.J.
Földes-Papp, K. (1987a): Vom Felsbild zum Alphabet. Belser Verlag: Stuttgart/ Zürich.
Foulke, E. (1982a): Reading Braille. In: Schiff/ Foulke (1982a, 168-208).
Fox, B./ Routh, D.K. (1975a): Analyzing spoken language into words, syllables, and phonemes: A developmental study. In: Journal of Psycholinguistic Research, Vol. 4, 331-342.
Fox, B./ Routh, D.K. (1984a): Phonemic analysis and synthesis as word-attack skills. In: Journal of Educational Psychology, Vol. 68, 70-74.
Fox, B./ Routh, D.K. (1984b): Phonemic analysis and synthesis as word- attack skills: Revisited. In: Journal of Educ. Psych., Vol. 76, 1059-1064.
Frazier, L./ Rayner, K. (1982a): Making and correcting errors during sentence comprehension: Eye movements in the analysis of structurally ambiguous sentences. In: Cognitive Psychology, Vol. 14, 178-210.
Frey, H. (o.J.): Die Bliss-Symbol-Kommunikationsmethode. Eine Einführung. Bundesverband für spastisch Gelähmte und andere Körperbehinderte e.V.: Düsseldorf.
Frey, H. (1983a): Verständigung mit Symbolen. In: Das Band, H. 6/83, 34-40.
Frey, H./ Huber, G. (1987a): Information für Eltern und Interessenten (BLISS). In: Frey u.a. (1987a, 44-58).
Frey, H., u.a. (1987a): Mein Mund ist stumm, aber mein Verstand spricht. Eine Information über die Bliss-Symbol-Kommunikationsmethode. Julius Groos: Heidelberg.
Frith, U. (1986a): Psychologische Aspekte des orthographischen Wissens. In: Augst (1986a, 218-233).
Frost, R., et al. (1988a): Strategies of visual word recognition and orthographical depth: A multilingual comparison. In: J. of Experim. Psych., Human Perception and Performance (in print).
Frostig, M. (1972a): Programm zur visuellen Wahrnehmung. Deutsche Bearbeitung von Reinartz. Crüwell: Dortmund.

Frutiger, A. (1978a): Der Mensch und seine Zeichen: Zeichen erkennen, Zeichen gestalten. Horst Heiderhoff Verlag: Echzell.
Frutiger, A. (1979a): Der Mensch und seine Zeichen: Die Zeichen der Sprachfixierung. Horst Heiderhoff Verlag: Echzell.
Frutiger, A. (1981a): Der Mensch und seine Zeichen: Zeichen, Symbole, Signete, Signale. Horst Heiderhoff Verlag: Echzell.
Fthenakis, W., u.a. (1985a): Bilingual-bikulturelle Entwicklung des Kindes. Hueber: München.
Fuchs, P. (Hrsg.) (1974a): Karlsruher Versuche für den Musikunterricht in der Grundschule. Klett: Stuttgart.
Fuchs, P./ Gundlach, W. (Hrsg.) (1976a): Dudelsack. Unterrichtswerk für die Grundschule. Klett: Stuttgart.
Fuchs, P., u.a. (Hrsg.) (1989a): Quartett 1-4. Unterrichtswerk für die Grundschule. Klett: Stuttgart.
Galaburda, A.M. (1987a): Legasthenie – Einblick in biologische Interaktionen. In: Dummer (1987a, 17-26).
Gallmann, P. (1985a): Graphische Elemente der geschriebenen Sprache. Grundlagen für eine Reform der Orthographie. Reihe germanistische Linguistik Bd. 60. Niemeyer: Tübingen.
Garbe, B. (Hrsg.) (1978a): Die deutsche rechtschreibung und ihre reform – 1722-1974. Niemeyer: Tübingen.
Garbe, B. (1985a): Graphemtheorien und mögliche Strukturmodelle zur Beschreibung der Orthographie. In: Augst (1985a, 1-21).
Garlichs, A. (1988a): Chagall und die Folgen. In: Otto u.a. (1988a, 56-59).
Garner, R. (1987a): Metacognition and reading comprehension. Ablex: Hove.
GEW (1986a): Überlegungen zur Grundschule. In: Neue Deutsche Schule, Heft 8, 11-13.
Gibson, E.J./ Levin, H. (1980a): Die Psychologie des Lesens. Klett-Cotta: Stuttgart (engl. 1975).
Glasersfeld, E.v. (1987a): Wissen, Sprache und Wirklichkeit. Vieweg: Braunschweig/Wiesbaden.
Glasersfeld, E. v. (1987b): Subjektive Erfahrungsbereiche und Konstruktion der Wirklichkeit. In: Occasional Paper No. 96. Institut für Didaktik der Mathematik/ Universität: Bielefeld, 7-22.
Gleitman, L.R./ Rozin, P. (1977a): The structure and acquisition of reading I: Relations between orthographies and the structure of language. In: Reber/ Scarborough (1977a, 1-53).
Goelman, H., et al. (eds.) (1984a): Awakening to Literacy. Heinemann Educational: London.
Golinkoff, R.M. (1978a): Critique: Phonemic awareness skills and reading achievement. In: Murray/ Pikulski (1978a, 23-41).
Gordon, G. (ed.) (1978a): Active touch: The mechanism of recognition of objects by manipulation. Pergamon Press: New York.
Graves, D.H. (1983a): Writing – Teachers and children at work. Heinemann Educational: London.
Graves, D.H. (1986a): Kinder als Autoren: Die Schreibkonferenz. In: Brügelmann (1986u, 135-157).
Gregg, L.W./ Steinberg, E.R. (eds.) (1980a): Cognitive processes in writing. Lawrence Erlbaum: Hillsdale, N.J.
Grissemann, H. (1980a): Lesen – Sprechen – Handeln. Ein methodenübergreifender Erstleselehrgang (Lehrerhandbuch, Textbände, Übungen). Interkantonale Lehrmittelzentrale: Luzern.
Grosse, S. (Hrsg.) (1983a): Schriftsprachlichkeit. Sprache der Gegenwart Bd. 59. Schriften des Instituts für Deutsche Sprache. Schwann: Düsseldorf.
Gstettner, P./ Wakounig, V. (1987a): Apartheid in der Klasse? Argumente gegen die »Trennungspartnerschaft«. In: Die Furche v. 30.1.1987.
Gümbel, R. (1980a): Erstleseunterricht. Scriptor: Königstein.
Günther, K.-B. (1982a): Schriftsprache bei hör- und sprachgeschädigten Kindern. Julius Groos: Heidelberg.
Günther, K.B. (1986b): Ein Stufenmodell der Entwicklung kindlicher Lese- und Schreibstrategien. In: Brügelmann (1986u, 32-54).

Günther, K.-B. (Hrsg.) (1988a): Ontogenese, Entwicklungsprozeß und Störungen beim Schriftspracherwerb. Edition Schindele/ HVA: Heidelberg.
Günther, H. (1988d): Schriftliche Sprache. Strukturen geschriebener Wörter und ihre Verarbeitung beim Lesen. Konzepte der Sprach- und Literaturwissenschaft Bd. 40. Niemeyer: Tübingen.
Guthrie, J.T. (ed.) (1976a): Aspects of reading acquisition. John Hopkins Press: Baltimore, Md.
Haas, W. (1982a): Die deutschsprachige Schweiz. In: Schläpfer (1982a, 71-160).
Häussermann, I. (1975a): Kommentierte Transkription einer kontinuierlichen Sequenz der spontanen Sprechsprache eines Achtjährigen. Unveröff. Examensarbeit. Universität: Dortmund.
Hall, N. (1987a): The emergence of literacy. Hodder and Stoughton: Sevenoaks, Kent (in association with UKRA).
Havighurst, R.J. (1972a): Developmental tasks and education. McKay: New York (3rd ed.).
Hayes, J.R./ Flower, L.S. (1980a): Identifying the organisation of writing processes. In: Gregg/ Steinberg (1980a, 3-30).
Helfgott, J.A. (1976a): Phonemic segmentation and blending skills of kindergarten children: Implications for beginning reading acquisition. In: Contemporary Educational Psychology, Vol. 1, 157-169.
Helfmann, E. (1981a): Blissymbolics – Speaking without speech. Elsevier/ Belson Books: New York.
Hehner, B. (ed.) (1980a): Blissymbols for use. Blissymbolics Communication Institute: Toronto.
Heinze, T. (1986a): Communication skills. In: Scholl (1986a, 301-314).
Henderson, L. (1987a): Word recognition. A tutorial review. In: Coltheart (1987a, 171-200).
Hennings, D.G. (1981a): Input: Enter the word-processing computer. In: Language Arts, Vol. 58, No. 1, 18-22.
Herzog, H.-W./ Kügle, M. (1982a): Untersuchung zu technischen Hilfsmitteln für Blinde (Endbericht 784896 HWK/KU/wd). Infratest Gesundheitsforschung: München.
Hillocks, G., Jr. (1986a): Research on written composition: New directions for teaching. ERIC and NRCE: Urbana, Ill.
Holmes, V.M./ O'Regan, J.K. (1987a): Decomposing French words. In: O'Regan/ Levy-Schoen, A. (1987a, 459-466).
Hopster, N. (Hrsg.) (1984a): Handbuch Deutsch, Sekundarstufe I. Schöningh: Paderborn.
Horn, W.F./ Packard, T. (1985a): Early identification of learning problems: A meta-analysis. In: Journal of Educational Psychology, Vol. 77, 597-607.
Hubertus, P./ Rabot, B. (Red.): Lesen- und Schreibenlernen bei Kindern und Erwachsenen. Gemeinsamkeiten und Unterschiede. Hrsg. v. Landesverband der Volkshochschulen von NW (Reinoldistr. 8, 4600 Dortmund).
Hudelmayer, D. (1985a): Schrift, Schreiben und Lesen im Unterricht bei Blinden. In: Rath/ Hudelmayer (1985a, 127-142).
Hugelshofer, A. (1956/57a): Der Sprachunterricht auf der Elementarstufe. Elementarlehrerkonferenz des Kantons Zürich: Zürich.
Hupfeld, J. (1987a): Textrezeption und Sehschädigung. Unveröff. psychologische Diplomarbeit. Universität: Marburg.
Hurlbut, B.I., et al. (1982a): Nonvocal language acquisition in adolescents with severe physical disabilities. Blissymbols vs. iconic stimulus formats. In: Journal of Applied Behavior Analysis, Vol. 15, 241-258
Hurrelmann, B. (1988a): Das Verschwinden der Erwachsenen aus der Leseerfahrung der Kinder. In: Grundschule, 20. Jg., Nr. 7/8, 22-25. (Kurzfassung aus: Börsenblatt, Nr. 76, v. 22.8.1987).
Illich, I./ Sanders, B. (1988a): Das Denken lernt schreiben. Hoffmann und Campe: Hamburg.
Inhoff, A.W. (1984a): Two stages of word processing during eye fixations in the reading of prose. In: Journal of Verbal Behavior, Vol. 23, 612-624.
Inhoff, A.W. (1987a): Parafoveal word perception during eye fixations in reading: Effects of visual salience and word structure. In: Coltheart (1987a, 403-418).
Ivo, H. (1988a): »Grammatik tut not!« – Warum? In: Grundschule, 20. Jg., H. 6, 10-15.

Jacobs, A. (1987a): On localization and saccade programming. In: Vision Research, Vol. 27, 1953-1966.
Jansen, H., u.a. (1986a): Bielefelder Screening zur Vorhersage von Lese- Rechtschreibschwierigkeiten. SFB 227 der Universität: Bielefeld.
Jedicke, U. (1985a): Zur Schriftsprachentwicklung gehörloser Kinder unter Einbeziehung von Fallbeispielen (wiss. Hausarbeit). Universität: Hamburg.
Jensen, H. (1969a): Die Schrift in Vergangenheit und Gegenwart. Deutscher Verlag der Wissenschaften: Berlin.
Jörg, H. (1985a): So macht Schule Freude. Immen: Wolfsburg.
Johnson Abercrombie, M.L. (1969a): The anatomy of judgement. Pelican A987: Harmondsworth (Original: Hutchinson 1960).
Kagan, J. (1965a): Reflection-impulsivity and reading ability in primary grade children. In: Child Development, Vol. 36, 609-628.
Kainz, F. (1956a): Psychologie der Sprache. Bd. 4: Spezielle Sprachpsychologie. Ferdinand Enke: Stuttgart.
Kautter, H./ Storz, L. (1972a): Schulleistungstestbatterie SBL 1. Beltz Test: Weinheim.
Kavanagh, J.F./ Mattingly, J.G. (eds.)(1972a): Language by ear and by eye – The relationship between speech and reading. MIT Press: Cambridge, Mass.
Kavanagh, J.F./ Venezky, R. (eds.) (1980a): Orthography, reading, and dyslexia. University Park Press: Baltimore.
Ketteniß, U./ Naumann, C.L. (1987a): Rechtschreibfehler verstehen. Teil 1. In: Die Grundschule, 19. Jg., Nr. 11, 24-27.
Klemm, J. (1987a): Die Bildungsbe(nach)teiligung ausländischer Schüler in der Bundesrepublik. In: Pädagogische Beiträge, 1. Jg., H. 12, 18-21.
Knopf, M., et al. (1988a): Human memory as a faculty versus human memory as a set of specific abilities. Evidence from a life-span approach. In: Weinert/ Perlmutter (1988a).
Kochan, B. (1987a): Kann Alex aus seinen Rechtschreibfehlern lernen? In: Balhorn u.a. (1987a, 136-146).
Kochan, B. (1988a): Der Computer als Schreibwerkzeug für Grundschulkinder. In: Balhorn (1988a, 43-47).
Kochan, B. (1988b): Schreibwerkstatt für Kinder. Finanzierungsantrag an die Deutsche Forschungsgemeinschaft. Vervielf. Ms. Technische Universität: Berlin.
Kochan, B. (1988c): Möglichkeiten und Grenzen des computerunterstützten Unterrichts. Symposion »Neue Techniken zum Erwerb der Schriftsprache« am 9.3.1988 an der RWTH Aachen. Vervielf. Ms. Technische Universität: Berlin.
Kochan, B. (1988e): Der Computer – ein Werkzeug für rechtschreibschwache Kinder? In: Naegele/ Valtin (1988a; im Druck).
Köcher, R. (1988a): Familie und Lesen. Archiv für Soziologie und Wirtschaftsfragen des Buchhandels LXIII. Beilage zum Börsenblatt für den Deutschen Buchhandel, Nr. 82, v. 14.10.1988. Buchhändler-Verein: Frankfurt.
Kohrt, M. (1987a): Theoretische Aspekte der deutschen Orthographie. Reihe germanistische Linguistik Bd. 70. Niemeyer: Tübingen.
Kolers, P.A. (1969a): Some formal characteristics of pictograms. In: American Scientist, Vol. 57, 348-363.
Kolers, P. (1970a): Three stages of reading. In: Levin/ Williams (1970a, 90-118).
Kommission (1985a): Internationaler Vorschlag zur Neuregelung der Worttrennung am Zeilenende (Silbentrennung). In: Kommission (1985b, 143-144).
Kommission für Rechtschreibfragen des Instituts für deutsche Sprache (Hrsg.) (1985b): Die Rechtschreibung des Deutschen und ihre Neuregelung. Schwann: Düsseldorf.
Kretschmann, R. (1987a): Sprachanalytische Vorstufen der Lesekompetenz. In: Balhorn u.a. (1987a, 200-206).
Kretschmann, R. (1988a): Ick bün all hier! In: Grundschulzeitschrift, 2. Jg., Nr. 14, 10f.
Kromschröder, G. (1984a): Als ich ein Türke war. Eichborn: Frankfurt.

Kroon, S./ Rasenberg, A. (1987a): Interculturele taalbeschouwing. In: Handboek Intercultureel Onderwijs, 2705, 1-16.
Krüss, J. (1969a): Naivität und Kunstverstand. Beltz : Weinheim.
Kübler, H.-D. (1988a): Medien-Kinder. In: Grundschule, 20. Jg., Nr. 7/8, 9-13.
Kühlwein, W./ Spillner, B. (Hrsg.) (1988a): Sprache und Individuum. Narr: Tübingen.
Kuhn, F.-J. (1987a): CA, CE, CI, CO, CU – Alphabetisierung in Ecuador. In: Brügelmann (1986u, 216-228).
Landau, B./ Gleitman, L.R. (1985a): Language and experience. Evidence from the blind child. Harvard University Press: Cambridge, Mass.
Langer, J.A. (ed.) (1987a): Language, literacy, and culture: Issues of society and schooling. Ablex: Hove.
Lenner, K. (1988a): Die Schreibhandlung. In: Alphabetisierung international. Informationen, H. 6. Pädagog. Arbeitsstelle/ Deutscher Volkshochschulverband: Frankfurt (Holzhausenstr. 21).
Lesen/ Lire/ Reading (1981a): Bericht vom 6. Kongreß der Europäischen Föderation von Taubstummenlehrerverbänden (Oslo 1979). Julius Groos: Heidelberg.
Levin, J.A., et al. (1982a): Microcomputer-based environments for writing: A Writer's Assistant. In: Wilkinson (1982a).
Levin, H./ Williams, J. (eds.) (1970a): Basic studies in reading. Basic Books: New York.
Levy-Schoen, A. (1981a): Flexible and/ or rigid control of oculomotor scanning behavior. In: Fisher et al. (1981a, 299-314).
Lewkowicz, N.K. (1980a): Phonetic awareness training: What to teach and how to teach it. In: Journal of Educational Psychology, Vol. 72, 686-700.
Liberman, E., et al. (1974a): Explicit syllable and phoneme segmentation in the young child. In: Journal of Experimental Child Psychology, Vol. 18, 201-212.
Lima, S.D./ Inhoff, A.W. (1985a): Lexical access during eye fixations in reading: Effects of word-initial letter sequence. In: Journal of Experimental Psychology: Human Perception and Performance, Vol. 11, 272-285.
Lima, S.D./ Pollatsek, A. (1983a): Lexical access via an orthographic code? The basic orthographic syllabic structure (BOSS) reconsidered. In: Journal of Verbal Learning and Verbal Behavior, Vol. 22, 310-332.
Lindquist, G.T. (1982a): Preschool screening as a means of predicting later reading achievement. In: Journal of Learning Disabilities, Vol. 15, 331-332.
List, G. (1987a): Neurophysiologische Voraussetzungen des Spracherwerbs. In: Apeltauer (1987a, 87-97).
Littlefield, P. (1983a): Word processors in the classroom: Two views. In: Computers, Reading, and Language Arts, Vol. 1, No. 2, 38-39.
Lötscher, A. (1983a): Schweizerdeutsch. Geschichte, Dialekte, Gebrauch. Huber: Frauenfeld.
Lotzmann, G. (Hrsg.) (1987a): Sind Sprech- und Sprachstörungen durch Dia- und Soziolekte bedingt? Sprache und Sprechen Bd. 17. Scriptor-Verlag: Frankfurt.
Lundberg, I., et al. (1980a): Reading and spelling skills in the first school year predicted from phonemic awareness skills in kindergarten. In: Scandinavian Journal of Psychology, Vol. 21, 159-173.
Lundberg, I., et al. (1988a): Effects of an extensive program for stimulating phonological awareness in preschool children. In: Reading Research Quarterly, Vol. 23, No. 3, 263-284.
Maas, U. (1985a): Schrift – Schreiben – Rechtschreiben. In: Diskussion Deutsch, 16. Jg., H. 81, 4-25.
Mann, V.A./ Liberman, I.Y. (1982a): Phonological awareness and verbal short-term memory: Can they presage early reading problems? In: Speech Research, Vol. 70, 221-237.
Mannhaupt, G./ Jansen, H. (1988a): Phonologische Bewußtheit: Aufgabenentwicklung und Leistungen im Vorschulalter. Preprint Nr. 11. SFB 227 der Universität: Bielefeld (erscheint in: Zeitschrift für Heilpädagogische Forschung).
Mannhaupt, G./ Skowronek, H. (1989a): Früherkennung von Risiken im Schriftspracherwerb anhand ausgewählter Vorläuferfertigkeiten (in diesem Band).

Marx, H. (1985a): Aufmerksamkeitsverhalten und Leseschwierigkeiten. Hogrefe: Göttingen/ VCH: Weinheim.
Mason, J.M./ McCormick, C. (1979a): Testing the development of reading and linguistic awareness. Technical Report No. 126. Center for the Study of Reading/ University: Urbana-Champaign, Ill.
Mason, J.M. (Ed.) (1988a): Reading and writing connections. Allyn & Bacon: Newton, MA.
Matsuda, M.M. (1984a): A comparative analysis of blind and sighted children's communications skills. In: Journal of Visual Impairment and Blindness, Vol. 78, No. 1, 1-5.
Mattheier, K.J. (1980a): Pragmatik und Soziologie der Dialekte. Quelle und Meier: Heidelberg.
Matthen-Gohdes, D. (Hrsg.) (1982a): Goethe ist gut. Beltz & Gelberg: Weinheim.
Mattingly, I.G. (1972a): Reading, the linguistic process and linguistic awareness. In: Kavanagh/Mattingly (1972a, 133-147).
McCarthy, D. (1972a): McCarthy Scales of children's abilities. The Psychological Corporation: Cleveland, Ohio.
McClelland, J. L./ Rumelhart, D.E. (1981a): An interactive activation model of context effects in letter perception: Part I. An account of basic findings. In: Psychological Review, Vol. 83, 375-407.
McConkie, G.W./ Zola, D. (1987a): Visual attention during eye fixations while reading. In: Coltheart (1987a, 385-401).
McConkie, G.W., et al. (1982a): Perceiving words during reading: Lack of facilitation from prior peripheral exposure. In: Perception and Psychophysics, Vol. 32, 271-281.
McDonald, E.T. (1980a): Teaching and using Blissymbolics. Blissymbolics Communication Institute: Toronto.
Meiers, K. (1976a): Informeller Test zur Erfassung von Voraussetzungen zum Lesenlernen. Hrsg. vom Arbeitskreis Grundschule. Pädagogische Hochschule: Reutlingen.
Meinhold, G./ Stock, E. (1982a): Phonologie der deutschen Gegenwartssprache. VEB Bibliographisches Institut: Leipzig (2. Aufl).
Mentrup, W. (1983a): Zur Zeichensetzung im Deutschen – Die Regeln und ihre Reform. Oder: Müssen Duden-Regeln so sein, wie sie sind? Tübinger Beiträge zur Linguistik Bd. 209. Gunter Narr: Tübingen.
Menzel, W. (1978a): Zur Didaktik der Orthographie. In: Praxis Deutsch Nr. 32, 14-24.
Menzel, W. (1985a): Rechtschreibunterricht – Praxis und Theorie. Aus Fehlern lernen. Beiheft zu Praxis Deutsch Nr. 69. Friedrich Verlag: Seelze.
Menzel, W. (1985b): Rechtschreibfehler – Rechtschreibübungen. In: Praxis Deutsch, Nr. 69, 9-11.
Michaels, S. (1985a): Classroom processes and the learning of text editing commands. In: Quarterly Newsletter of the Laboratory of Comparative Human Cognition/ University of California, Vol. 7, No. 3, 70-79.
Michaels, S., et al. (1985a): Whose computer is it anyway? In: Science for the People, Vol. 17, 36 and 43-44.
Millar, S. (1978a): Aspects of memory for information from touch and movement. In: Gordon (1978a, 215-227).
Millar, S. (1984a): Strategy choices by young Braille readers. In: Perception, Vol. 13, 567-679.
Millar, S. (1987a): The perceptual »window« in two-handed braille: Do the left and right hands process text simultaneously? In: Cortex, Vol. 23 No. 1, 111-122.
Miller, M.S. (1985a): Reading comes naturally: A mother and her blind child's experiences. In: Journal of Visual Impairment and Blindness, Vol. 79, No. 1, 1-4.
Mogge, B./ Radtke, I. (1982a): Schulen für einen guten Sprachgebrauch. Klett-Cotta: Stuttgart.
Mommers, M.J.C. (1976a): Braille-Lesen blinder Kinder – Beziehungen zu verbaler Intelligenz und haptischer Wahrnehmung. In: Sehgeschädigte, Nr. 10, 17-35.
Morais, J., u.a. (1979a): Does awareness as of speech a sequence of phones arise spontaneously ? In: Cognition, Vol. 7, 323-331.
Morais, J., et al. (1987a): The relationship between segmental analysis and alphabetic literacy:

An interactive view. Cahiers de Psychologie Cognitive/ European Bulletin of Cognitive Psychology, Vol. 7, 415-438.
Morais, J., et al. (1987b): Segmental awareness: Respectable, useful, and almost always necessary. In: Cahiers de Psychologie Cognitive/ European Bull. of Cognit. Psych., Vol. 7, 530-556.
Morrison, R.E. (1984a): Manipulation of stimulus onset delay in reading: Evidence for parallel programming of saccades. In: Journal of Experimental Psychology: Human Perception and Performance, Vol. 10, 667-682.
Motte, M. (1983a): Moderne Kinderlyrik. Peter Lang: Frankfurt/ Bern.
Murray, F.B./ Pikulski, J.J. (eds.) (1978a): The acquisition of reading: Cognitive, linguistic, and perceptual prerequisites. University Park Press: Baltimore.
Muter, P./ Johns, E.E. (1985a): Learning logographies and alphabetic codes. In: Human Learning – Journal of Practical Research and Application, Vol. 4, 105-125.
Naegele, I./Valtin, R. (Hrsg.) (1988a): LRS in den Klassen 1 – 10. Beltz: Weinheim (in Vorb.).
Naumann, C.L. (1987b): Das Verhältnis von Dialekt, Umgangssprache, Orthographie und Orthoepie. Schwierigkeiten beim Erlernen der Rechtschreibung... In: Lotzmann (1987a, 49-72).
Naumann, C.L. (1988a): Übungsblätter zur Lautunterscheidung. Eine Hilfe für den Rechtschreibunterricht im 3. - 7. Schuljahr. In: Praxis Deutsch »Hören – Zuhören«, Nr. 88, 40-50.
Naumann, C.L./ Ketteniß, U. (1984a): Über einen Zusammenhang zwischen Dialekt, Umgangssprache, Sprechbildung und Rechtschreibschwierigkeiten. In: Berthold/ Naumann (1984a, 155-168).
Nerius, D. (Hrsg.) (1987a): Deutsche Orthographie. VEB Bibliographisches Institut: Leipzig.
Nerius, D./ Scharnhorst, J. (Hrsg.) (1980a): Theoretische Probleme der deutschen Orthographie. Reihe Sprache und Gesellschaft Bd. 16. Akademie-Verlag: Berlin.
Neumann, S.B. (1988a): Literacy in the television age. Ablex: Hove.
Newman, S.E., et al. (1985a): Braille learning: Effects of symbol size. In: Bulletin of the Psychonomic Society, Vol. 23, No. 3, 189-190.
Newman, S.E. (1987a): Judgement of dot numerosity in Braille symbols by blind and sighted adults. In: International Journal of Rehabilitation Research, Vol. 10, No. 2, 229-231.
Nolan, C.Y./ Kederis, C.J. (1969a): Perceptual factors in Braille word recognition. Research Series No. 20. American Foundation for the Blind: New York.
Oberender, W. (1951a): Der Häufigkeitswortschatz einer 3. Klasse. In: Die Schulwarte, 4. Jg., 349-357.
Oerter, R./ Montada, L. (Hrsg.) (1987a): Entwicklungspsychologie. Psychologische Verlags-Union: München u.a. (2. erw. Aufl.).
Oksaar, E. (1980a): The multilingual language acquisition project. In: International Review of Applied Psychology, Vol. 29, 268-269.
Oksaar, E. (1980b): Sprachbarrieren. In: Spiel (1980a, 482-500).
Oksaar, E. (1983a): Zum Lesen- und Schreibenlernen im Vorschulalter. In: Grosse (1983a, 84-106).
Olson, M.R. (1981a): Guidelines and games for teaching efficient Braille reading. American Foundation for the Blind: New York.
O'Regan, J.K. (1981a): The convenient viewing position hypothesis. In Fisher et al. (1981a).
O'Regan, J.K./ Levy-Schoen, A. (eds.) (1987a): Eye movements: From physiology to cognition. North-Holland: Amsterdam.
O'Regan, J.K./ Levy-Schoen, A. (1987b): Eye-movement strategy and tactics in word recognition and reading. In: Coltheart (1987a, 363-383).
Otto, G. (1988a): Bilder für die Bildung. In: Otto u.a. (1988a, 152-161).
Otto, G., u.a. (Hrsg.) (1988a): Bildung. Die Menschen stärken, die Sachen klären. Jahresheft VI. Friedrich-Verlag: Seelze.
Otto, H. (1974a): Kommentierte Transkription einer kontinuierlichen Sequenz der spontanen Sprechsprache eines Neunjährigen. Unveröff. Examensarbeit. Universität: Dortmund.
Paap, K.R., et al. (1987a): Frequency and pronounceability in visually presented naming and lexical decision tasks. In: Coltheart (1987a, 221-243).

Papert, S. (1980a): Mindstorms. Children, computer, and powerful ideas. Basic Books: New York (dt. 1982 bei Birkhäuser: Basel u.a.).
Paradis, M. (1987a): Assessment of bilingual aphasia. Lawrence Erlbaum: Hove.
Patterson, K., et al. (eds.) (1985a): Surface Dyslexia: Neuropsychological and cognitive studies of phonological reading. Lawrence Erlbaum: Hove.
Pearson, H./ Wilkinson, A. (1986a): The use of the wordprocessor in assisting children's writing development. In: Educational Review, Vol. 38, No. 2, 169-187.
Peyre, J. (1981a): Wie kann man tauben Kindern Freude am Lesen vermitteln. In: Lesen/ Lire/ Reading (1981a, 34-61).
Pfeifer, T. (o.J.): Bliss-Symbol-Kommunikationsmethode – Materialien für die Arbeit mit Behinderten. Hess. Institut für Lehrerfortbildung: Wiesbaden.
Piroth, H.G. (1985a): Elektrokutane Silbenerkennung mit quasi-artikulatorisch kodierten komplexen zeitlich-räumlich strukturierten Reizmustern. Phil. Diss. Universität: München.
Piroth, H.G. (1987a): Artikulationsorientierte taktile Sprachsynthese: Die Erlernbarkeit eines lokal und temporal kodierten Obstruentensystems. In: Forschungsberichte 24. Institut für Phonetik... Universität: München.
Piroth, H.G. (1987b): Electrocutaneous syllable recognition using quasi-articulatory coding of stimulus patterns. In: Forschungsberichte 24. Institut für Phonetik und Sprachliche Kommunikation. Universität: München.
Piroth, H.G. (1988a): Taktile Reizorterkennung und der Einfluß von Training im Rahmen einer artikulationsorientierten taktilen Sprachvermittlung. In: Kühlwein/ Spillner (1988a, 137-138).
Pollatsek, A./ Rayner, K. (1982a): Eye movement control in reading: The role of word boundaries. In: J. of Experimental Psychology: Human Perception and Performance, Vol. 8, 817-833.
Potter, F. (1987a): The value of word processors for developing literacy skills: Some preliminary conclusions. Paper for 5th European Conference on Reading in Salamanca, July 1987. (Revised version 1988).
Prillwitz, S. (1982a): Zum Zusammenhang von Kognition, Kommunikation und Sprache mit Bezug auf die Gehörlosenproblematik. Bd. 130 der Schriftenreihe des BMJFG. Kohlhammer: Stuttgart.
Prillwitz, S. (1987a): Ist die Gebärde für alle Hörgeschädigten eine Hilfe? In: Das Zeichen, Nr. 2, 1987, 40-47.
Prillwitz, S./ Wudtke, H. (1988a): Die Gebärde in der vorschulischen Erziehung gehörloser Kinder. Hamburg (in Vorb., Verlag noch offen).
Prillwitz, S., u.a. (1977a): Kommunikation ohne Sprache. Beltz: Weinheim/ Basel.
Prillwitz, S., u.a. (1984a): Zeig mir Deine Sprache. Elternbuch Teil 1. Verlag HK: Hamburg.
Prillwitz, S., u.a. (1985a): Skizzen zu einer Grammatik der Deutschen Gebärdensprache. Forschungsstelle DGS an der Universität: Hamburg.
Pring, L. (1982a): Phonological and tactual coding of Braille by blind children. In: British Journal of Psychology, Vol. 73, 351-359.
Pring, L. (1984a): A comparison of the word recognition processes of blind and sighted children. In: Child Development, Vol. 55, 1865-1877.
Pring, L. (1985a): Processes involved in Braille reading. In: Journal of Visual Impairment and Blindness, Vol. 79, No. 6, 252-255.
Prinzmetal, W./ Millis-Wright, M. (1978a): Cognitive and linguistic factors affect visual feature integration. In: Cognitive Psychology, Vol. 16, 305-340.
Probst, H. (1988a): Inventar impliziter Rechtschreibregeln (IiR). Vorläufiges Handbuch. Vervielf. Ms. Universität: Marburg.
Pusser, H.E./ McCandless, B.R. (1974a): Socialization dimensions among inner city five-year olds and later school success: A follow-up. In: Journal of Educational Psychology, Vol. 66, 285-290.
Quigley, S./ Paul, P. (1984a): Language and deafness. College-Hill Press: San Diego.
Raforth, B.A./ Rubin, D.L. (eds.) (1988a): The social construction of written communication. Ablex: Hove.

Rands, B. (1970a): Klangmuster 1-4 für Spielmusikgruppen. In: Rote Reihe, H. 17. Universal Edition: Wien.
Raphael, T.E. (ed.) (1986a): Contexts of school based literacy. Random House: New York.
Raskin, V./ Weiser, I. (1988a): Language and writing: Applications of linguistics to rhetoric and composition. Ablex: Hove.
Rath, W./ Hudelmayer, D. (Hrsg.) (1985a): Pädagogik der Blinden und Sehbehinderten. Handbuch der Sonderpädagogik Bd. 2. Marhold: Berlin.
Rathenow, P./ Raatz, U. (1972a): Rechtschreibtest RST 1. Beltz Test: Weinheim.
Rayner, K., et al. (1986a): Against parafoveal semantic preprocessing during eye fixations in reading. In: Canadian Journal of Psychology, Vol. 40, 473-483.
Rayner, K./ Duffy, S.A. (1986a): Lexical complexity and fixation times in reading: Effects of word frequency, verb complexity, and lexical ambiguity. In: Memory and Cognition, Vol. 14, 191-210.
Rayner, K./ Pollatsek, A. (1981a): Eye movement control during reading: Evidence for direct control. In: Quarterly Journal of Experimental Psychology, Vol. 33A, 351-373.
Rayner, K., et al. (1980a): Asymmetry of the effective visual field in reading. In: Perception and Psychophysics, Vol. 27, 537-544.
Rayner, K., et al. (1982a): The availability of useful information to the right of fixation in reading. In: Perception and Psychophysics, Vol.31, 537-550.
Reber, A.S./ Scarborough, D.L. (eds.) (1977a): Toward a psychology of reading. Lawrence Erlbaum: Hillsdale, N.J.
Reichen, J. (1982a): Lesen durch Schreiben. Leselehrgang, Schülermaterial und Lehrerkommentar. Sabe: Zürich.
Reid/ Rushton (eds.) (1985a): Teachers, computers, and the classroom. University Press: Manchester.
Reynolds, C.R., et al. (1980a): Incremental validity of the test for auditory comprehension of language and the developmental test of visual-motor integration. In: Educational and Psychological Measurement, Vol. 40, 503-507.
Riehme, J. (1987a): Rechtschreibunterricht. Probleme und Methoden. Moritz Diesterweg: Frankfurt (1. Aufl. Verlag Volk und Wissen: Berlin 1986).
Ringelnatz, J. (1910a): Kleine Wesen. J.F.Schreiber: Eßlingen/ München.
Rodda, M./ Grove, C. (1987a): Language, cognition, and deafness. Lawrence Erlbaum: Hove.
Röhr, H. (1978a): Voraussetzungen zum Erlernen des Lesens und Rechtschreibens. Phil. Diss. Universität: Münster.
Rosenbaum, N.J. (1985a): Issues and problems with research involving word processing: A teacher's experience. In: Collegiate Microcomputer, Vol. 3, No. 4, 357-363.
Rosenberg, K.-P. (1986a): Der Berliner Dialekt – und seine Folgen für die Schüler. Niemeyer: Tübingen.
Rosenkranz, F. (1957a): Der gesamte Wortschatz einer Sprechspurklasse im 1. Schuljahr. In: Sprechen und Spuren, 8. Jg., 101-103.
Rozin, P./ Gleitman, L.R. (1977a): The structure and acquisition of reading II: The reading process and the acquisition of the alpabetic principle. In: Reber/ Scarborough (1977a, 55-141).
Rozin, P., et al. (1971a): American children with reading problems can easily learn to read English represented by Chinese characters. In: Science, Vol. 171, 1264-1267.
Rubin, A.D./ Bruce, B.C. (1986a): Learning with QUILL: Lessons for students, teachers, and software designers. In: Raphael (1986a).
Rumelhart, D.E. (1977a): Toward an interactive model of reading. In: Dornic (1977a, 573-603).
Ruth, L./ Murphy, S. (1987a): Designing writing tasks for the assessment of writing. Ablex: Hove.
Ryan, E.B./ Ledger, G.W. (1984a): Learning to attend to sentence structure: Links between metalinguistic development and reading. In: Downing/ Valtin (1984a, 149-172).
Satz, P./ Fletcher, J.M. (1982a): Florida Kindergarten Screening Battery. Psychological Assessment Resources, Inc.: Odessa, Fl.

Satz, P., et al. (1976a): Some predictive antecedents of specific reading disability: A two-, three, and four-year follow-up. In: Guthrie (1976a).
Satz, P., et al. (1978a): Some developmental and predictive precursors of reading disabilities: A six-year follow-up. In: Benton/ Pearl (1978a, 315-347).
Scheerer, E. (1978a): Probleme und Ergebnisse der experimentellen Leseforschung. In: Zeitschrift für Entwicklungspsychologie und Pädagogische Psychologie, Vol. 10, 347-364.
Scheerer-Neumann, G. (1981a): The utilization of intraword structure in poor readers: Experimental evidence and a training program. In: Psychological Research, Vol. 43, 155-178.
Scheerer-Neumann, G. (1981b): Prozeßanalyse der Leseschwäche. In: Valtin u.a. (1981a, 183-240).
Scheerer-Neumann, G. (1986a): Wortspezifisch: JA – Wortbild: NEIN. Teil 1: Rechtschreiben. In: Brügelmann (1986u, 171-185).
Scheerer-Neumann, G. (1986b): Sprechen, Denken und Rechtschreiben. In: Grundschule, 18. Jg., 6/1986, 20-24.
Scheerer-Neumann, G. (1987a): Ein Entwicklungsmodell zur Analyse der Rechtschreibschwäche. In: Dummer (1987a, 205-223).
Scheerer-Neumann, G. (1987b): Wortspezifisch: Ja – Wortbild: Nein. Teil 2: Lesen. In: Balhorn u.a. (1987a, 219-243).
Scheerer-Neumann, G. (1988a): Rechtschreibtraining mit rechtschreibschwachen Hauptschülern auf kognitionspsychologischer Grundlage. Forschungsberichte des Landes NW Nr. 3228. Westdeutscher Verlag: Opladen.
Scheerer-Neumann, G., u.a. (1978a): Die Ausnutzung sprachlicher Redundanz bei leseschwachen Kindern: I. Nachweis des spezifischen Defizits. In Zeitschrift für Entwicklungspsychologie und Pädagogische Psychologie, Vol. 10, 35-48.
Scheerer-Neumann, G., u.a. (1986a): Andrea, Ben und Jana. Selbstgewählte Wege zum Lesen und Schreiben. In: Brügelmann (1986u, 55-96).
Schenk-Danzinger, L. (1984a): Legasthenie. Ernst Reinhardt: München/ Basel.
Schiefelbusch, R.L. (1980a): Nonspeech language and communication – Analysis and intervention. University Park Press: Baltimore.
Schiefelbusch, R.L. (1984a): Speech, language, and communication disorders of the multiple handicapped. In: Folia Phoniatrica, Vol. 36, 8-23.
Schiff, W./ Foulke, E. (eds.) (1982a): Tactual perception: A sourcebook. Cambridge University Press: New York.
Schläpfer, R. (Hrsg.) (1982a): Die viersprachige Schweiz. Benziger: Zürich.
Schläpfer, R./ Bichsel, R. (1989a): Mundart und Standardsprache in der deutschen Schweiz. Sauerländer: Aarau (in Vorb.).
Schlag, J. (1921a): Häufigkeitsproben aus dem Sprachschatze von sechs- und achtjährigen Kindern. In: Schulze (1921a, 1-67).
Schnebel, D. (1969a): MO-NO. Musik zum Lesen. DuMont: Köln.
Scholl, G.T. (ed.) (1986a): Foundations of education for blind and visually handicapped children and youth: Theory and practice. American Foundation for the Blind: New York.
Schulze, R. (Hrsg.) (1921a): Pädagogisch-Psychologische Arbeiten aus dem Institut des Leipziger Lehrervereins. Bd. 11: Leipzig.
Schustack, M.W., et al. (1988a): The complexity of contextual facilitation in reading: Local and global influences. In: Journal of Memory and Language.
Schweizerisches Jugendbuchinstitut (Hrsg.) (1988a): Leselandschaft Schweiz. Schweizerisches Jugendbuchinstitut: Zürich.
Seibt, P. (1981a): Blindenkurzschrift – reformbedürftig? In: Zeitschrift für das Blinden- und Sehbehindertenbildungswesen, 86-92.
Seidenberg, M.S. (1987a): Sublexical structures in visual word recognition: Access units or orthographic redundancy? In: Coltheart (1987a, 245-263).
Share, D.L., et al. (1984a): Sources of individual differences in reading acquisition. In: Journal of Educational Psychology, Vol. 76, 1309-1324.

Sieber, P./ Sitta, H. (1986a): Mundart und Standardsprache als Problem der Schule. Sauerländer: Aarau.
Sieber, P./ Sitta, H. (Hrsg.) (1988a): Mundart und Hochdeutsch im Unterricht. Sauerländer: Aarau.
Simon, B./ Simon, J. (eds.) (1963a): Educational psychology in the USSR. Routledge: London.
Skowronek, H., u.a. (1985a): Früherkennung und Prävention bei Risiken der Lese-Rechtschreibschwäche. In: Finanzierungsantrag Sonderforschungsbereich 227. Universität: Bielefeld.
Skowronek, H./ Marx, H. (1988a): Die Bielefelder Längsschnittstudie zur Früherkennung von Risiken der Lese-Rechtschreibschwäche. Preprint Nr. 10. SFB 227 der Universität: Bielefeld (erscheint in: Heilpädagogische Forschung).
Skowronek, H., u.a. (1988a): Früherkennung und Prävention bei Risiken der Lese-Rechtschreibschwäche. In: SFB 227 (Hrsg.): Prävention und Intervention im Kindes- und Jugendalter. Januar 1986-1988. Universität: Bielefeld.
Slobin, D.I. (ed.) (1986a): The cross-linguistic study of language acquisition. Vol. 1. Lawrence Erlbaum: Hillsdale, N.J. et al.
Slobin, D.I. (ed.) (1986b): The cross-linguistic study of language acquisition. Vol. 2. Lawrence Erlbaum: Hillsdale, N.J. et al.
Slobin, D.I. (1986c): Crosslinguistic evidence for the language-making capacity. In: Slobin (1986b).
Slowiaczek, M.L./ Rayner, K. (1988a): Sequential masking during eye fixations in reading. In: Bulletin of the Psychonomic Society (in press).
Smith, F. (1988a): Understanding readers' understanding: Analysis of reading and learning to read (4th edition). Lawrence Erlbaum: Hove.
Solomon, G. (1985a): Writing with computers. In: Electronic Learning, Vol. 5, No. 3, 39-43.
Song, A. (1979a): Acquisition and use of BLISS-Symbols by severely mentally retarded adolescents.
Sowell, V./ Sledge, A. (1986a): Miscue analysis of braille readers. In: Journal of Visual Impairment and Blindness, Vol. 80, No. 12, 989-992.
Spiel, W. (Hrsg.) (1980a): Die Psychologie des 20. Jahrhunderts Bd. XI: Konsequenzen für die Pädagogik (1). Zürich.
Spitta, G. (1985a): Kinder schreiben eigene Texte: Klasse 1 und 2. CVK: Bielefeld/ Berlin. (2. Aufl. 1988).
Spitta, G. (1988a): Von der Druckschrift zur Schreibschrift. Scriptor: Frankfurt.
Stanovich, K.E., et al. (1984a): Assessing phonological awareness in kindergarten children: Issues of task comparability. In: Journal of Experimental Child Psychology, Vol. 38, 175-190.
Stern, O. (1988a): Divergence and convergence of dialect and standard from the perspective of the language learner. In: Auer/ Di Luzio (1988a, 133-155).
Stevenson, H.W./ Newman, R.S. (1986a): Long-term prediction of achievement and attitudes in mathematics and reading. In: Child Development, Vol. 57, 646-659.
Stevenson, H.W., et al. (1976a): Longitudinal study of individual differences in cognitive development and scholastic achievement. In: Journ. of Educational Psychology, Vol. 68, 377-400.
Stevenson, H.W., et al. (1982a): Reading disabilities: The case of Chinese, Japanese, and English. In: Child Development, Vol. 53, 1164-1181.
Storch, A./ Tode, G.A. (1933a): Schreib-Lesearbeit eines 1. Schuljahres in aufgelöster Front. In: Die pädagogische Warte, 40. Jg., H. 6.
Sulzby, E. (1988a): Emergent writing and reading in 5-6 years olds. Ablex: Hove.
Switalla, B. (1988a): Grammatik in der Grundschule? In: Grundschule, 20. Jg., H. 6, 9.
Switalla, B. (1988b): Ein Fall für Grammatik, ein Fall von Gramatik. In: Grundschule, 20. Jg., H. 6, 21-26.
Taft, M. (1979a): Lexical access via an orthographic code: The basic orthographic syllable structure (BOSS). In: Journal of Verbal Learning and Verbal Behaviour, Vol. 18, 21-39.
Taft, M. (1987a): Morphographic processing: The BOSS re-emerges. In: Coltheart (1987a, 265-279).

Tiedemann, J., u.a. (1985a): Ausgewählte Frühindikatoren schulischer Lernschwierigkeiten – Lernvoraussetzungen des Erstunterrichts. In: Psychologie in Erziehung und Unterricht, 32. Jg., 93-99.
Tierney, R.J., et al. (eds.) (1987a): Understanding readers' understanding: Theory to practice. Lawrence Erlbaum: Hove.
Tillmann, H.G. (1970a): Technische Kommunikationshilfen für Gehörlose. Ein Beitrag zur angewandten Signalphonetik. Marhold: Berlin.
Tillmann, H.G. (1972a): Begründung einer Voruntersuchung zum Projekt »Entwicklung eines taktilen Zeichensystems quasi-alphabetischer Struktur«. In: Linguist. Berichte, Vol. 19, 60-62.
Tramontana, M.G., et al. (1988a): Research on the preschool prediction of later academic achievement: A review. In: Developmental Review, Vol. 8, 84-146.
Tramsen, G. (1973a): Gastarbeiterin im Schuldienst. Jugenddienst-Verlag: Wuppertal.
Treiman, R./ Baron, J. (1983a): Phonemic analysis training helps children benefit from spelling-sound rules. In: Memory and Cognition, Vol. 11, 382-389.
Treiman, R./ Chafetz, J. (1987a): Are there onset- and rime-like units in printed words? In: Coltheart (1987a, 281-298).
Trömel-Plötz, S. (1982a): Frauensprache: Sprache der Veränderung. Fischer: Frankfurt.
Trömel-Plötz, S. (1984a): Gewalt durch Sprache. Fischer: Frankfurt.
Trushell, J. (Ed.) (1987a): A word processor in the language classroom. National Foundation for Educational Research: Slough.
Tunmer, W.E./ Nesdale, A.R. (1985a): Phonemic segmentation skill and beginning reading. In: Journal of Educational Psychology, Vol. 77, 417-427.
Uden, A. van (1976a): Die Welt der Sprache. Neckar-Verlag: Villingen-Schwenningen.
Underwood, G., et al. (1987a): Scanning patterns on individual words during the comprehension of sentences. In: O'Regan/ Levy-Schoen (1987a, 467-477).
Valtin, R. (1986a): Kinder lernen schreiben und über Sprache nachzudenken – eine empirische Untersuchung zur Entwicklung schriftsprachlicher Fähigkeiten. In: Valtin/ Naegele (1986a, 23-53).
Valtin, R. (1986b): Vom Kritzelbrief zur verschrifteten Mitteilung. In: Valtin/ Naegele (1986a, 54-66).
Valtin, R./ Naegele, I., u.a. (1986a): »Schreiben ist wichtig!«. Beiträge 67/68. Arbeitskreis Grundschule: Frankfurt.
Vanderheiden, G.C./ Grilley, K. (1982a): Non-vocal communication techniques and aids for the severely physically handicapped. University Park Press: Baltimore (4th ed.).
Vanderheiden, D.H., et al. (1975a): Symbol communication for the mentally handicapped.
Vogel, R. (1985a): Rechtschreibfehler damals und heute. In: Menzel (1985a, 64).
Wagner, I. (1976a): Aufmerksamkeitstraining mit impulsiven Kindern. Klett: Stuttgart.
Wagner, K.R. (1974a): Die Sprechsprache des Kindes Teil 1: Theorie und Analyse. Schwann: Düsseldorf.
Wagner, K.R. (1975a): Die Sprechsprache des Kindes. Teil 2: Korpus und Lexikon. Verlag Schwann: Düsseldorf.
Wagner, K.R. (Hrsg.) (1987a): Wortschatz-Erwerb. Arbeiten zur Sprachanalyse Bd. 6. P. Lang: Bern u.a.
Wagner, M./ Wagner, K.R. (1987a): Zur Entwicklung des Kinderwortschatzes von 1900 bis 1980. In: Wagner (1987a, 143-171).
Wagner, R.K., et al. (1988a): The nature of prereaders' phonological processing abilities. In: Cognitive Development (in press).
Wagner, R.K./ Torgesen, J.K. (1987a): The nature of phonological processing and its causal role in the acquisition of reading skills. In: Psychological Bulletin, Vol. 101, 192-212.
Wakounig, V. (1987a): Der Schulkampf, der direkt ins Ghetto führt. Minderheitenpolitik: Ein Kärtner Dreiparteien-Pakt gefährdet die zweisprachige Schule. In: Die Furche v. 16.1.1987.
Waldmann, G. (1984a): Grundzüge von Theorie und Praxis eines produktionsorientierten Literaturunterrichts. In: Hopster (1984a, 116 ff.).

Wallach, L., et al. (1977a): Poor children learning to read do not have trouble with auditory discrimination but do have trouble with phoneme recognition. In: Journal of Educational Psychology, Vol. 1, 36-39.
Wallbrown, J.D., et al. (1975a): The prediction of first grade reading achievement with selected perceptual-cognitive tests. In: Psychology in the Schools, Vol. 12, 140-149.
Wallraff, G. (1985a): Ganz unten. Kiepenheuer & Witsch: Köln.
Warrick, A. (1982a): Blissymbolics for preschool children. Blissymbolics Communication Institute: Toronto.
Weber, J.C. (1988a): Die Sprache des Abwesenden. Roland Asanger: Heidelberg.
Weinert, F.E./ Kluwe, R.H. (eds.) (1987a): Metacognition, motivation and understanding. Lawrence Erlbaum: Hove.
Weinert, F.E./ Perlmutter, M. (eds.) (1988a): Memory development: Universal changes and individual differences. Lawrence Erlbaum: Hove.
Weinert, F. E./ Schneider, W. (1987a): Documentation of assessment procedures ... LOGIC Report No. 2. Max-Planck-Institut für Psychologische Forschung: München.
Weinert, F.E./ Schneider, W. (eds.) (1987b): Results of wave one. The Munich Longitudinal Study ... (LOGIC). Report No. 3. Max-Planck-Institut für Psychologische Forschung: München.
Weinert, F.E., u.a. (1986a): First report on 'The Munich Longitudinal Study on the Genesis of Individual Competencies (LOGIC)'. Report No. 1. Max-Planck-Institut für Psychologische Forschung: München.
Weinrich, H. (1982a): Der richtige und gute Sprachgebrauch. Einleitung zu: Mogge/ Radtke (1982a).
Wiedemann, H.-W. (1978a): Die Frühdiagnose der Legasthenie. Ein Beitrag zu ihrer präventiven Psychohygiene. Dissertation: Universität Bielefeld.
Wilkinson, A.C. (ed.) (1982a): Classroom computers and cognitive science. Academic Press: New York.
Williams, T.M. (ed.)(1986a): The impact of television. A natural experiment in three communities. Academic Press/ Harcourt Brace Jovanovich: Orlando et al.
Winitz, H. (ed.) (1988a): Human communication and its disorders: An annual review. Lawrence Erlbaum: Hove.
Winteler, J. (1878a): Über die Begründung des deutschen Sprachunterrichts auf die Mundart des Schülers. P. Haupt: Bern.
Winterhoff-Spurk, P. (1986a): Fernsehen – Psychologische Befunde zur Medienwirkung. Hans Huber: Stuttgart u.a.
Wolf, B. (Hrsg.) (1987a): Zuwendung und Anregung. Lernumweltforschung zur Sprachentwicklung im Elternhaus und Kindergarten. Deutscher Studien Verlag: Weinheim.
Wygotski, L.S. (1977a): Denken und Sprechen. Fischer 6350: Frankfurt (russ. 1934).
Zhurova, L.E. (1963a): The development of analysis of words into their sounds by preschool children. In: Soviet Psychology and Psychiatry, Vol. 2, 17-27.
Zifcak, M. (1981a): Phonological awareness and reading acquisition. In: Contemporary Educational Psychology, Vol. 6, 117-126.
Zimmer, D. E. (1982a): Unsere erste Natur. Die biologischen Ursprünge menschlichen Verhaltens. Ullstein Sachbuch 34095: Frankfurt u.a.
Zimmer, D. E. (1986a): So kommt der Mensch zur Sprache. Über Spracherwerb, Sprachentstehung und Sprache & Denken. Haffmanns Verlag: Zürich.

Copyrightliche Verlautbarung der Verlegerei:

Nach begeisterter Lektüre
dieses dritten Jahrbuchs der DGLS
werden ja doch
»SOME, AT LEAST« (vermutlich: Eyore zu Winnie-the Pooh)
einen Beitritt
zur »Deutschen Gesellschaft für Lesen und Schreiben e.V.« erwägen.
Wer erwägt,
gewinnt: hiermit die Absolution
fürs Kopieren der nächsten Seiten (S. 299/300),
um einen Beitritt so schnell wie möglich formularmäßig
in die Tat umsetzen zu können.
Wer zudem noch registriert hat,
daß es sich auch bei diesem Jahrbuch der DGLS
zugleich um ein Buch im Zeichen der Libelle handelt,
darf auch die allerletzten Seiten kopieren...

Deutsche Gesellschaft für Lesen und Schreiben e.V.
Sektion der International Reading Association

DGLS: eine Kurzinformation

Lesen und Lesenlernen, Schreiben und Schreibenlernen - das sind die zentralen Themen unserer Arbeit. Lehrer-, Didaktiker- und Forscher-Innen haben sich in der DGLS zusammengefunden, um - gemäß Art. 2 unserer Satzung - folgende Ziele zu verwirklichen:

. Anregung und Förderung von wissenschaftlichen Forschungsvorhaben auf den Gebieten des Lesens und Schreibens.

. Durchführung eines Informationsdienstes im Bereich des Lesens und Schreibens; Veröffentlichungen von Untersuchungen sowie diagnostischen und methodischen Hilfen.

. Mithilfe bei der Aufstellung von Lehreraus- und fortbildungsprogrammen.

. Durchführung von Tagungen und Kongressen, Bildung von thematisch akzentuierten Arbeitsgruppen.

Der Mitgliedsbeitrag ist 60,-- DM.

Was wir tun:

1. Die DGLS gibt mit Hans Brügelmann Jahrbücher "lesen und schreiben" heraus (Verlag Ekkehard Faude, Konstanz): 1986 unter dem Titel "ABC und Schriftsprache - Rätsel für Kinder, Lehrer und Forscher", 1987 "Welten der Schrift in der Erfahrung der Kinder", 1989 "Jeder spricht anders - Normen und Vielfalt in Sprache und Schrift". Die Bände sind für die Mitglieder (gratis) und für eine möglichst breite Öffentlichkeit gedacht.
2. Die DGLS veranstaltet Tagungen und gibt Tagungsberichte heraus: 1986 mit der GUNDSCHULWERKSTATT an der Gesamthochschule Kassel zum Thema "Kinder entdecken die Schrift(sprache)" und in Würzburg zum Thema "Probleme der Schrift und des Schreibens", 1987 in Heidelberg zum Thema "Probleme des Schriftspracherwerbs" (Ontogenese, Entwicklungsprozeß und Störungen beim Schriftspracherwerb (Hrsg. Klaus-B. Günther), Edition Schindele 1988), 1988 in Hamburg zum Thema "Orthographiereform und Rechtschreibunterricht" und im Frühjahr 1989 in Bielefeld zum Thema "Nachdenken über Sprache: Grammatik".
3. Die DGLS bietet (zur Zeit) acht Fachgruppen für eine intensivere Zusammenarbeit und Beratung an:
   - "Anfangsunterricht" (Koordination: Doris Mauthe-Schonig, Edeltraud Röbe, Gudrun Spitta)
   - "Rechtschreibunterricht" (Heiko Balhorn, Christa Erichson, Barabra Kochan)
   - "Weiterführendes Lesen" (Siegfried Aust, Marion Bergk-Mitterlehner, Peter Conrady)
   - "Schriftspracherwerb von Behinderten" (Klaus-B. Günther, Olga Jaumann, Rudolf Kretschmann)
   - "Aphabetisierung Jugendlicher und Erwachsener" (Frank Drecoll, Heinz Giese)
   - "Neue Medien und Schriftsprache" (Giesela Bohr, Helge Kuntz)
   - "Geschichte der Lese-/Schreibdidaktik" (Annelies Heinisch, Robert Schweitzer).

Wir möchten Versuche in der Unterrichtspraxis fördern, neue Wege des Lesen- und Schreibenlernens zu erproben.

In der Hoffnung, daß Sie unsere Arbeit unterstützen, evtl. selbst der DGLS beitreten und Kolleg/innen für eine aktive Mitarbeit gewinnen, möchte ich Sie zugleich darauf hinweisen, daß die DGLS als gemeinnützig anerkannt ist (Abzugsfähigkeit von Beiträgen).

Heiko Balhorn
(für den Vorstand)

Bankverbindung: Kreissparkasse Bad Dürkheim (BLZ 546 512 40) Konto 192 8605

An die DGLS (IRA/D)
z. Hd. Prof. Dr. F. Biglmaier
Horst-Caspar-Steig 29

1000 Berlin 47

Betr.: Aufnahme in die DGLS (IRA/D)

.... (Zuname, Vorname)	.... (Straße Haus-Nr.)
.... (Titel, Tätigkeit/Einrichtung)	.... (PLZ - Ort)
	.... (Telefon)

1. Ich beantrage die Aufnahme in die DEUTSCHE GESELLSCHAFT FÜR LESEN UND SCHREIBEN.
   Die Mitgliedschaft berechtigt mich zum kostenlosen Bezug der Publikationen der DGLS und enthält die Gebühren für die Teilnahme an ihren Veranstaltungen. Sie verpflichtet mich zur Mitarbeit entsprechend den in der Satzung und durch Beschlüsse festgelegten Aufgaben der Gesellschaft.
   Ich ermächtige den Schatzmeister, den Jahresbeitrag (z. Z. 42,-- DM) von meinem Konto:

   .... bei der ....

   (BLZ ....)

   abzubuchen.

   ...., den ....
   (Ort) (Unterschrift)

2. Ich wünsche darüber hinaus zum nächsten 1. Juli die internationale Mitgliedschaft in der INTERNATIONAL READING ASSOCIATION

   o ohne Zeitschrift, mit intern. Zeitung (z. Z. zusätzlich 48,-- = 90,-- DM)
   o mit einer Zeitschrift (z. Z. zusätzlich 78,-- = 120,-- DM)
   o mit zwei Zeitschriften (z. Z. zusätzl. 108,-- = 150,-- DM

   Um die Überweisungskosten zu sparen, schließe ich mich der Sammel-Überweisung durch die DGLS (IRA/D) an und ermächtige den Schatzmeister, auch den internationalen Beitrag von meinem o. a. Konto abzubuchen.

   ...., den ....
   (Ort) (Unterschrift)

Jeder schreibt anders...

Aber ja-doch, klaro. Und sollen nicht dennoch so **wunderlich vielfältig** geschriebene Bücher ihren Platz unterm gleichen Signet finden? Vielleicht gar dem der **Libelle?**

Sie sollen.

Eine einleuchtende Nähe zum Motto »Jeder schreibt anders« signalisiert zuweilen schon ein Titel: **Tobias Engelsing (Hrsg.): »Geliebter Ferdi, schreibe mir sobald Du kannst!«. Vertrauliche Briefe der Familie Zeppelin. (1988), 356 S., ill., geb., ISBN 3-922305-28-8.** Es ist unter anderem schon eine Lust zu lesen, wie ein 12jähriger Junge namens Ferdinand, (noch eine Militärkarriere, anderthalb Liebesgeschichten, mancherlei Familiensorgen und 50 Jahre von seiner berühmten Erfindung eines starren Luftschiffes entfernt) an den Vater seines strengen Hauslehrers schreibt: »... obwohl ich in letzter Zeit ziemlich vernagelt bin; ***wenn ich nemlich etwas lernen soll, so wills mir eben gar nicht in den Kopf.*** « Seine Schwester tat sich leichter. Überhaupt zeigt diese Briefsammlung zum ersten Mal, in ihrer eigenen Schreibe, die Frauen der Familie Zeppelin, die bislang im Schatten des Männermythos verdunkelt waren...

So manche geneigte Leserin wird sich oben auf S.72 beim Thema **»Schreibhandlung«** gesagt haben: This reminds me of another story. Worauf ein wohlwollender Leser antwortend murmelte: Da war doch was...? Jaja: Just erschienen 1988 im **Zeichen der Libelle** Reisebilder und Gedichte des zu Unrecht vergessenen katholischen Aufklärers **Ignaz Heinrich von Wessenberg: »So versank die alte Herrlichkeit«. (1988), kt., ill., 180 S., ISBN 3-922305-22-9.** – In Venedig hat sich Wessenberg 1828 auch über folgendes gewundert: »

Ein seltsames Schauspiel veranlaßt hier, wie in andern Städten Italiens die Unwissenheit des Volks im Lesen und Schreiben vor den Buden der öffentlichen Schreiber. Da zeigen sich Scenen, würdig des Pinsels eines Ostade oder Gerard Dow. In Venedig befinden sich die offenen Buden dieser Schreiber unter den Schwibbogen im untern Geschosse des Dogenpalastes. Die Kerle haben eine ganz eigene pedantische Gravität, welche mit ihrem meist ärmlichen und schmutzigen Äußern ziemlich absticht. Mit einer gewissen Ehrfurcht nähern sich ihnen die Leute, die in irgend einer Angelegenheit eines schriftlichen Aufsatzes benöthigt sind, u tragen ihr Anliegen mit großer Redseligkeit vor; betraf es nun einen Rechtshandel, einen Kauf oder Verkauf, eine Miethe, eine Dienstsache oder einen Liebeshandel. Der Schreiber hört mit krasser, bedenklicher Miene und ohne Worte zu verlieren, nimmt er die Feder hinter dem Ohr hervor, und schreibt. Nicht jedesmal liest er das Geschriebene dem Klienten oder der Klientin vor. Thut er es nothgedrungen; so entspinnt sich oft ein langer heftiger Wortwechsel. Der gesunde Menschenverstand findet in den Phrasen und Gemeinplätzen, dergleichen der dem Schlendrian ergebene Schreiber aus dem beschränkten Archiv seines Gehirns hervorzog und zu Papier brachte, die in Frage stehende Angelegenheit nicht wieder. Doch der Mann von der Feder behauptet, er verstehe die Sache besser. Nur ungern bequemt er sich zu einer neuen Schriftfassung. Zuletzt wird die Schrift gegen die baare Gebühr verabfolgt. Der Schreiber schmunzelt, und der Zahler geht die Schrift in den Busen steckend seines Weges.« (ebd., S. 42)

Über die Orthographie der Zeit wird sich bei der Lektüre dieser Reiseberichte niemand wundern: Wessenberg gehörte wie Goethe zur Bildungselite des

19. Jahrhunderts, und die nahm es mit der Einheitlichkeit der Rechtschreibung (s.o. S. 35) noch nicht so **cultusministermäßig genau.** Und auch die Metapher vom »Archiv des Gehirns« wollen wir ihm vergeben: Er konnte einfach noch nicht gelesen haben das vermutlich immer noch amüsanteste unter den ernsthaften Büchern über die neuere Hirnforschung: **Ernst Peter Fischer: Die Welt im Kopf. Mit einem Vorwort von Dieter E. Zimmer. (1985), kt., 168 Seiten, ill., ISBN 3-922305-11-3.**

War das nicht ein schönes Gedicht über das ganz Leichte und das ganz Schwere (S. 155), an dem spielend lesen gelernt werden kann? Daß andere Zeiten andere Lieder im Unterricht aufspielen ließen, kann im Detail nachgelesen werden im Kapitel »Ideologie in der Schule«: **Tobias Engelsing: »Wir sind in Deutschland und nicht in Russland«. Eine Alltagsgeschichte der Volksschule in den Jahren 1933 – 1949 am Beispiel der Stadt Radolfzell am Bodensee. (1987), geb., 158 S., mit zahlreichen Fotografien, ISBN 3-922305-20-2.**

Wie auch **übers Wochende** ganz anders geschrieben werden kann, zeigen in kurzen unterhaltlichen Texten (geschrieben für eine Sendereihe des WDR und hier erstmals gedruckt): Franz Josef Degenhardt, Michael Ende, Ota Filip, Max von der Grün, Peter Härtling, Günter Herburger, Franz Hohler, Rahel Hutmacher, Horst Krüger, Eberhard Kuhrau, Bernhard Lassahn, Erasmus Schöfer, Wolf Dietrich Schnurre u. v. a.:
Wolfgang Horn & Hans Paukens (Hrsg.): Sonntag. Geschichten von der Stille und dem ganzen Rest. (1988), kt., sürrealisch illustriert, 182 S., ISBN 3-922305-30-X.

Und wenn jetzt noch **ausführlich** von den mehrsprachigen Wissenschaftssatiren (»Litzelstetter Libellen«), einer Anthologie mit Gedichten über Annette von Droste-Hülshoff, dem Werk über das Image der Dichterin Ingeborg Bachmann im journalistischen Diskurs, und diverse andere gar nicht uninteressante und hübsch aufbereitete Bücher im Zeichen der Libelle die Rede sein sollte, ginge das zu weit. Es darf sich aber jedermannfrau einen **Gesamtprospekt** (»Die Libelle: **Geistreiche Flugkörper für die Welt im Kopf«,** Auflage 1988, 24 S.; spätere Auflagen vermutlich umfangreicher...) bestellen, die Bücher besorgt Ihnen dann Ihre Lieblingsbuchhandlung.

EKKEHARD FAUDE VERLAG
AUF DEM SALZBERG 2 : D 7750 KONSTANZ

Und dann gibt es Rezensionen, denen braucht gar nix hinzugefügt werden. Eine Direktreportage aus: »Die Grundschulzeitschrift«, Nr. 18, 1988.

«Welten der Schrift ...»

Balhorn/Brügelmann (Hrsg.): Die Welten der Schrift in der Erfahrung der Kinder. 304 S., DM 32,-.

Dies ist das vierte *Brügelmann*-Buch bei *Faude* und das zweite der Reihe «lesen und schreiben». Das erste akquirierte, moderierte und kommentierte *Hans Brügelmann* allein. Für dieses ist er gemeinsam mit *Heiko Balhorn* verantwortlich.

Ich mag diese Bücher. Erstens, weil in ihnen übers Lesen nicht vom Lehrenden aus, sondern vom Kind aus nachgedacht wird. Zweitens, weil ihre Sprache Deutsch ist und nicht Fach-Kauderwelsch. Und drittens, weil sie so kurzweilig zu lesen sind. Mehr als vierzig Einzelbeiträge sind in diesem Band versammelt. Er ist wie ein gut sortierter Lese-Laden, in dem die Autoren ihre sehr unterschiedlichen Artikel feilbieten.

Gleich am Eingang hat *Heide Bambach* ihren Tisch, Lehrerin der Bielefelder Laborschule. Beamtete Sprachverwalter werden dieses Fachgeschäft der Reihe B & B nicht betreten, weil sie nur mit Grausen den Eingangstisch passieren könnten. Hier erfahren sie nämlich, welche Welten zwischen ihrer «Aufsatzerziehung» und kindgemäßem Schreiben liegen.

Michael Armstrong hält ein Zwei-Seiten-Traktat feil: über seinen törichten Versuch, den Stil der kleinen Sarah zurechtzubiegen. An seinem Augenzwinkern merkt ihr: Er schreibt von sich, der Lümmel, aber er meint uns!

Da hinten sitzt *Richard Bamberger* in seinem Ohrensessel. Geduldig offeriert er immer noch sein bewährtes Maßnahmen-Paket, mit dem wir «zum Lesen verlocken» können. Seine Ware ist erstklassig. Er ist bloß kein guter Verkäufer.

Auch *Peter May* ist nicht gerade ein Verkaufsgenie. Vielleicht bin ich auch nur voreingenommen, weil ich was gegen Leute habe, die (wg. Wissenschaft, oder weshalb?) Kinder mit Ab, B, C bezeichnen oder mit S, Plural SS, statt mit Menschennamen. Aber interessante und aufregende Waren bietet auch er an. An fast jedem Tisch dieses B & B-Geschäfts wird Interessantes feilgeboten. Zum Beispiel, was die lästigen Poesiealben mit sozialem Lernen zu tun haben können, wenn man eines Tages einen guten Einfall hat. Zum Beispiel ein Prüfdiktat im O-Ton, mit dem didaktische Schlaumeier den schröcklichen Niedergang des Rechtschreibens in unseren Schulen herbeibeweisen: «Voller Frohheit fuhren dann die Stadtväter schnurstracks an den Strand zurück.» Zum Beispiel: Wie erkenne ich binnen zehn Minuten schon im ersten Schuljahr kräftige Rechtschreibschwierigkeiten voraus?

Oder interessieren Sie sich dafür, wie der Personal Computer für den Schreib-Leseunterricht in der Grundschule eingesetzt werden kann? *Hans Brügelmann* hilft weiter.

Suchen Sie Spiele mit Sprache und Schrift, um Ihren Unterricht attraktiver zu machen? *Helga Andresen* und *Heiko Balhorn* halten einen Prospekt bereit. Seite 91. Im Eintrittspreis enthalten. Und wußten Sie schon, daß mehr als 90 % unserer Hunderttausende von Analphabeten, soweit sie einen VHS-Kurs besuchen, einen vollständigen Schulbesuch hinter sich haben? An *Frank Drecolls* Tisch, gleich neben *Maxim Gorki*, können Sie's erfahren. Er erzählt Ihnen auch sehr anschaulich von einigen seiner erwachsenen Schüler.

Zwischendurch gibt es, damit die Konzentration schön wach bleibt, Zuckerstangen und bunte Sticker: kleine Einsprengsel in Wort und Bild.

Ein Lesebuch übers Lesen ist das, ein Schmökerbuch, wie ich kein anderes kenne. Bloß, daß B & B uns Informationen über ihre Mitarbeiterthemen vorenthalten, find' ich nicht gut.

Zwei Höhepunkte will ich am Schluß nennen. Ein Glanzstück ist für mich der 'Sandwich-Beitrag' «Vom 31ft zum Elefat»: *Hans Brügelmann* hat einen Text von *Lisa Dummer* (die bekanntlich an die Legathenie glaubt) abschnittweise kritisch kommentiert, danach sie ihn und er noch mal sie. Eine hervorragende Möglichkeit, sich mit der Psychologie und didaktischen Theorie der Legasthenie-Anhänger auseinanderzusetzen. Der zweite Höhepunkt, obwohl Vorsicht bei dergleichen Dingen stets geboten ist: Nach *Gerheid - Scheerer - Neumanns* «Letztem Lebewohl an die Wortbildtheorie» werden auch die verstocktesten Anhänger dieser Theorien an Hochschulen und Seminaren in ihre Vorlesungspapiere Löcher machen müssen.

Ich mag diese Bücher. Daran, daß ich sie abends im Bett lesen kann, erkenne ich, daß die Herausgeber an ihre Leser dachten. Merke: «Abwechslung ist das Salz des Vergnügens» (*Richard Bamberger* auf S. 44 über die Lesemotivation).

Gerhard Sennlaub

Herausgeber und Verlegerei danken Autoren und Verlagen für großzügige Erlaubnis zum Abdruck von Beiträgen und Illustrationen, deren Quellen jeweils vermerkt sind. Wo es uns nicht gelang, die Identität eines Illustrators der vergangenen zwei Jahrhunderte aufzuspüren, bitten wir um Nachsicht, Nachricht, sowie um verhaltenen Stolz, in diesem ernsthaft schönen Buch zur Unterhaltung gebeten worden zu sein...

Dies ist
nach »ABC und Schriftsprache«
und
»Welten der Schrift in der Erfahrung der Kinder«
bereits das dritte Jahr-und-Lesebuch
der DGLS
und wird aus dem Computerpublishingland
zur Belichtung geschickt
in den ersten Erdentagen
von
Wiebke in Hamburg
und folglich gedruckt und gebunden
bei Kösel in Kempten
im Januar 1989

ISBN 3-922305-33-4